DE LA LOI

DU CONTRASTE SIMULTANÉ

DES COULEURS

ET DE SES APPLICATIONS

4679

SUITE DE TIRAGE

DE

L'ÉDITION IMPRIMÉE POUR LE CENTENAIRE DE 1789

DE LA LOI
DU CONTRASTE SIMULTANÉ
DES COULEURS

ET DE L'ASSORTIMENT DES OBJETS COLORÉS

CONSIDÉRÉ D'APRÈS CETTE LOI

DANS SES RAPPORTS AVEC LA PEINTURE, LES TAPISSERIES DES GOBELINS
LES TAPISSERIES DE BEAUVAIS POUR MEUBLES
LES TAPIS, LA MOSAÏQUE, LES VITRAUX COLORÉS, L'IMPRESSION DES ÉTOFFES, L'IMPRIMERIE
L'ENLUMINURE, LA DÉCORATION DES ÉDIFICES, L'HABILLEMENT ET L'HORTICULTURE

PAR

 M. E. CHEVREUL

AVEC

UNE INTRODUCTION DE M. H. CHEVREUL FILS

PARIS
IMPRIMERIE NATIONALE

———

LIBRAIRIE GAUTHIER-VILLARS ET FILS
QUAI DES GRANDS-AUGUSTINS, 55

———

M DCCC LXXXIX

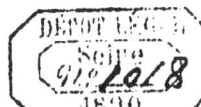

Pour assurer aux planches de cet ouvrage la fixité qu'exige leur caractère scientifique et pour ne point déparer, par des imperfections matérielles, le monument que l'Imprimerie nationale élève à la mémoire de E. Chevreul, il fallait ne recourir qu'à des couleurs minérales dont la stabilité fût certaine. Il a même été nécessaire d'en fabriquer quelques-unes qui, à cause de leur haut prix et de leurs applications industrielles limitées, ne se trouvaient point dans le commerce. Les trois couleurs choisies par Chevreul comme fondamentales : le *rouge,* le *jaune,* le *bleu,* ne pouvant être reproduites exactement au moyen de matières isolées, on les a obtenues par mélange.

On a dû naturellement éviter de mettre en présence l'un de l'autre des corps que leur contact prolongé aurait pu altérer mutuellement. Réduites à l'état de poudres aussi parfaites que possible, puis mélangées à des vernis lithographiques appropriés, les matières ont été broyées sous des cylindres de porphyre pour éviter tout risque de détérioration au contact d'une surface métallique. Un certain nombre de ces couleurs ne pouvaient être que très difficilement transformées en encres lithographiques, soit à cause de leur état moléculaire particulier, soit parce que les vernis ne s'incorporaient pas convenablement. Des recherches multipliées ont seules permis d'atténuer, dans la mesure du possible, les défauts pouvant déjouer les prévisions et subsister dans ces produits tout spéciaux.

C'est à la maison Lefranc et Cie que l'Imprimerie nationale s'est adressée pour cette fourniture exceptionnelle. Toutes les couleurs adoptées ont été, sur la désignation de M. E. Chevreul, soumises à l'approbation de M. E. David, chimiste des Gobelins.

INTRODUCTION.

Mon père, fort apprécié dans le monde savant par son *Traité des corps gras,* dont la grande influence sur l'industrie ne pouvait être encore entrevue, fut nommé par le roi Louis XVIII, le 9 septembre 1824, directeur des teintures des manufactures royales, aux Gobelins, en remplacement du comte de la Boulaye-Marillac. Le 16 septembre suivant, la nomination de M. Chevreul était confirmée par ordonnance de Charles X.

A son entrée aux Gobelins, le nouveau directeur, de son propre aveu, ne trouva ni baromètre, ni thermomètre, ni balance de précision, ni vaisseaux de platine, ni cuve à mercure, ni réactifs; une espèce de cuisine pavée et humide s'appelait le laboratoire. Heureusement le vicomte Sosthènes de la Rochefoucauld, directeur des beaux-arts, fit tout ce qui était en son pouvoir pour faciliter les recherches scientifiques du directeur des teintures. Le ministre de l'intérieur, M. de Corbière, ne partagea pas cette manière de voir; sous le prétexte qu'il n'avait pas concouru à la nomination de mon père, il supprima le crédit, qui, depuis l'Empire, avait été accordé par tous les ministres de l'intérieur à l'école de teinture. En conséquence le cours dut cesser (nous ajouterons que le traitement du directeur fut réduit de moitié).

M. Sosthènes de la Rochefoucauld, appréciant l'utilité de ce cours, engagea M. Chevreul à le reprendre à des conditions bien différentes de celles que l'on avait faites à son prédécesseur. M. Chevreul, n'ayant rien à refuser à M. de la Rochefoucauld, accepta, et depuis lors jusqu'en 1852 il n'a pas cessé de faire chaque année au moins trente leçons sur la teinture, et à partir de 1830 il en a fait bénévolement tous les deux ans sur le contraste et l'harmonie des couleurs; ces leçons, d'abord au nombre de trois, furent portées de douze à quinze. Par des motifs que nous taisons, motifs qui ont toujours persisté [1], M. Chevreul dut interrompre son cours en 1852.

Installé aux Gobelins, mon père réorganisa l'atelier et le laboratoire; il dirigea ses travaux sur la chimie appliquée à la teinture, travaux publiés dans de nombreux mémoires insérés pendant plus de quarante ans dans le Recueil de l'Académie des sciences. Ses leçons sur la teinture, reproduites par la sténographie, sont devenues un livre classique; elles ont rendu les plus grands services à l'industrie. Aussi la ville de Roubaix vient-elle d'élever à M. Chevreul une statue en face de celle de Philippe de Girard. Honneur à la ville de Roubaix,

[1] Voir E. Chevreul, *Rapport sur les tapisseries et les tapis des manufactures nationales à la commission française du jury international de l'Exposition universelle de Londres.* Imprimerie impériale, 1854.

reconnaissante des découvertes scientifiques qui ont contribué aux progrès de sa richesse industrielle! Presque au début de ses fonctions de directeur des teintures, M. Chevreul avait reçu des plaintes sur la qualité de certaines couleurs sorties de son atelier; il fut bientôt convaincu que ces plaintes étaient fondées quant au peu de stabilité des bleus et des violets clairs, du gris et des brunitures; il n'en était pas de même pour celles concernant le défaut de vigueur des noirs destinés à produire des ombres dans des draperies bleues et violettes; car après avoir obtenu des échantillons de laines teintes en noir dans les établissements les plus renommés de France et d'Europe, il fut reconnu qu'elles n'avaient aucune supériorité sur celles de l'atelier des Gobelins.

C'est alors que M. Chevreul constata que le défaut de vigueur reproché à ses noirs tenait au phénomène du contraste des couleurs et provenait de la couleur qu'on y juxtaposait.

Cette observation fut le point de départ des études qui ont conduit mon père à établir les règles de la *Loi du contraste simultané des couleurs*.

Des expériences sur la vision des objets colorés, répétées pendant plusieurs mois devant des savants et des artistes habiles à juger les couleurs et à en apprécier les moindres différences, ont été décrites comme faits acquis à la science. Puis, en considérant les rapports que ces faits pouvaient avoir entre eux et en cherchant les principes dont ils dérivent, M. Chevreul fut conduit à donner une explication générale des phénomènes constatés, qui fut formulée sous le titre de *Loi du contraste simultané des couleurs.*

La loi du contraste simultané des couleurs a associé le nom de son auteur à celui de Newton.

Les observations faites et les résultats obtenus ne permirent cependant pas à M. Chevreul d'établir immédiatement les règles de la loi du contraste. Il fallut bien des expériences comparatives, de longues méditations avant de pouvoir déduire les conséquences des faits qui devaient être le couronnement de l'œuvre.

Je me souviens, bien qu'enfant à cette époque, que j'entendais l'illustre inventeur du télégraphe électrique, le plus grand physicien de son temps, André-Marie Ampère, s'écrier en présence des effets de contraste : « C'est bien, je les vois, mon cher ami; mais ces effets surprenants ne sont rien pour moi, disait-il à mon père, tant que vos observations ne seront pas résumées en une loi. »

L'esprit de M. Chevreul était toujours tendu sur le problème à résoudre, et ce problème fut résolu spontanément dans une singulière circonstance.

Assistant à une séance publique de l'Académie des inscriptions et belles-lettres, le 27 juillet 1827, M. Chevreul, pendant une lecture de M. Mongez sur le passage des Alpes par Annibal, revint à son idée fixe et découvrit les principes de la loi qu'il cherchait à établir depuis si longtemps.

A sa sortie de l'Institut, il en posa les termes à ses deux

meilleurs amis, André-Marie Ampère et Frédéric Cuvier, qui en furent émerveillés. Ampère, toujours affectueux et démonstratif, embrassa mon père en lui disant : « Cher confrère, je suis maintenant convaincu, c'est trop simple pour n'être pas vrai. » Dès ce moment toutes les expériences de M. Chevreul sur les couleurs furent revues, décrites et rédigées en corps d'ouvrage. Le livre achevé, il se présenta une dernière difficulté : trouver un éditeur. Aucun libraire ne voulait se charger de la publication, effrayé par la dépense qu'exigerait l'atlas. On conseillait à l'auteur de faire une demande pour l'impression de son manuscrit à l'Imprimerie royale; il s'y refusa, répondant que l'offre devait venir du ministre de l'instruction publique ou de l'intendant général de la liste civile, dont dépendaient alors les Gobelins. Sur ces entrefaites, M. le comte de Pahlen, ambassadeur de Russie, proposa, au nom de son souverain l'empereur Nicolas, de supporter les frais de l'édition projetée. Par patriotisme, M. Chevreul n'accepta pas la proposition, si honorable qu'elle fût, tout en exprimant à l'ambassadeur sa profonde reconnaissance pour le tsar [1].

En 1838, un éditeur plus hardi que les autres, M. Pitois-Levrault, voulut bien se charger de la publication.

Aujourd'hui la *Loi du contraste simultané des couleurs* est épuisée, de nombreuses traductions en ont été faites, et plus

[1] En 1814, S. M. l'empereur Alexandre avait fait offrir à M. Chevreul la direction des études de l'École polytechnique de Saint-Pétersbourg avec le grade de colonel.

que jamais elle est recherchée; le prix élevé qu'elle atteint
dans les ventes atteste l'utilité et l'opportunité d'une nouvelle édition. Le savant directeur de l'Imprimerie nationale,
M. Doniol, a sollicité de M. le Garde des sceaux l'autorisa-
tion de réimprimer aux frais de l'État le *Traité des corps gras*
et la *Loi du contraste simultané des couleurs.* La demande de
M. Doniol a été gracieusement agréée par M. le Garde des
sceaux et nous nous empressons de leur en témoigner toute
notre gratitude.

Le texte de cette nouvelle édition a été revu soigneusement par le fils de l'auteur, et les épreuves des planches
par M. David, préparateur de M. Chevreul depuis de longues
années aux Gobelins, et l'homme le mieux préparé à suc-
céder au maître dans l'enseignement de la connaissance des
couleurs.

Depuis 1839, année où parut la *Loi du contraste simultané
des couleurs*, M. Chevreul n'a pas cessé ses études sur l'harmonie et les effets des couleurs; ses fréquentes communications à l'Académie des sciences et les ouvrages dont nous
allons donner les titres en sont la preuve :

1° *Théorie des effets optiques que présentent les étoffes de soie,* 1846, in-8°;

2° *Rapport sur les tapisseries et les tapis des manufactures nationales, fait
au jury international de l'exposition de Londres,* 1854, in-8°;

3° *Exposé d'un moyen de définir et de nommer les couleurs d'après une méthode précise et expérimentale, avec l'application de ce moyen à la définition*

et à la dénomination des couleurs d'un grand nombre de corps naturels et de produits artificiels, 1861, in-4° avec atlas;

4° *Des arts qui parlent aux yeux au moyen des solides colorés d'une étendue sensible, et en particulier des arts du tapissier des Gobelins et du tapissier de la Savonnerie, 1867. Brochure in-4°.* Extrait du *Journal des Savants;*

5° *Complément des études sur la vision des couleurs, de l'influence exercée sur la vision par des objets colorés se mouvant circulairement autour d'un axe perpendiculaire à leur plan, quand on les observe comparativement avec des objets en repos identiques aux premiers, 1879, in-4°;*

6° *Mémoire sur la vision des couleurs matérielles en mouvement de rotation, et sur les vitesses numériques des cercles dont une moitié diamétrale est colorée et l'autre blanche, vitesses correspondant à trois périodes de leur mouvement, à partir de l'extrême vitesse jusqu'au repos, 1882, in-4°.*

En 1884, à l'âge de quatre-vingt-dix-huit ans, M. Chevreul faisait encore une communication à l'Institut sur *La vision dans ses rapports avec les contrastes des couleurs.*

Henri CHEVREUL.

AUTOGRAPHES DE M. CHEVREUL.

La loi du contraste simultané fut découverte
le 27 de juillet 1827 pendant une lecture que
fit mr Mongez à la séance publique de
l'académie des inscriptions et belles lettres

E ch

FEUILLET DE COPIE.

13

Si à toutes les époques de la philosophie,
l'idée de classification a occupé les
grands esprits, parmi lesquels brille
le nom d'aristote cependant elle n'est
devenue vraiment populaire que
dans le XVIIIe siècle où parut
le systema naturæ de Linné qui
fut reçu aux applaudissements de
tous les amis de l'histoire naturelle;
mais alors il arriva aussi que
beaucoup d'esprits médiocres incapables
de comprendre ce que devait être
une classification scientifique,
eurent la prétention de classer
des objets tout à fait en dehors
de ceux sur lesquels s'était fixé
le génie de Linné.

E chevreul
membre de l'Institut

Vouloir tout attribuer à un don de la nature et rien à l'enseignement, est le langage de ceux qui, sans réfléchir, croient par là faire l'éloge des autres, ou bien rehausser leur propre mérite; et pleins de cette prérogative imaginaire, ils regardent avec mépris le bas, le stérile, le rampant, le servile imitateur.

(Sixième discours prononcé à l'Académie royale de peinture de Londres, par Josué Reynolds [traduct. française].)

Les arts seraient pour jamais exposés au caprice et au hasard, si ceux qui doivent juger de leur mérite n'appuyaient pas leurs décisions sur des principes sûrs, et si les beautés et les défauts des productions des artistes devaient être déterminés par une imagination déréglée; et, en effet, *on peut dire hardiment que toute la connaissance spéculative dont l'artiste a besoin est de même indispensablement nécessaire au connaisseur.*

(Septième discours du même auteur.)

AVANT-PROPOS.

On doit tendre avec effort à l'infaillibilité sans y prétendre.
MALEBRANCHE.

Cet ouvrage s'éloigne trop de la science qui a occupé la plus grande partie de ma vie; trop de sujets différents en apparence y sont traités, pour que je n'indique pas au lecteur la cause qui me l'a fait entreprendre; plus tard je parlerai des circonstances qui me l'ont fait étendre bien au delà des limites où il semblait d'abord naturel de le restreindre.

Dès que je fus appelé à la direction des teintures des manufactures royales, je sentis que cette place m'imposait l'obligation de donner à la teinture des bases qu'elle n'avait pas, et qu'il fallait en conséquence que je me livrasse à des recherches de précision dont je prévoyais bien le nombre, mais non pas la variété; et ce qui augmentait encore les difficultés de ma position, c'est que des questions m'étant présentées par l'administration comme des plus urgentes à résoudre, j'étais forcé d'ordonner mes travaux autrement que si j'eusse été libre de tout engagement.

En recherchant quelles pouvaient être les causes des plaintes élevées sur la qualité de certaines couleurs préparées dans l'atelier de teinture des Gobelins, je ne tardai point à me convaincre que si les plaintes concernant le peu de stabilité des bleus et des violets clairs, du gris et des brunitures étaient fondées, il y en avait d'autres, particulièrement celles concernant le défaut de vigueur des noirs employés pour faire des ombres dans des draperies bleues et violettes, qui ne l'étaient pas; car après

m'être procuré des laines teintes en noir dans les ateliers les plus renommés de la France et de l'étranger, et avoir reconnu qu'elles n'avaient
aucune supériorité sur celles que l'on teignait aux Gobelins, je vis que le
défaut de vigueur reproché aux noirs tenait à la couleur qu'on y juxtaposait et qu'il rentrait dans le phénomène du contraste des couleurs; il me
fut alors démontré que j'avais deux sujets absolument distincts à traiter
pour remplir les devoirs de la place de directeur des teintures : le premier était le contraste des couleurs considéré dans toute sa généralité,
soit sous le rapport scientifique, soit sous celui des applications; le second
concernait la partie chimique de la teinture. Tels ont été, en effet, les
deux centres où sont venues converger toutes mes recherches depuis
treize ans. A mesure qu'elles seront publiées, ceux qui les liront pourront
apprécier ce qu'elles ont dû me coûter de temps et de travaux, surtout
si l'on prend en considération que, les entreprenant à une époque où
mon ouvrage sur *Les corps gras d'origine animale* et mes *Considérations sur
l'analyse organique* m'avaient ouvert un champ où je n'avais pour ainsi
dire qu'à moissonner, j'étais, en m'éloignant de cette carrière, dans la
nécessité de m'en frayer une nouvelle, et tous ceux qui ont été dans ce
cas savent que la faiblesse humaine se fait sentir surtout à celui qui veut
récolter sur un sol qu'il a lui-même défriché et semé.

L'ouvrage que je publie aujourd'hui est l'ensemble de mes recherches
sur le *contraste simultané des couleurs*, recherches qui se sont bien accrues
depuis la lecture que je fis à l'Institut, le 7 avril 1828, d'un mémoire
sur ce sujet; l'extension qu'elles ont prise est une conséquence de la méthode qui m'a dirigé dans *mes recherches sur les corps gras,* méthode dont
les règles ont été exposées dans mes *Considérations sur l'analyse organique.*
Il sera évident pour tous ceux qui connaissent ces ouvrages, que celui-ci
ne peut être un recueil de vues hypothétiques plus ou moins ingénieuses
sur l'assortiment des couleurs et leurs harmonies, et la lecture qu'ils en

feront les convaincra sans doute qu'il est tout aussi expérimental et tout aussi positif que les deux précédents.

En effet, de nombreuses observations sur la vision des objets colorés faites pendant plusieurs mois, vérifiées par mes élèves et les hommes les plus exercés par leur profession à juger des couleurs et à en apprécier les moindres différences, ont été d'abord recueillies et décrites comme des faits parfaitement constatés. C'est en réfléchissant ensuite sur les rapports que ces faits pouvaient avoir ensemble, en cherchant le principe dont ils sont les conséquences, que j'ai été conduit à la découverte de celui que j'ai nommé *la loi du contraste simultané des couleurs*. Cet ouvrage est donc bien le fruit de la méthode *a posteriori;* des faits sont observés, définis, décrits, puis ils viennent se généraliser dans une expression simple, qui a tous les caractères d'une loi de la nature. Cette loi, une fois démontrée, devient un moyen *a priori* d'assortir les objets colorés pour en tirer le meilleur parti possible, suivant le goût de la personne qui les assemble, d'apprécier si des yeux sont bien organisés pour voir et juger les couleurs, si des peintres ont copié exactement des objets de couleurs connues.

En envisageant la loi du contraste simultané des couleurs sous le rapport de l'application, et en soumettant à l'expérience toutes les conséquences qui me semblaient en résulter, j'ai été ainsi conduit à l'étendre aux arts de la tapisserie, aux diverses sortes de peintures et d'impressions, à l'enluminure, à l'horticulture, etc.; mais afin de prévenir les jugements que quelques lecteurs pourraient porter sur la valeur des opinions que j'émets (2ᵉ partie, 2ᵉ division), relativement aux tapisseries des Gobelins et de Beauvais, et aux tapis de la Savonnerie, d'après l'examen qu'ils feraient eux-mêmes de ces ouvrages, je déclare ici que, complètement étranger à l'inspection et à la direction des travaux qui s'exécutent dans les ateliers des tapisseries et des tapis des manufactures royales, ainsi qu'au choix des modèles, mes vues et mes opinions ne doivent être, pour les lecteurs dont je parle, que celles d'un particulier qui a eu de fréquentes occasions de voir et d'examiner des produits d'art sur la confection desquels il n'a aucune influence à exercer, les fonctions qui m'attachent aux Gobelins étant exclusivement celles de directeur de l'atelier des teintures.

Au lieu de l'indication rapide de mes recherches que je viens de tracer, je m'étais d'abord proposé de développer dans une introduction, conformément à l'ordre chronologique, la série des idées principales qui ont présidé à la composition de ce livre, croyant montrer par leur enchaînement mutuel comment j'ai été porté à traiter des sujets qui semblent, au premier aspect, absolument étrangers à la loi du contraste simultané des couleurs; mais en réfléchissant qu'un assez grand nombre de choses sont inconnues au lecteur, j'ai pensé qu'un résumé de mes recherches, placé à la fin de l'ouvrage, aurait tous les avantages de mon premier projet, sans avoir les inconvénients que la réflexion m'y a fait découvrir.

Je prie le lecteur de ne jamais oublier que lorsqu'il est dit, dans l'énoncé des phénomènes de contraste simultané, *que telle couleur placée à côté de telle autre en reçoit une telle modification*, cette manière de parler ne signifie pas que les deux couleurs, ou plutôt les deux objets matériels qui nous les présentent, aient une action mutuelle, soit physique, soit chimique; elle ne s'applique réellement *qu'à la modification qui se passe en nous*, lorsque nous percevons la sensation simultanée de ces deux couleurs.

L'Haÿ près Paris, 19 avril 1835.

DE LA LOI
DU CONTRASTE SIMULTANÉ
DES COULEURS.

PREMIÈRE PARTIE.

DE LA LOI DU CONTRASTE SIMULTANÉ DES COULEURS, SOUS LE POINT DE VUE SCIENTIFIQUE OU ABSTRAIT.

PROLÉGOMÈNES.

1. Il est indispensable de rappeler, en commençant, plusieurs propositions d'optique, dont les unes sont relatives à la loi du contraste simultané des couleurs, et les autres concernent les applications de cette loi à différents arts où l'on fait usage de matières colorées pour parler aux yeux.

2. Un rayon de lumière solaire est composé d'un nombre indéterminé de rayons diversement colorés : et parce qu'il est impossible de distinguer chacun d'eux en particulier, et d'un autre côté, par la raison qu'ils ne diffèrent pas tous également les uns des autres, on les a distribués en groupes, auxquels on a donné les noms de *rayons rouges*, de *rayons orangés*, de *rayons jaunes*, de *rayons verts*, de *rayons bleus*, de *rayons indigos*, de *rayons violets*; mais on ne dit pas que tous les rayons qui sont compris dans un même groupe, tels que les rouges, par exemple, soient identiques par la couleur; on les

considère généralement, au contraire, comme différant plus ou moins les uns des autres, quoique, en définitive, on reconnaisse que la sensation qu'ils produisent séparément en nous rentre dans celle que nous attribuons à la lumière rouge.

3. Lorsque la lumière est réfléchie par un corps opaque blanc, elle n'éprouve pas de modification dans la proportion des divers rayons colorés qui la constituent lumière blanche; seulement,

A. *Si le corps n'est pas poli*, chaque point de sa surface doit être considéré comme dispersant en tout sens dans l'espace environnant la lumière blanche qui y tombe, de sorte que le point devient visible à un œil placé sur la direction d'un de ces rayons : on conçoit aisément que l'image du corps, pour une position donnée, se compose de la somme des points physiques qui renvoient à l'œil dans cette position une portion de la lumière que chaque point rayonne;

B. *Si le corps est poli*, telle que la surface d'un miroir d'argent, par exemple, une portion de la lumière est réfléchie irrégulièrement, comme dans le cas précédent; en même temps une autre portion l'est régulièrement ou spéculairement, et donne au miroir la propriété de présenter à un œil placé convenablement l'image du corps qui envoie sa lumière au réflecteur. — Une conséquence de cette distinction, c'est que, si l'on regarde deux surfaces planes réfléchissant la lumière blanche et ne différant l'une de l'autre que par le poli, il arrivera que, pour les positions où la surface non polie sera visible, toutes ses parties seront également ou presque également éclairées, tandis que l'œil ne recevra que peu de lumière de la surface polie lorsqu'il sera dans une position à ne recevoir que celle qu'elle réfléchit irrégulièrement; au contraire, il en recevra bien davantage, lorsqu'il sera dans uue position à recevoir la lumière réfléchie régulièrement.

4. Si la lumière qui tombe sur un corps est absorbée complètement par ce corps, de manière qu'elle disparaisse à la vue, comme celle qui tombe dans un trou parfaitement obscur, alors le corps nous paraît *noir*, et il ne devient visible que parce qu'il est contigu à des surfaces qui réfléchissent ou transmettent de la lumière. Parmi les corps noirs, nous n'en connaissons aucun qui le soit parfaitement, et c'est parce qu'ils réfléchissent un peu de lumière blanche que nous jugeons qu'ils ont du relief, ou qu'ils affectent notre œil ainsi que le fait tout objet matériel. Ce qui prouve, au reste, cette réflexion de la lumière blanche, c'est que les corps les plus noirs, étant polis, réfléchissent l'image des objets éclairés placés devant eux.

5. Lorsque la lumière est réfléchie par un corps opaque coloré, il y a toujours réflexion de lumière blanche et réflexion de lumière colorée : celle-ci est due à ce que le corps absorbe ou éteint dans son intérieur un certain nombre de rayons colorés et qu'il en réfléchit d'autres. Il est évident que les rayons colorés réfléchis sont d'une autre couleur que les rayons colorés absorbés, et, en outre, que si l'on réunissait ceux-ci avec les premiers, on reproduirait de la lumière blanche. Nous reviendrons dans un moment sur cette relation (6). Enfin il est évident encore que les corps opaques colorés, non polis, réfléchissent irrégulièrement la lumière blanche et la lumière colorée qui nous les fait voir colorés, et que ceux qui sont polis réfléchissent une portion seulement de ces deux lumières irrégulièrement, tandis qu'ils réfléchissent régulièrement l'autre portion.

6. Revenons sur la relation qui existe entre la lumière colorée

qu'un corps opaque absorbe et la lumière colorée qui, réfléchie par lui, nous le peint de la couleur propre à cette lumière. Il est évident, d'après la manière dont on considère la composition physique de la lumière du soleil (2), que si l'on réunissait la totalité de la lumière colorée absorbée par un corps coloré avec la totalité de la lumière colorée qu'il réfléchit, on referait de la lumière blanche. Or c'est cette relation que deux lumières diversement colorées, prises dans une certaine proportion, ont de reproduire de la lumière blanche, qu'on exprime par les mots de *lumières colorées complémentaires l'une de l'autre* ou de *couleurs complémentaires*. C'est dans ce sens qu'on dit :

Que le rouge est complémentaire du vert, et *vice versa* ;

Que l'orangé est complémentaire du bleu, et *vice versa* ;

Que le jaune tirant sur le vert est complémentaire du violet, et *vice versa* ;

Que l'indigo est complémentaire du jaune orangé, et *vice versa*.

7. Il ne faut pas croire qu'un corps rouge, qu'un corps jaune, etc., ne réfléchisse, outre la lumière blanche, que des rayons rouges, que des rayons jaunes; chacun de ces corps réfléchit, en outre, toutes sortes de rayons colorés; mais les rayons qui nous le font juger rouge ou jaune, étant en plus grand nombre que les autres, produisent plus d'effet que ceux-ci; cependant ces derniers ont une influence incontestable pour modifier l'action des rayons rouges, des rayons jaunes sur l'organe de la vue. C'est ce qui explique les innombrables différences de couleur qu'on remarque entre les divers corps rouges, les divers corps jaunes, etc. Il est encore difficile de ne pas admettre que parmi ces rayons diversement colorés, réfléchis par les corps, il en est un certain nombre qui, complémentaires les uns des autres, doivent reformer de la lumière blanche en parvenant à la rétine.

PREMIÈRE SECTION.

DE LA LOI DU CONTRASTE SIMULTANÉ DES COULEURS, ET DE SA DÉMONSTRATION PAR LA VOIE DE L'EXPÉRIENCE.

CHAPITRE PREMIER.

MANIÈRE D'OBSERVER LES PHÉNOMÈNES DU CONTRASTE SIMULTANÉ DES COULEURS.

DÉFINITION DU CONTRASTE SIMULTANÉ.

8. Si l'on regarde à la fois deux zones inégalement foncées d'une même couleur, ou deux zones également foncées de couleurs différentes qui soient juxtaposées, c'est-à-dire contiguës par un de leurs bords, l'œil apercevra, si les zones ne sont pas trop larges, des modifications qui porteront dans le premier cas sur l'intensité de la couleur, et dans le second sur la composition optique des deux couleurs respectives juxtaposées. Or, comme ces modifications font paraître les zones, regardées en même temps, plus différentes qu'elles ne sont réellement, je leur donne le nom de *contraste simultané des couleurs;* et j'appelle *contraste de ton* la modification qui porte sur l'intensité de la couleur, et *contraste de couleur* celle qui porte sur la composition optique de chaque couleur juxtaposée. Voici la manière bien simple de constater le double phénomène du contraste simultané des couleurs.

DÉMONSTRATION EXPÉRIMENTALE DU CONTRASTE DU TON.

9. On prend les deux moitiés *o*, *o'*, fig. 1, d'une feuille de

o^m5o à o^m6o de largeur de papier non satiné, d'un gris clair fait au moyen d'un mélange de noir et de craie; on les fixe d'une manière quelconque sur un fond de toile écrue placé vis-à-vis d'une fenêtre. o est éloigné de o' de o^m3o environ. On prend les deux moitiés p, p' d'une feuille de papier non satiné, qui diffère de la première en ce que le gris qui la colore est plus foncé, mais toujours formé du même noir et du même blanc. On fixe p près de o, et p' à o^m3o environ de p.

Si on regarde les quatre demi-feuilles o, o', p, p', pendant quelques secondes, on verra que o contigu à p sera plus clair que o', tandis que p sera, au contraire, plus foncé que p'.

10. Il est aisé de démontrer que la modification n'est pas également intense sur toute l'étendue des surfaces o, p, mais qu'elle va en s'affaiblissant graduellement sur l'une et l'autre, à partir de la ligne de juxtaposition. Il suffit, pour cela, de placer un carton découpé, fig. 2, sur op, de manière que o, p présentent chacun trois zones grises; comme on le voit, fig. 3, les zones 1, 1 sont plus modifiées que les zones 2, 2, et celles-ci le sont plus que les zones 3, 3.

Enfin, pour que la modification ait lieu, il n'est pas absolument nécessaire qu'il y ait contiguïté entre o et p, car, si l'on couvre les zones 1, 1, on verra encore les zones 2, 2, 3, 3, modifiées.

11. L'expérience suivante, simple conséquence des deux précédentes (9) et (10), est très propre à démontrer toute l'étendue du contraste du ton.

Sur une feuille de carton partagée en dix zones de o^m o55 de largeur chacune, 1, 2, 3, 4, 5, 6, 7, 8, 9, 1o, on étend une teinte uniforme d'encre de Chine, fig. 3 bis. Dès qu'elle est sèche, on

O'   O   Fig.1.   P   P'

Fig.2.

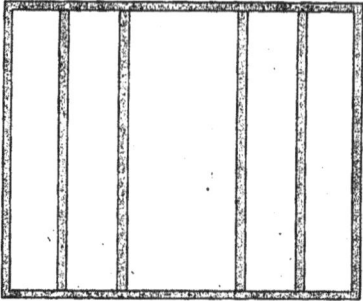

O'   O   Fig.3.   P   P'

 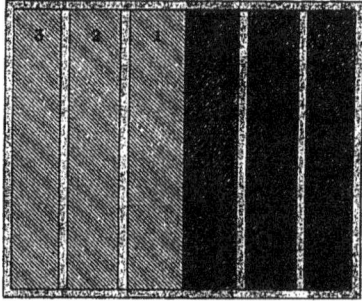 

Fig.3.(bis)

a   ba   ba   ba   ba   ba   ba   ba   ba   ba   b

a   ba   ba   ba   ba   ba   ba   ba   ba   ba   b

en étend une seconde sur toutes les zones, excepté la première. Dès que la seconde teinte est sèche, on en étend une troisième sur toutes les zones, excepté les zones 1 et 2 ; ainsi de suite, de manière à avoir dix zones teintes plates et de plus en plus foncées à partir de la première, 1.

Si l'on avait dix bandes de papier d'un même gris, mais chacune d'un ton différent, en les collant sur un carton de manière à observer la gradation précédente, cela reviendrait absolument au même.

Que l'on regarde maintenant le carton, et l'on verra que les zones, au lieu de présenter des teintes plates, paraîtront chacune d'un ton parfaitement dégradé en allant du bord *aa* au bord *bb*. Dans la zone 1, le contraste est produit simplement par la contiguïté du bord *bb* avec le bord *aa* de la zone 2 ; dans la zone 10, il l'est simplement par la contiguïté du bord *aa* avec le bord *bb* de la zone 9. Mais dans chacune des zones intermédiaires 2, 3, 4, 5, 6, 7, 8 et 9, le contraste est produit par une double cause : d'une part, la contiguïté du bord *aa* avec le bord *bb* de la zone qui la précède ; d'une autre part, la contiguïté du bord *bb* avec le bord *aa* de la zone plus foncée qui la suit. La première cause tend à élever le ton de la moitié de la zone intermédiaire, tandis que la seconde cause tend à abaisser le ton de l'autre moitié de cette même zone.

Une conséquence de ce contraste, c'est que les zones, vues d'une distance convenable, ressemblent plutôt à des cannelures qu'à des surfaces planes. Car dans les zones 2 et 3, par exemple, le gris se dégradant insensiblement du bord *aa* au bord *bb*, elles présentent à l'œil le même effet que si la lumière donnait sur une surface cannelée, de manière à éclairer la partie voisine de *bb*, tandis que la partie *aa* serait dans l'ombre ; cependant il y a cette différence, que dans une vraie cannelure la partie éclairée produirait un reflet sur la partie obscure.

12. Le contraste de ton a lieu pour les couleurs proprement dites, aussi bien que pour le gris; ainsi répétez l'expérience (9), fig. 1, avec les deux moitiés *o*, *o'*, d'une feuille de papier du ton clair d'une certaine couleur, et les deux moitiés *p*, *p'*, d'une feuille de papier d'un ton plus foncé de cette même couleur, et vous verrez que *o* contigu à *p* sera plus clair que *o'*, et *p* plus foncé que *p'*. Enfin on peut démontrer, comme on l'a fait précédemment (10), que la modification s'affaiblit graduellement en partant de la ligne de juxtaposition.

DÉMONSTRATION EXPÉRIMENTALE DU CONTRASTE DE LA COULEUR.

13. Si l'on dispose, comme il a été dit précédemment (9), fig. 1, deux moitiés, *o*, *o'*, d'une feuille de papier non satiné de couleur, et deux moitiés, *p*, *p'*, d'une feuille de papier non satiné d'une couleur différente de celle de la première, mais s'en rapprochant autant que possible par l'intensité, ou plutôt par leur *ton* (8), en regardant les quatre demi-feuilles *o'*, *o*, *p*, *p'*, pendant quelques secondes, on verra que *o* diffère de *o'*, et *p* de *p'*; conséquemment les deux demi-feuilles *o*, *p* semblent éprouver réciproquement une modification de teinte qui est rendue sensible par la comparaison que l'on fait de leurs couleurs avec celles de *o'* et de *p'* [1].

14. Il est aisé de démontrer que la modification des couleurs juxtaposées va en s'affaiblissant en partant de la ligne de juxtaposition, et qu'on peut l'observer entre deux surfaces sans qu'elles soient contiguës; il suffit d'expérimenter comme il a été dit précédemment (10).

[1] Au lieu de papier, on peut prendre des étoffes non lustrées ou toute autre matière qui puisse présenter deux surfaces égales d'une couleur absolument identique. Les papiers peints pour tenture sont d'un excellent usage.

15. Je vais citer dix-sept observations faites conformément à la manière prescrite plus haut (9).

COULEURS MISES EN EXPÉRIENCE D'INTENSITÉS ÉGALES AUTANT QUE POSSIBLE.

MODIFICATIONS.

N° 1.	{ Rouge.......	tire sur le violet.
	Orangé......	— le jaune.
2.	{ Rouge.......	— le violet ou est moins jaune.
	Jaune.......	— le vert ou est moins rouge.
3.	{ Rouge.......	— le jaune.
	Bleu........	— le vert.
4.	{ Rouge......	— le jaune.
	Indigo	— le bleu.
5.	{ Rouge......	— le jaune.
	Violet.......	— l'indigo.
6.	{ Orangé.....	— le rouge.
	Jaune.......	— le vert brillant ou est moins rouge.
7.	{ Orangé.....	— le rouge brillant ou est moins brun.
	Vert........	— le bleu.
8.	{ Orangé.....	— le jaune ou est moins brun.
	Indigo	— le bleu ou est plus franc.
9.	{ Orangé.....	— le jaune ou est moins brun.
	Violet.......	— l'indigo.
10.	{ Jaune.......	— l'orangé brillant.
	Vert........	— le bleu.
11.	{ Jaune.......	— l'orangé.
	Bleu........	— l'indigo.
12.	{ Vert........	— le jaune.
	Bleu........	— l'indigo.

MODIFICATIONS.

N° 13. { Vert. . . . . tire sur le jaune.
       { Indigo . . . . . .   —   le violet.

14. { Vert. . . . .   —   le jaune.
    { Violet. . . . . . .   —   le rouge.

15. { Bleu. . . . .   —   le vert.
    { Indigo . . . . . .   —   le violet foncé.

16. { Bleu. . . . .   —   le vert.
    { Violet. . . . . . .   —   le rouge.

17. { Indigo . . . . . .   —   le bleu.
    { Violet. . . . . . .   —   le rouge.

Il suit donc des expériences décrites dans ce chapitre que deux surfaces colorées juxtaposées peuvent présenter à l'œil qui les voit simultanément deux modifications, l'une relative à la hauteur des tons respectifs de leurs couleurs, et l'autre relative à la composition physique de ces mêmes couleurs.

CHAPITRE II.

LOI DU CONTRASTE SIMULTANÉ DES COULEURS ET FORMULE QUI LA REPRÉSENTE.

16. Après m'être assuré que les phénomènes précédents étaient constants pour ma vue, lorsqu'elle n'était pas fatiguée, et que plusieurs personnes habituées à juger des couleurs les voyaient comme moi, je cherchai à les ramener à une expression assez générale pour qu'on pût prévoir l'effet que produirait sur l'organe de la vue la juxtaposition de deux couleurs données. Tous les phénomènes que j'ai observés dépendent d'une loi très simple, qui, dans le sens le plus général, peut être énoncée en ces termes : *dans le cas où l'œil voit en même temps deux couleurs contiguës, il les voit les plus dissemblables possible, quant à leur composition optique et quant à la hauteur de leur ton.* Il peut donc y avoir à la fois contraste simultané de couleur proprement dit et contraste de ton.

17. Or deux couleurs juxtaposées *o* et *p* différeront le plus possible l'une de l'autre, quand la complémentaire de *o* s'ajoutera à *p* et la complémentaire de *p* s'ajoutera à *o* : en effet, par la juxtaposition de *o* et de *p*, les rayons de la couleur *p* que *o* réfléchit lorsqu'elle est vue isolément, comme les rayons de la couleur *o* que *p* réfléchit lorsqu'elle est vue isolément, rayons qui sont actifs dans cette circonstance (7), cessent de l'être lorsque *o* et *p* sont juxtaposés. Or, dans ce cas, les deux couleurs perdant chacune ce qu'elles ont d'analogue, elles doivent différer davantage. C'est ce que les formules suivantes vont parfaitement éclaircir.

18. Représentons :

la couleur de la zone O par couleur a plus blanc B;

la couleur de la zone P par couleur a' plus blanc B';

la couleur complémentaire de a par c;

la couleur complémentaire de a' par c'.

Les couleurs des deux zones vues séparément sont

$$\text{couleur de } O = a + B,$$
$$\text{couleur de } P = a' + B';$$

par la juxtaposition, elles deviennent

$$\text{couleur de } O = a + B + c',$$
$$\text{couleur de } P = a' + B' + c.$$

Faisons voir maintenant que cette expression revient à retrancher de la couleur a de O les rayons de la couleur a', et à retrancher de la couleur a' de P les rayons de la couleur a. Pour cela supposons

$$B \text{ réduit en deux portions } \begin{cases} \text{blanc} = b \\ +\text{blanc} = (a'+c'), \end{cases}$$

$$B' \text{ réduit en deux portions } \begin{cases} \text{blanc} = b' \\ +\text{blanc} = (a+c). \end{cases}$$

Les couleurs des deux zones vues séparément sont

$$\text{couleur de } O = a + b + a' + c',$$
$$\text{couleur de } P = a' + b' + a + c;$$

par la juxtaposition, elles deviennent

$$\text{couleur de } O = a + b + c',$$
$$\text{couleur de } P = a' + b' + c,$$

expression qui est sensiblement la même que la première, sauf les valeurs de B et B'.

19. J'ai dit que le contraste simultané peut porter à la fois sur la composition optique des couleurs et sur la hauteur de leur ton ; conséquemment, lorsque les couleurs ne sont pas à la même hauteur, celle qui est foncée paraît plus foncée, et celle qui est claire paraît plus claire, ce qui revient à dire que la première semble perdre de la lumière blanche, tandis que la seconde semble en réfléchir davantage. *Il peut donc y avoir, dans la vue de deux couleurs juxtaposées, contraste simultané de couleur et contraste simultané de ton.*

CHAPITRE III.

20. Appliquons la formule aux dix-sept observations du chapitre Ier, et nous verrons que les modifications des couleurs juxtaposées sont précisément celles qui doivent résulter de l'addition à chacune d'elles de la complémentaire de la couleur contiguë (18). Je préviens que je ne passerai pas ces observations en revue dans l'ordre où elles sont exposées précédemment; le lecteur en verra la raison dans le chapitre IX. Mais il lui sera toujours facile de retrouver le rang qu'elles occupent dans le chapitre Ier, parce que je vais joindre à chacune d'elles le numéro d'ordre qu'elles y ont. Enfin, pour les complémentaires des couleurs, je renvoie aux prolégomènes de la première partie (6).

Orangé et vert, n° 7.

21. Le bleu, complémentaire de l'orangé, en s'ajoutant au vert, le fait tirer sur le bleu ou le rend moins jaune.

Le rouge, complémentaire du vert, en s'ajoutant à l'orangé, le fait tirer sur le rouge ou le rend moins jaune, et cependant il le rend plus brillant.

Orangé et indigo, n° 8.

22. Le bleu, complémentaire de l'orangé, en s'ajoutant à l'indigo, le fait tirer sur le bleu ou le rend moins rouge.

Le jaune tirant sur l'orangé, complémentaire de l'indigo, en s'ajoutant à l'orangé, le fait tirer sur le jaune ou le rend moins rouge.

Orangé et violet, n° 9.

23. Le bleu, complémentaire de l'orangé, en s'ajoutant au violet, le fait tirer sur l'indigo.

Le jaune tirant sur le vert, complémentaire du violet, en s'ajoutant à l'orangé, le fait tirer sur le jaune.

Vert et indigo, n° 13.

24. Le rouge, complémentaire du vert, en s'ajoutant à l'indigo, le rend plus violet ou plus rouge.

Le jaune tirant sur l'orangé, complémentaire de l'indigo, en s'ajoutant au vert, le fait tirer sur le jaune.

Vert et violet, n° 14.

25. Le rouge, complémentaire du vert, en s'ajoutant au violet, lui donne plus de rouge.

Le jaune tirant sur le vert, complémentaire du violet, en s'ajoutant au vert, le fait tirer sur le jaune.

Orangé et rouge, n° 1.

26. Le bleu, complémentaire de l'orangé, en s'ajoutant au rouge, le fait tirer sur le violet ou l'amarante.

Le vert, complémentaire du rouge, fait tirer l'orangé sur le jaune.

Violet et rouge, n° 5.

27. Le jaune tirant sur le vert, complémentaire du violet, en s'ajoutant au rouge, le fait tirer sur l'orangé ou le jaune.

Le vert, complémentaire du rouge, fait tirer le violet sur l'indigo.

Indigo et rouge, n° 4.

28. Le jaune tirant sur l'orangé, complémentaire de l'indigo, en s'ajoutant au rouge, le fait tirer sur l'orangé.

Le vert, complémentaire du rouge, fait tirer l'indigo sur le bleu.

Orangé et jaune, n° 6.

29. Le bleu, complémentaire de l'orangé, en s'ajoutant au jaune, le fait tirer sur le vert.

L'indigo tirant sur le violet, complémentaire du jaune, fait tirer l'orangé sur le rouge.

Vert et jaune, n° 10.

30. Le rouge, complémentaire du vert, en s'ajoutant au jaune, le fait tirer sur l'orangé.

L'indigo tirant sur le violet, complémentaire du jaune, en s'ajoutant au vert, le fait tirer sur le bleu.

Vert et bleu, n° 12.

31. Le rouge, complémentaire du vert, en s'ajoutant au bleu, le fait tirer sur l'indigo.

L'orangé, complémentaire du bleu, en s'ajoutant au vert, le fait tirer sur le jaune.

Violet et bleu, n° 16.

32. Le jaune tirant sur le vert, complémentaire du violet, en s'ajoutant au bleu, le fait tirer sur le vert.

L'orangé, complémentaire du bleu, en s'ajoutant au violet, le fait tirer sur le rouge.

Indigo et bleu, n° 15.

33. Le jaune tirant sur l'orangé, complémentaire de l'indigo, en s'ajoutant au bleu, le fait tirer sur le vert.

L'orangé, complémentaire du bleu, en s'ajoutant à l'indigo, le fait tirer sur le violet.

Rouge et jaune, n° 2.

34. Le vert, complémentaire du rouge, en s'ajoutant au jaune, le fait tirer sur le vert.

L'indigo tirant sur le violet, complémentaire du jaune, en s'ajoutant au rouge, le fait tirer sur le violet.

Rouge et bleu, n° 3.

35. Le vert, complémentaire du rouge, en s'ajoutant au bleu, le fait tirer sur le vert.

L'orangé, complémentaire du bleu, en s'ajoutant au rouge, le fait tirer sur l'orangé.

Jaune et bleu, n° 11.

36. L'indigo tirant sur le violet, complémentaire du jaune, en s'ajoutant au bleu, le fait tirer sur l'indigo.

L'orangé, complémentaire du bleu, en s'ajoutant au jaune, le fait tirer sur l'orangé.

Indigo et violet, n° 17.

37. Le jaune tirant sur l'orangé, complémentaire de l'indigo, en s'ajoutant au violet, le fait tirer sur le rouge.

IMPRIMERIE NATIONALE.

Le jaune tirant sur le vert, complémentaire du violet, en s'ajoutant à l'indigo, le fait tirer sur le bleu.

38. Il est évident que, toutes choses égales d'ailleurs, les modifications des couleurs juxtaposées seront d'autant plus marquées, que la couleur complémentaire c ou c', qui s'ajoute à chacune d'elles, en différera davantage : car que la complémentaire c', qui s'ajoute à la couleur O, lui soit identique, comme la complémentaire c est identique à la couleur P, à laquelle elle s'ajoute, et les modifications de O et de P se borneront à une simple augmentation d'intensité de couleur. Mais connaît-on aujourd'hui deux corps colorés qui soient dans le cas de présenter à l'observateur deux couleurs parfaitement pures et complémentaires l'une de l'autre? Non assurément; tous ceux que nous voyons colorés par réflexion nous renvoient, comme je l'ai dit (7), outre de la lumière blanche, un grand nombre de rayons diversement colorés. On ne peut donc indiquer maintenant *un corps rouge et un corps vert,* ou *un corps orangé et un corps bleu,* ou *un corps d'un jaune tirant sur l'orangé et un corps indigo,* ou enfin *un corps jaune tirant sur le vert et un corps violet,* qui réfléchissent des couleurs pures ou même complexes absolument complémentaires l'une de l'autre, de sorte que la juxtaposition de ces corps ne ferait éprouver à leurs couleurs respectives *qu'une simple augmentation d'intensité.* D'après cela, s'il est moins facile, en général, de vérifier la loi de contraste sur *des corps rouges et verts,* sur *des corps orangés et bleus,* etc., qu'il ne l'est de la vérifier sur ceux qui ont été l'objet des dix-sept observations rapportées plus haut (15), cependant, en cherchant à le faire sur les premiers, vous verrez que leurs couleurs acquerront un éclat, une vivacité et une pureté des plus remarquables, et ce résultat, parfaitement conforme à la loi, est aisé

à concevoir : par exemple, un objet de couleur orangée réfléchit des rayons bleus, comme un objet de couleur bleue réfléchit des rayons orangés (7). Dès lors, quand vous mettez en rapport une zone bleue avec une zone orangée, soit que l'on admette que la première paraît à l'œil recevoir du bleu du voisinage de la seconde, comme celle-ci paraît recevoir de l'orangé du voisinage de la zone bleue, ou, ce qui est la même chose, soit que l'on admette que la zone bleue semble détruire l'effet des rayons bleus de la seconde zone, comme celle-ci semble détruire l'effet des rayons orangés de la zone bleue, il est évident que les couleurs des deux objets juxtaposés doivent s'épurer l'une par l'autre et devenir plus vives. Mais il peut arriver que le bleu paraisse tirer sur le vert ou le violet, et l'orangé sur le jaune ou le rouge, c'est-à-dire que la modification ne porte pas seulement sur l'intensité de la couleur, mais encore sur sa composition physique : quoi qu'il en soit, si ce dernier effet a lieu, il est toujours incontestablement bien plus faible que le premier; en outre, si vous regardez un certain nombre de fois les mêmes zones colorées, vous pourrez observer que le bleu, qui vous avait paru d'abord plus vert, paraîtra ensuite plus violet, et que l'orangé, qui avait paru d'abord plus jaune, paraîtra plus rouge, de sorte que le phénomène de modification, portant sur la composition physique de la couleur, n'aura pas la constance de ceux qui font le sujet des dix-sept observations précédentes (15). Je vais, au reste, exposer les remarques que j'ai faites sur des corps dont les couleurs s'approchaient le plus possible d'être complémentaires l'une de l'autre.

Rouge et vert.

39. Le rouge, complémentaire du vert, en s'ajoutant au rouge, en augmente l'intensité.

Le vert, complémentaire du rouge, en s'ajoutant au vert, en augmente l'intensité.

Tel est le résultat théorique; le résultat expérimental y est en tout conforme.

Lorsqu'on juxtapose un vert tirant sur le jaune plutôt que sur le bleu avec : 1° un rouge légèrement orangé; 2° un rouge légèrement cramoisi; 3° un rouge intermédiaire, et qu'on répète un certain nombre de fois les observations sur chacun de ces assemblages de couleurs, on pourra remarquer des résultats différents, c'est-à-dire que dans un cas le rouge paraîtra plus orangé et le vert plus jaune, et dans un autre le rouge paraîtra plus violet et le vert plus bleu, et l'on remarquera, en outre, que le changement pourra être attribué tantôt à une différence dans l'intensité de la lumière qui éclaire les couleurs, et tantôt à une fatigue de l'œil.

Lorsqu'on juxtapose un vert tirant plutôt sur le bleu que sur le jaune avec : 1° un rouge légèrement orangé; 2° un rouge légèrement cramoisi; 3° un rouge intermédiaire, les résultats sont les mêmes qu'avec le premier vert, avec cette différence, toutefois, que dans l'assemblage du vert bleuâtre et du rouge légèrement cramoisi, observés un certain nombre de fois, le vert et le rouge paraissent presque constamment plus jaunes qu'ils ne le sont séparément, résultat facile à concevoir.

Orangé et bleu.

40. Le bleu, complémentaire de l'orangé, en s'ajoutant au bleu, lui donne plus d'intensité.

L'orangé, complémentaire du bleu, en s'ajoutant à l'orangé, lui donne plus d'intensité.

En répétant les observations avec un bleu foncé et un orangé qui ne soit pas trop rouge, les deux couleurs paraissent le plus souvent prendre du rouge, autrement on pourrait observer le contraire.

Jaune tirant sur l'orangé, et indigo.

41. Le jaune tirant sur l'orangé, complémentaire de l'indigo, en s'ajoutant au jaune tirant sur l'orangé, lui donne plus d'intensité.

L'indigo, complémentaire du jaune tirant sur l'orangé, en s'ajoutant à l'indigo, lui donne plus d'intensité.

Le résultat de l'observation est presque toujours conforme au résultat théorique.

Jaune tirant sur le vert, et violet.

42. Le jaune tirant sur le vert, complémentaire du violet, en s'ajoutant au jaune tirant sur le vert, lui donne plus d'intensité.

Le violet, complémentaire du jaune tirant sur le vert, en s'ajoutant au violet, lui donne plus d'intensité.

Le résultat de l'observation est presque toujours conforme à la loi.

CONCLUSION.

43. D'après la loi du contraste simultané des couleurs et la dégradation insensible de la modification, à partir du bord contigu des zones colorées juxtaposées (11), on peut se représenter, par les figures 4, 5, 6, 7, 8, 9, 10, 11, les modifications que les principales couleurs tendent à faire éprouver à celles qui leur sont juxtaposées. Dans chacune de ces figures, la couleur modifiante est circulaire; à partir de la circonférence, sa complémentaire, cause de la modification de l'espace contigu au cercle, va en s'affaiblissant de plus en plus. Ces figures sont principalement destinées à représenter

les effets du contraste aux personnes qui, n'ayant pas étudié la physique, ont cependant intérêt à connaître ces effets.

La figure 4 représente un cercle rouge, qui tend à verdir de sa complémentaire l'espace qui l'environne.

La figure 5 représente un cercle vert, qui tend à roser de sa complémentaire l'espace qui l'environne.

La figure 6 représente un cercle orangé, qui tend à bleuir l'espace qui l'environne.

La figure 7 représente un cercle bleu, qui tend à colorer en orangé l'espace qui l'environne.

La figure 8 représente un cercle jaune vert, qui tend à violeter l'espace qui l'environne.

La figure 9 représente un cercle violet, qui tend à colorer en jaune verdâtre l'espace qui l'environne.

La figure 10 représente un cercle indigo, qui tend à colorer en jaune orangé l'espace qui l'environne.

La figure 11 représente un cercle jaune orangé, qui tend à colorer en indigo l'espace qui l'environne.

Fig. 4.

Fig. 5.

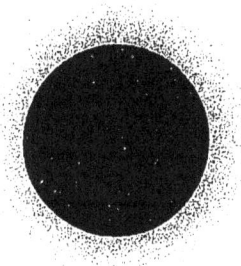

Fig. 6.

Fig. 7.

Imprimerie Nationale

Planche 3.

Fig. 8.

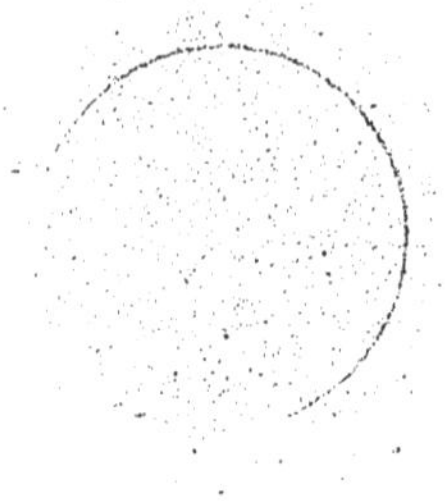

Fig. 9

Fig. 10.

Fig. 11.

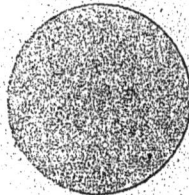

Fig. 12.

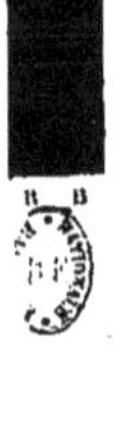

Imprimerie Nationale.

CHAPITRE IV.

DE LA JUXTAPOSITION DES CORPS COLORÉS ET DES CORPS BLANCS.

44. Les corps blancs contigus à des corps colorés paraissent, à l'œil qui les voit simultanément avec les seconds, modifiés d'une manière sensible; j'avoue que la modification est trop faible pour être déterminée avec une certitude complète, lorsqu'on ignore la loi du contraste; mais la connaissant, et sachant les modifications que le blanc doit éprouver de corps colorés donnés, il est impossible de méconnaître cette modification dans sa spécialité, si toutefois les couleurs que l'on oppose au blanc ne sont pas trop foncées.

Rouge et blanc.

45. Le vert, complémentaire du rouge, s'ajoute au blanc.
Le rouge paraît plus brillant, plus foncé.

Orangé et blanc.

46. Le bleu, complémentaire de l'orangé, s'ajoute au blanc.
L'orangé paraît plus brillant, plus foncé.

Jaune tirant sur le vert, et blanc.

47. Le violet, complémentaire du jaune tirant sur le vert, s'ajoute au blanc.
Le jaune paraît plus brillant, plus foncé.

Vert et blanc.

48. Le rouge, complémentaire du vert, s'ajoute au blanc.

Le vert paraît plus brillant, plus foncé.

Bleu et blanc.

49. L'orangé, complémentaire du bleu, s'ajoute au blanc.
Le bleu paraît plus brillant et plus foncé.

Indigo et blanc.

50. Le jaune tirant sur l'orangé, complémentaire de l'indigo, s'ajoute au blanc.
L'indigo paraît plus brillant, plus foncé.

Violet et blanc.

51. Le jaune tirant sur le vert, complémentaire du violet, s'ajoute au blanc.
Le violet paraît plus brillant et plus foncé.

Noir et blanc.

52. Le noir et le blanc, qui peuvent être considérés en quelque sorte comme complémentaires l'un de l'autre, deviennent, conformément à la *loi* du contraste de ton, plus différents que s'ils étaient vus isolément; et cela résulte de ce que l'effet de la lumière blanche réfléchie par le noir (4) est détruit plus ou moins par la lumière de la zone blanche : c'est par une action analogue que le blanc rehausse le ton des couleurs avec lesquelles on le juxtapose.

CHAPITRE V.

DE LA JUXTAPOSITION DES CORPS COLORÉS ET DES CORPS NOIRS.

53. Avant d'exposer les observations auxquelles la juxtaposition des corps colorés avec les corps noirs a donné lieu, il faut analyser la part que les deux contrastes, celui de ton et celui de couleur, peuvent avoir dans le phénomène considéré en général.

La surface noire étant plus foncée que la couleur qui y est juxtaposée, le contraste de ton doit tendre à la foncer encore, tandis qu'il doit tendre à abaisser le ton de la couleur juxtaposée, précisément par la raison inverse que le blanc la rehausserait s'il y était juxtaposé. Voilà pour le contraste de ton.

54. Les corps noirs réfléchissent une petite quantité de lumière blanche (4), et cette lumière parvenant à la rétine en même temps que la lumière colorée des corps qui y sont juxtaposés, il est évident que les corps noirs doivent paraître teints de la complémentaire de la lumière colorée; mais la teinte doit en être légère, puisqu'elle se manifeste sur un fond qui n'a qu'un faible pouvoir pour réfléchir la lumière. Voilà pour le contraste de couleur.

55. L'abaissement du ton de la couleur juxtaposée avec le noir s'observe constamment; mais un fait très remarquable est l'affaiblissement du noir lui-même, lorsque la couleur qui y est juxtaposée est foncée et de nature à donner une complémentaire lumineuse, comme l'orangé, le jaune orangé, le jaune verdâtre, etc.

Rouge et noir.

56. Le vert, complémentaire du rouge, s'ajoute au noir; le noir paraît moins rougeâtre.

Le rouge paraît plus clair ou moins brun, moins orangé.

Orangé et noir.

57. Le bleu, complémentaire de l'orangé, s'ajoute au noir; le noir paraît moins roux ou plus bleu.

L'orangé paraît plus brillant et plus jaune ou moins brun.

Jaune tirant sur le vert, et noir.

58. Le violet, complémentaire du jaune tirant sur le vert, s'ajoute au noir; le noir paraît violâtre.

Le jaune est plus clair, plus verdâtre peut-être, et il est des échantillons de jaune qui paraissent appauvris par leur juxtaposition avec le noir.

Vert et noir.

59. Le rouge, complémentaire du vert, s'ajoute au noir; le noir paraît plus violâtre ou rougeâtre.

Le vert tire faiblement sur le jaune.

Bleu et noir.

60. L'orangé, complémentaire du bleu, s'ajoute au noir; le noir s'éclaircit.

Le bleu est plus clair, plus vert peut-être.

Indigo et noir.

61. Le jaune tirant sur l'orangé, complémentaire de l'indigo, s'ajoute au noir et l'éclaircit beaucoup.

L'indigo s'éclaircit.

Violet et noir.

62. Le jaune tirant sur le vert, complémentaire du violet, s'ajoute au noir et l'éclaircit.

Le violet est plus brillant, plus clair, plus rouge peut-être.

CHAPITRE VI.

DE LA JUXTAPOSITION DES CORPS COLORÉS ET DES CORPS GRIS.

63. Si l'éclat de la lumière réfléchie par les corps blancs est une des principales causes qui empêchent d'être sensibles à la vue les modifications que des corps colorés, juxtaposés avec les premiers, tendent à leur donner; d'un autre côté, si la faible lumière réfléchie par les corps noirs est, par la raison contraire, peu favorable à ce qu'on aperçoive l'espèce de modification qu'ils éprouvent du voisinage des corps colorés, dans le cas surtout où la complémentaire de la couleur de ces corps est elle-même peu lumineuse, on conçoit que des corps gris convenablement choisis, quant à la hauteur de leur ton, pourront présenter les phénomènes du contraste de couleur, lorsqu'ils seront contigus à des corps colorés, d'une manière plus sensible que ne le font les corps blancs et les corps noirs.

Rouge et gris.

64. Le gris paraît verdâtre en recevant l'influence de la complémentaire du rouge.

Le rouge paraît plus pur, moins orangé peut-être.

Orangé et gris.

65. Le gris paraît plus bleu en recevant l'influence de la complémentaire de l'orangé.

L'orangé paraît plus pur, plus brillant, plus jaune peut-être.

Jaune et gris.

66. Le gris paraît tirer sur le violâtre, en recevant l'influence de la complémentaire du jaune.

Le jaune paraît plus brillant et pourtant moins verdâtre.

Vert et gris.

67. Le gris paraît tirer sur le rougeâtre, en recevant l'influence de la complémentaire du vert.

Le vert paraît plus brillant, plus jaune peut-être.

Bleu et gris.

68. Le gris paraît tirer sur l'orangé, en recevant l'influence de la complémentaire du bleu.

Le bleu paraît plus brillant, plus verdâtre peut-être.

Indigo et gris.

69. Comme ci-dessus (68).

Violet et gris.

70. Le gris paraît tirer sur le jaune, en recevant l'influence de la complémentaire du violet.

Le violet paraît plus franc, moins terne.

70 *bis.* Le gris, qui a été le sujet des expériences précédentes, était aussi exempt que possible de toute matière colorante étrangère au noir; il appartenait à la gamme du *noir normal* (voyez IIe partie, 164), c'est-à-dire qu'il résultait du mélange d'un noir et d'un blanc matériels les plus purs possible : juxtaposé au blanc, il le rendait

plus clair et paraissait plus haut, tandis que, juxtaposé au noir, il
le rehaussait et paraissait plus clair et plus roux.

70 *ter.* Une conséquence de ce que les complémentaires des couleurs juxtaposées au gris apparaissent d'une manière plus sensible
que dans les cas où ces couleurs sont juxtaposées au blanc et même
au noir, est que, si, au lieu d'un *gris normal,* on juxtapose un gris
d'une teinte sensible, soit de rouge, soit d'orangé, soit de jaune, etc.,
ces teintes pourront être singulièrement exaltées par les complémentaires qui s'y ajouteront. Par exemple, un gris bleuâtre recevra une
exaltation de bleu bien sensible de son voisinage avec l'orangé, et un
gris jaunâtre prendra une teinte verte sensible du même voisinage.

CHAPITRE VII.

LA NATURE CHIMIQUE DES MATIÈRES COLORÉES N'A AUCUNE INFLUENCE SUR LE PHÉNOMÈNE DU CONTRASTE SIMULTANÉ.

71. Toutes les expériences que j'ai faites, pour savoir si la nature chimique des corps colorés que l'on juxtapose a de l'influence sur les modifications de leurs couleurs, m'ont conduit, comme je m'y attendais bien, à un résultat absolument négatif ; quelle que fût la composition chimique des matières colorées, pour peu qu'elles fussent identiques à la vue, elles donnaient les mêmes résultats. Je ne citerai que les exemples suivants :

Le bleu d'indigo, le bleu de Prusse, le bleu de cobalt, l'outremer, aussi bien assortis que possible, donnaient la même sorte de modification ;

L'orangé préparé avec du minium, avec du rocou, avec le mélange de la gaude et de la garance, donnait la même modification aux couleurs qu'on y juxtaposait.

CHAPITRE VIII.

DE LA JUXTAPOSITION DES CORPS COLORÉS APPARTENANT À DES COULEURS D'UN MÊME GROUPE DE RAYONS COLORÉS.

72. Toutes les fois qu'il y a une grande différence entre deux couleurs juxtaposées, la différence est encore appréciable en opérant avec une même couleur que l'on met successivement en présence de couleurs diverses appartenant à un même groupe. Exemples :

Orangé et rouge.

Vous pouvez mettre auprès de l'orangé un rouge écarlate, un rouge, un rouge amarante, sans cesser d'observer que le rouge prend du pourpre et l'orangé du jaune.

Violet et rouge.

Résultats analogues avec le violet mis en présence du rouge écarlate, du rouge et du rouge amarante. Le violet paraît toujours plus bleu et le rouge plus jaune ou moins pourpre.

73. Ces observations expliquent très bien pourquoi on obtient des résultats conformes à la formule, quoiqu'on fasse usage de corps colorés, tels que papiers, étoffes, etc., qui sont loin de présenter à l'œil des couleurs bien franches.

74. La juxtaposition de zones colorées est un moyen de démontrer combien il est difficile de fixer des types de couleurs purs avec

nos matières colorantes, du moins si l'on ne prend pas en considération la loi du contraste simultané. En effet :

1° Prenez du rouge, mettez-le en rapport avec un rouge orangé :
le premier paraîtra pourpre et le second plus jaune, comme je viens
de le dire; mais si vous mettez le premier rouge en rapport avec un
rouge pourpre, celui-ci paraîtra plus bleuâtre et l'autre plus jaune
ou orangé, de sorte que le même rouge sera pourpre dans un cas et
orangé dans l'autre.

2° Prenez du jaune, mettez-le en rapport avec un jaune orangé :
il paraîtra verdâtre et le second plus rouge; mais si vous mettez le
premier jaune en rapport avec un jaune verdâtre, celui-ci paraîtra
plus vert et l'autre plus orangé, de sorte que le même jaune tirera
sur le vert dans un cas et sur l'orangé dans l'autre.

3° Prenez du bleu, mettez-le en rapport avec un bleu verdâtre :
le premier tirera sur le violet et le second paraîtra plus jaune. Mettez
le même bleu en rapport avec un bleu violet : le premier tirera sur le
vert et le second paraîtra plus rouge, de sorte que le même bleu sera
violet dans un cas et verdâtre dans l'autre.

75. On voit, d'après cela, que les couleurs que les peintres appellent *simples*, le rouge, le jaune et le bleu, passent insensiblement
par la juxtaposition à l'état de couleurs composées, puisque alors le
même rouge est pourpre ou orangé, le même jaune est orangé ou
vert, et le même bleu est vert ou violet.

IMPRIMERIE NATIONALE.

CHAPITRE IX.

DE L'APPLICATION DE LA LOI DU CONTRASTE DANS L'HYPOTHÈSE OÙ LE ROUGE, LE JAUNE
ET LE BLEU SONT LES SEULES COULEURS PRIMITIVES, ET L'ORANGÉ, LE VERT,
L'INDIGO ET LE VIOLET DES COULEURS COMPOSÉES.

76. Les expériences auxquelles je viens d'appliquer le principe de la modification que les couleurs éprouvent par leur juxtaposition, et l'explication qui en résulte d'après la manière dont on considère la composition physique de la lumière blanche, s'expliquent clairement aussi dans le langage des peintres et des teinturiers, qui n'admettent que trois couleurs primitives : le rouge, le jaune et le bleu ; et comme il pourrait se rencontrer des personnes qui, en partageant cette opinion, désireraient cependant se rendre compte des phénomènes résultant de la juxtaposition des couleurs, je vais les expliquer en me conformant à leur langage, et pour plus de clarté, je ferai cinq groupes de couleurs juxtaposées, en commençant par ceux qui comprennent les observations auxquelles la loi précédente est d'une application plus facile. Je supposerai donc que l'orangé est formé de rouge et de jaune, le vert de bleu et de jaune, et que l'indigo et le violet le sont de bleu et de rouge.

1ᵉʳ GROUPE. — DEUX COULEURS COMPOSÉES, AYANT UNE COULEUR SIMPLE
POUR ÉLÉMENT COMMUN.

Il est bien aisé de vérifier la loi quand on regarde deux couleurs qui font partie de ce groupe ; on voit que par leur influence réciproque elles perdent plus ou moins de la couleur qui leur est commune; il est évident que c'est en en perdant qu'elles doivent s'éloigner le plus l'une et l'autre.

1. Orangé et vert.

Ces deux couleurs ayant le jaune pour élément commun, en perdent par la juxtaposition; *l'orangé paraît donc plus rouge et le vert plus bleu.*

2. Orangé et indigo.

Ces deux couleurs ayant le rouge pour élément commun, en perdent par la juxtaposition; *l'orangé paraît donc plus jaune et l'indigo plus bleu.*

3. Orangé et violet.

Comme les précédents.

4. Vert et indigo.

Ces deux couleurs ayant le bleu pour élément commun, en perdent par la juxtaposition; *le vert paraît donc plus jaune et l'indigo plus rouge.*

5. Vert et violet.

Comme les précédents.

2° GROUPE. — UNE COULEUR COMPOSÉE ET UNE COULEUR SIMPLE QUI SE TROUVE DANS LA COULEUR COMPOSÉE.

1. Orangé et rouge.

L'orangé perd du rouge et paraît plus jaune; et le rouge doit prendre du bleu, pour différer le plus possible de l'orangé.

2. *Violet et rouge.*

Le violet perd du rouge et paraît plus bleu ; le rouge doit prendre du jaune pour différer le plus possible du violet.

3. *Indigo et rouge.*

Comme les précédents.

4. *Orangé et jaune.*

L'orangé perd du jaune et paraît plus rouge ; le jaune doit prendre du bleu pour différer le plus possible de l'orangé.

5. *Vert et jaune*

Le vert perd du jaune et paraît plus bleu ; le jaune doit prendre du rouge pour différer davantage du vert.

6. *Vert et bleu.*

Le vert perd du bleu et paraît plus jaune ; le bleu doit prendre du rouge pour différer le plus possible du vert.

7. *Violet et bleu.*

Le violet perd du bleu et paraît plus rouge ; le bleu doit prendre du jaune pour différer le plus possible du violet.

8. *Indigo et bleu.*

Comme les deux précédents.

3e GROUPE. — DEUX COULEURS SIMPLES.

1. *Rouge et jaune.*

Le rouge, en perdant du jaune, doit paraître plus bleu, et le jaune, en perdant du rouge, doit paraître plus bleu, ou, en d'autres termes, *le rouge tire sur le pourpre et le jaune sur le vert.*

2. *Rouge et bleu.*

Le rouge, en perdant du bleu, doit paraître plus jaune, et le bleu, en perdant du rouge, doit paraître plus jaune, ou, en d'autres termes, *le rouge tire sur l'orangé et le bleu sur le vert.*

3. *Jaune et bleu.*

Le jaune, en perdant du bleu, doit paraître plus rouge, et le bleu, en perdant du jaune, doit paraître plus violet, ou, en d'autres termes, *le jaune tire sur l'orangé et le bleu sur le violet.*

4e GROUPE. — DEUX COULEURS COMPOSÉES, DONT LES COULEURS SIMPLES SONT·LES MÊMES.

Indigo et violet.

L'indigo ne différant du violet que parce qu'il contient, proportionnellement au rouge, plus de bleu que n'en contient le second, il s'ensuit que la différence sera la plus grande possible, lorsque l'indigo, perdant du rouge, tendra au bleu verdâtre, tandis que le violet, prenant du rouge, tendra vers cette couleur. Il est clair que si le violet perdait du rouge ou si l'indigo en prenait, les deux couleurs se rapprocheraient; mais comme elles s'éloignent l'une de l'autre, c'est le premier effet qui a lieu.

On peut encore se rendre compte du phénomène précédent, en considérant l'indigo, relativement au violet, comme du bleu; dès lors il doit perdre du bleu, qui est commun aux deux couleurs, et tendre au vert, et le violet, en perdant également du bleu, doit paraître plus rouge.

5ᵉ GROUPE. — UNE COULEUR COMPOSÉE ET UNE COULEUR SIMPLE
QUI NE SE TROUVE PAS DANS LA COULEUR COMPOSÉE.

1. *Orangé et bleu.*
2. *Vert et rouge.*
3. *Violet et jaune verdâtre.*

Dans l'hypothèse où l'on considère l'orangé, le vert et le violet comme des couleurs composées, et le bleu, le rouge et le jaune comme des couleurs simples, il en résulte qu'en les opposant dans l'ordre où elles sont réciproquement complémentaires et en supposant d'ailleurs que les couleurs ainsi juxtaposées soient parfaitement exemptes de toute couleur étrangère, on ne voit pas de raison pour que la couleur composée perde une de ses couleurs plutôt que l'autre, et pour que la couleur simple s'éloigne d'une des couleurs élémentaires plutôt que de l'autre. Par exemple, dans la juxtaposition du vert et du rouge, on ne voit pas de raison pour que le vert passe au bleu plutôt qu'au jaune, et pour que le rouge tire sur le bleu plutôt que sur le jaune.

SECTION II.

DE LA DISTINCTION DU CONTRASTE SIMULTANÉ, DU CONTRASTE SUCCESSIF ET DU CONTRASTE MIXTE DES COULEURS, ET RAPPORTS DES EXPÉRIENCES DE L'AUTEUR AVEC LES EXPÉRIENCES FAITES AUPARAVANT PAR D'AUTRES PHYSICIENS.

CHAPITRE PREMIER.

DISTINCTION DES CONTRASTES SIMULTANÉ, SUCCESSIF ET MIXTE DES COULEURS.

77. Avant de parler du rapport de mes observations avec celles que plusieurs savants avaient faites auparavant sur le contraste des couleurs, il est absolument nécessaire de distinguer trois classes de contrastes :

La première renferme ceux qui se rapportent au contraste que je nomme *simultané;*

La seconde, ceux qui concernent le contraste que je nomme *successif;*

La troisième, ceux qui se rapportent au contraste que je nomme *mixte.*

78. Le *contraste simultané des couleurs* renferme tous les phénomènes de modification que des objets diversement colorés paraissent éprouver dans la composition physique, et la hauteur du ton de leurs couleurs respectives lorsqu'on les voit simultanément.

79. Le *contraste successif des couleurs* renferme tous les phé-

nomènes qu'on observe lorsque les yeux, ayant regardé pendant un certain temps un ou plusieurs objets colorés, aperçoivent, après avoir cessé de les regarder, des images de ces objets offrant la couleur complémentaire de celle qui est propre à chacun d'eux.

80. J'espère prouver, par les détails que je donnerai dans le chapitre suivant, que, faute de cette distinction, un des sujets de l'optique, le plus fécond en applications, n'a point été traité en général avec cette précision et cette clarté qui eussent été nécessaires pour en faire sentir l'importance à ceux qui, ne l'ayant pas soumis à leur propre observation, se sont bornés à lire les écrits dont il a été l'objet jusqu'à l'année 1828, où mes recherches sur le contraste simultané ont été présentées à l'Académie des sciences. Enfin, la distinction des trois contrastes rendra facile à apprécier ce que mes recherches ajoutent de faits nouveaux à l'histoire de la vision et aux applications déduites de l'étude des contrastes. J'ajouterai encore qu'un jeune savant belge, le docteur Plateau, qui s'occupe depuis plusieurs années de lier tous ces phénomènes à une théorie mathématique et physiologique, a adopté la distinction des contrastes en *simultanés* et *successifs,* pour y subordonner ses propres travaux.

81. La distinction du *contraste simultané* et du *contraste successif* rend facile à comprendre un phénomène que l'on peut appeler *contraste mixte,* parce qu'il résulte de ce que la rétine, ayant vu pendant un temps une certaine couleur, a une aptitude à voir dans un second temps la complémentaire de cette couleur, et de plus une couleur nouvelle qu'un objet extérieur vient lui offrir; la sensation perçue est alors la résultante de cette nouvelle couleur et de la complémentaire de la première.

82. Voici une manière bien simple d'observer le *contraste mixte*.

Un œil étant fermé, par exemple l'œil droit, l'œil gauche regarde fixement une feuille de papier d'une couleur A; lorsque cette couleur lui paraît s'obscurcir, il se porte immédiatement sur une feuille de papier d'une couleur B : alors il a la sensation qui résulte du mélange de cette couleur B avec la couleur complémentaire C de la couleur A.

Pour avoir la certitude de cette sensation mixte, il suffit de fermer l'œil gauche et de regarder la couleur B de l'œil droit : non seulement la sensation perçue alors est celle de la couleur B, mais elle peut paraître modifiée en sens contraire de la sensation mixte $C+B$, ou, ce qui revient au même, elle paraît être plutôt $A+B$.

En fermant l'œil droit et regardant de nouveau la couleur B de l'œil gauche, et cela plusieurs fois de suite, on perçoit successivement des sensations différentes, mais de plus en plus faibles, jusqu'à ce qu'enfin l'œil gauche soit revenu à l'état normal.

83. Si, au lieu de regarder B de l'œil gauche qui vient d'être modifié par la couleur A, on regarde B avec les deux yeux, dont l'œil droit est à l'état normal, la modification représentée par $C+B$ se trouve très affaiblie, parce qu'elle est réellement $C+B+B$.

84. Je conseille aux personnes qui croiraient avoir un œil autrement sensible que l'autre à percevoir les couleurs, de regarder une feuille de papier de couleur alternativement de l'œil droit et de l'œil gauche : si les deux sensations sont identiques, elles auront la certitude qu'elles se trompaient; enfin, si les sensations sont différentes, il faudra qu'elles répètent la même expérience plusieurs jours de suite, car il pourrait se faire que la différence, observée dans une seule expérience, tînt à ce qu'un des yeux aurait été préalablement modifié ou fatigué.

IMPRIMERIE NATIONALE.

85. L'exercice dont je parle me paraît surtout être utile aux peintres.

Citons quelques exemples du *contraste mixte*.

86. L'œil gauche, ayant vu pendant un certain temps du rouge, a de l'aptitude à voir dans un second temps du vert, complémentaire du rouge. Si donc alors il est frappé par du jaune, il perçoit une sensation résultant du mélange du vert et du jaune. L'œil gauche étant fermé et l'œil droit, qui n'a point été modifié par la vision du rouge, étant ouvert, il voit du jaune, et il est possible même que ce jaune lui paraisse plus orangé qu'il n'est réellement.

87. Si l'œil gauche eût vu d'abord le papier jaune et ensuite le papier rouge, celui-ci lui aurait paru violet.

88. Si l'œil gauche voit d'abord du rouge, puis du bleu, celui-ci paraît verdâtre.

89. S'il eût vu d'abord le bleu, puis le rouge, celui-ci eût paru rouge orangé.

90. Si l'œil gauche voit d'abord du jaune, puis du bleu, celui-ci paraît bleu violet.

91. S'il eût vu d'abord le bleu, puis le jaune, celui-ci eût paru jaune orangé.

92. Si l'œil gauche voit d'abord du rouge, puis de l'orangé, celui-ci lui paraît jaune.

93. S'il eût vu d'abord l'orangé, puis le rouge, celui-ci eût paru d'un rouge violet.

94. Si l'œil gauche voit d'abord du rouge, puis du violet, celui-ci lui paraît bleu foncé.

95. S'il eût vu d'abord le violet, puis le rouge, celui-ci eût paru d'un rouge orangé.

96. Si l'œil gauche voit d'abord du jaune, puis de l'orangé, celui-ci lui paraît rouge.

97. S'il eût vu d'abord l'orangé, puis le jaune, celui-ci eût paru d'un jaune vert.

98. Si l'œil gauche voit du jaune et ensuite du vert, celui-ci lui paraît d'un vert bleu.

99. S'il eût vu d'abord le vert, puis le jaune, celui-ci eût paru jaune orangé.

100. Si l'œil voit d'abord du bleu et ensuite du vert, celui-ci lui paraît vert jaunâtre.

101. S'il eût vu d'abord le vert et ensuite le bleu, celui-ci lui eût paru d'un bleu violet.

102. Si l'œil voit d'abord du bleu et ensuite du violet, celui-ci lui paraît d'un violet rougeâtre.

103. S'il eût vu d'abord le violet et ensuite le bleu, celui-ci lui eût paru d'un bleu vert.

104. Si l'œil voit d'abord de l'orangé et ensuite du vert, celui-ci lui paraît d'un vert bleu.

105. S'il eût vu d'abord le vert et ensuite l'orangé, celui-ci lui eût paru d'un orangé rouge.

106. Si l'œil voit de l'orangé et ensuite du violet, celui-ci lui paraît d'un violet bleu.

107. S'il eût vu d'abord le violet et ensuite l'orangé, celui-ci lui eût paru d'un orangé jaune.

108. Si l'œil voit du vert et ensuite du violet, celui-ci lui paraît d'un violet rouge.

109. S'il eût vu d'abord du violet et ensuite du vert, celui-ci lui eût paru d'un vert jaune.

110. Si l'œil voit d'abord du rouge et ensuite du vert, celui-ci lui paraît un peu plus bleuâtre.

111. S'il eût vu d'abord le vert et ensuite le rouge, celui-ci lui eût paru d'un rouge plus violâtre.

112. Si l'œil voit d'abord du jaune et ensuite du violet, celui-ci lui paraît plus bleuâtre.

113. S'il eût vu d'abord le violet et ensuite le jaune, celui-ci lui eût paru plus verdâtre.

114. Si l'œil voit d'abord du bleu et ensuite de l'orangé, celui-ci lui paraît plus jaune.

115. S'il eût vu d'abord l'orangé et ensuite le bleu, celui-ci lui eût paru un peu plus violet.

116. Je ferai observer que toutes les couleurs, du moins pour mes yeux, ne leur font pas éprouver des modifications également intenses et surtout également persistantes. Par exemple, la modification produite par la vision successive du jaune et du violet ou du violet et du jaune est plus grande et plus durable que celle qui est produite par la vision successive du bleu et de l'orangé, et à plus forte raison de l'orangé et du bleu.

La modification produite par la vision successive du rouge et du vert, du vert et du rouge, est peu intense et peu persistante.

Enfin je ferai remarquer que la hauteur du ton peut exercer de l'influence sur la modification; car si, après avoir vu de l'orangé, on voit du bleu foncé, celui-ci paraîtra plutôt verdâtre que violâtre, résultat contraire de celui que présente un bleu plus clair.

117. J'ai pensé qu'il était d'autant plus nécessaire de mentionner sous un nom spécial le phénomène que je nomme *contraste mixte,* que c'est lui qui donne l'explication de plusieurs faits remarqués par des marchands d'étoffes de couleur, et celle de l'inconvénient qu'il y a pour les peintres qui, voulant imiter parfaitement les couleurs de leurs modèles, les regardent trop longtemps afin d'en apercevoir tous les

tons et les modifications. Je vais exposer deux faits qui m'ont été communiqués par des fabricants d'étoffes de couleur, et je renverrai à la seconde partie l'application de l'étude du contraste mixte à la peinture.

118. *Premier fait.* Lorsqu'un acheteur a regardé longtemps une étoffe jaune et qu'on lui fait voir ensuite une étoffe orangée, nacarat ou écarlate, dans l'intention de la lui vendre, il la trouve sans feu, il la juge amarante, lie de vin ou cramoisie, parce qu'en effet la rétine, frappée par le jaune, a de l'aptitude à voir le violet : dès lors tout le jaune de l'étoffe orangée, nacarat ou écarlate disparaît, et l'œil la voit rouge ou d'un rouge tirant sur le violet.

119. *Deuxième fait.* Si l'on présente à un acheteur, l'une après l'autre, quatorze pièces d'étoffes rouges, il juge les six ou sept dernières d'une couleur moins belle que celle des pièces qu'il a vues d'abord, quoique les pièces soient identiques. Quelle est la cause de ce faux jugement? C'est que les yeux qui ont vu sept ou huit pièces rouges successivement sont dans le même cas que s'ils eussent regardé fixement pendant le même temps une seule étoffe rouge; ils ont donc tendance à voir la complémentaire du rouge, c'est-à-dire le vert. Cette tendance doit donc nécessairement affaiblir l'éclat du rouge des dernières pièces. Pour que le marchand ne soit pas la victime de la fatigue des yeux de l'acheteur, il faut que le premier, après avoir montré au second sept pièces rouges, lui présente des étoffes vertes pour ramener ses yeux à l'état normal. Si la vue du vert était assez prolongée pour dépasser l'état normal, les yeux auraient tendance à voir le rouge; dès lors les pièces vues en dernier lieu paraîtraient plus belles que les autres.

CHAPITRE II.

RAPPORTS DES EXPÉRIENCES DE L'AUTEUR AVEC LES EXPÉRIENCES FAITES AUPARAVANT PAR D'AUTRES PHYSICIENS.

120. Buffon est le premier qui ait décrit, sous le nom de *couleurs accidentelles* [1], plusieurs phénomènes de vision, qui, selon lui, ont tous entre eux cette analogie, *qu'ils résultent d'un trop grand ébranlement ou d'une fatigue de l'œil;* en quoi ils diffèrent des couleurs sous lesquelles nous apparaissent les corps qui sont colorés d'une manière constante [2], soit que ces corps décomposent la lumière en agissant sur elle par *réflexion,* soit qu'ils la décomposent en agissant par *réfraction* ou par *inflexion.*

121. Les couleurs accidentelles peuvent naître de causes diverses: par exemple, on en voit dans les circonstances suivantes :

1° Lorsqu'on se presse l'œil dans l'obscurité;

2° A la suite d'un choc sur l'œil;

3° Lorsqu'on ferme les yeux après les avoir fixés un instant sur le soleil;

4° Lorsqu'on fixe les yeux sur un petit carré de papier coloré placé sur un fond blanc; alors le carré, s'il est rouge, paraît bordé d'un vert faible; s'il est jaune, il paraît l'être de bleu; s'il est vert, il paraît l'être d'un blanc pourpré; s'il est bleu, il paraît l'être d'un blanc rougeâtre; enfin, s'il est noir, d'un blanc vif;

[1] *Mémoires de l'Académie des sciences,* année 1743.

[2] Il faut ajouter : *lorsqu'on les regarde isolément.*

5° Lorsque, après avoir observé les phénomènes précédents un temps suffisant, on porte les yeux sur le fond blanc, de manière à ne plus voir le petit carré de papier coloré, on aperçoit un carré d'une étendue égale à celui-ci et de la même couleur que celle qui bordait le petit carré dans l'expérience précédente (4°).

122. Je pourrais citer encore d'autres circonstances où Buffon a observé des couleurs accidentelles, mais je m'éloignerais évidemment du but de cet ouvrage, qui a pour objet principal la loi du contraste simultané des couleurs et son application. Ce qu'il faut remarquer, c'est que la quatrième circonstance où Buffon a observé des couleurs accidentelles rentre dans le contraste simultané, tandis que la cinquième rentre dans le contraste successif. Buffon n'a établi d'ailleurs aucune loi qui enchaînât les phénomènes qu'il a décrits.

123. Le père Scherffer, en 1754, donna une grande précision aux phénomènes qui se rapportent au contraste successif, en démontrant *qu'une couleur donnée produit une couleur accidentelle, qui est celle que nous nommons aujourd'hui* sa complémentaire. Il rectifia quelques observations de Buffon. Il ne s'en tint pas là; il chercha à expliquer la cause du phénomène, ainsi que nous le verrons dans la section suivante. Il ne toucha d'ailleurs qu'en passant au *contraste simultané.* (Voyez son mémoire, S 15, *Journal de physique,* t. XXVI.)

124. Œpinus [1] et Darwin [2] se sont aussi occupés du contraste successif.

---

[1] *Mémoires de l'Académie de Pétersbourg* et *Journal de physique,* année 1785, t. XXVI, p. 291.

[2] *Transactions philosophiques,* t. LXXVI, année 1785.

125. Le contraste simultané a été pour le comte de Rumford[1] un objet d'expériences et d'observations sur lesquelles je dois insister, parce que parmi les recherches que l'on a faites à ce sujet, il n'en est aucune qui ait plus de rapport avec les miennes. Le comte de Rumford, après avoir observé qu'une ombre produite dans un rayon de lumière rouge, par. exemple, étant éclairée par un rayon de lumière blanche égal au premier en intensité, paraît non pas blanche, mais teinte en vert complémentaire du rayon coloré lorsqu'elle est près d'une ombre égale produite dans le rayon blanc, cette dernière ombre étant éclairée par le rayon rouge et paraissant de cette couleur, démontra :

1° Que le résultat est le même lorsqu'on remplace le rayon de lumière colorée, soit par la lumière transmise par un verre ou tout autre milieu coloré, soit par la lumière colorée réfléchie au moyen d'un corps opaque coloré;

2° Que si dans un cercle de papier blanc, placé sur une grande feuille de papier noir, laquelle est posée sur le parquet d'une chambre, on juxtapose deux bandes de papier de six lignes de largeur et de deux pouces de longueur, dont une soit couverte d'une poudre de couleur A, tandis que l'autre le soit d'une poudre grise, composée de céruse et de noir de fumée, en telle proportion que la lumière qu'elle réfléchit égale en intensité la lumière colorée de A, il arrivera, en regardant les deux bandes d'un œil à travers la main, que celle qui est recouverte de poudre grise paraîtra teinte de la couleur complémentaire de A et que cette complémentaire sera aussi brillante que A.

[1] Expériences sur les ombres colorées; conjectures sur les principes de l'harmonie des couleurs. (*Philosophical papers, etc., by Rumford.* Londres, 1802, t. I.)

126. L'auteur dit que, pour réussir dans cette expérience, il faut prendre beaucoup de précautions, tant pour se garantir de la lumière renvoyée par les objets environnants, que pour parvenir à se procurer un gris qui réfléchisse une lumière égale en intensité à la lumière colorée. Il remarque que les difficultés sont extrêmes lorsqu'on prend des couleurs broyées à l'huile, par la raison que l'huile les rembrunit et qu'elles n'ont jamais le degré de pureté des couleurs du spectre.

127. S'il est vrai que les expériences de Rumford correspondent à celles où j'ai mis des couleurs en rapport avec le blanc, le noir et le gris, et qu'elles sont un cas particulier de la loi du contraste simultané telle que je l'ai établie, il ne l'est pas moins qu'on ne pouvait en déduire cette loi sans faire la série des recherches auxquelles je me suis livré; car les expériences de Rumford montrant le maximum du phénomène, on ne pouvait affirmer que dans les circonstances ordinaires il y aurait non seulement modification du blanc, du noir et du gris par des couleurs juxtaposées, mais encore modification mutuelle de ces dernières. En effet, nous avons vu que les couleurs se foncent par le voisinage du blanc, tandis qu'elles s'affaiblissent par le voisinage du noir, le contraste tel que je l'ai établi portant à la fois sur la composition optique de la couleur et sur la hauteur de son ton.

128. Rumford, frappé de voir dans ses expériences un rayon coloré développer sa complémentaire, établit *en principe*, comme condition de l'harmonie de deux couleurs, *qu'elles présentent toutes les deux les proportions respectives de lumières colorées nécessaires pour former du blanc*, et c'est d'après cela qu'il conseille d'assortir les rubans destinés à la toilette des dames et les couleurs des ameublements.

Il pense aussi que c'est une règle dont les peintres peuvent tirer un grand parti; mais il est clair que le principe de l'harmonie des couleurs de Rumford n'est qu'une vue ingénieuse de son esprit, et que tel que l'auteur l'a posé, il est bien difficile qu'il puisse jeter quelque lumière sur la pratique de la peinture. Au reste, je reviendrai sur ce point en traitant des applications de mon travail. Mais il m'importait de faire remarquer que Rumford n'a pas fait une expérience propre à démontrer l'influence de deux couleurs juxtaposées, ou plus généralement de deux couleurs vues simultanément; qu'il ne s'est pas douté de la généralité du phénomène dont il a observé un cas, et que, s'il est vrai qu'il y a harmonie entre deux couleurs complémentaires l'une de l'autre, cette proposition serait tout à fait inexacte, si avec le comte de Rumford on n'admettait d'harmonie de couleurs que dans ce seul cas de juxtaposition; au reste je reviendrai sur ce sujet (174 et suiv.).

129. Enfin, le dernier auteur qui ait traité des couleurs acciden-telles comme observateur est M. Prieur, de la Côte-d'Or[1] : il s'est occupé, sous le nom de *contraste*, des phénomènes qui se rapportent exclusivement au *contraste simultané*; par exemple, une petite bande de papier orangé mise sur un fond jaune paraît rouge, tandis qu'elle paraît jaune sur un fond rouge : d'après le principe posé par l'auteur, la couleur accidentelle de la petite bande doit être celle qui résulte de la sienne propre, moins celle du fond. *Il semble,* dit-il, *qu'une certaine fatigue de l'œil, soit instantanément par le rapport d'intensité de la lumière, soit plus tardivement par une vision prolongée, con-coure à produire les apparences dont il s'agit.* Mais il reconnaît *qu'une fatigue excessive de l'organe amènerait une dégénération des couleurs*

---

[1] *Annales de chimie,* t. LIV, p. 5.

appartenant à un autre mode. Il ajoute enfin que *les couleurs nommées par Buffon accidentelles, et sur lesquelles Scherffer a donné un
intéressant mémoire, appartiennent à la classe des contrastes, ou du
moins suivent constamment la même loi.* Il est visible que M. Prieur
n'a pas fait la distinction des classes de contrastes que j'ai établie
dans le chapitre précédent.

130. Haüy, dans son Traité de physique, a présenté un résumé
des observations de Buffon, de Scherffer, de Rumford et de M. Prieur;
mais, malgré la clarté du style de l'illustre fondateur de la cristallo-
graphie, il y a une obscurité qui tient à ce qu'il n'a pas fait la distinction précédente, et cette obscurité est surtout évidente lorsqu'il
rapporte les explications que l'on a données de ces phénomènes, ainsi
que je le démontrerai dans la section suivante.

131. D'après ce qui précède, on voit :

1° Que les auteurs qui ont traité du contraste des couleurs ont
décrit deux classes de phénomènes, sans les distinguer l'une de
l'autre ;

2° Que le père Scherffer a donné la loi du contraste successif ;

3° Que le comte de Rumford a donné la loi de la modification
qu'une bande grise placée contre une bande colorée éprouve dans une
circonstance particulière ;

4° Que le père Scherffer d'abord, et ensuite M. Prieur, de la Côte-
d'Or, avec plus de précision, ont donné la loi de la modification qu'une
petite étendue blanche ou colorée éprouve de la part d'un fond d'une
autre couleur que la sienne sur lequel elle est placée.

132. Mais s'il est vrai que dans cette circonstance on aperçoive la

modification que la couleur de la petite étendue est susceptible de recevoir de celle du fond de la manière la plus sensible possible, on ne peut apprécier d'un autre côté la modification de la couleur du fond par celle de la petite étendue : dès lors on ne voit que la moitié des phénomènes, et l'on est conduit à tort à penser qu'un objet coloré ne peut être modifié par la couleur d'un autre qu'autant que celui-ci est beaucoup plus étendu que le premier. La manière dont j'ai disposé les objets colorés dans mes observations de contraste simultané m'a permis de démontrer :

1° Qu'il n'est pas indispensable pour que la couleur d'un objet modifie celle d'un autre, que le premier soit plus étendu que le second, puisque mes observations ont été faites avec des zones égales et simplement contiguës;

2° Que l'on peut juger parfaitement des modifications que les zones contiguës éprouvent, en les comparant à celles qui ne se touchent pas, ce qui permet de voir le phénomène du contraste simultané d'une manière complète et d'en établir la *loi générale;*

3° Qu'en augmentant le nombre des zones qui ne se touchent pas ou qui sont placées de chaque côté de celles qui se touchent, on voit, à une distance convenable pour que l'œil embrasse les deux séries de zones, que l'influence de l'une des zones contiguës n'est pas limitée à la zone qu'elle touche, mais qu'elle s'étend encore à la seconde, à la troisième, etc., quoique cela soit toujours en s'affaiblissant. *Or cette influence à distance doit être remarquée* pour qu'on ait une idée juste de la généralité du phénomène et des applications que l'on déduit de la loi qui comprend tous les cas.

SECTION III.

DE LA CAUSE PHYSIOLOGIQUE À LAQUELLE ON A RAPPORTÉ LES PHÉNOMÈNES DU CONTRASTE DES COULEURS AVANT LES EXPÉRIENCES DE L'AUTEUR.

CHAPITRE UNIQUE.

DE LA CAUSE PHYSIOLOGIQUE À LAQUELLE ON A RAPPORTÉ LES PHÉNOMÈNES DU CONTRASTE DES COULEURS.

133. Le père Scherffer a donné du contraste successif une explication physiologique qui paraît satisfaisante pour les cas auxquels il l'a appliquée. Elle est basée sur cette proposition, que *si un sens reçoit une double impression, dont l'une est vive et forte, mais l'autre faible, nous ne sentons point celle-ci. Cela doit avoir lieu principalement quand elles sont toutes deux d'une même espèce, ou quand une action forte d'un objet sur quelque sens* EST SUIVIE *d'une autre de même nature, mais beaucoup plus douce et moins violente.* Appliquons ce principe à l'explication des trois expériences suivantes du contraste successif.

Iʳᵉ EXPÉRIENCE.

L'œil regarde quelque temps un petit carré blanc placé sur un fond noir.

Cessant de le regarder, il se fixe sur le fond noir; il aperçoit alors l'image d'un carré d'une étendue égale à celle du carré blanc; mais, au lieu d'être plus lumineuse que le fond, elle est au contraire plus obscure.

Explication. La partie de la rétine sur laquelle a agi la lumière blanche du carré dans le premier temps de l'expérience est plus fatiguée que le reste de la rétine, qui n'a reçu qu'une faible impression de la part des rares rayons réfléchis par le fond noir : dès lors, l'œil regardant le fond noir dans le second temps de l'expérience, il arrive que la rare lumière de ce fond agit plus fortement sur la partie de la rétine qui n'a pas été fatiguée que sur la partie qui l'a été; de là l'image du carré noir que voit cette partie.

IIᵉ EXPÉRIENCE.

L'œil regarde quelque temps un petit carré bleu sur un fond blanc.

Cessant de le regarder, il se fixe sur le fond blanc; il aperçoit alors l'image d'un carré orangé.

Explication. La partie de la rétine sur laquelle a agi la lumière bleue du carré dans le premier temps étant plus fatiguée par cette couleur que le reste de la rétine, il arrive dans le second temps que la partie de la rétine fatiguée du bleu est disposée par là à recevoir une impression plus forte de l'orangé, complémentaire du bleu.

IIIᵉ EXPÉRIENCE.

L'œil regarde quelque temps un carré rouge sur un fond jaune.

Cessant de le regarder, il se fixe sur un fond blanc; il aperçoit l'image d'un carré vert sur un fond bleu violet.

Explication. Dans le premier temps, la partie de la rétine qui voit le rouge est fatiguée par cette couleur, tandis que celle qui voit le jaune l'est par cette dernière; dès lors, dans le second temps, la partie de la rétine qui a vu le rouge voit le vert, sa complémentaire,

tandis que celle qui a vu le jaune voit le bleu violet, sa complémentaire.

134. Ces trois expériences, ainsi que les explications qui s'y rapportent, prises dans le mémoire du père Scherffer, pour ainsi dire
au hasard parmi un grand nombre d'autres qui y sont analogues,
suffisent, je crois, pour démontrer que c'est bien réellement le *contraste successif* qui a occupé spécialement cet ingénieux observateur.
D'après cela, on a lieu de s'étonner que Haüy, en voulant faire connaître l'explication du père Scherffer, ait parlé exclusivement d'un
cas de *contraste simultané*, phénomène dont ce physicien n'a traité
qu'en passant, ainsi que je l'ai fait remarquer plus haut (123). Au
reste, voici la manière dont Haüy s'exprime à ce sujet, en prenant
pour exemple le cas où une petite bande de papier blanc est placée
sur un papier rouge : « Nous pouvons, dit-il, considérer la blancheur
de cette bande comme étant composée de vert bleuâtre et de rouge.
Mais la sensation de la couleur rouge, agissant avec beaucoup moins
de force que celle de la couleur environnante du même genre, se
trouve éclipsée par cette dernière, en sorte que l'œil n'est sensible
qu'à l'impression de la couleur verte, qui, étant comme étrangère à
la couleur du fond, agit sur l'organe avec toute son énergie [1]. »

135. Quoique cette explication semble une conséquence toute naturelle du principe du père Scherffer, cependant ce physicien ne me
paraît point avoir appliqué ce principe à l'explication du *contraste simultané*, et le passage de son mémoire, cité plus haut (133), est bien
clair. « Cela doit avoir lieu principalement quand elles (les impres-

---

[1] *Traité de physique*, 3ᵉ édition, tome II, page 272.

sions) sont toutes deux d'une même espèce, ou quand une action forte d'un objet sur quelque sens *est suivie* d'une autre de même nature, mais beaucoup plus douce et moins violente. »

136. Maintenant voyons la différence qu'il y a entre l'explication du *contraste successif,* telle que le père Scherffer l'a donnée, et celle que Haüy lui a attribuée pour le cas du *contraste simultané.* Toutes les observations de contraste successif expliquées par le père Scherffer présentent ce résultat, que la partie de la rétine qui, dans le premier temps de l'expérience, est frappée d'une couleur donnée, voit, dans le second temps, la complémentaire de cette couleur, et cette nouvelle vision est indépendante de l'étendue de l'objet coloré relativement à celle du fond sur lequel il est placé, ou plus généralement des objets qui peuvent entourer le premier.

137. Dans l'explication que Haüy attribue au père. Scherffer, il n'en est pas de même; en effet :

1° La partie de la rétine qui voit la bande blanche placée sur un fond rouge la voit d'un vert bleuâtre, c'est-à-dire de la couleur complémentaire du fond. Or, d'après les expériences du père Scherffer, cette partie, fatiguée par de la lumière blanche, *a de la tendance à voir non du vert bleuâtre, mais du noir,* qui est en quelque sorte la complémentaire du blanc.

2° Pour admettre l'explication attribuée au père Scherffer, il faudrait nécessairement que l'objet dont la couleur est modifiée par celle d'un autre fût, en général, d'une étendue plus petite que celle du second; car ce n'est que par cet excès d'étendue du modificateur qu'on peut concevoir, *en général,* cet excès d'action qui neutralise une partie de celle du premier objet : je dis en général, parce qu'il est

8

des cas où l'on pourrait dire qu'une couleur beaucoup plus vive qu'une autre serait susceptible de modifier celle-ci, quoiqu'elle n'occupât autour d'elle qu'un petit espace. En nous résumant, on voit la différence qu'il y a entre l'explication que le père Scherffer a donnée du *contraste successif* et celle qu'on lui a attribuée pour le *contraste simultané*.

138. Si nous reprenons cette dernière explication pour en examiner la valeur, non plus dans les circonstances rapportées par les auteurs, où une petite bande vue sur un fond paraît seule modifiée, mais dans celles où deux bandes d'égale étendue sont mutuellement modifiées, et le sont non seulement quand elles se touchent, mais encore à distance, ainsi que cela résulte de mes observations, nous pourrons apprécier la difficulté qu'elle présente; en effet :

1° Supposons que la figure 1 2 représente l'image peinte sur la rétine d'une bande rouge *R* contiguë à une bande bleue *B* : la première prend de l'orangé ou perd du bleu, et la seconde prend du vert ou perd du rouge. Or c'est la partie de la rétine où se peint l'image de la bande *R* qui, conformément à l'opinion du père Scherffer, doit perdre de sa sensibilité pour le rouge, comme c'est la partie de la rétine où se peint l'image de la bande *B* qui doit perdre de sa sensibilité pour le bleu; dès lors je n'aperçois pas comment c'est la partie *R* qui, dans la réalité, perd de sa sensibilité pour le bleu, comme c'est la partie *B* qui perd de sa sensibilité pour le rouge;

2° Dans mes expériences, les bandes colorées ayant une étendue égale, on ne voit plus de raison, en général, comme on peut en voir dans le cas où une petite bande est placée sur un fond d'une grande étendue, pour que l'une des bandes modifie l'autre par la plus grande fatigue qu'elle fait éprouver à la rétine.

139. C'est sans doute parce que l'illustre auteur de la Mécanique céleste fut frappé des difficultés que présentait l'explication que nous examinons, qu'il en imagina une autre, que Haüy inséra dans son Traité de physique, à la suite de celle qu'il attribue au père Scherffer ; il s'agit toujours du cas où une petite bande de papier blanc est placée sur un fond rouge. L'illustre géomètre suppose « qu'il existe dans l'œil, dit Haüy[1], une certaine disposition en vertu de laquelle les rayons rouges compris dans la blancheur de la petite bande, au moment où ils arrivent à cet organe, sont comme attirés par ceux qui forment la couleur rouge prédominante du fond, en sorte que les deux impressions n'en font plus qu'une, et que celle de la couleur verte se trouve en liberté d'agir comme si elle était seule. Suivant cette manière de concevoir les choses, la sensation du rouge décompose celle de la blancheur, et, tandis que les actions des rayons homogènes s'unissent ensemble, l'action des rayons hétérogènes, qui se trouve dégagée de la combinaison, produit son effet séparément. »

140. Je ne combattrai cette explication qu'en faisant remarquer qu'elle admet implicitement, comme une nécessité, que la couleur qui modifie occupe une étendue plus grande que la couleur qui est modifiée : il est probable qu'elle n'eût point été donnée, si on eût présenté à son illustre auteur la véritable explication du père Scherffer du contraste successif, et que, au lieu de lui citer une expérience du contraste simultané qui ne permet de voir que la moitié du phénomène, on lui en eût cité une dans laquelle ce sont des surfaces différemment colorées et d'égale étendue qui se modifient mutuellement, lors même qu'elles ne se touchent pas.

---

[1] *Traité de physique*, 3ᵉ édition, tome II, page 272.

141. Après avoir fait sentir l'insuffisance des explications qu'on a données du *contraste simultané*, il me reste à parler des rapports qui me paraissent exister entre l'organe de la vision et ce phénomène observé dans les circonstances où je l'ai étudié. Tous les auteurs qui ont traité des couleurs accidentelles s'accordent à les regarder comme étant le résultat d'une fatigue de l'œil : si c'est incontestable pour des cas du *contraste successif*, je ne pense pas que cela le soit pour le *contraste simultané*; car, en disposant les bandes colorées comme je l'ai fait, dès qu'on est parvenu à les voir toutes les quatre ensemble, les couleurs sont vues modifiées avant qu'on éprouve la moindre fatigue, quoique je reconnaisse qu'il faut souvent quelques secondes pour bien apercevoir leurs modifications. Mais ce temps n'est-il pas nécessaire, comme l'est celui qu'on donne à l'exercice de chacun de nos sens, lorsque nous voulons nous rendre un compte exact de la perception d'une sensation qui les affecte? Il y a d'ailleurs une circonstance qui explique dans bien des cas la nécessité *de ce temps :* c'est l'influence de la lumière blanche réfléchie par la surface modifiée, qui est quelquefois assez vive pour affaiblir beaucoup le résultat de la modification, et la plupart des précautions que l'on a proposées pour apercevoir les couleurs accidentelles du contraste simultané ont pour objet de diminuer l'influence de cette lumière blanche.

C'est encore pour cette raison que les surfaces grises et noires qui sont contiguës à des surfaces de couleurs très franches, telles que le bleu, le rouge, le jaune, sont modifiées par ce voisinage plus que ne le serait une surface blanche. Voici, au reste, une expérience que le hasard m'a présentée et qui fera bien comprendre ma pensée. Une écriture d'un gris pâle, qui avait été tracée sur un papier de couleur, me fut remise lorsque le jour commençait à baisser : en jetant les yeux dessus, je ne pus distinguer aucune lettre; mais, après quelques instants, je parvins à lire l'écriture, qui me parut alors avoir été tracée avec une encre de la couleur complémentaire de celle du fond. Or je demande si, dans le moment où la vision était distincte, ma vue était plus fatiguée que dans celui où je jetai les yeux sur le papier sans qu'il me fût possible de distinguer les lettres qui s'y trouvaient et de les voir de la couleur complémentaire du fond?

142. Je conclus en définitive de mes observations, que toutes les fois que l'œil voit simultanément deux objets différemment colorés, ce qu'il y a d'analogue dans la sensation des deux couleurs éprouve un tel affaiblissement, que ce qu'il y a de différent devient plus sensible dans l'impression simultanée de ces deux couleurs sur la rétine.

DEUXIÈME PARTIE.

DE LA LOI DU CONTRASTE SIMULTANÉ DES COULEURS,
SOUS LE POINT DE VUE DE L'APPLICATION.

INTRODUCTION.

143. Les observations énoncées dans la première partie et la loi du contraste simultané, qui leur donne une si grande simplification en les généralisant, ont sans doute fait pressentir au lecteur les nombreuses applications dont elles sont susceptibles. Ce pressentiment ne sera pas démenti, j'espère, par les détails dans lesquels je vais entrer, détails qui seront des preuves que cet ouvrage n'aurait pas atteint son but d'utilité, si j'eusse négligé de les exposer; car, pour les donner avec la précision qu'ils ont, il a fallu me livrer à un système d'observations tout aussi précises que celles qui font la matière de la première partie.

144. Je vais présenter dans un tableau la distribution des applications que je me propose de faire.

Ire DIVISION.

IMITATION DES OBJETS COLORÉS AVEC DES MATIÈRES COLORÉES
DIVISÉES À L'INFINI POUR AINSI DIRE.

1re *section.* Peinture d'après le système du clair-obscur.
2e *section.* Peinture d'après le système des teintes plates.
3e *section.* Coloris.

II° DIVISION.

IMITATION D'OBJETS COLORÉS AVEC DES MATIÈRES COLORÉES D'UNE ÉTENDUE SENSIBLE.

1re section. Tapisseries des Gobelins.
2° section. Tapisseries de Beauvais pour meubles.
3° section. Tapis de la Savonnerie.
4° section. Tapisseries pour meubles et tapis du commerce.
5° section. Mosaïques.
6° section. Vitraux colorés.

III° DIVISION.

IMPRESSION.

1re section. Impression de dessins sur étoffes.
2° section. Impression de dessins sur papiers.
3° section. Impression des caractères d'imprimerie sur papiers de couleur.

IV° DIVISION.

EMPLOI DES TEINTES PLATES POUR L'ENLUMINURE.

1re section. Cartes géographiques.
2° section. Tableaux graphiques.

V° DIVISION.

DISPOSITIONS D'OBJETS COLORÉS D'UNE ÉTENDUE PLUS OU MOINS GRANDE.

1re section. En architecture.
2° section. Pour orner les intérieurs des maisons, des musées de tableaux, des salles de spectacle et des églises.
3° section. Pour l'habillement.
4° section. En horticulture.

VI° DIVISION.

DE L'INTERVENTION DES PRINCIPES PRÉCÉDENTS DANS LE JUGEMENT QUE L'ON PORTE D'OBJETS COLORÉS RELATIVEMENT À LEUR COULEUR ABSOLUE ET À LEUR ASSORTIMENT.

PROLÉGOMÈNES.

145. Je crois nécessaire, avant d'entrer dans le détail des applications, de présenter quelques considérations servant de prolégomènes à la seconde partie de cet ouvrage. Elles me permettront d'établir plusieurs propositions ou principes, auxquels j'aurai souvent dans la suite l'occasion de renvoyer le lecteur, et m'éviteront ainsi des répétitions qui auraient l'inconvénient de diminuer en apparence le degré de généralité qu'a réellement cet ouvrage.

Je donnerai successivement :

1° Les définitions de plusieurs expressions applicables aux couleurs et à leurs modifications ;

2° Les moyens de se représenter et de définir les couleurs et leurs modifications, à l'aide d'une construction graphique ;

3° Une classification des harmonies des couleurs ;

4° Un exposé d'assortiments des couleurs primitives avec le blanc, le noir et le gris.

§ 1ᵉʳ. — DÉFINITION DES MOTS *TONS*, *GAMMES* ET *NUANCES*.

146. Les mots *tons* et *nuances* reviennent continuellement dans la langue usuelle et dans celle des artistes, toutes les fois qu'il s'agit de couleurs ; cependant ils ne sont point définis d'une telle manière, qu'en prononçant l'un de ces mots on soit certain d'être parfaitement compris de ceux qui l'entendent prononcer. Le Dictionnaire de l'Académie les considère implicitement comme synonymes *dans certains cas* [1].

---

[1] Voici comment ce Dictionnaire, édition de l'an 1835, définit le mot NUANCE : « Degrés différents par lesquels peut passer une couleur en conservant le nom qui la

IMPRIMERIE NATIONALE.

147. Sentant le besoin de distinguer le cas où une couleur, le *bleu*, par exemple, est dégradé avec du *blanc* ou monté avec du *noir*, de celui où cette même couleur est modifiée par une autre, par exemple, où le *bleu* l'est par du *jaune* ou du *rouge*, qui s'y ajoute en si petite quantité, que le bleu, en restant toujours couleur bleue, diffère cependant de ce qu'il était avant le mélange par un œil verdâtre ou violâtre, je préviens que, dans le cours de l'ouvrage, je n'appliquerai jamais les mots de *tons* et de *nuances* indifféremment à ces deux genres de modifications. En conséquence,

148. Le mot *tons* d'une couleur sera exclusivement employé pour désigner les diverses modifications que cette couleur, prise à son maximum d'intensité, est susceptible de recevoir de la part du blanc, qui en abaisse le ton, ou du noir, qui le rehausse.

149. Le mot *gamme* s'appliquera à l'ensemble des tons d'une même couleur ainsi modifiée. La couleur pure est le ton normal de la gamme, si le ton normal n'appartient pas à une gamme rompue ou rabattue, c'est-à-dire à une gamme dont tous les tons sont ternis par du noir (153).

150. Le mot *nuances* d'une couleur sera exclusivement appliqué

distingue des autres. *La dégradation d'une seule couleur produit un nombre infini de nuances. Le mélange de plusieurs couleurs produit des nuances variées à l'infini* . . . . .

«NUANCE se dit aussi du mélange et de l'assortiment de plusieurs couleurs qui vont bien ou mal ensemble.»

Il définit ainsi le mot TON DE COULEUR : «se dit des teintes suivant leur différente nature et leur différent degré de force ou d'éclat. *Tons obscurs, tons clairs* . . . . . *Le ton de couleur de ce tableau tire sur le rouge, sur le jaune,* etc.»

aux modifications que cette couleur reçoit de l'addition d'une petite quantité d'une autre.

Nous dirons, par exemple, *les tons de la gamme bleue, les tons de la gamme rouge, les tons de la gamme jaune, les tons de la gamme violette, les tons de la gamme verte, les tons de la gamme orangée.*

Nous dirons *les nuances du bleu* pour désigner toutes les gammes dont la couleur restant toujours le bleu diffère cependant du bleu pur; or chaque nuance comprendra elle-même des tons qui constitueront une gamme plus ou moins voisine de la gamme bleue.

Nous dirons, dans le même sens, *les nuances du jaune, les nuances du rouge, les nuances du violet, les nuances du vert, les nuances de l'orangé.*

151. J'ai défini *les tons d'une couleur* les diverses modifications que cette couleur, prise à son *maximum d'intensité*, est susceptible de recevoir du blanc ou du noir; il faut remarquer que la condition *de la couleur prise à son maximum d'intensité pour recevoir du noir* est absolument essentielle à cette définition; car, si du noir s'ajoutait à un ton qui fût au-dessous du maximum, on passerait alors dans une autre gamme, et c'est maintenant le lieu de faire remarquer que les artistes distinguent des *couleurs franches* et des *couleurs rabattues, rompues, grises* ou *ternes.*

152. Les *couleurs franches* comprennent les couleurs qu'ils appellent *simples*, le rouge, le jaune, le bleu, et celles qui résultent de leurs mélanges binaires, l'orangé, le vert, le violet et leurs nuances.

153. Les *couleurs rabattues* comprennent les couleurs franches mêlées de noir, depuis le ton le plus clair jusqu'au plus foncé.

D'après ces définitions, il est évident que dans toutes les gammes des couleurs simples et des couleurs binaires, les tons qui sont au-dessus de la couleur pure sont des tons rabattus.

154. Les artistes, et particulièrement les peintres et les teinturiers, admettent que tout mélange ternaire de leurs trois couleurs primitives donne, dans une certaine proportion, du noir; de là, il semble résulter que toutes les fois qu'on mêlera ces trois couleurs de manière que deux soient prédominantes, il en résultera du noir, lequel sera formé de la totalité de la couleur qui est en petite quantité et de proportions convenables des deux prédominantes : par exemple, si du bleu est mêlé en faible proportion à du rouge et à du jaune, il en résultera un peu de noir, qui rabattra l'orangé.

155. Il ne faut pas perdre de vue que, toutes les fois qu'il s'agit du mélange des couleurs primitives des peintres, il ne s'agit pas du mélange des couleurs du spectre solaire, mais du mélange des matières que les peintres et les teinturiers emploient comme couleur rouge, couleur jaune et couleur bleue.

§ 2. — REMARQUES SUR QUELQUES CONSTRUCTIONS GRAPHIQUES PROPOSÉES POUR SE REPRÉSENTER ET DÉFINIR LES COULEURS ET LEURS MODIFICATIONS.

156. On a proposé plusieurs constructions graphiques sous la dénomination de *tables*, d'*échelles*, de *cercles des couleurs*, ou de *chromatomètres*, afin de représenter et de définir, soit par des nombres, soit par une nomenclature rationnelle, les couleurs et leurs diverses modifications. On est parti assez généralement de ces trois propositions :

1° Il y a trois couleurs primitives, le rouge, le jaune et le bleu.

2° Parties égales de deux de ces couleurs mélangées donnent une couleur binaire franche.

3° Parties égales des trois couleurs primitives mélangées donnent le noir.

157. Il est aisé de démontrer que les deux dernières propositions sont de pures hypothèses, puisque aucune expérience ne les démontre; en effet :

1° On ne connaît aucune matière qui présente une couleur primitive, c'est-à-dire qui ne réfléchisse qu'une sorte de rayons colorés, soit le rouge pur, soit le jaune pur, ou le bleu pur (7).

Si un auteur prend l'outremer pour le bleu le plus pur, un autre, avec raison, admet qu'il ne l'est pas, puisqu'il réfléchit des rayons rouges ou violets avec les rayons bleus.

2° Dès qu'il y a impossibilité de se procurer des matières de couleurs pures, comment peut-on avancer que l'orangé, le vert et le violet se composent de deux couleurs simples mêlées à parties égales? comment peut-on avancer que le noir se compose de trois couleurs simples mêlées à parties égales?

Et ce qu'il y a de remarquable encore, c'est que les constructeurs de tableaux chromatométriques, lorsqu'ils en viennent à l'application, n'indiquent que des mélanges qui, de leur propre aveu, ne reproduisent pas les résultats qui se déduisent immédiatement de leurs prétendus principes.

158. Quoi qu'il en soit, on ne peut s'empêcher de reconnaître que la plupart des matières colorées en bleu, en rouge ou en jaune, que nous connaissons, ne donnent par leurs mélanges binaires que des violets, des verts et des orangés inférieurs en éclat aux matières

colorées qui sont naturellement d'un beau violet, d'un beau vert et
d'un bel orangé; résultat qui s'expliquerait, si l'on admettait avec
nous que les matières colorées qu'on mêle deux à deux réfléchissent
chacune au moins deux sortes de rayons colorés, et si l'on admet
avec les peintres et les teinturiers que, dès qu'il y a mélange de
matières qui réfléchissent séparément du rouge, du jaune et du bleu,
il y a production d'une certaine quantité de noir, qui ternit l'éclat
des matières mélangées. Enfin il est encore certain, conformément
à cette manière de voir, que les violets, les verts et les orangés qui
résultent d'un mélange de matières colorées sont d'autant plus brillants, que les matières mélangées étaient plus rapprochées l'une de
l'autre par leurs couleurs respectives; par exemple, que le bleu et le
rouge mélangés tiraient davantage chacun sur le violet, que le bleu
et le jaune mélangés tiraient davantage chacun sur le vert, enfin que
le rouge et le jaune mélangés tiraient davantage chacun sur l'orangé.

159. Pour se représenter toutes les modifications que j'ai appelées
tons et *nuances des couleurs*, ainsi que les relations qui existent entre
celles qui sont complémentaires l'une de l'autre, j'ai imaginé la construction suivante, qui me semble remarquable par sa simplicité.

D'un centre c je décris deux circonférences y, y', fig. 13; je divise
chacune d'elles, au moyen de trois rayons ca, cb, cd, en trois arcs
de 120 degrés.

Je partage la portion de chaque rayon comprise entre les deux circonférences y, y' en vingt parties, qui me représentent autant de tons
des couleurs rouge, jaune et bleue.

160. Dans chacune des gammes de ces trois couleurs, il y a un
ton qui présente à l'état de pureté la couleur de la gamme à laquelle

Fig. 13.

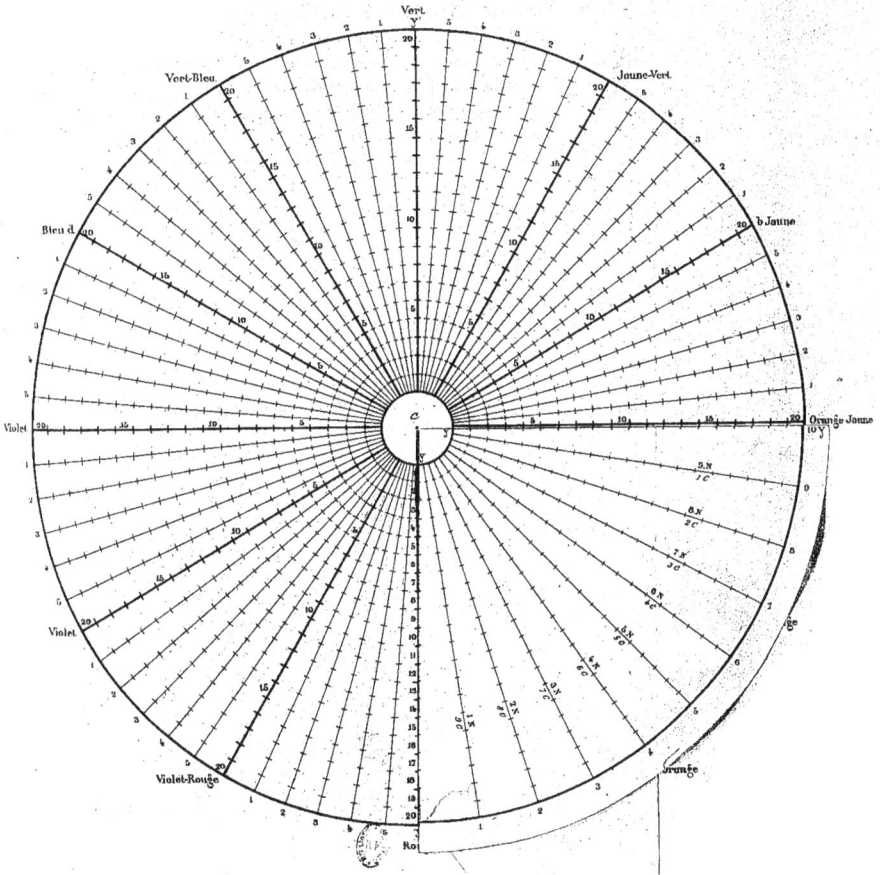

il se rapporte; c'est pourquoi je le nomme le *ton normal de cette gamme*. Si nous nous représentons une unité de surface *s* couverte entièrement par la matière qui nous réfléchit la couleur normale, et si nous supposons que cette matière colorée soit sur cette surface en une quantité égale à 1, nous nous représenterons les tons supérieurs au ton normal par l'unité de surface couverte de 1 de la couleur normale, plus de quantités de noir croissantes avec le numéro des tons, et nous nous représenterons les tons inférieurs par l'unité de surface couverte d'une fraction de la quantité 1, constituant le ton normal, mêlée de quantités de blanc d'autant plus grandes que le ton a un numéro moins élevé.

Si le ton 15 de la gamme rouge est le ton normal, le ton normal de la gamme jaune aura un numéro inférieur, tandis que le ton normal de la gamme bleue aura un numéro supérieur. Cela tient à ce que les couleurs sont différemment claires ou brillantes.

161. Si je divise chaque arc de 120 degrés en deux de 60 degrés, si je fais passer des rayons par ces points et que je les divise, comme les rayons précédents, à partir de *y*, en vingt parties, je représenterai vingt tons des gammes de l'orangé, du vert et du violet, et je ferai remarquer que les couleurs qui sont à l'extrémité de chaque diamètre sont complémentaires l'une de l'autre.

On conçoit que je pourrai diviser chaque arc de 60 degrés en arcs de 30 degrés et avoir ainsi des rayons sur lesquels je représenterai vingt tons de gammes, que je nommerai *rouge-orangé, orangé-jaune, jaune-vert, vert-bleu, bleu-violet, violet-rouge*.

En divisant chaque arc en cinq, par exemple, en tirant cinq rayons que je diviserai en vingt parties chacun, en partant de la circonférence *y*, j'aurai soixante nouvelles gammes.

162. En partant du rouge, voici comment je les désignerai :

(A) *Rouge.*	(E) *Jaune.*	(I) *Bleu.*
1er Rouge.	1er Jaune.	1er Bleu.
2e Rouge.	2e Jaune.	2e Bleu.
3e Rouge.	3e Jaune.	3e Bleu.
4e Rouge.	4e Jaune.	4e Bleu.
5e Rouge.	5e Jaune.	5e Bleu.

(B) *Rouge-orangé.*	(F) *Jaune-vert.*	(K) *Bleu-violet.*
1er Rouge-orangé.	1er Jaune-vert.	1er Bleu-violet.
2e Rouge-orangé.	2e Jaune-vert.	2e Bleu-violet.
3e Rouge-orangé.	3e Jaune-vert.	3e Bleu-violet.
4e Rouge-orangé.	4e Jaune-vert.	4e Bleu-violet.
5e Rouge-orangé.	5e Jaune-vert.	5e Bleu-violet.

(c) *Orangé.*	(G) *Vert.*	(L) *Violet.*
1er Orangé.	1er Vert.	1er Violet.
2e Orangé.	2e Vert.	2e Violet.
3e Orangé.	3e Vert.	3e Violet.
4e Orangé.	4e Vert.	4e Violet.
5e Orangé.	5e Vert.	5e Violet.

(D) *Orangé-jaune.*	(H) *Vert-bleu.*	(M) *Violet-rouge.*
1er Orangé-jaune.	1er Vert-bleu.	1er Violet-rouge.
2e Orangé-jaune.	2e Vert-bleu.	2e Violet-rouge.
3e Orangé-jaune.	3e Vert-bleu.	3e Violet-rouge.
4e Orangé-jaune.	4e Vert-bleu.	4e Violet-rouge.
5e Orangé-jaune.	5e Vert-bleu.	5e Violet-rouge.

Je n'attache aucune importance à cette nomenclature; je l'emploie
seulement comme la plus simple pour distinguer les soixante-douze

gammes dont je viens de parler. On peut en augmenter indéfiniment le nombre en en intercalant autant qu'on voudra entre celles qui viennent d'être désignées.

163. Représentons maintenant la dégradation de chacune des couleurs des gammes du tableau circulaire par des quantités de noir croissant progressivement jusqu'au noir pur.

Pour cela imaginons un quadrant d'un rayon égal à celui du cercle et disposé de manière à pouvoir tourner sur un axe perpendiculaire au centre de ce cercle. Divisons ce quadrant : 1° par des arcs concentriques y, y' qui coïncident avec les circonférences du cercle portant les mêmes lettres ; 2° par dix rayons, 1, 2, 3, 4, 5, 6, 7, 8, 9, 10.

Prenons sur chacun de ces rayons vingt parties représentant vingt tons correspondant chacun à chacun des tons des gammes représentées sur le cercle.

164. Je suppose que le 10ᵉ rayon comprend les dégradations du noir normal, lequel est censé envelopper l'hémisphère décrit par le mouvement du quadrant sur son axe ; ce noir, mêlé en quantités décroissantes à des quantités croissantes de blanc, donne les vingt tons du gris normal, qui finit par s'éteindre dans le blanc situé au-dessous du ton 1ᵉʳ. Je suppose en outre que le ton normal de chacune des gammes prises sur les rayons du quadrant 1, 2, 3, 4, 5, 6, 7, 8, 9, est formé du mélange du noir avec la couleur d'une des gammes quelconques que le cercle comprend, par exemple, de la gamme rouge, et dans une proportion telle que le ton normal 15 de cette gamme étant représenté par l'unité de surface couverte de 1 ou de 10/10 de rouge.

Le ton 15 de la gamme du 1er rayon du quadrant $= \frac{9}{10}$ de rouge $+ \frac{1}{10}$ de noir.

Le ton 15 de la gamme du 2e rayon du quadrant $= \frac{8}{10}$ de rouge $+ \frac{2}{10}$ de noir.

Le ton 15 de la gamme du 3e rayon du quadrant $= \frac{7}{10}$ de rouge $+ \frac{3}{10}$ de noir.

Le ton 15 de la gamme du 4e rayon du quadrant $= \frac{6}{10}$ de rouge $+ \frac{4}{10}$ de noir.

Le ton 15 de la gamme du 5e rayon du quadrant $= \frac{5}{10}$ de rouge $+ \frac{5}{10}$ de noir.

Le ton 15 de la gamme du 6e rayon du quadrant $= \frac{4}{10}$ de rouge $+ \frac{6}{10}$ de noir.

Le ton 15 de la gamme du 7e rayon du quadrant $= \frac{3}{10}$ de rouge $+ \frac{7}{10}$ de noir.

Le ton 15 de la gamme du 8e rayon du quadrant $= \frac{2}{10}$ de rouge $+ \frac{8}{10}$ de noir.

Le ton 15 de la gamme du 9e rayon du quadrant $= \frac{1}{10}$ de rouge $+ \frac{9}{10}$ de noir.

Bien entendu que ces proportions se rapportent à l'effet des mélanges sur l'œil et non à des quantités matérielles de matière rouge et de matière noire.

165. On voit donc :

1° Que chacun de ces tons 15, composé de couleur et de noir, puis dégradé avec du blanc et monté avec du noir, donne une gamme de 20 tons d'autant plus rabattue qu'elle s'approche davantage de la gamme du noir normal ;

2° Que le quadrant, par le mouvement qu'il prend sur l'axe du cercle, représente des gammes de toute autre couleur que le rouge, rabattues par du noir ; ces gammes rabattues sont équidistantes et formées chacune de tons équidistants ;

3° Que toutes les couleurs sont ainsi renfermées dans un hémisphère dont le plan circulaire comprend les couleurs franches; le rayon central, le noir et l'espace intermédiaire, les couleurs franches rabattues par des proportions diverses de noir.

166. Revenons sur la construction hémisphérique, telle que nous venons de la décrire, et voyons-en les avantages pour se représenter la dégradation des couleurs franches par le blanc, et leur gradation

par du noir, leurs modifications par leurs mélanges mutuels comprenant les modifications de nuances et les modifications de *rabat;* nous examinerons ensuite la possibilité de la réaliser au moyen des matières colorées.

167. Pour établir la construction hémisphérique, nous avons supposé :

1° Que le ton normal de chacune des gammes comprises dans le plan circulaire est *à la vue* aussi pur que possible;

2° Que les tons portant le même numéro dans toutes les gammes, tant celles des couleurs franches que celles des couleurs rabattues, sont *tous à la vue* à la même hauteur;

3° Que si l'on prend trois tons du même numéro dans trois gammes consécutives, le ton de la gamme intermédiaire est la moyenne, pour la couleur, des couleurs des gammes extrêmes.

Conséquemment à ces suppositions, il est aisé de s'expliquer les modifications d'une couleur franche à partir de son ton normal.

168. Ces modifications se font de manière:

1° *Que la couleur franche ne sort point de sa gamme.*

Dans cette circonstance, la modification est dans le sens du rayon du cercle; en allant du ton normal vers le centre, elle prend du blanc, tandis qu'en allant du ton normal vers la circonférence, elle prend du noir.

2° *Que la couleur franche sort de la gamme en prenant du noir.*

Dans cette circonstance, tous les tons normaux des diverses gammes comprises dans le quadrant perpendiculaire au cercle ont pour point de départ le ton normal d'une des gammes franches du cercle avec laquelle le quadrant coïncide. Ce ton normal, résultant d'une quantité de matière colorée représentée par l'unité, recouvrant l'unité de surface *s*, les tons normaux du quadrant résultent du mélange du noir et d'une fraction de l'unité de la matière colorée; ces mélanges composent des couleurs rabattues, qui couvrent chacune l'unité de surface *s* et qui sont à la même hauteur que le ton normal de la couleur franche.

La fraction de la quantité de matière colorée est d'autant plus petite dans les tons normaux rabattus, que les gammes auxquelles ces tons appartiennent se rapprochent davantage de l'axe vertical de l'hémisphère.

En outre, chaque ton normal des gammes du quadrant est modifié, comme les tons normaux des gammes du cercle, par des quantités croissantes de blanc vers le centre et des quantités croissantes de noir vers la circonférence.

3° *Que la couleur franche est modifiée en prenant une autre couleur franche.*

Dans cette circonstance, elle forme des nuances d'autant plus rapprochées d'elle-même, que les quantités de la seconde couleur sont plus petites.

Ces modifications se font circulairement et de manière que les tons conservent leurs numéros.

169. Ainsi, en admettant avec les peintres et les teinturiers qu'il n'y a que trois couleurs primitives, et qu'en les combinant deux à deux, on a toutes les couleurs franches complexes, et en les combinant trois à trois, toutes les couleurs rompues ou rabattues, on voit comment il est possible, dans cette hypothèse, de se représenter par la construction hémisphérique toutes les modifications des couleurs.

170. Un autre avantage de cette construction, c'est de donner aux peintres, aux teinturiers, aux décorateurs, en un mot, aux artistes qui peuvent faire des applications de la loi du contraste simultané, les complémentaires de toutes les couleurs franches, puisque les couleurs du plan circulaire qui se trouvent aux extrémités d'un même diamètre sont complémentaires l'une de l'autre. Par exemple, non seulement on voit que le rouge et le vert, le jaune et le violet, le bleu et l'orangé, sont sur le même diamètre, mais on voit encore qu'il en est de même du rouge orangé et du vert bleu, de l'orangé jaune et du bleu violet, du jaune vert et du violet rouge, du rouge n° 1 et du vert n° 1 . . . ., de manière que toutes ces couleurs, opposées deux à deux, sont mutuellement complémentaires.

171. Une fois que l'on connaît la complémentaire d'une couleur juxtaposée à une autre, il est aisé, d'après le principe du mélange, de déterminer la modification que la seconde doit recevoir de la première, puisque cette modification est la résultante du mélange de la complémentaire avec la couleur juxtaposée. En effet, s'il n'y a aucune difficulté pour le faire lorsque la résultante est celle d'un mélange non complémentaire d'une couleur simple, le rouge, le jaune et le bleu, avec une couleur binaire, l'orangé, le vert et le violet (bien entendu que nous parlons ici le langage des peintres [76]), il n'y en a pas réellement davantage lorsque la résultante est celle du mélange de deux couleurs binaires; parce qu'il suffit de remarquer que, la complémentaire étant bien moins intense que la couleur à laquelle elle se mêle, la résultante est donnée si l'on soustrait de la dernière couleur binaire la portion de sa couleur simple qui, avec la complémentaire, forme du blanc, ou, ce qui revient au même, la neutralise.

1. L'orangé s'ajoutant comme complémentaire au vert neutralise une partie du bleu de ce dernier et conséquemment le fait paraître moins bleu ou plus jaune.

2. L'orangé s'ajoutant comme complémentaire au violet neutralise une portion du bleu de ce dernier et conséquemment le fait paraître moins bleu ou plus rouge.

3. Le vert s'ajoutant comme complémentaire au violet neutralise une portion du rouge de ce dernier et conséquemment le fait paraître moins rouge ou plus bleu.

Ces trois exemples, tirés de la juxtaposition du bleu et du vert, du bleu et du violet, du rouge et du violet, pourraient s'expliquer encore facilement en soustrayant à la couleur binaire une portion de sa couleur simple, qui est identique à celle juxtaposée; ainsi :

1. Du bleu soustrait au vert le fait paraître plus jaune.

2. Du bleu soustrait au violet le fait paraître plus rouge.

3. Du rouge soustrait au violet le fait paraître plus bleu.

172. Que faudrait-il maintenant pour que cette construction devînt aussi utile qu'on peut se l'imaginer d'après ce qui précède? C'est qu'on pût l'exécuter partout, de manière à en rendre le langage uniforme, ainsi qu'on le fait pour la détermination des températures au moyen du thermomètre.

Pour y parvenir, il faudrait prendre des types invariables de couleur, soit dans le spectre solaire, soit dans la lumière polarisée, soit dans les anneaux colorés, soit dans les couleurs développées d'une manière constante par un procédé quelconque, puis les imiter aussi fidèlement que possible, au moyen de matières colorées que l'on appliquerait sur le plan circulaire de notre construction chromatique. Il faudrait que le nombre de ces types fût assez considérable pour reproduire les principales couleurs, afin qu'un œil exercé pût sans difficulté intercaler tous les tons d'une même gamme et toutes les nuances dont les types manqueraient; il faudrait enfin que la construction hémisphérique ainsi établie présentât des termes assez rapprochés pour qu'on pût y rapporter les variétés de couleur des corps naturels et de ceux que nous formons dans nos ateliers et nos laboratoires de chimie.

173. Je dois insister sur un point avant de terminer cet article; c'est sur la possibilité d'imiter des *types de couleurs supposées pures,* en employant des matières colorées qui, ainsi que je l'ai dit, ne le sont jamais ou presque jamais (7). En cela la manière dont je conçois la réalisation de ma construction chromatique est toute différente de celle dont on a conçu les constructions analogues en employant comme type du rouge le carmin, comme type du jaune la gomme gutte, comme type du bleu l'outremer, le bleu de Prusse, etc.

Qu'il s'agisse d'imiter un type pur, on prendra le corps coloré qui s'en rapproche le plus; s'il en diffère sensiblement, on cherchera à en corriger l'écart au moyen du mélange d'un autre corps coloré et en observant toujours de le prendre de la couleur la moins éloignée possible de celle qu'il s'agit de corriger. Si l'on ne parvenait pas à un bon résultat par la méthode du mélange, on mettrait le corps coloré à la place qu'il doit occuper sur le plan. Prenons pour exemple le type du bleu. Il est évident que l'outremer tire sur le violet; il faut donc essayer de neutraliser cette dernière teinte en y mettant du jaune verdâtre plutôt qu'orangé. Si l'on n'est pas content du mélange, il faudra essayer la cendre bleue de première qualité; si elle ne représente pas exactement le type du bleu, elle s'en rapproche beaucoup, mais en tirant plutôt sur le vert que sur le violet. Enfin, ne pouvant imiter ce type, il faudra mettre l'outremer et la cendre bleue à la place qu'ils doivent respectivement occuper comme nuances du bleu, et laisser vacante celle de ce type.

Je ne doute pas qu'un artiste, qui emploie des matières colorées comme élément de son art, ne tire un très bon parti des essais qu'il fera pour mettre dans la construction chacun de ces éléments à la place qu'il doit y occuper.

RÉSUMONS les avantages de la construction chromatique hémisphérique.

1° *Elle représente toutes les modifications résultant du mélange des couleurs.*

Ainsi on voit :

(A) Comment une couleur quelconque, dégradée par le blanc et montée avec du noir, peut, sans sortir de sa gamme, donner naissance à un nombre infini de tons; je dis *infini,* parce qu'on peut en intercaler autant qu'on voudra, depuis le ton 1 jusqu'au ton 20;

(B) Comment les couleurs franches, en se modifiant les unes par les autres, peuvent produire un nombre infini de nuances; car entre deux nuances voisines du cercle on peut en intercaler autant qu'on voudra;

(c) Comment le ton normal d'une couleur franche, représenté par une quantité égale à 1, couvrant l'unité de surface, est le point de départ de tons normaux de gammes marchant vers le noir, ces tons normaux étant représentés par du noir et une quantité de matière colorante plus petite que l'unité, constituant des mélanges qui couvrent l'unité de surface s et la colorent en un ton qui a le même numéro que le ton normal de la gamme franche à laquelle il se rapporte. On comprend qu'à partir de ce ton jusqu'au ton correspondant du noir normal, on peut intercaler autant de mélanges de couleur et de noir qu'on voudra.

Les modifications des couleurs ainsi indiquées par la construction hémisphérique rendent extrêmement faciles à comprendre les définitions que nous avons données des mots *gammes*, *tons*, *nuances*, *couleurs franches* et *couleurs rabattues*.

2° *Elle donne le moyen de connaître la complémentaire de toutes les couleurs, puisque les noms écrits aux deux extrémités d'un même diamètre se rapportent aux couleurs complémentaires l'une de l'autre.*

EXEMPLES :

(A) Qu'il s'agisse du bleu et du jaune juxtaposés; à l'extrémité du diamètre où on lit le mot *bleu*, on lit à l'extrémité opposée le mot *orangé :* on voit par là que le bleu tend à donner de l'orangé au jaune. Enfin, à l'extrémité du diamètre où on lit le mot *jaune*, on lit à l'extrémité opposée le mot *violet :* on voit par là que le jaune tend à donner du violet au bleu.

(B) Qu'il s'agisse du vert et du bleu juxtaposés; à l'extrémité du diamètre où on lit le mot *vert,* on lit à l'extrémité opposée le mot *rouge :* on voit par là que le vert tendant à donner du rouge au bleu doit le violeter. Enfin, à l'extrémité du diamètre où on lit le mot *bleu,* on lit à l'extrémité opposée le mot *orangé.* Mais que fera le mélange du vert et de l'orangé? Pour le savoir, il suffira de considérer que l'orangé tendra dans le vert à neutraliser du bleu, sa complémentaire, et que, comme il est toujours trop faible pour neutraliser tout le bleu, son influence se bornera à n'en neutraliser qu'une partie, d'où il résulte que le vert contigu au bleu paraîtra plus jaune qu'il n'est réellement.

(c) Qu'il s'agisse du vert et du jaune juxtaposés, et l'on verrait de la même manière que le vert donnera du rouge au jaune et l'orangera, et que le violet, la complémentaire du jaune, en neutralisant du jaune dans le vert, fera paraître celui-ci plus bleu ou moins jaune.

3° *Un troisième avantage de cette construction, qui la distingue des constructions chromatiques ordinaires, c'est de présenter les deux ordres d'avantages précédents* (1° *et* 2°), *sans qu'il soit nécessaire de la colorier.*

On voit donc qu'elle a une utilité réelle indépendante de la difficulté que son exécution peut présenter lorsqu'il s'agit de la colorier.

4° *Un quatrième avantage de cette construction est de faire voir à tous les artistes qui emploient des matières colorées d'une étendue sensible pour parler aux yeux, comme le font particulièrement les tapissiers des Gobelins, le rapport de numéro qui doit exister entre les tons des diverses gammes qu'ils travaillent ensemble.*

§ 3. — HARMONIE DES COULEURS.

174. L'œil a un plaisir incontestable à voir des couleurs, abstraction faite de tout dessin, de toute autre qualité dans l'objet qui les lui présente, et un exemple propre à le démontrer est la peinture des boiseries d'un appartement en une ou plusieurs teintes plates, qui ne parlent absolument qu'aux yeux et qui les affectent d'une manière plus ou moins agréable, suivant que le peintre les a plus ou moins bien assorties. Le plaisir que nous éprouvons dans cette circonstance, par l'intermédiaire de l'organe de la vue, de sensations absolues de couleurs, est tout à fait analogue à celui que nous éprouvons par l'intermédiaire du goût des sensations absolues de saveurs agréables.

Rien de plus propre à nous rendre un compte exact des jouissances que nous procure le sens de la vue d'une manière absolue, que de distinguer plusieurs circonstances diverses relatives aux couleurs elles-mêmes où nous éprouvons de leur part des sensations agréables.

Iʳᵉ CIRCONSTANCE. — VUE D'UNE SEULE COULEUR.

175. Toutes les personnes dont l'œil est bien organisé ont certainement éprouvé du plaisir en fixant leur regard sur une feuille de papier blanc où tombent les rayons colorés qui lui sont transmis par un verre coloré, soit en rouge, soit en orangé, soit en jaune, soit en vert, soit en bleu ou en violet.

La même sensation a lieu lorsqu'on regarde un papier uni coloré en l'une ou l'autre de ces couleurs.

IIᵉ CIRCONSTANCE. — VUE DES DIFFÉRENTS TONS D'UNE MÊME GAMME DE COULEUR.

176. La vue simultanée de la série des tons d'une même gamme qui commence au blanc et finit au brun noir est incontestablement une sensation agréable, surtout si les tons sont à des intervalles bien égaux et suffisamment nombreux, par exemple, de dix-huit ou trente.

IIIᵉ CIRCONSTANCE. — VUE DE COULEURS DIFFÉRENTES APPARTENANT À DES GAMMES VOISINES L'UNE DE L'AUTRE, ASSORTIES CONFORMÉMENT AU CONTRASTE.

177. La vue simultanée de couleurs différentes appartenant à des gammes plus ou moins voisines peut être agréable, mais l'assortiment de ces gammes produisant cet effet est excessivement difficile à obtenir, parce que plus les gammes sont rapprochées, plus fréquemment il arrive que non seulement l'une des couleurs nuit à sa voisine, mais même que les deux se nuisent réciproquement. Le

peintre peut cependant tirer parti de cette harmonie, en sacrifiant une des couleurs qu'il ternit pour faire briller l'autre.

IVe CIRCONSTANCE. — VUE DE COULEURS TRÈS DIFFÉRENTES APPARTENANT À DES GAMMES TRÈS ÉLOIGNÉES, ASSORTIES CONFORMÉMENT AU CONTRASTE.

178. La vue simultanée des couleurs complémentaires ou d'assemblages binaires de couleurs qui, sans être complémentaires, sont cependant très différentes, est encore incontestablement une sensation agréable.

Ve CIRCONSTANCE. — VUE DE COULEURS DIVERSES PLUS OU MOINS BIEN ASSORTIES, PAR L'INTERMÉDIAIRE D'UN VERRE FAIBLEMENT COLORÉ.

179. Des couleurs diverses, plus ou moins bien assorties d'après la loi du contraste, étant vues au travers d'un verre coloré qui n'est pas assez foncé pour laisser voir toutes les couleurs de la teinte propre au verre, donnent un spectacle qui n'est pas sans charme et qui se place évidemment entre celui produit par des tons d'une même gamme et celui qui l'est par des couleurs diverses plus ou moins bien assorties ; car il est évident que si le verre était plus foncé, il ferait voir les objets de la couleur qui lui est propre.

180. Nous concluons de là qu'il y a six harmonies distinctes de couleurs, comprises en deux genres.

Ier GENRE. — HARMONIES D'ANALOGUES.

1° L'*harmonie de gamme,* produite par la vue simultanée de différents tons d'une même gamme plus ou moins rapprochés ;

2° L'*harmonie de nuances,* produite par la vue simultanée de tons à la même hauteur ou à peu près, appartenant à des gammes voisines l'une de l'autre;

3° L'*harmonie d'une lumière colorée dominante,* produite par la vue simultanée de couleurs diverses assorties conformément à la loi du contraste, mais dominée par l'une d'elles, comme cela résulterait de la vision de ces couleurs au travers d'un verre légèrement coloré.

IIe GENRE. — HARMONIES DE CONTRASTES.

1° L'*harmonie de contraste de gamme,* produite par la vue simultanée de deux tons d'une même gamme très éloignés l'un de l'autre;

2° L'*harmonie de contraste de nuances,* produite par la vue simultanée de tons à des hauteurs différentes, appartenant chacun à des gammes voisines;

3° L'*harmonie de contraste de couleurs,* produite par la vue simultanée de couleurs appartenant à des gammes très éloignées, assorties suivant la loi du contraste. La différence de hauteur des tons juxtaposés peut augmenter encore le contraste des couleurs.

§ 4. — ASSORTIMENTS DU ROUGE, DE L'ORANGÉ, DU JAUNE, DU VERT, DU BLEU, DU VIOLET, AVEC LE BLANC, LE NOIR ET LE GRIS.

181. Il n'est point inutile à l'objet que je me propose dans la seconde partie de cet ouvrage, de placer ici quelques observations relatives à l'ordre de beauté d'un certain nombre d'arrangements des couleurs primitives avec le blanc, le noir et le gris; mais avant de les exposer, je ne saurais trop insister sur ce que je ne les donne pas comme une déduction rigoureuse de règles scientifiques; car elles ne sont que l'expression de mon goût particulier; pourtant j'ai l'espérance que plusieurs classes d'artistes, notamment les modistes, les peintres décorateurs de tous genres, les compositeurs de dessins

coloriés pour étoffes, papiers peints, etc., trouveront quelque avantage à les consulter.

182. Les fonds pouvant avoir de l'influence sur l'effet des couleurs, ainsi que l'intervalle qu'on peut mettre entre les matières colorées, je préviens le lecteur que toutes mes observations ont été faites sur des cercles colorés, blancs, noirs et gris, de $0^{m}011$ de diamètre, séparés par des intervalles également de $0^{m}011$: 13 cercles disposés en ligne droite formaient une série.

183. Les séries destinées à faire apprécier l'effet du blanc étaient sur un fond gris normal; les séries destinées à faire apprécier l'effet du noir et du gris étaient sur un fond blanc légèrement grisâtre. Il est donc essentiel de remarquer que les cercles colorés placés à distance se trouvaient sur des fonds qui ne laissaient pas que d'exercer quelque influence.

184. Les couleurs qui ont été l'objet de mes observations sont le rouge, l'orangé, le jaune, le vert, le bleu et le violet. Les différences qu'elles présentent, quand on les considère sous le point de vue du brillant, sont assez grandes pour qu'on les répartisse en deux groupes : l'un renfermant le jaune, l'orangé, le rouge et le vert gai; l'autre le bleu et le violet, qui, à hauteur égale de ton, n'ont point l'éclat des premiers. J'appellerai *couleurs lumineuses* celles du premier groupe, *couleurs sombres* celles du second; toutefois je ferai observer que les tons foncés et rabattus des gammes lumineuses peuvent, dans beaucoup de cas, être assimilés aux couleurs sombres, de même que les tons clairs du bleu et du violet peuvent quelquefois être employés dans des assortiments comme couleurs lumineuses.

ARTICLE PREMIER.

Couleurs et blanc.

A. ASSORTIMENTS BINAIRES.

185. Toutes les couleurs primitives gagnent par leur juxtaposition avec le blanc, cela est certain; mais les assortiments binaires qui en résultent ne sont pas également agréables, et l'on remarque que la hauteur du ton de la couleur a une grande influence sur l'effet de son assortiment avec le blanc.

Voici les assortiments binaires dans l'ordre de la plus grande beauté :

> *Bleu clair et blanc*, fig. 19.
> *Rose et blanc*, fig. 14.
> *Jaune foncé et blanc*, fig. 16.
> *Vert gai et blanc*, fig. 17.
> *Violet et blanc*, fig. 18.
> *Orangé et blanc*, fig. 15.

Le bleu et le rouge foncés produisent, avec le blanc, un contraste de ton trop fort pour que leurs assortiments soient aussi agréables que ceux de leurs tons clairs.

Par la raison contraire, le jaune étant une couleur claire, il faut prendre le ton normal ou le ton le plus élevé du jaune pur pour avoir le plus bel effet possible.

Le vert et le violet foncés contrastent trop de ton avec le blanc pour que l'assemblage en soit aussi agréable que ceux qui sont faits avec les tons clairs de ces couleurs.

Enfin le reproche qu'on peut faire à l'assortiment de l'orangé et du blanc est le trop de brillant; cependant je ne serais point étonné que plusieurs personnes le préférassent à l'assemblage du violet et du blanc.

B, ASSORTIMENTS TERNAIRES DE COULEURS COMPLÉMENTAIRES ENTRE ELLES AVEC LE BLANC.

186. Il m'est impossible d'établir un ordre de beauté entre les assemblages binaires des couleurs primitives complémentaires; ce que je dirai se réduira à examiner l'effet du blanc interposé, soit entre l'assortiment binaire complémentaire, soit entre chacune des couleurs complémentaires.

Rouge et vert.

187. 1. *Le rouge et le vert*, fig. 26, sont les couleurs complémentaires les plus égales en hauteur; car le rouge, sous le rapport de l'éclat, tient le milieu entre le jaune et le bleu, et dans le vert les deux extrêmes sont réunis.

2. L'arrangement *blanc, rouge, vert, blanc*, etc., fig. 27, n'est pas décidément supérieur au précédent (1), du moins quand les couleurs ne sont pas foncées.

3. L'arrangement *blanc, rouge, blanc, vert, blanc*, etc., fig. 28, me semble inférieur au précédent (2).

Bleu et orangé.

188. 1. *Le bleu et l'orangé*, fig. 44, sont plus opposés entre eux que ne le sont le rouge et le vert, parce que la couleur la moins brillante, le bleu, est isolée, tandis que les plus brillantes sont réunies dans l'orangé.

2. L'arrangement *blanc, orangé, bleu, blanc,* etc., fig. 45, est agréable.

3. L'arrangement *blanc, orangé, blanc, bleu, blanc,* etc., fig. 46, l'est pareillement.

Jaune et violet.

189. 1. *Le jaune et le violet,* fig. 53, forment l'arrangement le plus distinct sous le rapport de la hauteur du ton, puisque la couleur la moins intense ou la plus claire, le jaune, est isolée des autres. C'est à cause de ce grand contraste de ton, que le jaune verdâtre foncé, mais pur, va mieux avec le violet clair que le jaune clair et le violet foncé.

2. L'arrangement *blanc, jaune, violet, blanc,* etc., fig. 54, me paraît inférieur à l'arrangement précédent (1).

3. L'arrangement *blanc, jaune, blanc, violet, blanc,* etc., fig. 55, me paraît inférieur au précédent (2).

C. ASSORTIMENTS TERNAIRES DES COULEURS NON COMPLÉMENTAIRES AVEC LE BLANC.

Rouge et orangé.

190. 1. *Le rouge et l'orangé,* fig. 20, vont très mal ensemble.

2. L'arrangement *blanc, rouge, orangé, blanc,* etc., fig. 21, n'est guère préférable.

3. L'arrangement *blanc, rouge, blanc, orangé, blanc,* etc., fig. 22, est moins mauvais que les précédents, parce que le blanc étant favorable à toutes les couleurs, son interposition entre des couleurs qui se nuisent ne peut que produire un effet avantageux.

Rouge et jaune.

191. 1. *Le rouge et le jaune,* fig. 23, ne vont pas mal, surtout si le rouge est plutôt pourpré qu'écarlate, et le jaune plutôt verdâtre qu'orangé.

2. L'arrangement *blanc, rouge, jaune, blanc,* etc., fig. 24, est préférable au précédent (1).

3. L'arrangement *blanc, rouge, blanc, jaune, blanc,* etc., fig. 25, est encore meilleur.

Rouge et bleu.

192. 1. *Le rouge et le bleu,* fig. 38, vont passablement, surtout si le rouge tire plutôt sur l'écarlate que sur l'amarante.

Les tons foncés sont préférables aux tons clairs.

2. L'arrangement *blanc, rouge, bleu, blanc,* etc., fig. 39, est préférable au premier (1).

3. L'arrangement *blanc, rouge, blanc, bleu, blanc,* etc., fig. 40, est encore préférable au second (2).

Rouge et violet.

193. 1. *Le rouge et le violet,* fig. 41, ne vont pas bien ensemble; cependant quelques productions naturelles nous les offrent : je cite pour exemple le pois de senteur.

2. L'arrangement *blanc, rouge, violet, blanc,* etc., fig. 42, est moins mauvais que le précédent (1).

3. L'arrangement *blanc, rouge, blanc, violet, blanc,* etc., fig. 43, est encore préférable au précédent (2).

Orangé et jaune.

194. 1. *L'orangé et le jaune*, fig. 29, vont incomparablement mieux que le rouge et l'orangé.

2. L'arrangement *blanc, orangé, jaune, blanc*, etc., fig. 30, est agréable.

3. L'arrangement *blanc, orangé, blanc, jaune, blanc*, etc., fig. 31, est moins bien que 2 et peut-être que 1, parce qu'il y a trop de blanc.

Orangé et vert.

195. 1. *L'orangé et le vert*, fig. 32, ne vont point mal.

2. L'arrangement *blanc, orangé, vert, blanc*, etc., fig. 33, est préférable à 1.

3. L'arrangement *blanc, orangé, blanc, vert, blanc*, etc., fig. 34, est peut-être préférable à 2.

Orangé et violet.

196. 1. *L'orangé et le violet*, fig. 47, vont passablement, cependant moins bien qu'orangé et vert; le contraste dans ce dernier cas est plus grand que dans l'arrangement orangé et violet.

2. L'arrangement *blanc, orangé, violet, blanc*, etc., fig. 48, est préférable au précédent (1).

3. L'arrangement *blanc, orangé, blanc, violet, blanc*, etc., fig. 49, est préférable au précédent (2).

Jaune et vert.

197. 1. *Le jaune et le vert*, fig. 35, forment un assortiment agréable.

2. L'arrangement *blanc, jaune, vert, blanc*, etc., fig. 36, est encore plus agréable que le précédent (1).

3. L'arrangement *blanc, jaune, blanc, vert, blanc*, etc., fig. 37, est inférieur au précédent et peut-être au premier.

L'infériorité du 3 me paraît tenir à ce qu'il y a trop de lumière pour le vert.

Jaune et bleu.

198. 1. L'arrangement *du jaune et du bleu*, fig. 50, est plus agréable que celui du jaune et du vert, mais il est moins gai.

2. L'arrangement *blanc, jaune, bleu, blanc*, etc., fig. 51, est peut-être préférable au précédent (1).

3. L'arrangement *blanc, jaune, blanc, bleu, blanc*, etc., fig. 52, est peut-être inférieur au précédent (2).

Vert et bleu.

199. 1. *Le vert et le bleu*, fig. 56, sont d'un effet médiocre, du moins quand les couleurs sont foncées.

2. L'arrangement *blanc, vert, bleu, blanc*, etc., fig. 57, est meilleur.

3. L'arrangement *blanc, vert, blanc, bleu, blanc*, etc., fig. 58, est encore d'un meilleur effet, parce que la lumière est plus également répartie.

Vert et violet.

200. 1. *Le vert et le violet*, fig. 59, surtout quand ils sont clairs, forment un assortiment préférable au précédent, vert et bleu.

2. L'arrangement *blanc, vert, violet, blanc*, etc., fig. 60, n'est pas décidément supérieur au précédent (1).

3. L'arrangement *blanc, vert, blanc, violet, blanc,* etc., fig. 61, n'est pas décidément supérieur au précédent (2).

Bleu et violet.

201. 1. *Le bleu et le violet,* fig. 62, vont mal ensemble.

2. L'arrangement *blanc, bleu, violet, blanc,* etc., fig. 63, n'est guère préférable au précédent (1).

3. L'arrangement *blanc, bleu, blanc, violet, blanc,* etc., fig. 64, est moins mauvais que le précédent (2).

ARTICLE 2.
Couleurs et noir.

202. Je ne sais si c'est l'usage que nous faisons du noir pour le deuil qui en empêche l'emploi dans une infinité de cas où il produirait d'excellents effets; quoi qu'il en soit, il peut s'allier de la manière la plus avantageuse, non seulement avec des couleurs sombres, pour produire des harmonies d'analogues, mais encore avec des couleurs claires et brillantes, pour produire des harmonies de contrastes toutes différentes des premières. Les artistes chinois me paraissent avoir bien jugé l'excellent parti que l'on peut en tirer; car j'ai eu plusieurs fois l'occasion de voir des meubles, des peintures, des ornements, etc., où ils en avaient fait l'emploi le plus judicieux.

Je recommande aux artistes, auxquels ce paragraphe est particulièrement destiné, de donner quelque attention aux observations suivantes, ne doutant point que plusieurs leur seront profitables.

A. ASSORTIMENTS BINAIRES.

203. Aucun assortiment des couleurs primitives avec le noir n'est

désagréable; mais il existe entre ces assortiments une différence générique d'harmonie que ne présentent pas, du moins au même degré,
à beaucoup près, les assortiments binaires du blanc avec les mêmes
couleurs. En effet, dans ceux-ci l'éclat du blanc est tellement domi-
nant, que, quelle que soit la différence de clarté ou du brillant qu'on
remarque entre les diverses couleurs associées, on aura toujours des
harmonies de contraste; et cela doit être d'après ce que nous avons
dit (44-52) de l'influence du blanc pour élever le ton et augmenter
l'intensité de la couleur qui en est voisine. Si l'on examine les assortiments binaires du noir sous le rapport qui fixe maintenant notre
attention, nous verrons que les tons foncés de toutes les gammes, et
même les tons des gammes bleue et violette, qui ne sont pas, à
proprement parler, foncés, forment avec lui des harmonies d'analogues et non de contrastes, comme le font les tons non rabattus
des gammes rouge, orangée, jaune, verte, et les tons très clairs des
gammes violette et bleue. Enfin nous ajouterons, conformément à
ce que nous avons dit (55), que les assortiments du noir avec les
couleurs sombres, telles que le bleu et le violet, dont les complémentaires, l'orangé et le jaune verdâtre, sont lumineuses, peuvent diminuer
le contraste de ton si les couleurs sont juxtaposées au noir ou en sont
peu éloignées, et dans ce cas le noir perd beaucoup de sa vigueur.

Le bleu et le noir, fig. 19', le violet et le noir, fig. 18', font des
assortiments qui peuvent être employés avec succès, lorsqu'on ne
veut que des couleurs obscures. Le premier assortiment est supérieur
au second.

Les arrangements clairs qui présentent des harmonies de contrastes me paraissent, dans l'ordre de beauté :

Le rouge ou le rose et le noir, l'orangé et le noir, le jaune et le
noir, enfin le vert gai et le noir, fig. 14', 15', 16', 17'.

Relativement au jaune, je rappellerai qu'il doit être brillant et intense, par la raison que le noir tend à en appauvrir le ton (58).

B. ASSORTIMENTS TERNAIRES DES COULEURS COMPLÉMENTAIRES ENTRE ELLES AVEC LE NOIR.

Rouge et vert.

204. 1. *Rouge, vert*, etc., fig. 26'.

2. *Noir, rouge, vert, noir*, etc., fig. 27'.

Cet arrangement étant tout différent du premier, il est vraiment difficile de prononcer sur leur beauté relative.

3. *Noir, rouge, noir, vert, noir*, etc., fig. 28', me paraît inférieur au précédent (2), parce qu'il y a trop de noir.

Bleu et orangé.

205. 1. *Bleu, orangé*, etc., fig. 44'.

2. *Noir, bleu, orangé, noir*, etc., fig. 45'.

Je préfère le premier au second, la proportion des couleurs obscures étant trop forte relativement à l'orangé.

3. *Noir, bleu, noir, orangé, noir*, etc., fig. 46'.

A plus forte raison cet arrangement me plaît-il moins que le premier.

L'effet du noir avec le bleu et l'orangé est inférieur à celui du blanc.

Jaune et violet.

206. 1. *Jaune, violet*, etc., fig. 53'.

2. *Noir, jaune, violet, noir*, etc., fig. 54'.

3. *Noir, jaune, noir, violet, noir*, etc., fig. 55'.

Le deuxième assortiment est supérieur au troisième, parce que la proportion des couleurs sombres avec le jaune est trop forte dans ce dernier.

Le premier me paraît supérieur au second.

C. ASSORTIMENTS TERNAIRES DE COULEURS NON COMPLÉMENTAIRES AVEC LE NOIR.

Rouge et orangé.

207. 1. *Rouge, orangé,* etc., fig. 20′.

2. *Noir, rouge, orangé, noir,* etc., fig. 21′.

3. *Noir, rouge, noir, orangé, noir,* etc., fig. 22′.

L'orangé et le rouge se nuisant, il y a avantage à les séparer par du noir; le troisième arrangement est préférable au second, et tous deux sont préférables à ceux où le blanc remplace le noir.

Rouge et jaune.

208. 1. *Rouge, jaune,* etc., fig. 23′.

2. *Noir, rouge, jaune, noir,* etc., fig. 24′.

3. *Noir, rouge, noir, jaune, noir,* etc., fig. 25′.

Les deux derniers arrangements me paraissent supérieurs au premier, et il y aura certainement beaucoup de personnes qui les préféreront à l'arrangement où le blanc remplace le noir. Je ne saurais trop recommander les arrangements 2 et 3 aux artistes, auxquels ces observations sont surtout destinées.

Rouge et bleu.

209. 1. *Rouge, bleu,* etc., fig. 38′.

2. *Noir, rouge, bleu, noir,* etc., fig. 39′.

3. *Noir, rouge, noir, bleu, noir, etc.,* fig. 40′.

L'arrangement 2 est préférable au 3, parce qu'il y a trop de couleurs sombres dans ce dernier et que ces couleurs diffèrent trop du rouge.

L'effet du noir sur l'arrangement binaire rouge et bleu est inférieur à celui du blanc.

Rouge et violet.

210. 1. *Rouge, violet,* etc., fig. 41′.

2. *Noir, rouge, violet, noir,* etc., fig. 42′.

3. *Noir, rouge, noir, violet, noir,* etc., fig. 43′.

Le rouge et le violet se nuisant réciproquement, il y a avantage à les séparer par du noir, mais celui-ci produit un moins bon effet que le blanc. Il est difficile de dire si l'arrangement 3 est préférable au 2, par la raison que si dans celui-ci il y a du rouge près du violet, ce défaut peut être plus que compensé dans le 3, par la prédominance des couleurs sombres sur le rouge.

Orangé et jaune.

211. 1. *Orangé, jaune,* etc., fig. 29′.

2. *Noir, orangé, jaune,* etc., fig. 30′.

3. *Noir, orangé, noir, jaune, noir,* etc., fig. 31′.

L'orangé et le jaune étant très lumineux, le noir s'y marie fort bien dans les arrangements 2 et 3; et, si à l'arrangement 2 on peut préférer l'arrangement blanc, orangé, jaune, blanc, je crois que dans l'arrangement 3 le noir est d'un effet supérieur au blanc.

Orangé et vert gai.

212. 1. *Orangé, vert,* etc., fig. 32′.

13

2. *Noir, orangé, vert*, etc., fig. 33',

3. *Noir, orangé, noir, vert, noir*, etc., fig. 34'.

Le noir se marie très bien à l'orangé et au vert gai, par la même raison qu'il se marie bien à l'orangé et au jaune. Si dans l'arrangement 2 on peut préférer le blanc au noir, je crois qu'on ne le peut pas dans l'arrangement 3.

Je recommande aux artistes l'alliance du noir avec les arrangements binaires orangé et jaune, orangé et vert.

Orangé et violet.

213. 1. *Orangé, violet*, etc., fig. 47'.

2. *Noir, orangé, violet, noir*, etc., fig. 48'.

3. *Noir, orangé, noir, violet, noir*, etc., fig. 49'.

Le noir ne se marie point aussi bien que le blanc avec l'orangé et le violet, parce que la proportion des couleurs obscures relativement à l'orangé, couleur très vive, est trop forte.

Jaune et vert.

214. 1. *Jaune, vert gai*, etc., fig. 35'.

2. *Noir, jaune, vert, noir*, etc., fig. 36'.

3. *Noir, jaune, noir, vert, noir*, etc., fig. 37'.

Par la raison énoncée plus haut (211), le jaune et le vert gai étant des couleurs lumineuses, le noir s'y allie très bien; et si dans l'arrangement 2 on peut préférer l'effet du blanc au noir, je pense qu'on ne le peut pas dans l'arrangement 3.

Jaune et bleu.

215. 1. *Jaune, bleu*, etc., fig. 50'.

2. *Noir, jaune, bleu, noir*, etc., fig. 51'.

3. *Noir, jaune, noir, bleu, noir,* etc., fig. 52'.

Si l'arrangement 2 est préférable au 3, je le crois inférieur au 1ᵉʳ.

Le noir ne me paraît pas se marier aussi bien que le blanc à l'assemblage jaune et bleu.

Vert et bleu.

216. 1. *Vert, bleu,* etc., fig. 56'.

2. *Noir, vert, bleu, noir,* etc., fig. 57'.

3. *Noir, vert, noir, bleu, noir,* etc., fig. 58'.

Quoique le vert et le bleu n'aillent pas très bien, cependant l'alliance du noir n'est pas décidément avantageuse, à cause de l'augmentation de la proportion des couleurs sombres. Sous ce rapport, le blanc est d'un effet supérieur à celui du noir.

Vert et violet.

217. 1. *Vert, violet,* etc., fig. 59'.

2. *Noir, vert, violet, noir,* etc., fig. 60'.

3. *Noir, vert, noir, violet, noir,* etc., fig. 61'.

Si le noir se marie mieux avec le vert et le violet qu'avec le vert et le bleu, cependant ses arrangements ternaires sont inférieurs à l'arrangement binaire, et il est inférieur à l'arrangement ternaire, où il est remplacé par le blanc.

Bleu et violet.

218. 1. *Bleu, violet,* etc., fig. 62'.

2. *Noir, bleu, violet, noir,* etc., fig. 63'.

3. *Noir, bleu, noir, violet, noir,* etc., fig. 64'.

Si le bleu et le violet sont des couleurs qui ne vont pas bien ensemble, et qu'il y ait avantage à séparer l'une de l'autre, il faut reconnaître que le noir, en les isolant, n'en relève pas la couleur sombre ; mais d'un autre côté l'harmonie des arrangements 2 et 3 est plus agréable comme harmonie d'analogues que ne le sont les harmonies de contrastes que présente le blanc avec les mêmes couleurs. Il est donc des cas où l'assemblage du noir, du bleu et du violet peut être avantageux, lorsqu'il s'agit de présenter aux yeux des tons diversifiés, mais non éclatants.

Couleurs et gris.

219. Toutes les couleurs primitives gagnent en pureté et en brillant par le voisinage du gris ; cependant les effets sont loin d'être semblables ou même analogues à ceux qui résultent du voisinage de ces mêmes couleurs avec le blanc. Cela n'a rien qui doive surprendre, quand on considère que si le blanc conserve à chaque couleur son caractère et l'exalte même par contraste, il ne peut jamais être pris pour une couleur proprement dite ; le gris, au contraire, pouvant l'être, il arrive que celui-ci fait avec les couleurs les plus sombres, comme le bleu, le violet et les tons foncés en général, des assortiments qui rentrent dans les harmonies d'analogues, tandis qu'avec les couleurs naturellement brillantes, telles que le rouge, l'orangé, le jaune et les tons clairs du vert, ils forment des harmonies de contrastes ; eh bien, quoique le blanc contraste plus avec les couleurs sombres qu'avec celles qui sont naturellement lumineuses, on n'observe point entre le blanc et ces deux genres de couleurs la différence qu'on remarque entre le gris et ces mêmes couleurs. Au reste, ce résultat pouvait se conclure de ce que j'ai dit des assortiments binaires du noir (203).

A. ASSORTIMENTS BINAIRES.

220. *Le gris et le bleu*, fig. 19″, *le gris et le violet*, fig. 18″, forment des arrangements dont l'harmonie d'analogues est agréable, mais moins cependant que celle du noir avec les mêmes couleurs.

Le gris et l'orangé, fig. 15″, *le gris et le jaune*, fig. 16″, *le gris et le vert gai*, fig. 17″, forment des arrangements d'harmonies de contraste pareillement agréables : peut-être le sont-ils moins que ceux où le gris est remplacé par le noir.

Le gris et le rose, fig. 14″, sont un peu fades et inférieurs à l'arrangement noir et rose.

Tous les arrangements binaires du gris, excepté peut-être celui de l'orangé, sont inférieurs aux arrangements binaires du blanc.

B. ASSORTIMENTS TERNAIRES DES COULEURS COMPLÉMENTAIRES ENTRE ELLES AVEC LE GRIS.

Rouge et vert.

221. 1. *Rouge, vert*, etc., fig. 26″.

2. *Gris, rouge, vert, gris*, etc., fig. 27″.

3. *Gris, rouge, gris, vert, gris*, etc., fig. 28″.

S'il est difficile de dire que l'addition du gris soit avantageuse à l'assortiment binaire du rouge et du vert, on ne peut pas dire qu'elle soit nuisible.

Le troisième assortiment est peut-être inférieur à celui où le gris est remplacé par le noir.

Bleu et orangé.

222. 1. *Bleu, orangé*, etc., fig. 44″.

2. *Gris, bleu, orangé, gris*, etc., fig. 45″.

3. *Gris, bleu, gris, orangé, gris*, etc., fig. 46″.

Je préfère le premier arrangement aux deux autres.

Jaune et violet.

223. 1. *Jaune, violet*, etc., fig. 53″.

2. *Gris, jaune, violet, gris*, etc., fig. 54″.

3. *Gris, jaune, gris, violet, gris*, etc., fig. 55″.

Quoique les arrangements 2 et 3 soient plus clairs que les arrangements où le gris est remplacé par le noir (206), cependant l'arrangement binaire me paraît préférable aux arrangements ternaires.

C. ASSORTIMENTS TERNAIRES DES COULEURS NON COMPLÉMENTAIRES AVEC LE GRIS.

Rouge et orangé.

224. 1. *Rouge, orangé*, etc., fig. 20″.

2. *Gris, rouge, orangé, gris*, etc., fig. 21″.

3. *Gris, rouge, gris, orangé, gris*, etc., fig. 22″.

Les arrangements 2 et 3 sont préférables à l'arrangement binaire. Le troisième est préférable au second. Enfin le gris produit avec le rouge et l'orangé un meilleur effet que le blanc; mais l'effet est inférieur à celui du noir.

Rouge et jaune.

225. 1. *Rouge, jaune*, etc., fig. 23″.

2. *Gris, rouge, jaune, gris*, etc., fig. 24″.

3. *Gris, rouge, gris, jaune, gris*, etc., fig. 25″.

Quoique le gris se marie bien au rouge et au jaune, il n'a point un effet aussi décidément avantageux que le noir pour faire valoir l'arrangement binaire.

Rouge et bleu.

226. 1. *Rouge, bleu,* etc., fig. 38″.

2. *Gris, rouge, bleu, gris,* etc., fig. 39″.

3. *Gris, rouge, gris, bleu, gris,* etc., fig. 40″.

L'arrangement 2 est préférable au 3, je n'oserais dire au 1ᵉʳ.

L'effet du gris est inférieur à celui du blanc.

Rouge et violet.

227. 1. *Rouge, violet,* etc., fig. 41″.

2. *Gris, rouge, violet, gris,* etc., fig. 42″.

3. *Gris, rouge, gris, violet, gris,* etc., fig. 43″.

L'arrangement 3 me semble supérieur au 2, et le 2 au 1ᵉʳ; mais il est difficile de dire si le gris est supérieur au noir : ce qu'il y a de certain, c'est qu'il est inférieur au blanc.

Orangé et jaune.

228. 1. *Orangé, jaune,* etc., fig. 29″.

2. *Gris, orangé, jaune, gris,* etc., fig. 30″.

3. *Gris, orangé, gris, jaune, gris,* etc., fig. 31″.

L'arrangement 3 me semble préférable à l'arrangement 2; l'harmonie de contraste est moins intense qu'avec le noir.

L'arrangement 3 est peut-être supérieur à l'arrangement blanc, orangé, blanc, jaune, blanc.

Orangé et vert.

229. 1. *Orangé, vert,* etc., fig. 32″.

2. *Gris, orangé, vert, gris,* etc., fig. 33″.

3. *Gris, orangé, gris, vert, gris,* etc., fig. 34″.

Le gris s'allie bien avec l'orangé et le vert; mais il ne contraste pas aussi heureusement que le blanc ou le noir.

Orangé et violet.

230. 1. *Orangé, violet,* etc., fig. 47″.

2. *Gris, orangé, violet, gris,* etc., fig. 48″.

3. *Gris, orangé, gris, violet, gris,* etc., fig. 49″.

L'arrangement binaire me paraît préférable aux deux autres.

L'arrangement 2 est préférable au 3.

Si le gris est un peu fade avec l'orangé et le violet, il n'a pas l'inconvénient du noir de trop faire dominer les couleurs sombres.

Jaune et vert.

231. 1. *Jaune, vert,* etc., fig. 35″.

2. *Gris, jaune, vert, gris,* etc., fig. 36″.

3. *Gris, jaune, gris, vert, gris,* etc., fig. 37″.

Le gris s'allie bien au jaune et au vert; mais les **arrangements 2 et 3** sont un peu fades et inférieurs à ceux où le noir remplace le gris.

Jaune et bleu.

232. 1. *Jaune, bleu,* etc., fig. 50″.

2. *Gris, jaune, bleu, gris,* etc., fig. 51″.

3. *Gris, jaune, gris, bleu, gris,* etc., fig. 52″.

Les deux arrangements 2 et 3 sont inférieurs au 1er. Le **gris** est fade avec le jaune et le bleu; son effet est donc inférieur à celui du blanc et peut-être même à celui du noir.

Vert et bleu.

233. 1. *Vert, bleu*, etc., fig. 56″.

2. *Gris, vert, bleu, gris*, etc., fig. 57″.

3. *Gris, vert, gris, bleu, gris*, etc., fig. 58″.

Le gris n'a point l'inconvénient du noir dans son alliance avec le vert et le bleu, mais il est d'un effet inférieur à celui du blanc.

Vert et violet.

234. 1. *Vert, violet*, etc., fig. 59″.

2. *Gris, vert, violet, gris*, etc., fig. 60″.

3. *Gris, vert, gris, violet, gris*, etc., fig. 61″.

Le gris n'est pas d'un emploi avantageux avec le vert et le violet; il est inférieur au blanc dans les arrangements ternaires : peut-être même lui préférerais-je le noir.

Bleu et violet.

235. 1. *Bleu, violet*, etc., fig. 62″.

2. *Gris, bleu, violet, gris*, etc., fig. 63″.

3. *Gris, bleu, gris, violet, gris*, etc., fig. 64″.

Les remarques que j'ai faites (218) pour l'arrangement du noir avec le bleu et le violet sont applicables à l'arrangement du gris, en tenant compte, bien entendu, de la différence de ton qui existe entre le noir et le gris.

RÉSUMÉ DES OBSERVATIONS PRÉCÉDENTES.

236. Je vais donner un résumé de ce que les observations consignées dans ce paragraphe m'ont offert de plus général, en rappelant toujours que je n'ai point la prétention d'établir des règles fixes d'après des principes scientifiques, mais d'énoncer des propositions générales qui sont l'expression de mon goût particulier.

1re PROPOSITION.

237. *L'arrangement complémentaire est supérieur à tout autre dans l'harmonie de contraste.*

Les tons doivent être, autant que possible, à la même hauteur pour produire le plus bel effet.

L'arrangement complémentaire auquel le blanc s'associe le plus avantageusement est celui du bleu et de l'orangé, et l'arrangement auquel il s'associe le moins heureusement est celui du jaune et du violet.

2e PROPOSITION.

238. *Le rouge, le jaune et le bleu, c'est-à-dire les couleurs simples des artistes, associés deux à deux, vont mieux ensemble comme harmonie de contraste, qu'un arrangement formé d'une de ces mêmes couleurs et d'une des couleurs binaires des artistes, dont la première peut être considérée comme un des éléments de la couleur binaire qui lui est juxtaposée.*

EXEMPLES :

Rouge et jaune vont mieux que rouge et orangé.

Rouge et bleu	—	—	rouge et violet.
Jaune et rouge	—	—	jaune et orangé.
Jaune et bleu	—	—	jaune et vert.
Bleu et rouge	—	—	bleu et violet.
Bleu et jaune	—	—	bleu et vert.

3e PROPOSITION.

239. *Les arrangements du rouge, du jaune ou du bleu avec une*

*des couleurs binaires des artistes, que l'on peut considérer comme con-
tenant la première, sont d'autant meilleurs comme contraste, que la
couleur simple est essentiellement plus lumineuse que la couleur binaire.*

D'où il suit que dans cet arrangement il est avantageux que le ton
du rouge, du jaune ou du bleu soit au-dessous du ton de la couleur
binaire.

EXEMPLES :

Rouge et violet vont mieux que bleu et violet.
Jaune et orangé   —   —   rouge et orangé.
Jaune et vert   —   —   bleu et vert.

4ᵉ PROPOSITION.

240. *Lorsque deux couleurs vont mal, il y a toujours avantage à
les séparer par du blanc.*

Dans ce cas, on conçoit qu'il y a plus d'avantage à placer chaque
couleur entre le blanc, que dans l'arrangement où les deux couleurs
sont ensemble entre du blanc.

5ᵉ PROPOSITION.

241. *Le noir ne produit jamais un mauvais effet lorsqu'il est associé à deux couleurs lumineuses. Souvent même alors il est préférable
au blanc, surtout dans l'arrangement où il sépare les couleurs l'une
de l'autre.*

EXEMPLES :

1. *Rouge et orangé.*

Le noir est préférable au blanc dans les arrangements 2 et 3 de
ces deux couleurs.

2. *Rouge et jaune.*

3. *Orangé et jaune.*

4. *Orangé et vert.*

5. *Jaune et vert.*

Le noir avec tous ces arrangements binaires produit des harmonies de contraste.

6ᵉ PROPOSITION.

242. *Le noir, en s'associant aux couleurs sombres, telles que le bleu et le violet, et aux tons rabattus des couleurs lumineuses, produit des harmonies d'analogues qui peuvent être d'un bon effet dans plusieurs cas.*

L'harmonie d'analogue du noir, associé au bleu et au violet, est préférable à l'harmonie de contraste de l'arrangement blanc, bleu, violet, blanc, etc., celle-ci étant trop crue.

7ᵉ PROPOSITION.

243. *Le noir ne s'associe point aussi heureusement à deux couleurs dont l'une est lumineuse et l'autre est sombre, qu'il s'associe à deux couleurs lumineuses.*

Dans le premier cas, l'association est d'autant moins agréable, que la couleur lumineuse est plus brillante.

EXEMPLES :

Avec tous les arrangements suivants, le noir est inférieur au blanc.

1. *Rouge et bleu.*

2. *Rouge et violet.*

3. *Orangé et bleu.*

4. *Orangé et violet.*

5. *Jaune et bleu.*

6. *Vert et bleu.*

7. *Vert et violet.*

Enfin, avec l'arrangement *jaune et violet,* s'il n'est pas inférieur au blanc, il ne produit du moins, en s'y associant, qu'un effet médiocre.

8ᵉ PROPOSITION.

244. *Si le gris ne produit jamais précisément un mauvais effet en s'associant à deux couleurs lumineuses, dans la plupart des cas cependant ses assortiments sont fades, et il est inférieur au noir et au blanc.*

Parmi les arrangements de deux couleurs lumineuses, il n'y a guère que celui du rouge et de l'orangé auquel le gris s'associe plus heureusement que le blanc.

Mais il lui est inférieur, ainsi qu'au noir, dans les arrangements *rouge et vert, rouge et jaune, orangé et jaune, orangé et vert, jaune et vert.*

Il est encore inférieur au blanc avec *le jaune et le bleu.*

9ᵉ PROPOSITION.

245. *Le gris, en s'associant aux couleurs sombres, telles que le bleu et le violet, et aux tons rabattus des couleurs lumineuses, produit des harmonies d'analogues qui n'ont pas la vigueur de celles du noir; si les couleurs ne vont pas bien ensemble, il a l'avantage de les séparer l'une de l'autre.*

10ᵉ PROPOSITION.

246. *Lorsque le gris s'associe à deux couleurs dont l'une est*

lumineuse et l'autre sombre, il peut être plus avantageux que le blanc, si celui-ci produit un contraste de ton trop fort, et d'un autre côté, il peut être plus avantageux que le noir, si celui-ci a l'inconvénient de trop augmenter la proportion des couleurs sombres.

EXEMPLES :

Le gris s'associe plus heureusement que le noir avec .

1. *Orangé et violet.*
2. *Vert et bleu.*
3. *Vert et violet.*

11ᵉ PROPOSITION.

247. *Si, en principe, lorsque deux couleurs vont mal ensemble, il y a avantage à les séparer par du blanc, du noir ou du gris, il est important pour l'effet de prendre en considération : 1° la hauteur du ton des couleurs, et 2° la proportion des couleurs sombres aux couleurs lumineuses, en comprenant dans les premières les tons bruns rabattus des gammes brillantes, et dans les couleurs lumineuses les tons clairs des gammes bleue et violette.*

EXEMPLES :

(A) PRISE EN CONSIDÉRATION DE LA HAUTEUR DU TON DES COULEURS.

248. L'effet du blanc est d'autant moins bon avec le rouge et l'orangé, que le ton de ces couleurs est plus élevé, surtout dans l'arrangement *blanc, rouge, orangé, blanc,* etc., l'effet du blanc étant trop cru.

Au contraire, le noir s'allie très bien avec les tons normaux des mêmes couleurs, c'est-à-dire les tons les plus élevés sans mélange de noir.

Enfin, si le gris s'associe moins bien que le noir au rouge et à l'orangé, il a l'avantage de produire un effet moins cru que celui du blanc.

(B) PRISE EN CONSIDÉRATION DE LA PROPORTION DES COULEURS SOMBRES AUX COULEURS LUMINEUSES.

249. Toutes les fois que les couleurs diffèrent trop, soit par le ton, soit par l'éclat du noir ou du blanc qu'on veut y associer, l'arrangement où chacune des deux couleurs est séparée de l'autre par le noir ou par le blanc est préférable à celui dans lequel le noir ou le blanc sépare chaque couple de couleurs.

Ainsi l'arrangement blanc, bleu, blanc, violet, blanc, etc., est préférable à l'arrangement blanc, bleu, violet, blanc, etc., parce que la répartition du brillant et du sombre est plus égale dans le premier que dans le second; j'ajouterai que celui-ci a quelque chose de plus symétrique relativement à la position des deux couleurs, et je ferai remarquer que le principe de la symétrie a de l'influence sur le jugement que nous portons de beaucoup de choses dans des cas où généralement on ne le reconnaît pas.

C'est encore conformément à cela que l'arrangement noir, rouge, noir, orangé, noir, etc., est préférable à l'arrangement noir, rouge, orangé, noir, etc.

250. Quelques remarques me paraissent encore nécessaires pour éviter qu'on ne tire de fausses conséquences des propositions précédentes.

251. 1° Dans tout ce qui précède, les couleurs, y compris le blanc, le noir et le gris, sont supposées occuper une égale étendue superficielle et placées à distance; or ôtez ces conditions, et les résultats pourront être différents de ceux que j'ai présentés : par exemple, j'ai préféré l'arrangement blanc, rouge, blanc, jaune, blanc, à l'arrangement blanc, rouge, jaune, blanc. Eh bien, il est des cas où ce dernier est préférable à l'autre, ainsi que je le ferai remarquer en traitant de la disposition des fleurs dans les jardins, lorsqu'il s'agit de fleurs roses et de fleurs jaunes, qui présentent moins d'étendue colorée que les fleurs blanches qu'on y associe.

J'ai parlé du bon effet du noir et du vert séparés, et j'ajouterai que des dessins verts sur un fond noir sont encore agréables; mais il ne s'ensuit pas que des dentelles noires superposées sur une étoffe verte soient d'un bon effet, du moins pour la qualité optique du noir, car celui-ci prend une teinte de roux qui l'assimile à une couleur passée.

252. 2° J'ai dit que plus les couleurs sont opposées, plus il est facile de les assortir, parce qu'elles n'éprouvent pas de leur juxta-position mutuelle une modification qui les rend désagréables, comme cela peut arriver généralement aux couleurs qui sont très voisines l'une de l'autre. Doit-on conclure de là que, deux couleurs qui sont dans ce cas étant indiquées à un artiste pour être employées avec la liberté de les modifier à un certain point, il doive chercher à aug-menter l'effet du contraste au lieu de l'effet d'analogue? Non certai-nement; car souvent celui-ci est préférable à l'autre. Par exemple, qu'il s'agisse d'un rouge orangé et d'un rouge proprement dit, eh bien, au lieu d'augmenter le jaune du rouge orangé ou de violeter le rouge, il sera quelquefois préférable de tendre vers l'harmonie de gamme ou de nuance, en cherchant à faire de l'orangé un des tons clairs d'une gamme dont le rouge serait le brun.

253. 3° C'est conformément à cette manière de voir que, lorsqu'on veut éviter le mauvais effet du voisinage mutuel de deux couleurs par du blanc, du gris ou du noir, il faut voir si, au lieu d'une harmonie de contraste, il n'y aurait pas avantage à se rapprocher des harmonies d'analogues.

254. 4° Enfin, lorsqu'on fait entrer dans des associations, non plus du gris normal, mais un gris de couleur, on est toujours sûr d'obtenir des harmonies de contraste d'un bon effet, en prenant un gris coloré par la complémentaire de la couleur qu'on y juxtapose. Ainsi un gris orangé, ou carmélite, ou marron, est d'un bon effet avec le bleu clair.

IMPRIMERIE NATIONALE.

Fig. 13'.

Fig. 14'.

Fig. 16'.

Fig. 17'.

Fig. 18'.

Fig. 15'.

Planche 5.

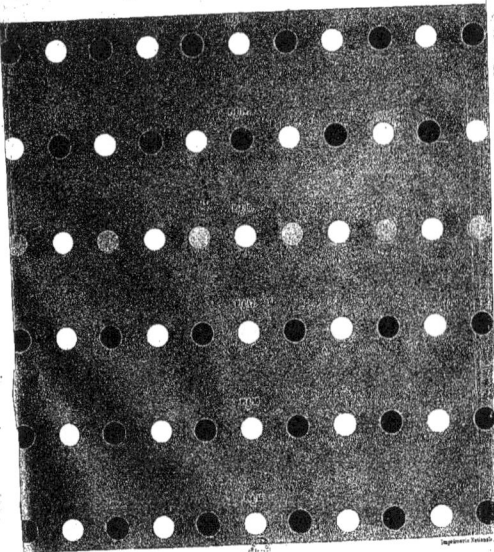

Planche

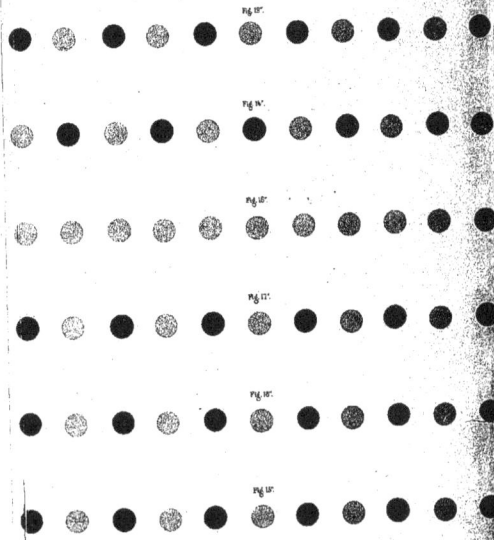

Fig. 20.

Fig. 21.

Fig. 22.

Fig. 23.

Fig. 24.

Fig. 25.

Assortiments de deux couleurs lumineuses avec le blanc, le noir et le gris.

Planche 8.

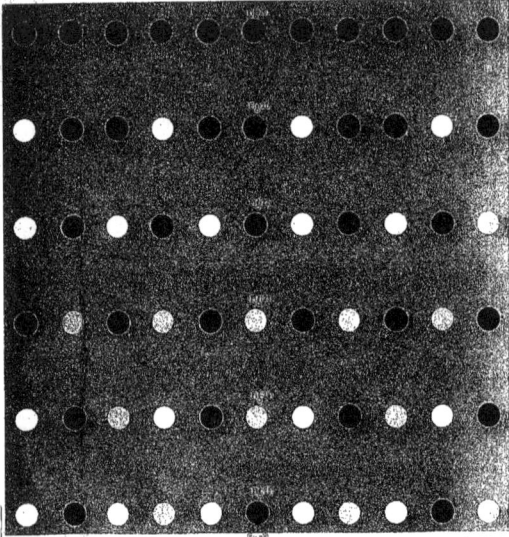

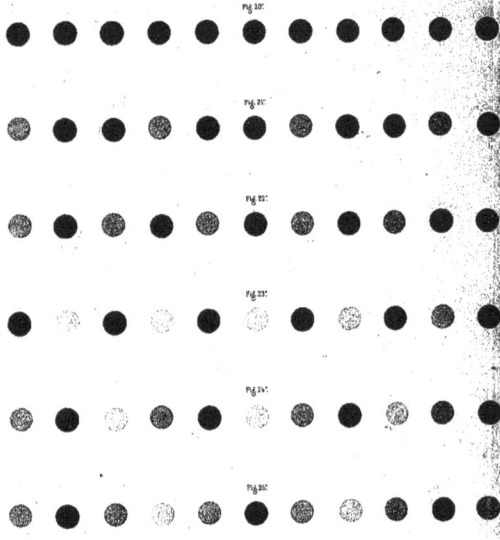

Fig. 26.

Fig. 27.

Fig. 28.

Fig. 29.

Fig. 30.

Fig. 31.

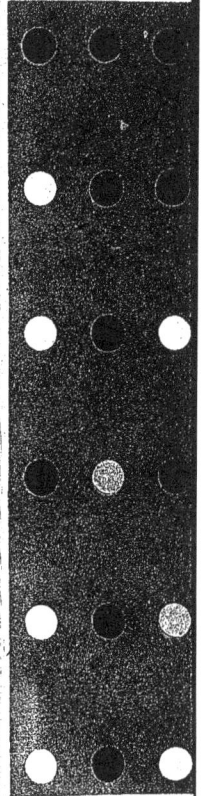

Assortiments de deux couleurs lumineuses avec le blanc, le noir et le gris.

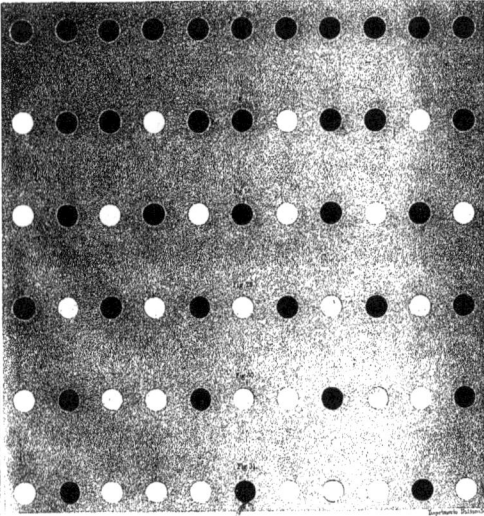

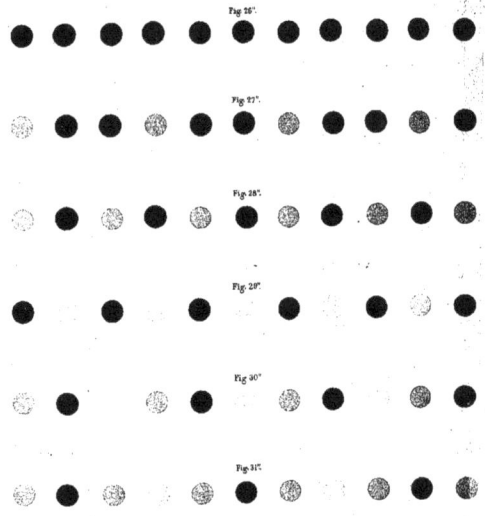

Fig. 26.

Fig. 27.

Fig. 28.

Fig. 29.

Fig. 30.

Fig. 31.

Assortiments de

Fig 32'.

Fig 33'.

Fig 34'.

Fig 35'

Fig 36'

Fig 37'

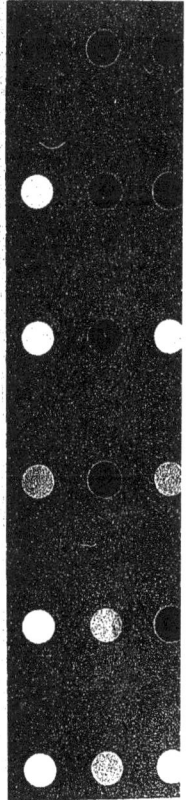

Fig. 13.

Fig. 14.

Fig. 16.

Fig. 17.

Fig. 18.

Fig. 19.

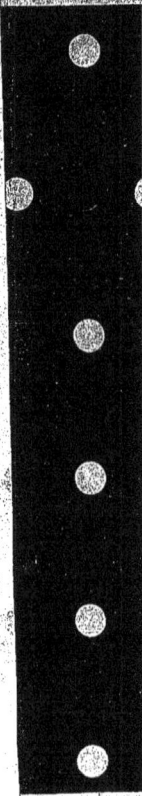

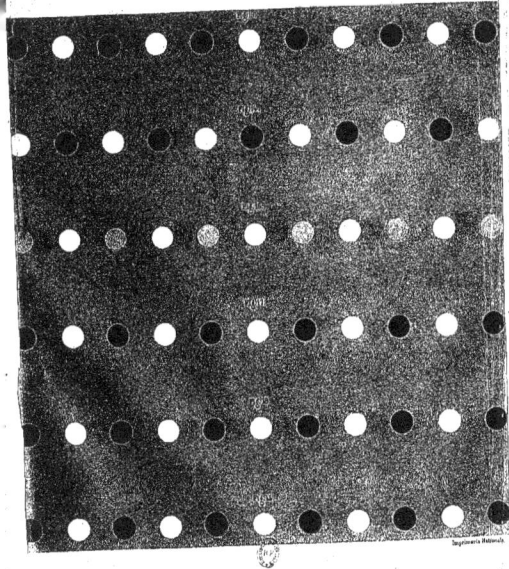

Imprimerie Nationale.

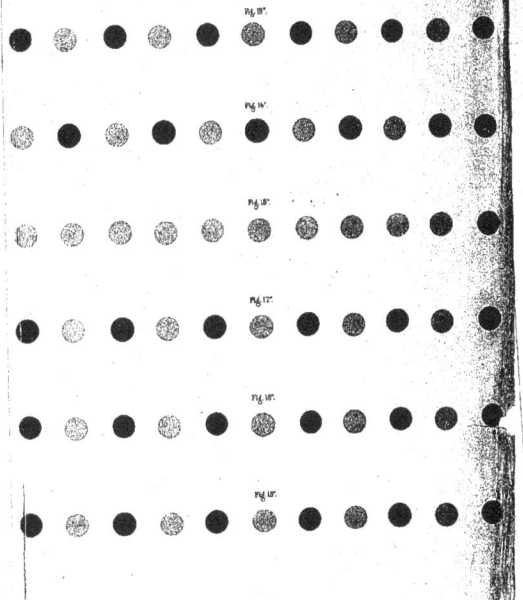

Planche 9.

Assortime

Fig. 20.

Fig. 21.

Fig. 22.

Fig. 23.

Fig. 24.

Fig. 25.

Assortiments de deux couleurs lumineuses avec le blanc, le noir et le gris.

Planche 8.

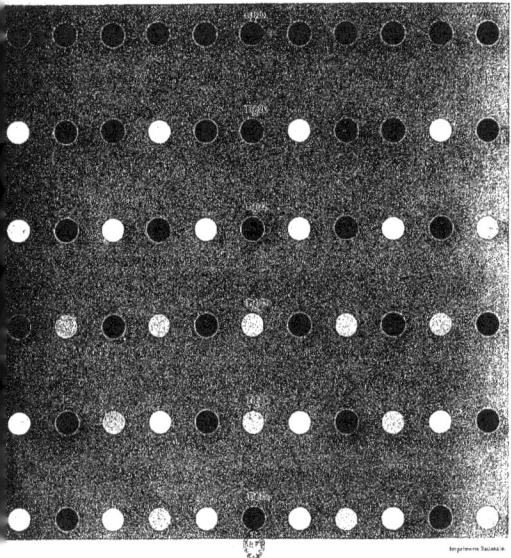

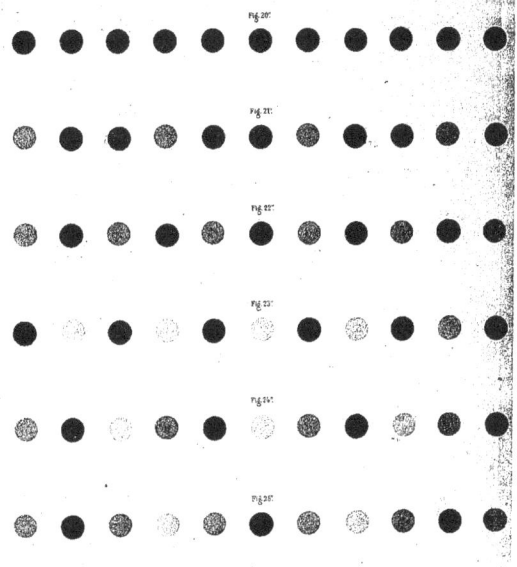

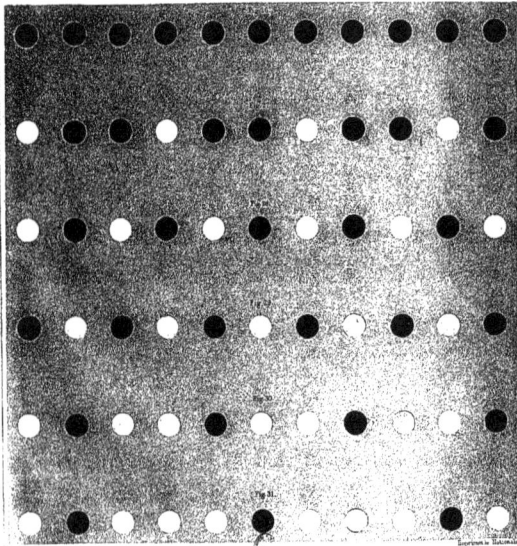

Assortiments de deux couleurs lumineuses avec le blanc, le noir et le gris.

Planche 11.

Fig. 31.

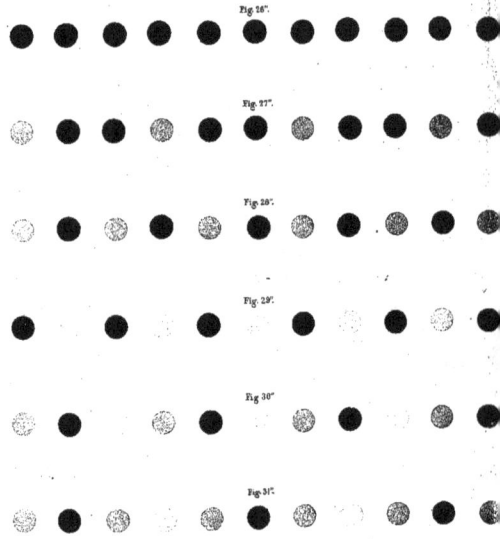

Planche 12.

Fig. 26.

Fig. 27.

Fig. 28.

Fig. 29.

Fig. 30.

Fig. 31.

Fig 32'.

Fig 33'.

Fig 34'.

Fig 35'

Fig 36'

Fig 37'

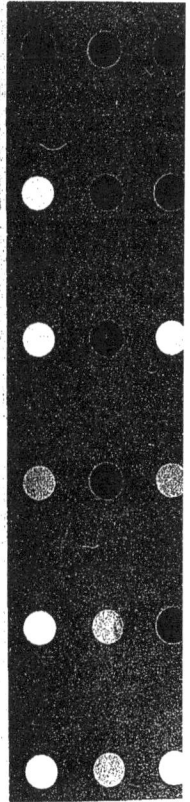

Planche 14.

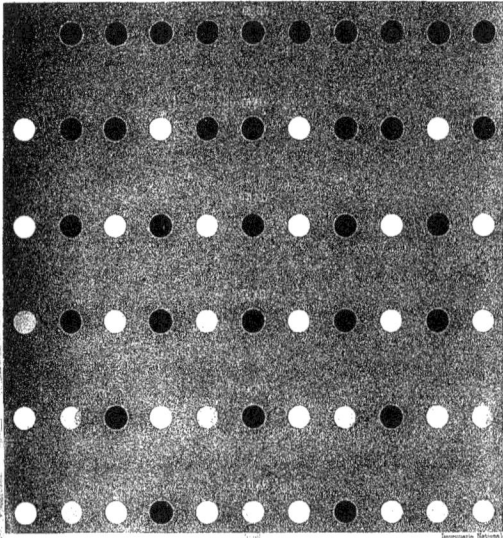

Imprimerie Nationale.

Planche

Fig 32.

Fig 33.

Fig 34.

Fig 35.

Fig 36.

Fig 37.

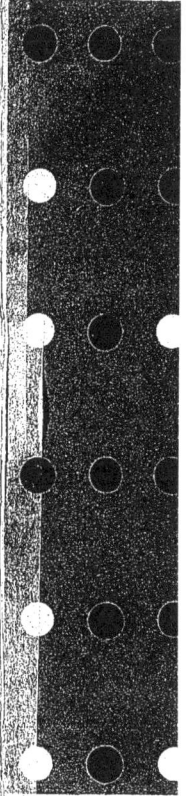

Fig. 38'.

Fig. 39'.

Fig. 40'.

Fig. 41'.

Fig. 42'.

Fig. 43'.

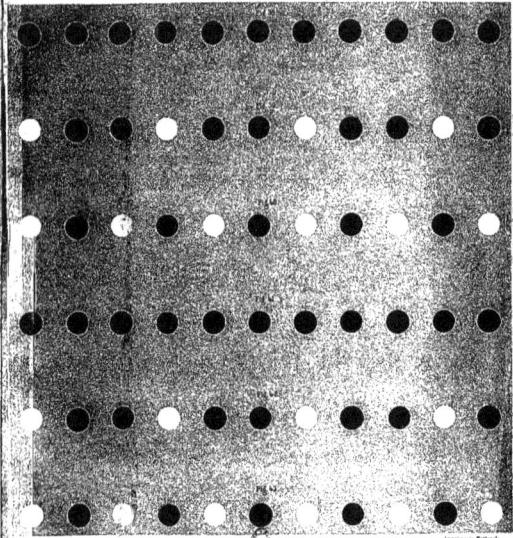

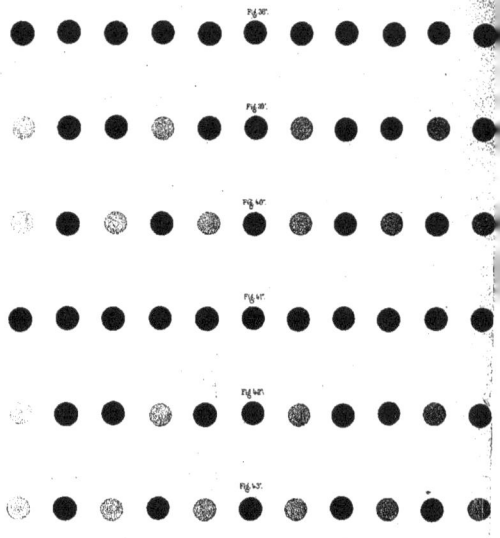

Imprimerie Nationale.

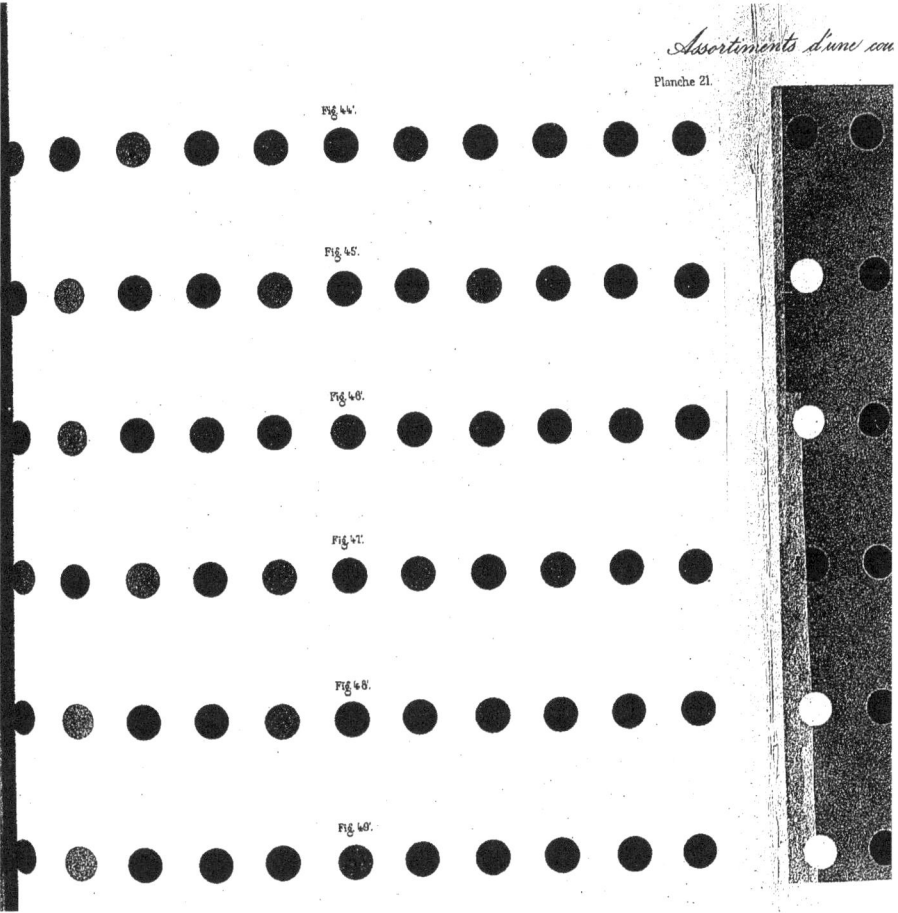

Fig. 44.

Fig. 45.

Fig. 46.

Fig. 47.

Fig. 48.

Fig. 49.

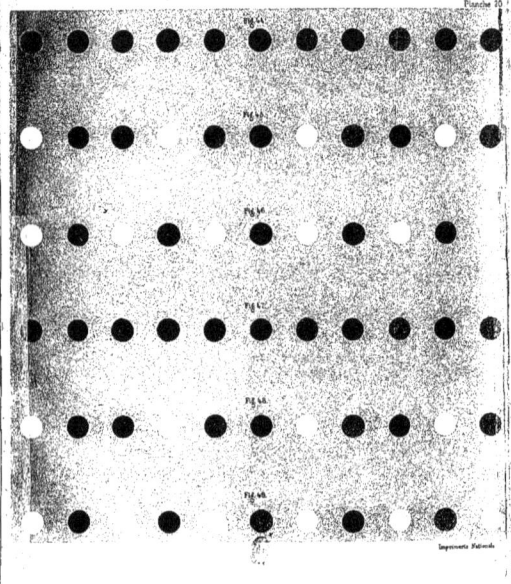

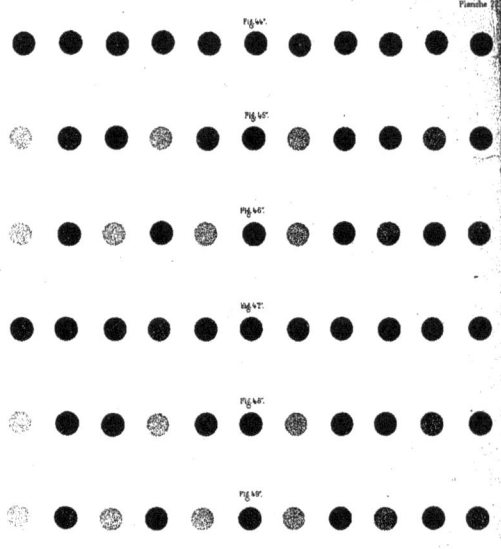

Fig. 50.

Fig. 51.

Fig. 52.

Fig. 53.

Fig. 54.

Fig. 55.

ents d'une couleur lumineuse et d'une couleur sombre avec le blanc le noir et le gris.

Planche 23.

Planche

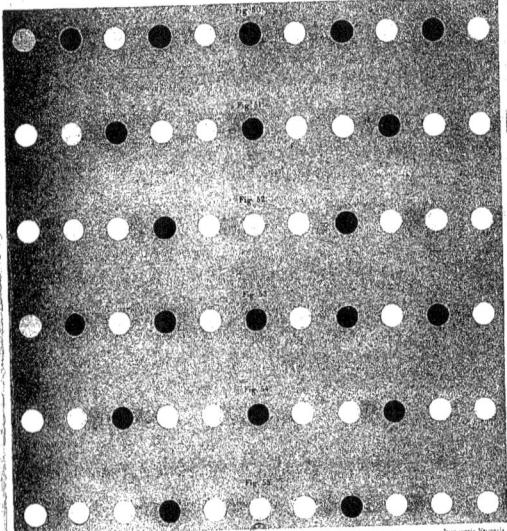

Fig. 50.

Fig. 51.

Fig. 52.

Fig. 53.

Fig. 54.

Fig. 55.

Planche 30.

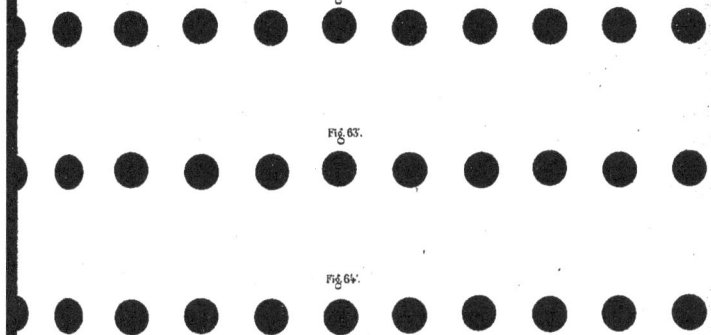

Fig. 62.

Fig. 63.

Fig. 64.

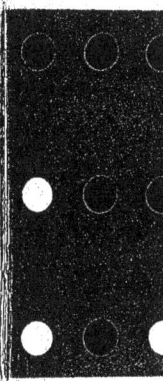

Assortiments de deux couleurs sombres avec le blanc, le noir et le gris.

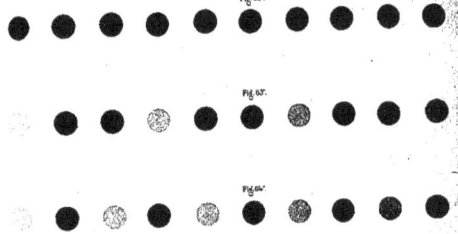

Fig. 62.

Fig. 63.

Fig. 64.

Fig. 56.

Fig. 57.

Fig. 58.

Fig. 59.

Fig. 60.

Fig. 61.

Planche 26.

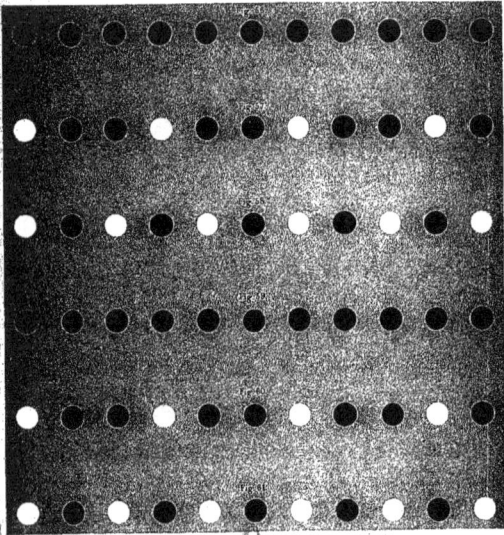

Imprimerie Nationale.

Fig. 56.ª

Fig. 57.ª

Fig. 58.ª

Fig. 59.ª

Fig. 60.ª

Fig. 61.ª

Planche

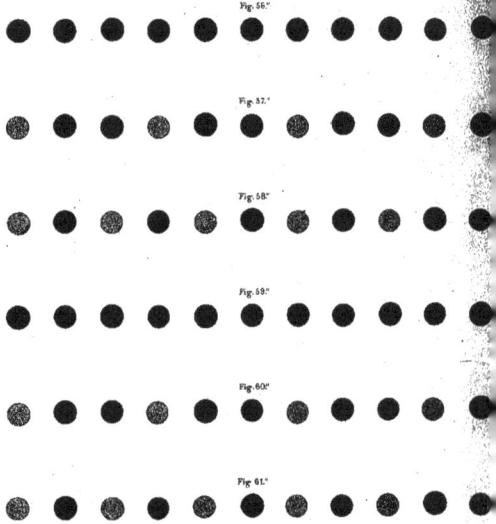

PREMIÈRE DIVISION.

IMITATION DES OBJETS COLORÉS AVEC DES MATIÈRES COLORÉES, DIVISÉES À L'INFINI, POUR AINSI DIRE.

INTRODUCTION.

255. Des matières colorées, telles que le bleu de Prusse, le chromate de plomb, le cinabre, etc., réduits en poudre impalpable, se divisent à l'infini, pour ainsi dire, lorsqu'on les délaye, soit pures, soit mêlées avec une matière blanche, dans un liquide gommeux ou huileux.

La reproduction de l'image des objets colorés avec ces matières est ce qu'on appelle l'art de la peinture.

256. Il existe deux systèmes de peinture : l'un consiste à représenter aussi exactement que possible sur la surface d'une toile, du bois, d'un métal, d'un mur, etc., ordinairement plane, un objet en relief, de manière que l'image fasse sur l'œil du spectateur une impression pareille à celle que l'objet même produirait.

257. On sent dès lors qu'il faut ménager la lumière, la vivacité de la couleur pour toutes les parties de l'image qui, dans le modèle, reçoivent la lumière directe, et qui la renvoient à l'œil de celui qui regarde l'objet du point où le peintre s'est placé pour l'imiter, tandis que les parties de l'image correspondantes à celles qui, dans ce

même objet, ne renvoient pas au spectateur autant de lumière que les premières, soit parce qu'elles la réfléchissent ailleurs, soit parce que des parties saillantes les garantissent plus ou moins de la lumière du jour, doivent apparaître avec des couleurs plus ou moins ternies par du noir, ou, ce qui est la même chose, par de l'ombre.

C'est donc par la vivacité de la lumière blanche ou colorée, par l'affaiblissement de la lumière au moyen du noir, que le peintre parvient souvent à produire, à l'aide d'une image plane, toute l'illusion d'un objet en relief. L'art de rendre cet effet par la distribution du clair et de l'ombre constitue essentiellement ce qu'on nomme *l'art du clair-obscur*.

258. Il existe un moyen d'imiter les objets colorés bien plus simple par sa facilité d'exécution que le précédent : il consiste à tracer les linéaments des diverses parties du modèle et à peindre chacune d'elles uniment avec la couleur qui lui est propre. Alors il n'y a plus de saillies, plus de relief ; c'est l'image plane de l'objet, puisque toutes les parties reçoivent une teinte uniforme : ce système d'imitation est la *peinture à teintes plates*.

PREMIÈRE SECTION.

PEINTURE D'APRÈS LE SYSTÈME DU CLAIR-OBSCUR.

CHAPITRE PREMIER.

DES COULEURS DU MODÈLE.

259. Les modifications qu'on aperçoit dans un objet d'une seule couleur, par exemple dans une étoffe bleue, dans une étoffe rouge, etc., sont-elles indéterminables, lorsque ces étoffes sont vues comme draperies d'un vêtement ou d'un meuble, présentant des plis plus ou moins prononcés, ou sont-elles déterminables dans des circonstances données? C'est une question que je vais essayer de résoudre. Avant tout, distinguons trois circonstances où les modifications des couleurs peuvent s'observer.

1re CIRCONSTANCE. *Modifications produites par des lumières colorées qui tombent sur le modèle.*

2e CIRCONSTANCE. *Modifications produites par deux lumières différentes, comme sont, par exemple, la lumière du soleil et la lumière diffuse du jour, éclairant chacune des parties distinctes du même objet.*

3e CIRCONSTANCE. *Modifications produites par la lumière diffuse du jour.*

260. Pour rendre les choses plus faciles à comprendre, nous supposons que, dans les deux premières circonstances, les surfaces

éclairées sont planes et que toutes leurs parties superficielles sont homogènes et dans les mêmes conditions, sauf celle de l'éclairage dans la deuxième circonstance. Enfin, dans la troisième circonstance, nous aurons égard à la position du spectateur regardant un objet éclairé par la lumière diffuse du jour, dont la surface n'est pas disposée de manière à agir également par toutes ses parties sur la lumière qu'elle réfléchit à l'œil de ce spectateur.

ARTICLE PREMIER.

MODIFICATIONS PRODUITES PAR DES MATIÈRES COLORÉES.

261. Ces modifications résultent de rayons colorés, émanés d'une source quelconque, et qui tombent sur une surface colorée, laquelle est en même temps éclairée par la lumière diffuse du jour.

262. Les observations suivantes ont été faites en exposant en partie des étoffes colorées à des rayons du soleil transmis par des verres colorés. La portion d'étoffe soustraite à ces rayons était éclairée par la lumière directe du soleil. Enfin il importe de remarquer que la portion de l'étoffe qui recevait l'action des rayons colorés étant exposée à la lumière diffuse du jour, réfléchissait en même temps les rayons de cette lumière qu'elle aurait réfléchis dans le cas où elle eût été soustraite à l'influence des rayons que lui transmettaient les verres colorés.

263. 1° *Modifications produites par la lumière rouge.*

Des rayons rouges tombant sur une étoffe noire la font paraître d'un noir pourpre plus foncé que le reste, qui est éclairé directement par le soleil.

Des rayons rouges tombant sur une étoffe blanche la font paraître rouge.

Des rayons rouges tombant sur une étoffe rouge la font paraître plus rouge que la partie éclairée en même temps par le soleil.

Des rayons rouges tombant sur une étoffe orangée la font paraître plus rouge que la partie éclairée en même temps par le soleil.

Des rayons rouges tombant sur une étoffe jaune la font paraître orangée.

Des rayons rouges tombant sur une étoffe verte produisent des effets différents suivant le ton du vert : s'il est foncé, il se manifeste un noir rouge ; s'il est clair, il y a un peu de rouge réfléchi, ce qui donne un gris rougeâtre.

Des rayons rouges tombant sur une étoffe d'un bleu clair la font paraître violette.

Des rayons rouges tombant sur une étoffe violette la font paraître pourpre.

264. 2° *Modifications produites par la lumière orangée.*

Des rayons orangés tombant sur une étoffe noire la font paraître d'une couleur carmélite ou marron.

Des rayons orangés tombant sur une étoffe blanche la font paraître orangée.

Des rayons orangés tombant sur une étoffe orangée la font paraître d'un orangé bien plus vif, bien plus intense, que la partie éclairée en même temps par le soleil.

Des rayons orangés tombant sur une étoffe rouge la font paraître couleur de feu ou écarlate.

Des rayons orangés tombant sur une étoffe jaune la font paraître jaune orangé.

Des rayons orangés tombant sur une étoffe verte la font paraître d'un jaune vert si elle est claire, et d'un vert roux si elle est foncée.

Des rayons orangés tombant sur une étoffe bleue la font paraître d'un gris orangeâtre si elle est claire, et d'un gris dont l'orangé est moins vif si elle est foncée, que ne l'est la couleur donnée à une étoffe noire par ces mêmes rayons orangés.

Des rayons orangés tombant sur une étoffe indigo foncé la font paraître d'un orangé marron.

Des rayons orangés tombant sur une étoffe violette la font paraître d'un rouge marron.

265. 3° *Modifications produites par la lumière jaune.*

Des rayons jaunes tombant sur une étoffe noire la font paraître d'un jaune olivâtre.

Des rayons jaunes tombant sur une étoffe blanche la font paraître jaune clair.

Des rayons jaunes tombant sur une étoffe jaune la font paraître d'un jaune orangé, relativement à la partie éclairée par le soleil.

Des rayons jaunes tombant sur une étoffe rouge la font paraître orangée.

Des rayons jaunes tombant sur une étoffe orangée la font paraître plus jaune que la partie éclairée par le soleil.

Des rayons jaunes tombant sur une étoffe verte la font paraître d'un vert jaune.

Des rayons jaunes tombant sur une étoffe bleue la font paraître d'un jaune vert si elle est claire, et d'une couleur vert ardoisé si elle est foncée.

Des rayons jaunes tombant sur une étoffe indigo foncé la font paraître d'un jaune orangé.

Des rayons jaunes tombant sur une étoffe violette la font paraître d'une couleur jaune marron.

266. 4° *Modifications produites par la lumière verte.*

Des rayons verts tombant sur une étoffe noire la font paraître d'un vert brun.

Des rayons verts tombant sur une étoffe blanche la font paraître verte.

Des rayons verts tombant sur une étoffe verte la font paraître d'un vert plus intense, plus brillant.

Des rayons verts tombant sur une étoffe rouge donnent du brun.

Des rayons verts tombant sur une étoffe orangée donnent un jaune faible, à peine verdâtre.

Des rayons verts tombant sur une étoffe jaune la rendent d'un vert-jaune brillant.

Des rayons verts tombant sur une étoffe bleue la rendent d'autant plus verte qu'elle est moins foncée.

Des rayons verts tombant sur une étoffe indigo foncé la rendent d'un vert obscur.

Des rayons verts tombant sur une étoffe violette la rendent d'un brun-vert bleuâtre.

267. 5° *Modifications produites par la lumière bleue.*

Des rayons bleus tombant sur une étoffe noire la rendent d'un noir-bleu plus foncé que la partie éclairée par le soleil.

Des rayons bleus tombant sur une étoffe blanche la font paraître bleue.

Des rayons bleus tombant sur une étoffe bleue en rendent la couleur plus vive que celle de la partie éclairée par le soleil.

Des rayons bleus tombant sur une étoffe rouge la font paraître violette.

Des rayons bleus tombant sur une étoffe orangée la font paraître d'un brun ayant une teinte violâtre excessivement pâle, si le verre transmet avec les rayons bleus des rayons violets.

Des rayons bleus tombant sur une étoffe jaune la font paraître verte. Si les rayons sont transmis par un verre bleu foncé, coloré avec l'oxyde de cobalt, l'étoffe paraîtra d'un brun ayant une teinte violette, à peine sensible si la lumière n'est pas vive.

Des rayons bleus tombant sur une étoffe verte la font paraître d'un bleu verdâtre, mais plus faible que quand ils tombent sur une étoffe blanche.

Des rayons bleus tombant sur une étoffe indigo foncé la font paraître d'un beau bleu indigo foncé.

Des rayons bleus tombant sur une étoffe violette la font paraître d'un bleu violet foncé.

268. 6° *Modifications produites par la lumière violette.*

Des rayons violets tombant sur une étoffe noire la rendent d'un noir très légèrement violâtre.

Des rayons violets tombant sur une étoffe blanche la font paraître violette.

Des rayons violets tombant sur une étoffe violette la font paraître d'un violet foncé.

Des rayons violets tombant sur une étoffe rouge la font paraître d'un rouge-violet pourpre.

Des rayons violets tombant sur une étoffe orangée la font paraître d'un rouge léger.

Des rayons violets tombant sur une étoffe jaune la font paraître d'un brun d'une teinte rouge excessivement pâle.

Des rayons violets tombant sur une étoffe verte la font paraître d'un pourpre léger.

Des rayons violets tombant sur une étoffe bleue la font paraître d'un beau bleu violet.

Des rayons violets tombant sur une étoffe indigo foncé la font paraître d'un bleu-violet très foncé.

269. On conçoit que, pour se représenter exactement les phénomènes précédents, il faut tenir compte de la facilité qu'a la lumière colorée à traverser chaque espèce de verre, tenir compte de la couleur plus ou moins foncée de l'étoffe sur laquelle tombe la lumière colorée, et de l'espèce des gammes auxquelles la couleur de l'étoffe et celle de la lumière colorée transmise appartiennent respectivement.

ARTICLE 2.
MODIFICATIONS PRODUITES PAR DEUX LUMIÈRES DIFFÉRANT D'INTENSITÉ.

270. Je distinguerai deux modifications de ce genre :

1° La modification produite par la lumière du soleil tombant sur une partie de la surface d'un corps coloré, pendant que l'autre partie est éclairée par la lumière diffuse du jour ;

2° La modification produite lorsque deux parties d'un même objet sont inégalement éclairées par la lumière diffuse.

1ʳᵉ MODIFICATION.
Objet en partie éclairé par le soleil et en partie par la lumière diffuse du jour.

271. Pour bien observer ce genre de modification, il faut étendre

sur une table exposée au soleil un morceau d'étoffe carré AB, de
$0^m 06$ de côté, fig. 65. On met sur le milieu un fil de fer noir ff',
puis on place parallèlement à ce fil et au milieu de A et de B deux
lames de fer noirci ee' et $\rho\rho'$, de $0^m 003$ de largeur environ. L'extrémité ρ est fixée à un plan perpendiculaire hh, long de $0^m 03$ et assez
haut pour que, ff' étant dans le plan de la direction des rayons
solaires, le plan hh couvre exactement de son ombre toute la
moitié B de l'étoffe.

272. 1° *Si l'étoffe est rouge*, la partie éclairée A est plus orangée
ou moins bleue que la partie B qui est dans l'ombre, et la portion a
est plus orangée que la portion a', comme la portion b est plus bleue
ou plus amarante que la portion b'.

273. 2° *Si l'étoffe est orangée*, la partie éclairée est plus orangée
ou moins grise que la partie qui est dans l'ombre, et la portion a est
plus foncée, plus vive que la portion a', comme la portion b est plus
grise et plus terne que b'.

274. 3° *Si l'étoffe est jaune*, la partie éclairée est plus vive, plus
orangée que la partie qui est dans l'ombre ; a l'est plus que a', comme
b est plus terne que b'.

275. 4° *Si l'étoffe est verte*, la partie éclairée est moins bleue ou
plus jaune que la partie qui est dans l'ombre, et la portion a est d'un
vert plus jaune que la portion a', comme la portion b est plus bleue
que b'.

276. 5° *Si l'étoffe est bleue*, la partie éclairée est moins violette

Fig. 66.

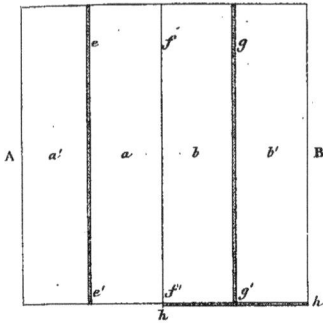

Fig. 65.

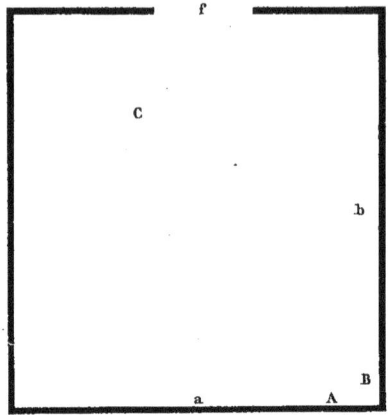

Fig. 67.

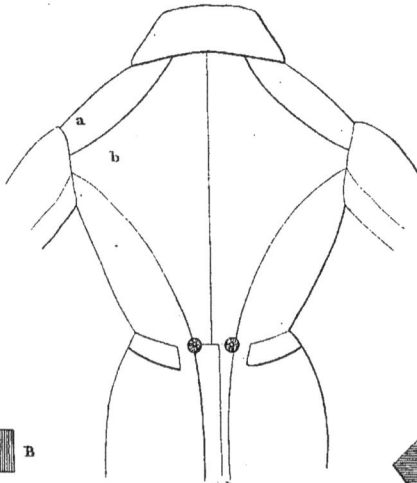

Fig. 68.

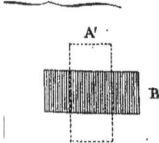

Fig. 69.

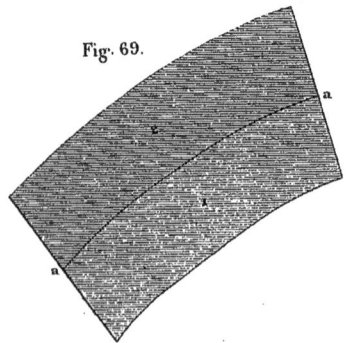

ou plus verdâtre que la partie qui est dans l'ombre, et la portion *a* est plus verdâtre que la portion *a'*, comme *b* est plus violet ou moins verdâtre que *b'*.

277. 6° *Si l'étoffe est indigo*, la partie éclairée est plus rouge ou moins bleue que la partie qui est dans l'ombre, et la portion *a* est plus rouge que la portion *a'*, comme la portion *b* est plus obscure ou plus bleue que *b'*.

278. 7° *Si l'étoffe est violette*, la partie éclairée est plus rouge ou moins bleue que la partie qui est dans l'ombre, et la portion *a* est plus rouge que la portion *a'*, comme *b* est plus bleu que *b'*.

IIᵉ MODIFICATION.

Deux parties contiguës d'un même objet vues simultanément, lorsqu'elles sont inégalement éclairées par la même lumière diffuse, diffèrent l'une de l'autre non seulement quant à la hauteur du ton, mais encore quant à la composition optique de la couleur.

279. Quoique cette modification ne soit point essentiellement différente de la précédente, cependant je crois utile, vu la disposition où l'on a été jusqu'ici de la négliger, de dire comment on peut l'observer, et répéter dans quel sens sont les modifications pour le rouge, l'orangé, le jaune, le vert, le bleu et le violet.

On place, fig. 66, une demi-feuille de papier de couleur sur la paroi *b* d'une chambre recevant la lumière diffuse du jour par la fenêtre *f*; on place l'autre demi-feuille sur la paroi *a*, de manière que celle-ci se trouve éclairée directement par la lumière diffuse, tandis que l'autre ne l'est guère qu'indirectement par la lumière diffuse que réfléchissent les murs, le plancher et le plafond qui sont en rapport avec elle; bien entendu que la lumière diffuse ainsi réfléchie ne doit être que la lumière blanche; puis on se place en *c*, de manière à voir les deux demi-feuilles en même temps. Je désignerai celle qui est sur la paroi *a* et la plus éclairée par *A*, et l'autre qui est sur la paroi *b* et la moins éclairée par *B*, lettres qui indiquent dans la figure la position respective des demi-feuilles.

EFFETS.

Couleur rouge.

La demi-feuille *B* est plus foncée et d'un rouge plus amarante ou moins jaune que la demi-feuille *A*.

Couleur orangée.

La demi-feuille *B* est plus foncée et d'un orangé plus rouge ou moins jaune que la demi-feuille *A*.

Couleur jaune.

La demi-feuille *B* est plus terne, d'un jaune plus verdâtre que la demi-feuille *A*.

Couleur verte.

La demi-feuille *B* est plus foncée et d'un vert moins jaune ou plus bleu que la demi-feuille *A*.

Couleur bleue.

La demi-feuille *B* est plus foncée et d'un bleu je ne dirai pas plus violet, mais moins verdâtre que la demi-feuille *A*.

Couleur violette.

La demi-feuille *B* est plus foncée et d'un violet moins rouge ou plus bleu que la demi-feuille *A*.

280. La conséquence de ces observations est que la couleur d'un même corps varie non seulement d'intensité ou de ton, mais encore de *nuance,* suivant qu'il est éclairé par la lumière directe du soleil, la lumière diffuse directe, et enfin la lumière diffuse réfléchie. Cette conséquence ne doit point être oubliée toutes les fois qu'il s'agit de définir les couleurs des objets matériels.

ARTICLE 3.

MODIFICATIONS PRODUITES PAR LA LUMIÈRE DIFFUSE DU JOUR, RÉFLÉCHIE PAR UNE SURFACE DONT TOUTES LES PARTIES NE SONT PAS DANS LA MÊME POSITION RELATIVEMENT À L'ŒIL DU SPECTATEUR.

281. Les corps à distance ne nous sont rendus sensibles par l'organe de la vue qu'autant qu'ils rayonnent, ou réfléchissent, ou transmettent de la lumière qui agit sur la rétine.

D'après les lois de la réflexion (car il est inutile pour le but que je me propose de traiter du cas où la lumière qui pénètre dans l'œil a été réfractée), il arrive que les parties de la surface d'un corps qui sont en relief ou en creux doivent réfléchir la lumière de façon que l'œil d'un spectateur, dans une position donnée, verra ces parties très diversement éclairées, quant à l'intensité de la lumière réfléchie, de telle sorte que les parties de cette surface seront, relativement à l'œil, dans la condition des parties homogènes d'une surface plane, qui sont éclairées par des lumières inégalement intenses.

Il pourra y avoir cette différence cependant, que les parties de la surface d'un corps qui nous apparaît en creux et surtout en relief, étant variées, mais faiblement, pour le plus grand nombre des parties contiguës, il y aura en général une diminution graduée dans les effets que nous a présentés la circonstance où nous avons étudié les modifications qui apparaissent lorsque deux surfaces planes homogènes sont éclairées par des lumières diffuses inégalement intenses. La sphère offre un exemple remarquable de la manière dont la lumière est distribuée sur une surface convexe relativement à l'œil d'un observateur qui la contemple d'une position donnée [1].

282. Je ne m'occupe point de cette dégradation de la lumière blanche des parties éclairées aux parties qui ne paraissent pas l'être. Je n'envisage que les modifications principales et je prends pour exemples les cas où elles sont le plus sensibles possible. Ces modifications peuvent se réduire aux quatre suivantes :

1re MODIFICATION, *produite par le maximum de lumière blanche que la surface colorée d'un corps est capable de réfléchir.*

283. Toutes choses égales d'ailleurs, plus la surface d'un corps coloré est polie, plus elle réfléchit de lumière blanche et de lumière colorée; c'est ainsi qu'un bâton de cire à cacheter rouge, que l'on casse, présente, dans la partie mise à découvert, une surface plus terne et moins foncée en couleur que la surface unie du cylindre. D'un autre côté, si l'on regarde cette même surface cylindrique convenablement placée, on apercevra une zone blanche parallèle à l'axe du cylindre, produite par une si grande quantité de lumière incolore réfléchie, que la lumière rouge réfléchie par cette même zone est in-

---

[1] Premier cahier de l'École polytechnique.

sensible à l'œil qui la regarde. La lumière blanche renvoyée par un corps coloré peut donc être assez intense pour rendre insensible la couleur de ce corps dans quelques-unes de ses parties.

2ᶜ MODIFICATION, *produite par des parties d'une surface colorée, qui renvoient à l'œil, proportionnellement à la lumière colorée, moins de lumière blanche que d'autres parties différemment éclairées ou différemment placées par rapport au spectateur.*

284. Lorsque l'œil voit certaines parties de la surface d'un objet coloré plus ou moins poli, ou plus ou moins uni s'il n'est pas poli, qui lui envoient, proportionnellement à la lumière colorée, moins de lumière blanche que d'autres parties différemment éclairées ou différemment placées par rapport au spectateur, les premières parties paraissent, dans la plupart des cas, d'un ton de couleur plus intense que les secondes; citons des exemples :

1ᵉʳ exemple. Un cylindre de cire à cacheter rouge présente, à partir de la zone blanche dont nous avons parlé précédemment, une couleur rouge d'autant plus foncée qu'il y a moins de lumière blanche qui arrive à l'œil. Ainsi, dans une certaine position où la zone blanche apparaît au milieu du cylindre, la partie la plus éclairée qui paraît colorée réfléchit un rouge tirant sur l'écarlate, tandis que celle qui l'est le moins réfléchit un rouge tirant sur l'amarante.

2ᵉ exemple. Si la vue plonge dans un vase d'or d'une profondeur suffisante, l'or paraît non plus jaune comme à la surface extérieure, mais d'un orangé rougeâtre, parce qu'il arrive à l'œil, proportionnellement à la lumière colorée, moins de lumière blanche dans le premier cas que dans le second. C'est pour cette raison que les parties concaves des ornements d'or paraissent d'une couleur plus rouge que les parties convexes.

3ᵉ exemple. Le sillon spiral d'une torsade de soie ou d'une torsade de laine, tenue perpendiculairement devant l'œil, celui-ci la regardant dans une direction opposée à celle de la lumière incidente,
paraît d'une couleur bien plus prononcée que le reste de la surface.

4ᵉ exemple. Les plis des draperies brillantes présentent la même
modification à un œil convenablement placé; l'effet est surtout remarquable dans les étoffes de soie de couleur jaune, de couleur bleu
de ciel; car on conçoit aisément qu'il est peu marqué lorsque les
étoffes sont peu brillantes et de couleurs obscures.

5ᵉ exemple. Il y a des étoffes qui semblent être de deux tons de
couleur d'une même gamme, et quelquefois même de deux tons
de deux gammes voisines, quoique la trame et la chaîne de ces
étoffes soient d'un même ton, d'une même couleur. La cause de cette
apparence est très simple : les fils qui forment le dessin, parallèles
entre eux, sont dans une direction différente de celle des fils qui constituent le fond de l'étoffe. Dès lors, quelle que soit la position du
spectateur à l'égard de l'étoffe, les fils du dessin réfléchiront toujours
la lumière colorée et la lumière blanche dans une proportion différente de celle que réfléchissent les fils du fond, et, suivant la position
du spectateur, tantôt le dessin semblera plus clair que le fond, tantôt
il paraîtra plus foncé.

3ᵉ Modification, *produite lorsqu'une partie de la surface d'un objet
coloré ou non coloré ne renvoie pas ou presque pas de lumière à
l'œil du spectateur.*

285. Lorsqu'une partie de la surface d'un corps qui est dans le
champ de la vision d'un spectateur n'envoie pas ou presque pas de
lumière à ses yeux, soit parce que cette partie n'est pas éclairée

immédiatement, soit parce que la lumière qu'elle réfléchit ne l'est pas dans une direction convenable, alors elle paraît noire ou plus ou moins obscure.

4ᶜ MODIFICATION. *Couleur complémentaire de celle d'un objet coloré, développée dans une de ses parties par suite du contraste simultané.*

286. Une conséquence naturelle de la loi du contraste simultané, en général, et de l'effet d'une couleur sur le gris et le noir, en particulier, est que, puisqu'un même objet présente des parties plus ou moins obscures, contiguës à des parties qu'on voit de la couleur propre à l'objet, les premières parties doivent paraître teintes de la complémentaire de cette couleur; mais pour que cet effet s'observe, il faut que la partie grise renvoie à l'œil de la lumière blanche et pas ou presque pas de la lumière colorée que l'objet réfléchit naturellement.

(A) *Modification dans une étoffe monochrome.*

287. Par exemple, si l'œil est dirigé du fond d'une chambre vers une fenêtre d'où vient le jour, et que quelqu'un vêtu d'un habit bleu neuf, teint soit à l'indigo, soit au bleu de Prusse, regarde par cette fenêtre les objets qui sont au dehors, fig. 67, l'œil verra la partie *b* de l'habit autrement que la partie *a*, par la raison que les poils du drap sont disposés en sens contraire en *b* et en *a*; *a* paraîtra d'un beau bleu, tandis que *b* sera d'un gris orangé par l'effet du contraste de la partie bleue avec une partie qui ne renvoie à l'œil que très peu de lumière blanche, sans ou presque sans lumière bleue.

A mesure que les poils perdent leur position régulière, qu'ils s'usent, le drap devient mat et terne, la lumière colorée est réfléchie de tous les points irrégulièrement, et si l'effet n'est pas absolument détruit, il est du moins très affaibli.

Si l'habit est d'un vert foncé, la partie grise paraîtra rougeâtre; s'il était d'un violet marron, nuance à la mode en 1835, la partie grise paraîtrait jaunâtre.

288. La complémentaire ne se développe que sur des draps de couleur foncée et obscure; ainsi des habits rouges, écarlates, orangés, jaunes, d'un bleu clair, etc., ne la présentent pas, parce qu'il y a toujours trop de la couleur essentielle qui est réfléchie; la modification est bornée à celle où l'une des parties est éclairée plus vivement que l'autre par la lumière diffuse (279).

289. Il est peut-être superflu de faire remarquer que dans une draperie dont les poils sont tous dans la même direction, mais qui présente des plis, ceux-ci, en faisant varier la position des poils, peuvent déterminer la modification que présentent les habits d'un bleu et d'un vert foncés, ainsi que ceux d'un violet marron.

290. Il est encore une circonstance où la quatrième modification apparaît d'une manière sensible; c'est lorsqu'on regarde une série de tons clairs, bleus, rosés, etc., appartenant à une même gamme d'écheveaux de soie et même de laine, placés sur un chevalet, de manière qu'une moitié du même écheveau présente à l'œil les fils disposés en sens contraire des fils de l'autre moitié. La moitié de l'écheveau qui ne renvoie pas à l'œil de lumière colorée paraît teinte de la complémentaire de la moitié qui en renvoie.

(B) *Modification dans une étoffe présentant un ton foncé et un ton clair,*
appartenant à une même gamme.

291. Si l'on juxtapose un ton foncé et un ton clair d'une même gamme convenablement choisis, le ton clair pourra paraître de la couleur complémentaire de la gamme à laquelle il appartient. Cette modification est trop importante dans l'explication de certains phénomènes que présentent souvent les produits de l'art de l'indienneur, pour que je ne cite pas plusieurs exemples de ce fait.

292. Lorsqu'on regarde pendant quelques secondes des toiles peintes à fond de couleur et à dessins qu'on a voulu faire blancs, mais qui, par l'imperfection des procédés employés, ont pris une légère teinte de la couleur du fond, les dessins paraissent de la complémentaire de cette dernière. Ainsi ils paraissent violâtres sur un fond de chromate de plomb jaune, bleuâtres sur un fond de chromate de plomb orangé, rosés sur un fond vert, etc.; il suffit, pour dissiper l'illusion et reconnaître la vraie teinte du dessin, de couvrir le fond avec un papier découpé, qui alors laisse voir exclusivement ce dessin de la couleur de ce fond. L'influence du ton foncé sur la couleur du ton faible est donc telle, que non seulement celle-ci est neutralisée, mais encore que la place qu'elle occupe sur la toile apparaît teinte de sa couleur complémentaire.

293. On peut déduire de l'observation précédente qu'il y aura telle toile peinte dont le dessin, quoique coloré, paraîtra blanc à la plupart des yeux, et non de la complémentaire du fond. Pour les yeux qui le verront ainsi, la perception du phénomène du contraste viendra corriger l'imperfection de l'art du fabricant de toiles peintes.

294. Dans les leçons que j'ai professées en 1836 aux Gobelins sur le contraste, j'ai fait observer qu'en appliquant un papier découpé sur des clairs d'une draperie bleue, appartenant à la Vierge, dans une tapisserie représentant la *sainte famille* d'après Raphaël, on les voyait d'un bleu clair, tandis qu'ils paraissaient légèrement orangés lorsqu'ils étaient vus entourés de tons bleus plus foncés.

295. En définitive, la quatrième modification s'observe :

1° Toutes les fois qu'un objet monochrome, de couleur foncée et peu vive, est vu de manière qu'une portion renvoie à l'œil la couleur qui lui est propre, tandis que l'autre portion ne renvoie qu'une faible lumière à peine colorée;

2° Toutes les fois qu'une étoffe présente deux tons d'une même couleur convenablement distants l'un de l'autre.

296. On conçoit sans peine que si la modification ne se manifeste pas avec des objets monochromes de couleurs vives, comme le jaune, l'écarlate, etc., c'est que la partie de la surface de ces objets qui renvoie le moins de lumière à l'œil, renvoie cependant toujours assez de la couleur qui lui est propre pour neutraliser la complémentaire que la lumière colorée de la partie éclairée tend à développer. Si je ne me suis pas fait illusion, j'ai cru voir que cet effet tendait à affaiblir la lumière colorée de la partie ombrée.

297. Quoique je ne me sois pas proposé de traiter dans ce chapitre des modifications que présentent des étoffes de couleur à dessins blancs, cependant il est un cas tellement lié aux développements dans lesquels je suis entré, que je ne puis m'empêcher de le mentionner ici. Si l'on regarde une étoffe de soie bleu de ciel clair à fleurs

blanches, dont la trame est dans une direction opposée à la trame du fond bleu, on verra les fleurs blanches, si on est placé de la manière la plus favorable à recevoir la lumière blanche réfléchie par elles, tandis que dans la position contraire, on verra ces fleurs absolument orangées. Il y a bien encore de la lumière blanche réfléchie, mais elle n'est pas assez vive pour neutraliser le développement de la complémentaire du fond.

298. On distingue, en peinture, deux sortes de perspectives : la *perspective linéaire* et la *perspective aérienne.*

La première est l'art de reproduire sur une surface unie ordinairement plane, les linéaments ou contours des objets et des diverses parties de chacun d'eux, dans les rapports de position et de grandeur où l'œil les aperçoit.

La seconde est l'art de distribuer, dans une imitation peinte, la lumière et l'ombre, comme l'œil du peintre les aperçoit dans des objets placés sur des plans différents et dans chaque objet en particulier qu'il veut imiter sur une surface.

Il est évident que la perspective aérienne comprend l'observation et la reproduction des modifications principales des couleurs que je viens d'examiner successivement, et que le *coloris vrai ou absolu* en peinture ne peut être que cette reproduction aussi fidèle qu'il est possible.

CHAPITRE II.

DE LA DIFFÉRENCE QU'IL Y A ENTRE UN OBJET COLORÉ ET L'IMITATION QUE LE PEINTRE EN A FAITE, LORSQUE LE SPECTATEUR CHOISIT UN AUTRE POINT DE VUE QUE LE SIEN.

299. Entre l'imitation la plus parfaite au moyen de la peinture d'un objet coloré et ce même objet, il y a une différence très grande sur laquelle nous devons nous arrêter un moment, parce qu'elle n'est point assez généralement appréciée. L'imitation n'est vraie, relativement à la délinéation, à la distribution de la lumière et de l'ombre, et à toutes les modifications de couleurs qui en résultent, que pour la position où se trouvait le peintre à l'égard de son modèle; car hors de cette position toutes ces choses varient plus ou moins relativement au spectateur, tandis que dans l'imitation, on verra les clairs, les ombres, les lignes qui les circonscrivent et les modifications de couleur constamment de la même manière, quel que soit le point où l'on se trouve placé.

Par exemple, pour un spectateur qui, dans une chambre, regarde vis-à-vis d'une fenêtre le dos d'une personne vêtue d'un habit bleu, neuf, fig. 67, laquelle est placée entre cette fenêtre et lui, la partie *a* de l'habit est bleue et la partie *b* d'un gris orangé. Que le spectateur avance de manière à voir le profil de cette personne; si alors il regarde les parties *a* et *b*, elles lui paraîtront différentes de ce qu'elles étaient avant qu'il eût changé de position [1]. Eh bien, si le peintre a peint l'habit dans la position où se trouvait d'abord le spectateur, il

---

[1] Il y a une position où le spectateur verra la partie *a* d'un gris orangé, et la partie *b* d'un beau bleu.

aura coloré en beau bleu la partie a, et en gris (probablement) orangé la partie b.

Si maintenant le spectateur regarde l'imitation de l'habit dans la position où il s'est trouvé en second lieu lorsqu'il voyait la personne de profil, il verra toujours la partie a bleue et la partie b d'un gris orangé, quoique dans cette position l'habit modèle ne présente plus ces modifications.

Au reste, j'insiste beaucoup pour démontrer une chose qui, en définitive, est toute simple.

En effet, de ce que les clairs, les ombres, les modifications dans les couleurs et les linéaments qui circonscrivent chaque partie, conservent invariablement les mêmes rapports dans une peinture faite sur un plan, il s'ensuit que cette imitation produit sensiblement la même impression, quoiqu'on la regarde de points très différents de celui où le peintre s'était placé pour représenter son modèle.

300. C'est pour cette raison encore qu'une personne qui regardait le peintre lorsque celui-ci peignait son image sur la toile, semble dans cette même image regarder le spectateur, quelle que soit d'ailleurs la position de ce dernier à l'égard du tableau.

IMPRIMERIE NATIONALE.

SECTION II.

PEINTURE D'APRES LE SYSTÈME DES TEINTES PLATES.

CHAPITRE UNIQUE.

PEINTURE D'APRÈS LE SYSTÈME DES TEINTES PLATES.

301. Dans la peinture à teintes plates, les couleurs ne sont pas nuancées ni fondues les unes dans les autres, ni modifiées par des rayons colorés, provenant des objets voisins de celui que le peintre a imité. Dans les tableaux qui se rapportent à ce genre de peinture, la représentation du modèle est réduite à l'observation de la perspective linéaire, à l'emploi des couleurs vives dans les premiers plans et à celui des couleurs pâles et grises dans les derniers. Si le choix des couleurs contiguës a été fait conformément à la loi du contraste simultané, l'effet de la couleur sera plus grand que si l'on eût peint d'après le système du clair-obscur. Lors donc qu'on admire la beauté des couleurs des peintures à teintes plates qui viennent de la Chine, il faut, pour les comparer exactement aux nôtres, tenir compte du système qu'on a suivi, autrement on porterait un jugement faux en comparant des tableaux exécutés d'après des systèmes différents.

302. S'il est incontestable que la peinture à teintes plates a précédé la peinture au clair-obscur, ce serait, suivant moi, une erreur de croire qu'au point où celle-ci est parvenue en Europe, on dût

renoncer à la première pour pratiquer exclusivement la seconde; car dans tous les cas où la peinture est un accessoire et non une chose principale, la peinture à teintes plates est préférable à l'autre sous tous les rapports.

303. Les qualités essentielles de la peinture à teintes plates résident nécessairement dans les couleurs et dans des linéaments bien tracés. Ces linéaments contribuent à rendre les sensations des couleurs plus fortes et plus agréables, lorsque, circonscrivant des formes revêtues de couleurs, ils concourent avec elles à rappeler à l'esprit un objet gracieux, quand bien même l'imitation n'en serait point l'image fidèle.

304. On conçoit que la peinture à teintes plates pourra être employée avec avantage, conformément à ce que je viens de dire :

1° Lorsqu'on voudra représenter des objets à une distance telle, que le fini d'une peinture soignée disparaîtrait ;

2° Lorsqu'une peinture est un accessoire décorant un objet dont l'usage en repousserait une trop soignée, qui serait d'ailleurs d'un prix trop élevé; telles sont les peintures qui ornent des écrans, des tables à ouvrage, des boîtes à jeu, etc. Dans ce cas, les objets préférables pour modèles sont ceux dont la beauté des couleurs et la simplicité des formes se font remarquer, de sorte qu'ils parlent à l'œil par des couleurs vives et des traits faciles à tracer; tels sont des oiseaux, des insectes, des fleurs, etc.

SECTION III.

DU COLORIS EN PEINTURE.

CHAPITRE PREMIER.

DES SIGNIFICATIONS DIVERSES DU MOT *COLORIS* EN PEINTURE
DANS LA LANGUE USUELLE.

305. J'ai défini ailleurs (298) le *coloris vrai ou absolu,* la reproduction fidèle en peinture des modifications que la lumière peut nous
faire apercevoir dans les corps que le peintre a pris pour modèles.
Mais, faute d'avoir fait l'analyse de ces modifications, le mot *coloris,*
défini communément *le résultat de l'application sur une surface unie,
ordinairement plane, de matières colorées avec lesquelles le peintre a
imité un objet naturel ou représenté un objet imaginaire,* reçoit dans
ses applications aux peintures les plus simples comme aux peintures
les plus complexes, lorsqu'on envisage celles-ci sous le double rapport du nombre des couleurs employées et du nombre des objets
peints, des significations si diverses, suivant le genre des peintures,
le goût et les connaissances des personnes qui usent de ce mot, que
mon but ne serait pas atteint, si je n'appliquais pas aux sens divers
qu'il peut avoir dans la langue usuelle l'analyse que j'ai faite des
divers éléments du *coloris absolu.*

306. D'après ce qui précède, nous croyons que dans l'usage

ordinaire du mot *coloris*, on peut faire allusion à la manière plus ou moins parfaite avec laquelle le peintre a satisfait aux règles,

1° *De la perspective aérienne relative à la lumière blanche et à l'ombre, ou en d'autres termes abstraction faite de toute couleur;*

2° *De la perspective aérienne relative à la lumière diversement colorée;*

3° *De l'harmonie des couleurs locales et de celle des couleurs des divers objets composant le tableau.*

ARTICLE PREMIER.

DU *COLORIS* EU ÉGARD À LA PERSPECTIVE AÉRIENNE RELATIVE À LA LUMIÈRE BLANCHE ET À L'OMBRE.

307. Il ne faut pas croire que l'emploi de plusieurs couleurs dans une composition soit indispensable pour que l'on applique à son auteur l'épithète de *coloriste;* car dans la partie en *camaïeu*, la plus simple de toutes, puisqu'on n'y distingue que deux couleurs, y compris le blanc, l'artiste pourra s'honorer du titre de *coloriste,* si son œuvre présente des lumières et des ombres distribuées comme elles l'étaient sur le modèle, abstraction faite, bien entendu, des modifications provenant des couleurs qui manquaient à sa palette; et pour se convaincre que l'expression ne manque pas de justesse, il suffit de remarquer que le modèle aurait pu fort bien apparaître au peintre coloré en une seule couleur, modifiée par de la lumière et de l'ombre: c'est toujours dans le même sens qu'on peut l'appliquer au graveur qui, au moyen de son burin, a reproduit un tableau le plus fidèlement possible, quant à la perspective aérienne des différents plans qu'il présente et quant au relief de chaque objet en particulier.

ARTICLE 2.

DU COLORIS EU ÉGARD À LA PERSPECTIVE AÉRIENNE RELATIVE
À LA LUMIÈRE DIVERSEMENT COLORÉE.

308. Il peut se faire que l'imitation soit parfaitement fidèle ou
qu'elle ne le soit pas parfaitement.

A. IMITATION PARFAITEMENT FIDÈLE.

309. Un peintre qui a reproduit fidèlement la perspective aérienne
avec toutes ses modifications de lumière blanche, de lumière colorée
et d'ombre, a un *coloris vrai ou absolu* (298); mais je ne prétends
pas en conclure que l'imitation dans laquelle cette qualité se trouvera, sera universellement jugée aussi parfaite que telle autre dans
laquelle cette qualité-là ne se trouvera pas, du moins au même degré.

B. IMITATION IMPARFAITEMENT FIDÈLE.

310. C'est ici le lieu d'examiner les cas principaux qui peuvent se
présenter, lorsqu'on observe les tableaux dans lesquels les modifications de la lumière diversement colorée n'ont point été fidèlement
imitées.

311. 1er CAS. *Un peintre a parfaitement saisi toutes les modifications de la lumière blanche et de la lumière colorée, mais, dans son
imitation, toutes ces modifications ou une partie seulement sont plus
prononcées que dans la nature.*
Eh bien, il arrive presque toujours que ce *coloris vrai, mais chargé,*
est plus goûté que le *coloris absolu,* et on ne peut se dissimuler que
beaucoup de personnes qui éprouvent du plaisir à voir des modi-

fications de lumière colorée chargée qu'un tableau leur présente, n'éprouveraient pas le même plaisir de la vue du modèle, parce que les modifications correspondantes à celles qui sont imitées en charge ne sont pas assez prononcées pour leur être sensibles.

Au reste, le goût de l'œil pour un excès de la cause excitante est essentiellement analogue au penchant qui nous porte vers les aliments et les boissons d'une saveur et d'une odeur plus ou moins prononcées, et ce résultat est conforme à la comparaison que j'ai établie (174) entre le plaisir que nous éprouvons à la vue de vives couleurs, abstraction faite de toute autre qualité dans l'objet qui les présente, et le plaisir résultant de la sensation des saveurs agréables.

Enfin, dans les jugements que nous pouvons porter sur un tableau dont le coloris paraît *chargé* et qui n'est pas à la place que le peintre lui a destinée, il ne faut pas oublier de tenir compte de la lumière du lieu qu'il doit occuper et de la distance à laquelle le spectateur pourra le voir; autrement on courrait le risque de se tromper beaucoup.

312. 2ᵉ CAS. *Un peintre a parfaitement saisi toutes les modifications de lumière qui font ressortir les plans et le relief des objets; les modifications de la lumière colorée de son tableau sont vraies, mais les couleurs ne sont pas celles du modèle.*

Ce cas comprend des tableaux dans lesquels il y a une couleur dominante qui n'était pas dans le modèle. Cette couleur dominante est appelée souvent le *ton d'un tel tableau* et le *ton d'un tel peintre,* si ce peintre l'emploie habituellement.

On se fera une idée très juste de ces tableaux, si on suppose que l'artiste les ait peints en regardant son modèle au travers d'un verre qui avait précisément la couleur convenable pour le lui faire apercevoir de la teinte qui domine dans l'imitation qu'il en a faite.

On peut encore citer pour exemple d'une imitation de ce genre le paysage peint d'après la réflexion d'un miroir noir, parce que l'effet du tableau est très doux et très harmonieux.

On conçoit en outre comment il se fait qu'un tableau compris dans ce cas ait une couleur dominante agréable ou désagréable; on conçoit ces expressions de *coloris brillant ou chaud*, de *coloris terne ou ter-reux*, appliquées à des tableaux dont les couleurs seront infidèles à celles du modèle, mais qui auront un effet agréable ou désagréable.

ARTICLE 3.

DU COLORIS EU ÉGARD À L'HARMONIE DES COULEURS LOCALES
ET À CELLE DES COULEURS DES DIVERS OBJETS COMPOSANT LE TABLEAU.

313. Le coloris d'un tableau peut être *vrai* ou *absolu;* et cependant l'effet n'en sera pas agréable, parce que les couleurs des objets n'auront pas d'harmonie. Au contraire, un tableau plaira par l'harmonie des couleurs locales de chaque objet, par celle des couleurs des objets voisins les uns des autres, et cependant il péchera par la dégradation des lumières et des ombres, par la fidélité des couleurs; en un mot, il péchera par le *coloris vrai* ou *absolu;* et la preuve enfin qu'il pourra plaire, c'est que des peintures à teintes plates dont les couleurs sont parfaitement assorties pour l'œil, quoique opposées à celles que nous savons appartenir aux objets imités, produisent, sous le rapport de l'harmonie générale des couleurs, un effet extrêmement agréable.

CONSÉQUENCE DES CONSIDÉRATIONS PRÉCÉDENTES.

314. La conséquence générale résultant de l'analyse que nous venons de faire du mot *coloris* dans la langue usuelle, est que l'épithète

de *coloriste* peut être appliquée à des peintres doués à des degrés très différents de la faculté d'imiter les objets colorés au moyen de la peinture.

315. Des personnes qui connaissent toutes les difficultés du clair-obscur et du dessin peuvent donner le nom de *coloriste* à des peintres remarquables par l'art avec lequel ils font ressortir les objets placés sur les différents plans de leurs tableaux, au moyen d'un dessin correct et d'une dégradation habile de l'ombre et de la lumière, lors même que leurs tableaux ne reproduisent pas exactement toutes les modifications de la lumière colorée, et qu'il n'y a pas cette harmonie de couleurs diverses convenablement distribuées pour compléter les effets d'un coloris parfait.

316. Les personnes qui n'ont pas une grande habitude de juger de la peinture, ou qui ignorent la science du clair-obscur, sont en général disposées à refuser le titre de *coloriste* aux peintres dont nous venons de parler, tandis qu'elles l'accordent sans hésitation à ceux qui ont reproduit les modifications de la lumière colorée et distribué avec goût les diverses couleurs de leurs tableaux. Il y a plus, la couleur a tant d'empire sur les yeux, que très souvent des gens, tout à fait étrangers à la peinture, ne conçoivent le talent du coloriste que là où les teintes sont vives, quoique cependant il puisse y avoir absence d'observation dans la manière dont les objets, diversement colorés, ont été reproduits sur la toile.

317. On voit, d'après cela, combien les jugements que plusieurs personnes porteront sur un même tableau pourront différer les uns des autres, suivant l'importance qu'elles attacheront respectivement à telle qualité du coloris plutôt qu'à telle autre.

IMPRIMERIE NATIONALE.

318. Considérons maintenant ce que doit être un coloriste parfait, ou plutôt les conditions que doit remplir dans un tableau un peintre auquel cette qualification puisse être appliquée.

319. Pour qu'un peintre soit un coloriste parfait, il faut non seulement que l'imitation du modèle en reproduise fidèlement l'image, eu égard à la perspective aérienne relative à la lumière diversement colorée, mais encore que l'harmonie des teintes se retrouve dans les couleurs locales et dans les couleurs des divers objets de l'imitation; et c'est ici le lieu de faire observer que si dans toute composition il y a des couleurs inhérentes au modèle que le peintre ne peut changer sans être infidèle à la nature, il en est d'autres qui, à sa disposition, doivent être choisies de manière à s'harmoniser avec les premières. C'est un sujet sur lequel nous reviendrons dans le chapitre suivant (343).

320. Je viens de définir ce qu'est un peintre, parfait coloriste, conformément à l'analyse que j'ai faite du mot *coloris* et en considérant ce peintre en lui-même, c'est-à-dire sans le mettre en parallèle avec d'autres; il faut maintenant considérer cette définition par rapport aux peintres contemporains et aux peintres déjà assez anciens pour que les matières colorantes de leurs tableaux aient éprouvé quelque altération et que le vernis recouvrant ces matières ait plus ou moins jauni.

321. Il est évident que, lorsque des tableaux ont été faits récemment et qu'ils représentent des objets connus, on peut toujours voir si le peintre a rempli toutes les conditions du parfait coloriste, en comparant au modèle l'imitation qu'il en a faite.

322. Il est évident, d'après tout ce qui précède, que dès qu'il y a eu changement dans les couleurs d'un tableau par l'effet du temps, il n'est plus possible de prononcer si l'artiste qui l'a peint doit être appelé un *coloriste parfait* (319); mais si l'on se rappelle ce que j'ai dit *du peintre qui a parfaitement saisi toutes les modifications de lumière propres à faire ressortir les plans et le relief des objets, qui a représenté des modifications de lumière colorée parfaitement vraies, mais qui n'étaient pas celles du modèle* (312), on concevra très bien comment aujourd'hui on peut, après un, deux et trois siècles, donner le nom de *coloriste* à l'Albane, au Titien, à Rubens, etc.

En effet, aujourd'hui les tableaux de ces grands maîtres nous présentent des dégradations plus ou moins parfaites de la lumière et de l'ombre, et des harmonies de couleurs telles, qu'il est impossible de les méconnaître et de ne pas les admirer; et l'idée que tant de tableaux, à peine âgés de vingt à vingt-cinq ans, peints par des artistes d'une habileté incontestable, sont tombés pour la couleur bien au-dessous des précédents, augmente encore notre admiration pour ceux-ci.

CHAPITRE II.

UTILITÉ DE LA LOI DU CONTRASTE SIMULTANÉ DES COULEURS
POUR L'ART DU COLORIS.

323. Après avoir défini les principales modifications que les corps éprouvent lorsqu'ils nous deviennent sensibles au moyen de la lumière blanche ou colorée qu'ils nous envoient; après avoir envisagé la peinture et défini le coloris conformément à l'étude de ces modifications, il me reste à parler de la loi du contraste des couleurs relativement aux avantages que le peintre y trouvera, lorsqu'il s'agit :

1° D'apercevoir promptement et sûrement les modifications de lumière du modèle ;

2° D'imiter promptement et sûrement ces modifications ;

3° D'harmoniser les couleurs d'une composition, en ayant égard à celles qui doivent nécessairement se retrouver dans l'imitation, parce qu'elles sont inhérentes à l'essence des objets qu'il faut reproduire.

ARTICLE PREMIER.

UTILITÉ DE LA LOI POUR APERCEVOIR PROMPTEMENT ET SÛREMENT LES MODIFICATIONS DE LUMIÈRE DU MODÈLE.

324. Le peintre doit savoir, avant toute chose, *voir* les modifications de lumière blanche, d'ombres et de couleurs que lui présente son modèle dans les circonstances où il veut le reproduire.

325. Or qu'apprend la loi du *contraste simultané des couleurs ?* C'est que dès que l'on voit avec quelque attention deux objets colorés

en même temps, chacun d'eux apparaît non de la couleur qui lui est propre, c'est-à-dire tel qu'il paraîtrait s'il était vu isolément, mais d'une teinte résultant de la couleur propre et de la complémentaire de la couleur de l'autre objet. D'un autre côté, si les couleurs des objets ne sont pas au même ton, le ton de la plus claire s'abaissera et le ton de la plus foncée s'élèvera. En définitive, elles paraîtront, par la juxtaposition, différentes de ce qu'elles sont réellement.

326. La première conséquence à déduire de là, c'est que le peintre appréciera rapidement dans son modèle la couleur propre d'une même partie, et les modifications de ton et de couleur qu'elle peut recevoir des couleurs qui l'avoisinent. Il sera donc bien mieux préparé à imiter ce qu'il voit que s'il ignorait la loi. Il saura en outre apercevoir des modifications qui, si elles ne lui eussent pas toujours échappé à cause de leur faible intensité, auraient pu cependant être méconnues, parce que l'œil se fatigue, surtout lorsqu'il cherche à démêler des modifications dont la cause est inconnue et qui sont peu prononcées.

327. C'est ici le lieu de revenir sur le *contraste mixte* (81 et suiv.), afin de faire sentir combien le peintre est alors exposé à voir inexactement les couleurs du modèle. En effet, puisque l'œil, après avoir regardé, durant un certain temps, une couleur, a acquis une tendance à voir sa complémentaire, et que cette tendance est de quelque durée, il s'ensuit que non seulement les yeux du peintre, ainsi modifiés, ne pourront voir exactement la couleur qu'ils auront regardée longtemps, mais encore celle qui pourra les frapper ensuite pendant que durera leur modification. En effet, alors, conformément à ce que nous savons du contraste mixte (81 et suiv.), ils verront non

la couleur qui les frappe en second lieu, mais la résultante de cette couleur et de la complémentaire de celle qui a été vue en premier lieu. Il faut remarquer en outre le défaut de netteté de la vision qui proviendra de ce que, dans la plupart des cas, la seconde image ne coïncidera pas exactement avec la première; par exemple, que l'œil ait vu la feuille de papier verte *A*, fig. 68, en premier lieu, et qu'il regarde en second lieu la feuille de papier bleue *B* de même dimension, mais qui est placée autrement, il arrivera que, cette seconde image ne coïncidant pas dans toute son étendue avec la première, *A'*, ainsi que le représente la figure, l'œil ne verra la feuille *B* violette que dans la partie où les deux images coïncident. Dès lors ce défaut d'une coïncidence parfaite des images sera un obstacle à la vue distincte de la délimitation de la seconde image et de la couleur qu'elle a réellement.

328. On peut établir trois circonstances dans la vision d'un même objet relativement à l'état de l'œil : dans la première, l'organe aperçoit simplement l'image de l'objet, sans se rendre compte de la distribution des couleurs, de l'ombre et de la lumière; dans la seconde, le spectateur, cherchant à bien connaître cette distribution, regarde avec attention, et c'est alors que l'objet lui présente tous les phénomènes du contraste simultané de ton et de couleur qu'il est capable d'exciter en nous. Enfin, dans la troisième circonstance, l'organe, par suite de l'impression prolongée des couleurs qui l'ont frappé, possède au plus haut degré la tendance à voir la complémentaire de ces couleurs : bien entendu que ces différents états de l'organe ne sont pas discontinus, mais continus, et que si nous les avons envisagés séparément, c'était avec l'intention d'expliquer la diversité de la sensation d'un même objet sur la vue et de faire sentir au

peintres tous les inconvénients d'une vision du modèle trop prolongée.

Je ne doute pas que le coloris terne qu'on reproche à plusieurs
artistes d'un haut mérite ne tienne en partie à cette cause, ainsi que
je le dirai plus particulièrement dans la suite (366).

ARTICLE 2.

UTILITÉ DE LA LOI POUR IMITER PROMPTEMENT ET SÛREMENT LES MODIFICATIONS DE LUMIÈRE DU MODÈLE.

329. Le peintre, sachant que l'impression d'une couleur vue à
côté d'une autre est le résultat du mélange de la première avec la
complémentaire de la seconde, n'a plus qu'à évaluer mentalement
l'intensité de l'influence de cette complémentaire pour reproduire
fidèlement, dans son imitation, l'effet complexe qu'il a sous les yeux.
Après avoir mis sur sa toile les deux couleurs qu'il veut employer,
telles que son esprit se les représente à l'état isolé, il voit si l'imitation
s'accorde avec le modèle, et, s'il n'est pas satisfait, il doit bientôt
reconnaître la correction qu'il a à faire. Citons des exemples.

1ᵉʳ EXEMPLE.

330. Un peintre veut imiter une étoffe blanche, bordée de deux
galons juxtaposés, dont l'un est rouge et l'autre est bleu : il voit
chacun d'eux nuancé en vertu de leur contraste réciproque; ainsi le
rouge prend de plus en plus de l'orangé à mesure qu'il s'approche
du bleu, comme celui-ci prend de plus en plus du vert à mesure
qu'il s'approche du rouge.

Le peintre connaissant, par la loi du contraste, l'effet du bleu sur
le rouge et réciproquement, a tout lieu de penser que les nuances

vertes du bleu et les nuances orangées du rouge résultent du contraste; qu'en conséquence, en faisant les galons avec un seul rouge
et un seul bleu, dégradé dans quelques parties par du blanc ou de
l'ombre, l'effet qu'il veut imiter sera reproduit. Dans le cas où il trouverait que la peinture ne serait pas assez *accentuée,* il est sûr de ce
qu'il faudrait ajouter sans s'écarter de la vérité, autrement qu'en
l'exagérant un peu (311).

2° EXEMPLE.

331. Un dessin gris a été tracé sur un fond de couleur jaune : ce
fond pourra être du papier, un tissu de coton de soie ou de laine;
d'après le contraste, le dessin paraîtra d'une couleur lilas où violâtre
(66).

Le peintre qui voudra imiter cet objet, lequel sera, je suppose,
une tenture, un vêtement, une draperie quelconque, pourra le reproduire fidèlement avec du gris.

332. Ces deux exemples sont propres à expliquer les difficultés
que rencontrent les peintres qui ignorent la loi du contraste des couleurs.

En effet, le peintre ignorant l'influence réciproque du bleu et du
rouge est convaincu qu'il doit reproduire ce qu'il voit; en conséquence, il va ajouter du vert à son bleu et de l'orangé à son rouge,
comme pour le second exemple il tracera sur un fond jaune un dessin
plus ou moins violet; dès lors qu'arrivera-t-il? C'est que son imitation ne pourra jamais être parfaitement fidèle, elle sera exagérée, en
supposant, bien entendu, d'abord que le peintre ait parfaitement
saisi les modifications du modèle, et ensuite que, s'étant aperçu de
l'exagération de son imitation, il ne l'ait pas retouchée suffisamment

pour avoir un effet absolument fidèle. S'il était arrivé à ce dernier résultat, il est évident que ce ne serait qu'après un nombre d'essais plus ou moins nombreux, puisque en définitive il aurait dû effacer ce qu'il avait fait d'abord.

3ᵉ EXEMPLE.

333. Je cite un troisième exemple d'influence du contraste, non plus relatif aux couleurs comme les deux précédents, mais relatif aux différents tons d'une même couleur, qui sont contigus les uns aux autres.

Plusieurs zones juxtaposées, 1, 2, 3, 4, fig. 3 *bis,* de différents tons à teintes plates d'une même gamme, font partie d'un objet qu'un peintre veut reproduire dans un tableau : pour l'imiter absolument, il est évident qu'il faut le peindre à teintes plates; mais cet objet se présentant à l'œil comme une surface à cannelures, la ligne où deux zones sont juxtaposées apparaissant comme une arête par l'effet du contraste du ton (9-11), il s'ensuit que si le peintre l'ignore, il reproduira, non une copie absolue du modèle, mais une charge; ou si, mécontent d'une première imitation, il parvient à la reproduction fidèle du modèle, ce sera après des essais plus ou moins multipliés.

Je cite d'autant plus volontiers cet exemple, qu'il a été pour moi l'occasion de faire apprécier à un des plus habiles fabricants de papiers peints l'utilité de la loi du contraste simultané. En parcourant avec lui ses ateliers, il me fit voir un devant de cheminée représentant un enfant dont la figure se détachait d'un fond formé de deux zones à teintes plates, circulaires, grises, 1 et 2, fig. 69 : la première était plus claire que la seconde; le phénomène de contraste de ton se manifestait à la limite *aa* des deux zones, de manière que la partie de la zone 2 contiguë à la zone 1 était plus foncée que le reste, comme la

IMPRIMERIE NATIONALE.

partie de la zone 1 contiguë à la zone 2 était plus claire que le reste, conformément à ce qui a été dit plus haut (11). Eh bien, cet effet n'étant point ce que l'habile artiste voulait obtenir, il me demanda ce qu'il fallait faire pour l'éviter. En lui répondant qu'il fallait dégrader le gris de la zone 2 avec du blanc, à mesure qu'on approchait de la limite *aa*, et soutenir au contraire avec du noir dégradé de plus en plus le gris de la zone 1, à partir de cette même limite, je lui donnai la preuve *que pour imiter fidèlement le modèle, il faut faire autrement qu'on ne le voit.*

334. La manière dont j'ai envisagé le contraste doit convaincre le peintre de l'exactitude des six principes suivants :

1ᵉʳ PRINCIPE.

335. Mettre une couleur sur une toile, ce n'est pas seulement colorer de cette couleur la partie de la toile sur laquelle le pinceau a été appliqué, c'est encore colorer de la complémentaire de cette même couleur l'espace qui y est contigu.

Ainsi : (A) Un cercle rose est entouré d'une auréole verdâtre, qui va en s'affaiblissant de plus en plus à partir du cercle, fig. 4;

(B) Un cercle vert est entouré d'une auréole rose, fig. 5;

(C) Un cercle orangé est entouré d'une auréole bleue, fig. 6;

(D) Un cercle bleu est entouré d'une auréole orangée, fig. 7;

(E) Un cercle jaune est entouré d'une auréole violette, fig. 8;

(F) Un cercle violet est entouré d'une auréole jaune, fig. 9.

2ᵉ PRINCIPE.

336. Mettre du blanc à côté d'une couleur, c'est en rehausser le

ton; c'est faire comme si l'on ôtait à la couleur la lumière blanche qui en affaiblit l'intensité (44-52).

3ᵉ PRINCIPE.

337. Mettre du noir à côté d'une couleur, c'est en abaisser le ton; dans quelques cas, c'est l'appauvrir. Telle est l'influence du noir sur certains jaunes (55).

Enfin c'est ajouter au noir la complémentaire de la couleur juxtaposée.

4ᵉ PRINCIPE.

338. Mettre du gris à côté d'une couleur, c'est la rendre plus brillante, et c'est en même temps teindre ce gris de la complémentaire de la couleur qui y est juxtaposée (63).

De ce principe résulte la conséquence que dans beaucoup de cas où le gris est près d'une couleur franche dans un modèle, le peintre n'a pas besoin, pour imiter ce gris, qui lui paraît teint de la complémentaire de la couleur franche, de recourir à un gris coloré, l'effet devant être produit dans l'imitation par la juxtaposition de la couleur et du gris qui y est contigu.

Au reste, l'importance de ce principe ne peut être mise en doute, quand on considère que toutes les modifications que peut présenter un objet monochrome, abstraction faite de celles qui résultent des reflets de lumières colorées émanées d'objets voisins, tiennent aux différents rapports de position des parties de l'objet avec l'œil du spectateur, de sorte qu'il est rigoureusement vrai de dire que, pour reproduire par la peinture toutes ces modifications, il suffit d'une couleur exactement identique à celle du modèle, du blanc et du noir. Effectivement, avec le blanc vous produirez toutes les modifications dues à l'affaiblissement de la couleur par la lumière, et avec le noir, celles qui sont dues à la hausse du ton. Enfin, si la couleur du modèle donne lieu dans certaines parties à la manifestation de sa complémentaire, parce que ces parties ne renvoient pas à l'œil suffisamment de lumière colorée et de lumière blanche pour neutraliser cette manifestation, la modification dont je parle se reproduit dans l'imitation par l'emploi d'un ton gris normal convenablement entouré de la couleur de l'objet.

Si la proposition précédente est vraie, je reconnais dans beaucoup de cas la nécessité d'employer, avec la couleur de l'objet, les couleurs qui en sont le plus voisines, c'est-à-dire les nuances de la première. Par exemple, dans l'imitation d'une rose, on pourra employer le rouge nuancé d'un peu de jaune et d'un peu de bleu, ou, en d'autres termes, nuancé d'orangé et de violet; mais les ombres verdâtres que l'on aperçoit dans certaines parties devront naître de la juxtaposition du rouge et du gris normal.

5ᵉ PRINCIPE.

339. Mettre une couleur foncée près d'une couleur différente plus claire, c'est élever le ton de la première et abaisser celui de la seconde, indépendamment de la modification résultant du mélange des complémentaires.

Une conséquence importante de ce principe, c'est que le premier effet peut neutraliser le second ou même le contrarier.

Par exemple, un bleu clair mis à côté d'un jaune lui donne de l'orangé, et conséquemment en rehausse le ton, tandis qu'il y a des bleus tellement foncés relativement au jaune, qu'ils l'affaiblissent au point que non seulement la teinte orangée ne paraît pas, mais que des yeux sensibles peuvent même remarquer que le jaune est plutôt verdi qu'il n'est orangé; effet tout simple, si l'on considère que plus le jaune pâlit, plus il tend à paraître vert.

6ᵉ PRINCIPE.

340. Juxtaposer deux teintes plates de tons différents d'une même couleur, c'est produire du clair-obscur, par la raison qu'à partir de la ligne de juxtaposition ; la teinte de la zone du ton le plus haut va en s'affaiblissant insensiblement, tandis qu'à partir de cette même ligne, la teinte de la zone du ton le moins élevé va en augmentant; il y a donc une véritable dégradation de lumière (333).

La même dégradation a lieu dans toutes les juxtapositions de couleurs nettement séparées.

341. Si je ne me trompe pas, l'observation de ces principes, et surtout la connaissance parfaite de toutes les conséquences des trois derniers, exercera une influence très heureuse sur la pratique de l'art de peindre, en donnant à l'artiste une connaissance des couleurs qu'il ne pouvait avoir avant que la loi de leur contraste simultané eût été développée et suivie dans ses conséquences comme elle l'est aujourd'hui.

342. Le peintre me paraît devoir gagner, non seulement sous le rapport de la rapidité avec laquelle il verra son modèle, mais encore sous celui de la rapidité et de la vérité avec lesquelles il en reproduira l'image. Il me semble que parmi les détails qu'il s'efforce de rendre, il en est une foule qui, dus au contraste soit de la couleur, soit du ton, doivent se produire d'eux-mêmes. Je présume que les peintres grecs, dont la palette ne se composait que de blanc, de noir, de rouge, de jaune et de bleu, et qui ont exécuté tant de tableaux

dont les contemporains n'ont parlé qu'avec une admiration si vive, devaient peindre conformément à la méthode simple dont je parle; s'attachant aux grands effets, beaucoup de petits en étaient des conséquences.

ARTICLE 3.

UTILITÉ DE LA LOI POUR HARMONISER LES COULEURS QUI ENTRENT DANS UNE COMPOSITION, EN AYANT ÉGARD À CELLES QU'IL FAUT REPRODUIRE, PARCE QU'ELLES SONT INHÉRENTES À L'ESSENCE DE L'OBJET.

343. Dans toutes ou presque toutes les compositions de peinture projetées, il faut distinguer des couleurs que le peintre est dans la nécessité d'employer, et des couleurs qu'il peut choisir, parce qu'elles ne sont pas, comme les premières, inhérentes au modèle (319).

Par exemple, pour peindre d'après nature une figure humaine, la couleur des carnations, la couleur des yeux, celle des cheveux, sont données par le modèle; mais le peintre a le choix des couleurs pour les draperies, les ornements et le fond.

344. Pour un tableau d'histoire, les carnations sont pour la plupart des personnages au choix du peintre, aussi bien que les draperies et tous les accessoires qu'on peut imaginer et placer comme on l'entend.

345. Pour un paysage, les couleurs sont données par le sujet, mais non pas d'une manière tellement déterminée, qu'on ne puisse substituer à la couleur vraie la couleur d'une gamme voisine; l'artiste peut choisir la couleur du ciel, imaginer une foule d'accidents, introduire dans sa composition des animaux, des figures drapées, des voitures, etc., dont la forme et les couleurs seront choisies de manière à produire le meilleur effet possible avec les objets inhérents au modèle.

346. Enfin un peintre est encore le maître de choisir une couleur dominante, qui produise sur tous les objets de sa composition le
même effet que s'ils étaient éclairés par une lumière de la teinte de
cette même couleur; ou, ce qui revient au même, comme si on les
voyait au travers d'un verre coloré (179).

347. Si la loi du contraste donne différents procédés de faire
valoir une couleur inhérente au modèle, le génie seul indique le procédé que le peintre doit préférer aux autres pour réaliser sa pensée
sur la toile et la rendre ainsi sensible à la vue.

348. Toutes les fois qu'il voudra frapper les yeux par des couleurs, nul doute que le principe de l'*harmonie du contraste* ne doive
le guider. La loi du contraste simultané lui indique le moyen de faire
valoir les couleurs franches les unes par les autres; moyen, quoi
qu'on en dise, peu connu, quand on voit cette foule de portraits à
teintes vives si mal assorties, et ces petites compositions si nombreuses
à teintes rompues par du gris, où l'on cherche vainement un ton
franc, et qui seraient cependant éminemment propres, par les sujets
qu'elles représentent, à recevoir toutes les couleurs vives que la peinture à teintes plates met en œuvre.

349. Le contraste des couleurs les plus opposées est aussi agréable
que possible quand elles sont au même ton. Mais si l'on craignait la
crudité et la trop grande intensité des couleurs, il faudrait recourir
aux tons clairs de leurs gammes respectives.

350. Lorsque le peintre rompt des tons par du gris et veut éviter
la monotonie, ou lorsque sur des plans reculés, mais qui ne le sont
pas assez pour que les différences de couleur soient inappréciables,

il veut que les parties soient le plus distinctes possible, il faut qu'il recoure au principe de l'harmonie de contraste et qu'il mêle ses couleurs avec du gris.

Cette manière de faire ressortir une couleur par le contraste, en employant soit des tons clairs complémentaires ou plus ou moins opposés, soit des tons rabattus plus ou moins gris et de teintes complémentaires les unes des autres, soit enfin en employant un ton rabattu d'une teinte complémentaire à une couleur plus ou moins franche qui y est contiguë, doit surtout fixer l'attention des peintres de portrait. Il est telle figure de femme qui sera d'un effet médiocre, parce qu'on n'aura pas choisi convenablement ni la couleur des vêtements ni celle du fond.

351. Il faut que le peintre de portrait s'attache à trouver, dans une carnation qu'il veut peindre, la couleur qui y prédomine; une fois trouvée et reproduite fidèlement, il doit chercher ce qui peut la faire valoir dans les accessoires qui sont à son choix. C'est une erreur encore trop répandue, que la carnation d'une femme, pour être belle, ne peut être que blanche et rose : si cette opinion est vraie pour la plupart des femmes de nos climats tempérés, il est incontestable que dans des climats plus chauds il y a des carnations brunes, bronzées, cuivrées même, douées d'une vivacité, disons même d'une beauté que ne méconnaissent pas ceux qui, pour se prononcer sur un objet nouveau, attendent qu'ils aient mis de côté ces impressions habituelles qui, à l'insu de la plupart des hommes, exercent une si puissante influence sur le jugement qu'ils portent des objets qui les frappent pour la première fois.

352. J'avais d'abord pensé à donner ici quelques exemples des

couleurs les plus avantageuses à faire valoir les carnations de femmes, mais, après y avoir réfléchi, j'ai préféré les renvoyer à la section où je traite de l'application de la loi du contraste à l'habillement.

353. Si un peintre, voulant toujours tirer le plus grand parti possible des couleurs, était dans la nécessité de ne pas les multiplier; s'il avait à peindre des draperies étendues d'une couleur unie, il pourrait recourir avec avantage à des rayons colorés, émanés de quelques corps voisins, soit que ceux-ci ne parussent pas à l'œil du spectateur, soit qu'ils fussent à sa portée : par exemple, une lumière verte ou jaune tombant sur une partie de draperie bleue lui donne du vert, et par un contraste relève le ton bleu violet du reste; une lumière jaune doré tombant sur une partie de draperie pourpre lui donne un ton doré qui fait ressortir le pourpre du reste, etc.

354. Le principe de l'harmonie du contraste procure donc au peintre qui s'applique à produire les effets du clair-obscur le moyen de réaliser, sous le rapport de l'éclat des couleurs et de la distinction des parties, des effets que le peintre qui ne dégrade ni les ombres ni la lumière produit sans peine au moyen des teintes plates.

355. Après avoir traité de l'utilité de la loi du contraste simultané dans l'emploi raisonné des couleurs franches opposées et des couleurs rompues par du gris, pareillement opposées, lorsqu'il s'agit de multiplier les couleurs franches et variées, soit dans des objets dont les parties très diverses permettent cet emploi, soit dans une multitude d'objets accessoires, il me reste à traiter des cas où le peintre, voulant moins de diversité dans les objets, moins de variété dans les couleurs, n'emploie qu'avec réserve *l'harmonie du contraste,*

IMPRIMERIE NATIONALE.

lui préférant, pour mieux atteindre son but, l'*harmonie de gamme* et l'*harmonie de nuances*.

356. Plus il y a de couleurs diverses et d'accessoires dans une composition, plus les yeux du spectateur sont distraits et éprouvent de difficultés à se fixer. Si donc la condition de cette diversité de couleurs et d'accessoires est obligatoire pour l'artiste, plus il a d'obstacles à surmonter s'il veut attirer et fixer les regards du spectateur sur la physionomie des figures qu'il doit reproduire, soit qu'il s'agisse de figures représentant les acteurs d'une scène unique, soit qu'il s'agisse de simples portraits. Dans ce dernier cas, si le modèle était une de ces physionomies communes, qui ne se recommandent ni par l'expression ni par la beauté des traits, et à plus forte raison s'il fallait cacher ou dissimuler un défaut de nature, tout ce qui est accessoire à cette physionomie, tout ce qui est contraste de couleurs, bien assorties d'ailleurs, viendrait au secours du peintre.

357. Mais si l'artiste, vivement inspiré, sent tout ce qu'un modèle a de pureté dans l'expression ou de noblesse et d'élévation dans les idées, ou bien encore si une physionomie commune, pour la plupart des yeux, l'a frappé par une de ces expressions qu'il juge n'appartenir qu'aux hommes animés de grandes pensées dans la politique, les sciences, les lettres ou les arts, c'est à la physionomie de tels modèles qu'il s'attachera, c'est elle qui fixera principalement son attention, afin qu'en la faisant revivre sur la toile, personne ne méconnaisse ni la ressemblance ni le sentiment qui a dirigé le pinceau. Tout étant accessoire à la physionomie, les vêtements seront noirs ou de couleur sombre; si quelque ornement les relève, il sera simple et toujours en rapport avec le sujet.

358. Lorsqu'on examine sous ce point de vue les chefs-d'œuvre de van Dyck, que l'on remonte de la beauté des effets à la simplicité des moyens qui la font naître, que l'on considère l'élégance des poses, qui pourtant sont toujours naturelles, le goût qui a présidé au choix des draperies, des ornements, en un mot de tous les accessoires, on est pénétré d'admiration pour le génie de l'artiste, qui n'a point eu recours à ces moyens d'attirer l'attention dont on a tant abusé de nos jours, soit en donnant au personnage le plus vulgaire une pose héroïque, à la physionomie la plus commune une prétention à la profondeur des pensées, soit en cherchant des effets de lumière tout à fait extraordinaires, par exemple en inondant la figure d'une vive clarté, tandis que le reste de la composition est à peine éclairé.

359. Les réflexions précédentes font parfaitement comprendre quel est le point de vue où doit se placer un peintre d'histoire, lorsqu'il voudra surtout fixer l'attention sur les physionomies des personnages qui prennent part à une action remarquable. Nous observerons seulement que plus il emploiera de gammes rapprochées, plus il devra se garder de choisir celles qui perdent trop par leur juxtaposition mutuelle.

360. Il est encore une observation importante à faire : c'est d'éviter autant que possible la reproduction des images d'un même genre comme ornements d'objets différents. Ainsi des figures vêtues de draperies à grandes fleurs, que le peintre a placées dans un salon où un tapis, une tenture, des vases de porcelaine retracent au spectateur les mêmes images, ne sont jamais d'un effet irréprochable, parce qu'il faut une étude à la vue pour apercevoir d'une manière distincte des parties diverses du tableau, que la similitude d'ornements

tend à confondre ensemble. C'est encore d'après le même principe que le peintre doit éviter en général de placer à côté de la reproduction fidèle d'un modèle la reproduction d'une imitation qui rappelle ce modèle; par exemple, qu'il s'agisse d'un vase de fleurs, l'artiste produira plus d'effet, toutes choses égales d'ailleurs, en supposant qu'il veuille fixer l'attention sur des fleurs qu'il peindra d'après nature, en représentant un vase de porcelaine blanc ou gris, au lieu d'un vase de porcelaine sur lequel le peintre émailleur a déjà prodigué les mêmes images.

361. Afin d'achever ce que je me suis proposé de dire sur le coloris, il me reste encore à traiter des cas où un peintre fait prédominer dans sa composition une certaine couleur; ou, pour parler plus correctement, des cas où la scène qu'il représente est éclairée par une lumière colorée qui se répand sur tous les objets. Pour bien comprendre ce que je vais dire, il faut non seulement prendre le contraste simultané en considération, mais encore la modification qui résulte du mélange des couleurs (171), y compris la recomposition de la lumière blanche au moyen d'une proportion convenable des rayons diversement colorés élémentaires.

362. Toutes les fois qu'un peintre veut faire prédominer une lumière colorée dans une composition, il doit étudier avec attention l'article où nous avons examiné les principaux cas des modifications de lumière résultant de rayons colorés tombant sur des corps de diverses couleurs (pages 118 et suivantes); il faut qu'il sache bien que si la lumière colorée choisie fait valoir certaines couleurs des objets sur lesquels elle tombe, elle en appauvrit et même neutralise certaines autres. Par conséquent, dès que l'artiste s'est décidé à employer telle

couleur prédominante, il faut qu'il renonce à tirer parti de telles autres; car, s'il le faisait, l'effet produit serait faux.

363. Par exemple, si dans un tableau la couleur orangée domine, il doit en résulter nécessairement, pour que le coloris soit vrai,

1° Que les rouges pourpres soient plus ou moins rouges;

2° Que les rouges soient plus ou moins écarlates;

3° Que les écarlates soient plus ou moins jaunes;

4° Que les orangés soient plus intenses, plus vifs;

5° Que les jaunes soient plus ou moins intenses et orangés;

6° Que les verts perdent du bleu et soient conséquemment plus jaunes;

7° Que les bleus clairs deviennent plus ou moins gris clair;

8° Que l'indigo foncé devienne plus ou moins marron;

9° Que les violets perdent du bleu.

On voit donc en définitive que la lumière orangée rehausse toutes les couleurs qui contiennent du jaune et du rouge, tandis que, neutralisant une proportion de bleu relative à son intensité, elle détruit en tout ou en partie cette couleur dans les corps qu'elle éclaire, et dénature par conséquent les verts et les violets.

364. D'après les études que j'ai pu faire des tableaux sous le rapport de l'imitation vraie du coloris, il m'a semblé que les peintres d'intérieur ont, toutes choses égales d'ailleurs, plus d'habileté à reproduire fidèlement les modifications de la lumière que les peintres d'histoire. En supposant que je ne sois pas dans l'erreur, les causes suivantes n'expliquent-elles pas cette remarque?

N'est-ce pas d'abord parce que les peintres d'histoire, attachant plus d'importance à la pose de leurs figures, à leurs physionomies, qu'aux autres parties de leur composition, cherchent moins à reproduire une foule de petits détails dont l'imitation fidèle est le mérite essentiel du peintre d'intérieur?

N'est-ce pas, en second lieu, parce que le peintre d'histoire n'est jamais dans la position de voir toute la scène qu'il veut représenter, comme l'est le peintre d'intérieur, qui, ayant constamment tout son modèle sous les yeux, le voit par conséquent complètement, comme il veut l'imiter sur la toile?

365. Nous terminerons ces considérations par une remarque générale; c'est que dans toute composition un peu étendue, les couleurs, aussi bien que les objets représentés, doivent être distribuées avec une sorte de symétrie, de manière à éviter ce que je ne peux mieux exprimer que par le mot *tache*. Il arrive, en effet, faute d'une bonne distribution des objets, que la toile n'est pas remplie dans quelques-unes de ses parties, ou, si elle l'est, il y a évidemment confusion dans plusieurs endroits; de même, si les couleurs ne sont pas distribuées convenablement, il peut arriver que telles d'entre elles font tache, parce qu'elles sont trop isolées les unes des autres. C'est ici le cas de reporter l'attention du lecteur sur les remarques que j'ai faites dans le paragraphe 4 des prolégomènes (249 et 251).

366. D'après tout ce qui précède, je crois que les peintres qui voudront étudier le contraste mixte et le contraste simultané des couleurs, afin de raisonner l'emploi des éléments colorés de leur palette, se perfectionneront dans le *coloris absolu* (298), comme ils se perfectionnent dans la perspective linéaire en étudiant les principes de géométrie qui concernent cette partie de leur art. Je serais bien dans l'erreur, si la difficulté de reproduire identiquement l'image du mo-

dèle qu'ont rencontrée des peintres ignorant la loi des contrastes, n'avait été pour plusieurs la cause d'un coloris terne et inférieur à celui d'artistes qui, moins difficiles qu'eux sur la fidélité de l'imitation, ou moins bien organisés pour saisir toutes les modifications de la lumière, se sont abandonnés davantage à leur première impression, ou, en d'autres termes, voyant plus rapidement le modèle, leurs yeux n'ont point eu le temps de se fatiguer, et, contents de l'imitation qu'ils en ont faite, ils ne sont pas revenus à diverses reprises sur leur ouvrage pour le modifier, l'effacer même et le reproduire ensuite sur une toile salie par des couleurs mises en premier lieu, qui n'auraient point été celles du modèle et qui n'auraient pu être enlevées entièrement lors des dernières retouches. Si ce que je dis est exact, il existerait donc des peintres auxquels le proverbe : *la perfection est l'ennemi du bien,* serait parfaitement applicable.

DEUXIÈME DIVISION.

IMITATION DES OBJETS COLORÉS AVEC DES MATIÈRES COLORÉES D'UNE ÉTENDUE SENSIBLE.

INTRODUCTION.

367. On fait des imitations plus ou moins rapprochées de celles de la peinture avec des éléments colorés d'une grosseur sensible; tels sont les fils de laine, de soie et de chanvre propres à la confection des tapisseries des Gobelins et de Beauvais, les fils de laine employés exclusivement à la fabrication des tapis de la Savonnerie, les petits prismes plus ou moins réguliers des mosaïques, les verres colorés des vitraux des églises gothiques.

368. Les tapisseries des Gobelins et de Beauvais, et même les tapis de la Savonnerie et certaines mosaïques très soignées, peuvent être considérés comme des ouvrages qui tendent à s'approcher de la peinture exécutée d'après le système du clair-obscur; tandis que les vitraux des églises gothiques correspondent plus ou moins exactement à la peinture à teintes plates. Il en est encore de même de tapisseries pour meubles et de tapis qui, au lieu d'être fabriqués avec des gammes de seize ou dix-huit tons au moins, dont on fait usage dans les manufactures nationales, le sont avec des gammes qui ne se composent que de trois ou quatre tons; et loin que l'on mélange les fils de diverses couleurs ou les tons d'une même gamme, dans le but

d'imiter les effets du clair-obscur, les objets colorés reproduits présentent à l'œil de petites zones monochromes et d'un seul ton juxtaposées.

369. Enfin, il y a des ouvrages qui reproduisent des images colorées d'après un système mixte en quelque sorte, parce que ces images sont le résultat de la juxtaposition de parties monochromes et d'un seul ton, d'une étendue très sensible à la vue; mais en juxtaposant ces parties, on a cherché les effets du clair-obscur en faisant des dégradations de gamme ou des mélanges de nuances. Telles sont les mosaïques ordinaires, des tapis, des tapisseries à l'aiguille, etc.

370. Les modèles ont une si grande influence sur les tapisseries et les tapis des manufactures nationales, que je me suis cru obligé, d'après les nombreuses observations que j'ai eu l'occasion de faire, d'exposer quelques réflexions relatives au genre de peinture qui leur convient le plus, espérant qu'elles pourront intéresser les artistes qui, livrés à cette sorte d'ouvrages, veulent se rendre compte de l'objet principal de leur genre de peinture. Une fois qu'ils auront parfaitement déterminé les principaux effets qu'ils doivent s'attacher à produire, ils verront ceux de la peinture ordinaire qu'ils peuvent sacrifier, afin d'obtenir les premiers. Ils parviendront ainsi à raisonner ce qu'ils auront à faire pour perfectionner la *partie spéciale de leur imitation.* C'est en partant de l'état physique même des éléments colorés que le tapissier des Gobelins emploie, et de la structure de la tapisserie, que je déduis la nécessité de ne représenter dans ces sortes d'ouvrages que de grands objets bien circonscrits et remarquables surtout par d'éclatantes couleurs. Je prouve par des raisonnements analogues que les modèles des tapisseries pour meubles doivent

plutôt se recommander par l'opposition des couleurs que par un fini minutieux dans les détails. Enfin, après avoir considéré d'une manière analogue les modèles pour les tapis, je recherche par les mêmes considérations à prouver que prétendre rivaliser avec la peinture à l'aide des éléments colorés de la mosaïque, ou des vitraux colorés, c'est établir une confusion des plus fâcheuses pour le progrès d'arts absolument distincts de la peinture par le but et leurs moyens d'exécution.

371. Les principes vraiment essentiels de ces arts d'imitation ainsi déduits de la spécialité de chacun d'eux, se trouvant fixés d'une manière incontestable, il devient facile de distinguer les tentatives dont on peut espérer de vrais perfectionnements de celles qui ne sont propres qu'à amener le résultat contraire.

PREMIÈRE SECTION.

TAPISSERIES DES GOBELINS.

CHAPITRE PREMIER.

DES ÉLÉMENTS DES TAPISSERIES DES GOBELINS.

372. Les éléments des tapisseries des Gobelins sont au nombre de deux : la chaîne et la trame.

La chaîne est formée de fils de laine non colorés, tendus verticalement sur le métier.

La trame est formée de fils colorés qui recouvrent entièrement les fils de la chaîne.

Dans le langage du tapissier, la chaîne est désignée par le mot *fil*, et la trame par le mot *brin*.

C'est avec des fils d'un diamètre sensible de diverses couleurs qu'on imite toutes les couleurs des tableaux les plus parfaits.

373. L'art de la tapisserie repose sur le *principe du mélange des couleurs* et le *principe de leur contraste simultané.*

374. Il y a *mélange de couleurs* toutes les fois que des matières de diverses couleurs sont si divisées et si rapprochées, que l'œil ne peut distinguer ces matières l'une de l'autre : dans ce cas, il reçoit une impression unique; par exemple, si les matières sont l'une bleue et l'autre jaune à la même hauteur et en proportion convenable, l'œil reçoit la sensation du vert.

375. Il y a *contraste de couleurs* toutes les fois que les surfaces différemment colorées sont convenablement rapprochées et susceptibles d'être vues simultanément et parfaitement distinctes l'une de l'autre, et nous rappellerons que si une surface bleue est juxtaposée à une surface jaune, loin de tendre au vert, elles s'éloignent au contraire l'une de l'autre en prenant du rouge.

CHAPITRE II.

DU PRINCIPE DU MÉLANGE DES FILS COLORÉS DANS SES RAPPORTS AVEC L'ART DU TAPISSIER DES GOBELINS.

376. Avec un certain nombre de gammes de diverses couleurs franches et rabattues par du noir, on parvient, en les mélangeant, à faire une infinité de couleurs.

Les mélanges sont de deux sortes :

377. Premièrement on mêle un fil du 4ᵉ ton de la gamme de couleur *A* avec un fil du 4ᵉ ton de la gamme d'une couleur *A′* plus ou moins analogue à *A*. C'est le *mélange par fils*. Il ne se fait sur broche que pour la soie.

378. Deuxièmement on travaille la trame de manière à intercaler ensemble soit des fils d'une gamme de couleur *A*, soit des fils de la gamme *A* mêlée à des fils de la gamme *A′* avec des fils soit d'une gamme de couleur *B*, soit avec des fils de la gamme *B* mêlés à des fils d'une gamme *B′* plus ou moins analogue à celle de *B*. C'est le *mélange par hachures*.

379. On conçoit dès lors comment, avec ces deux sortes de mélanges, on parvient à imiter tous les tons et toutes les diverses couleurs des tableaux qui servent de modèles au tapissier.

380. Dans les mélanges par fils et par hachures, il est toujours

indispensable de prendre en considération les faits dont j'ai parlé (158), et j'insiste d'autant plus sur ce sujet, que M. Deyrolle, chef d'atelier aux Gobelins, parfaitement instruit des procédés de son art, ayant bien voulu, à ma sollicitation, exécuter différents mélanges de fils de soie colorés sur le métier à tapisserie, m'a mis à portée de faire des observations que je vais exposer; elles sont véritablement fondamentales pour tous les arts dont les palettes se composent de fils colorés, et ont en outre l'avantage de ramener aux mêmes règles l'art de modifier par le mélange la couleur des matières colorées, soit qu'il s'agisse de matières divisées à l'infini, soit qu'il s'agisse de matières d'une étendue appréciable.

Les mélanges dont il va être question ont été faits avec des fils de deux couleurs pris au même ton; chaque fil recouvrait la chaîne; ils étaient disposés parallèlement l'un à l'autre et, bien entendu, perpendiculairement à la chaîne. Lorsque le mélange se composait d'un nombre égal de fils de chaque couleur, il présentait des raies très étroites et d'égale étendue alternativement de couleurs différentes.

Pour faire les mélanges des fils colorés avec connaissance de cause, il faut satisfaire aux trois règles que je vais donner. Les deux premières sont principales, parce qu'elles résultent immédiatement de l'observation des faits; la troisième est secondaire, parce qu'elle est la déduction naturelle des faits compris dans les deux premières.

I. RÈGLE CONCERNANT LE MÉLANGE BINAIRE DES COULEURS PRIMITIVES DES ARTISTES.

Lorsqu'on allie par le mélange le rouge au jaune, le rouge au bleu, le jaune au bleu, couleurs primitives des artistes, il ne faut pas que les fils qu'on mélange réfléchissent en quantité sensible la troisième couleur primitive, si l'on veut avoir des orangés, des violets et des verts les plus brillants qu'il est possible d'obtenir par ce procédé.

A. *Rouge et jaune.*

3 fils rouges contre 1 fil jaune;

2 fils rouges contre 1 fil jaune;

1 fil rouge contre 1 fil jaune;

3 fils jaunes contre 1 fil rouge;

2 fils jaunes contre 1 fil rouge,

donnent des mélanges qui sont à l'œil ce qu'ils doivent être relativement à la proportion des deux couleurs mélangées. Il n'y a apparence de gris dans aucun des mélanges, lorsqu'on a pris du rouge tirant sur l'orangé plutôt que sur l'amarante, et du jaune tirant sur l'orangé plutôt que sur le vert.

B. *Rouge et bleu.*

3 fils rouges contre 1 fil bleu;

2 fils rouges contre 1 fil bleu;

1 fil rouge contre 1 fil bleu;

3 fils bleus contre 1 fil rouge;

2 fils bleus contre 1 fil rouge,

donnent des mélanges qui sont à l'œil ce qu'ils doivent être relativement à la proportion des deux couleurs mélangées. Si l'on a pris un rouge et un bleu tirant sur le violet, le mélange ne présente pas de gris.

C. *Jaune et bleu.*

4 fils bleus contre 1 fil jaune;

3 fils bleus contre 1 fil jaune;

2 fils bleus contre 1 fil jaune;

1 fil bleu contre 1 fil jaune,

donnent des mélanges qui sont à l'œil ce qu'ils doivent être relativement à la proportion des deux couleurs mélangées. Si l'on a pris un jaune et un bleu tirant sur le vert plutôt que sur le rouge, le mélange ne présente pas sensiblement de gris.

L'observation de tous les mélanges précédents démontre donc la règle énoncée plus haut, ou plutôt cette règle n'est que l'expression des faits généralisés.

II. RÈGLE CONCERNANT LE MÉLANGE DES COULEURS COMPLÉMENTAIRES.

Lorsqu'on allie par le mélange le rouge et le vert, l'orangé et le bleu, le jaune et le violet, les couleurs se neutralisent plus ou moins complètement, suivant qu'elles approchent d'être plus ou moins parfaitement complémentaires et qu'elles ont été mélangées en proportion convenable. Le résultat est un gris dont le ton est généralement supérieur à celui des couleurs mélangées, si celles-ci étaient à un ton convenablement élevé.

EXEMPLES :

D. *Rouge et vert.*

d. 3 fils rouges contre 1 fil vert donnent un rouge terne.

2 fils rouges contre un fil vert donnent un rouge plus terne et plus foncé que le rouge pur employé.

1 fil rouge contre 1 fil vert donnent un gris rougeâtre dont le ton est un peu supérieur à celui du mélange précédent.

3 fils verts contre 1 fil rouge donnent un vert gris dont le ton est supérieur au vert et au rouge.

2 fils verts contre 1 fil rouge donnent un gris à peine verdâtre et d'un ton supérieur aux deux couleurs.

d'. En répétant les mêmes mélanges avec des tons plus élevés des mêmes gammes de vert et de rouge, on remarque que le ton du mélange de 2 fils verts contre 1 fil rouge, relativement à celui des couleurs mélangées, est plus élevé qu'il ne l'est dans les mélanges *d*.

d". 1 fil rouge et 1 fil d'un vert jaunâtre donnent un mélange carmélite ou un gris orangeâtre, dont le ton est égal à celui des couleurs mêlées.

d'''. 1 fil rouge et 1 fil d'un vert un peu bleuâtre donnent un mélange couleur de cachou ou cuivré sensiblement, d'un ton plus élevé que celui des couleurs mélangées.

CONCLUSION.

On peut conclure de là que des fils rouges et des fils verts convenablement assortis et en proportion convenable donnent du gris.

E. *Orangé et bleu.*

e. 3 fils orangés contre 1 fil bleu donnent un orangé terne.

2 fils orangés contre 1 fil bleu donnent un orangé plus terne encore.

1 fil orangé contre 1 fil bleu donnent un gris chocolat plus brun que les couleurs mêlées.

3 fils bleus contre 1 fil orangé donnent un gris violâtre.

2 fils bleus contre 1 fil orangé donnent un gris d'un violet plus rougeâtre que le précédent.

e'. Les résultats sont les mêmes avec des tons plus foncés que les précédents, sauf que les mélanges correspondants sont plus bruns.

e″. 3 fils orangés contre 3 fils bleus présentent un phénomène remarquable suivant la position où on les regarde et l'intensité de la lumière : la tapisserie étant placée sur un plan vertical devant la lumière incidente, lorsque la chaîne est horizontale, on aperçoit des rayures bleues et orangées ; mais si la chaîne est verticale, on peut voir la partie supérieure de chaque zone bleue violette, et sa partie inférieure, ainsi que la partie supérieure de chaque zone orangée, verte, tandis que le reste de chacune de ces dernières zones paraît rouge, bordé inférieurement de jaune. On peut encore voir la partie supérieure de chaque zone bleue violette et sa partie inférieure, ainsi que la partie supérieure de chaque zone orangée, verte, et le reste de chacune de ces zones rouge bordé supérieurement de jaune et inférieurement de vert. Nous disons qu'on peut voir de cette manière, parce que si la lumière était assez vive pour que la vision fût distincte, on ne verrait que des zones horizontales bleues et orangées.

F. *Jaune et violet.*

3 fils jaunes contre 1 fil violet donnent un jaune grisâtre.

2 fils jaunes contre 1 fil violet donnent un gris jaunâtre.

1 fil jaune contre 1 fil violet donnent un gris plus près du gris normal que le précédent.

3 fils violets contre 1 fil jaune donnent un violet grisâtre.

2 fils violets contre 1 fil jaune donnent un violet plus terne, plus gris que le précédent.

Il est remarquable qu'en regardant le mélange d'un fil jaune et d'un fil violet à une plus grande distance que celle où les deux couleurs paraissent s'être le plus neutralisées, le jaune, relativement au violet, s'affaiblit tellement, que le mélange paraît violet terne.

Le jaune et le bleu présentent un résultat analogue.

III. RÈGLE CONCERNANT LE MÉLANGE DES TROIS COULEURS PRIMITIVES DES
ARTISTES DANS DES PROPORTIONS OÙ ELLES NE SE NEUTRALISENT PAS, PARCE
QU'IL Y A EXCÈS D'UNE OU DE DEUX DE CES COULEURS.

*Lorsqu'on allie par le mélange des couleurs qui présentent du rouge,
du jaune et du bleu en proportions où ils ne se neutralisent pas, le
résultat est une couleur d'autant plus grise ou rabattue, qu'il y avait
une proportion plus forte de couleurs complémentaires.*

Cette règle est la conséquence des deux premières; mais l'énoncé
en était indispensable pour comprendre tous les cas qui peuvent se
présenter dans le mélange des fils colorés relativement au point de
vue qui nous occupe.

Au fait que du rouge mêlé avec un vert jaunâtre a donné un
mélange carmélite cité plus haut (380 *d"*), j'ajouterai les suivants :

(1) *Du rouge amarante et du jaune verdâtre* donnent des mélanges d'autant plus ternes, que les couleurs sont plus près de se
neutraliser. Un mélange de 1 fil rouge amarante contre 1 fil jaune
verdâtre produit un orangé brique ou cuivré dont le ton est plus
haut que celui des couleurs mélangées.

(2) *Du rouge écarlate et du bleu verdâtre* donnent des mélanges
qui sont sans vigueur, sans pureté, relativement aux mélanges correspondants faits avec du rouge amarante et du bleu violâtre.

(3) Du rouge travaillé avec du gris bleuâtre donne des mélanges
violets qui sont moins ternes que les précédents, parce que les couleurs ne contiennent pas de jaune.

(4) Le rouge du mélange (3) travaillé avec un gris verdâtre a
donné des mélanges bien plus ternes que les précédents, ainsi qu'on
devait s'y attendre, à cause du jaune contenu dans le gris verdâtre.

(5) De l'orangé et un violet bleu ont donné des mélanges très ternes.

(6) L'orangé et un violet rougeâtre ont donné des mélanges pareillement ternes, mais plus rougeâtres ou moins bleuâtres que les précédents.

CHAPITRE III.

DU PRINCIPE DU CONTRASTE DANS SES RAPPORTS AVEC L'ART
DU TAPISSIER DES GOBELINS.

381. Si la loi du contraste est importante à connaître lorsqu'il s'agit d'imiter en peinture un objet coloré donné, ainsi que je l'ai dit précédemment (323 et suiv.), elle l'est bien davantage lorsqu'il s'agit d'imiter en tapisserie un tableau modèle; car si l'imitation du peintre comparée à son modèle n'en reproduit pas fidèlement les couleurs, l'artiste a sur sa palette le moyen de corriger le défaut qu'il aperçoit, puisqu'il peut, sans grand inconvénient, effacer et refaire plusieurs fois la même partie de son tableau. Le tapissier n'a pas cette ressource, car il lui est impossible de revenir sur les couleurs qu'il a placées, autrement qu'en défaisant son ouvrage et en recommençant entièrement tout ce qui est défectueux; or cela demande un temps plus ou moins considérable, puisque la tapisserie est un travail excessivement lent.

Que faut-il pour que l'artiste des Gobelins ne tombe pas dans le défaut que je signale? qu'il connaisse assez bien l'effet du contraste pour savoir l'influence que la partie de son modèle qu'il se propose d'imiter reçoit des couleurs qui l'environnent, et qu'il juge par là quelle est la couleur des fils qu'il convient de choisir. Les exemples suivants feront mieux sentir la nécessité de la connaissance de la loi du contraste pour le tapissier que de plus longs raisonnements.

1ᶜʳ EXEMPLE.

382. Un peintre a fait dans un tableau deux bandes colorées,

l'une en rouge et l'autre en bleu. Elles se touchent de sorte que le phénomène du contraste des deux couleurs juxtaposées aurait eu lieu, s'il n'avait soutenu par du bleu le rouge voisin de la bande bleue et si dans celle-ci il n'avait soutenu par du rouge ou du violet le bleu voisin de la bande rouge (330).

Le tapissier veut imiter les deux bandes dont nous parlons; s'il ignore la loi du contraste des couleurs, il ne manquera pas, après avoir choisi des laines ou des soies convenables pour imiter le modèle qu'il a sous les yeux, de faire deux bandes qui présenteront le phénomène du contraste, parce qu'il aura choisi des laines ou des soies d'un seul bleu ou d'un seul rouge pour imiter deux bandes de différentes couleurs que le peintre n'est parvenu à faire de deux couleurs, dont chacune est homogène à l'œil dans toute son étendue, qu'en détruisant le phénomène du contraste que les bandes auraient indubitablement présenté si elles eussent été peintes chacune en couleur unie.

2ᵉ EXEMPLE.

383. Supposons que le peintre les ait faites de cette dernière manière, alors elles contrasteront, de sorte que le rouge contigu au bleu paraîtra orangé, et le bleu contigu au rouge paraîtra verdâtre.

Si le tapissier ignore la loi du contraste, il ne manquera pas, pour imiter son modèle, de mêler du jaune ou de l'orangé à son rouge, et du jaune ou du vert à son bleu, dans les parties des bandes qui se touchent; dès lors l'effet du contraste sera plus ou moins exagéré, puisqu'on aurait obtenu l'effet du tableau en travaillant deux bandes avec des couleurs homogènes.

3ᵉ EXEMPLE.

384. Supposons qu'un tapissier ait à copier l'assemblage des dix

zones grises à teintes plates, fig. 3 *bis*, dont il a été question dans la première partie (13), il est évident que, s'il ignore l'effet du contraste des zones contiguës, il l'exagérera dans l'imitation, parce qu'au lieu de travailler dix tons d'une même gamme, de manière à produire dix zones à teintes plates, il fera dix zones dont chacune sera dégradée conformément à ce qu'il voit, et il est extrêmement probable qu'il aura recours à des tons plus clairs et plus foncés que ceux qui correspondent exactement au modèle; conséquemment, il est extrêmement probable qu'il lui faudra un plus grand nombre de tons qu'il ne lui en aurait fallu, s'il eût connu le contraste, et il est certain que la copie sera une charge du modèle.

4ᶜ EXEMPLE.

385. Lorsqu'on regarde avec attention les carnations rosées d'un grand nombre de tableaux, on aperçoit, dans les parties ombrées, une teinte verdâtre plus ou moins sensible, résultant du contraste du rose avec du gris (ici je suppose que le peintre a fait cette partie ombrée sans y mettre du vert, et qu'il n'a pas corrigé par du rouge l'effet du contraste); eh bien, si le tapissier ignore l'effet du rose sur le gris, dans l'imitation qu'il fera de la partie ombrée, il aura recours à un gris verdâtre qui exagérera un effet qui aurait été produit tout simplement par l'emploi d'une gamme grise non verdâtre.

Cet exemple est propre à démontrer que, si un peintre a lui-même chargé des effets de contraste dans son imitation, ces effets pourront encore l'être davantage dans la copie qu'on en fera en tapisserie, si l'on ne se prémunit pas contre les illusions produites par les causes dont nous parlons.

386. Après ces exemples, je citerai comme nouvelle application

de la loi du contraste simultané des couleurs à l'art du tapissier des Gobelins, l'explication du fait que j'ai mentionné dans l'introduction. Depuis soixante-dix ans, à ma connaissance, on se plaignait aux Gobelins du défaut de vigueur des noirs teints dans l'atelier des manufactures nationales, lorsqu'ils étaient employés à faire des ombres dans les draperies bleues, indigos et violettes particulièrement; les faits concernant la juxtaposition du noir au bleu, à l'indigo et au violet cités (60, 61, 62) et expliqués conformément à la loi, par les complémentaires extrêmement brillantes de ces trois couleurs qui modifient le noir, en faisant connaître la véritable cause du phénomène, ont démontré que le reproche adressé au teinturier était sans fondement, et que l'inconvénient de ces juxtapositions ne pouvait disparaître ou diminuer que par l'art du tapissier.

Voici quelques observations que M. Deyrolle m'a mis à même de faire.

D'après un modèle d'une partie de draperie présentant un pli très profond, il a exécuté deux morceaux de tapisserie différant en ceci, que l'un (n° 1) avait été confectionné avec des seuls tons de la gamme laine violette, tandis que l'autre (n° 2) l'avait été avec ces mêmes tons; mais le creux du pli était exclusivement fait de laine noire au lieu de laine du ton violet brun.

A une lumière diffuse, faible plutôt que forte, et au premier aspect, l'ensemble du n° 1 était plus sombre que celui du n° 2, et il présentait plus d'harmonie d'analogue; avec plus d'attention, on apercevait un effet de contraste bien plus prononcé dans le n° 2 que dans le n° 1, résultant de ce que le noir juxtaposé au violet clair, qui bordait le creux du pli, rendait ce violet plus clair, plus rouge ou moins bleu que ne paraissait le violet clair correspondant du n° 1; en outre, le noir du n° 2, par l'influence de la complémentaire jaune verdâtre du violet clair contigu, contrastait plus que le violet brun foncé du n° 1; je dis *plus,* car ce dernier recevait du voisinage de son ton clair une teinte légère de jaune verdâtre.

A une lumière diffuse intense, l'effet du contraste était encore augmenté.

Ainsi qu'on devait s'y attendre, il y avait donc plus de différence de contraste entre l'ombre et le clair dans le n° 2 que dans le n° 1, et les différentes parties de celui-ci, envisagées comme dépendances d'un même tout, présentaient un ensemble plus harmonieux que ne paraissait l'ensemble des parties du n° 2.

Deux morceaux de tapisserie représentant le même modèle, l'un avec les seuls tons de la gamme bleue et l'autre avec les mêmes tons et le noir, ont donné lieu à des remarques analogues; mais les différences étaient moins prononcées que celles observées entre les deux morceaux violets.

Les exemples précédents me font croire qu'il y a des cas où, dans le travail en tapisserie des gammes violettes et bleues particulièrement, il paraît avantageux d'employer les tons les plus foncés de ces gammes de préférence au noir; et que, si l'on voulait avoir plus de contraste qu'il n'y en avait dans les exemples précités, il faudrait juxtaposer aux tons foncés des tons plus clairs des mêmes gammes que ceux qui auraient été employés si l'on se fût servi de noir. En un mot, la règle qui me semblerait devoir guider serait de produire entre le brun et le clair d'une même gamme le même contraste de ton qui aurait été produit par la juxtaposition du noir.

387. Les faits énoncés dans ce chapitre démontrent surabondamment, je pense, que toutes les fois que le tapissier sera incertain sur la juste appréciation d'une couleur qu'il voudra imiter, il devra

circonscrire cette partie de son modèle avec un papier découpé, afin de pouvoir y comparer exactement la couleur des fils qu'il se propose d'employer.

388. Je terminerai ce chapitre en affirmant que des modèles d'une belle couleur peints d'après le système du clair-obscur, et réunissant les qualités du coloris absolu (298), peuvent être reproduits en tapisserie, en n'employant que la couleur locale, ses nuances les plus voisines, le blanc et le gris normal. En effet, toutes les parties où la couleur locale apparaît avec la seule modification de ses nuances, étant contiguës à d'autres parties qui, dans le modèle original, présentaient au peintre les modifications dues à un excès de lumière blanche ou à son affaiblissement, il arrivera nécessairement que lorsque ces dernières parties auront été reproduites par le tapissier avec du blanc et du gris normal, elles recevront du voisinage des premières parties, siège de la couleur locale, les mêmes modifications que les parties correspondantes du modèle présentaient au peintre.

M. Deyrolle, que j'ai déjà plusieurs fois cité, a exécuté, d'après cette manière de voir, un morceau de tapisserie du plus bel effet, représentant des fleurs. C'est donc encore un exemple de l'accord de la théorie avec la pratique de l'art.

CHAPITRE IV.

QUALITÉS QUE DOIVENT AVOIR LES MODÈLES DES TAPISSERIES DES GOBELINS.

389. Pour bien comprendre quelles sont les qualités que doivent avoir les tableaux modèles pour la tapisserie des Gobelins, il est indispensable de fixer ce qu'il y a de spécial dans l'imitation propre à ce genre de travail.

390. Le tapissier imite les objets avec des fils colorés d'un diamètre sensible. Ces fils sont appliqués autour des fils de la chaîne. La surface qu'ils offrent aux regards n'est point unie, mais creusée de sillons, dont les uns, parallèles aux fils de la chaîne, sont plus profonds que les autres qui y sont perpendiculaires : l'effet de ces sillons est le même que celui que produirait sur un tableau un système de lignes parallèles obscures, qui serait coupé à angle droit par un autre système de lignes parallèles plus fines, moins obscures que les précédentes. Il y a donc cette différence entre une tapisserie et un tableau :

1° Que celle-là ne présente jamais ces couleurs fondues que le peintre obtient si aisément, en mélangeant ou divisant ses couleurs à l'infini, au moyen d'un excipient liquide plus ou moins visqueux;

2° Que la symétrie et l'uniformité des sillons de la tapisserie s'opposent à ce que les lumières soient aussi vives et les ombres aussi vigoureuses qu'elles le sont dans un tableau; car, si les sillons obscurcissent les clairs, les parties saillantes des fils qui sont dans les ombres ont l'inconvénient d'affaiblir celles-ci par la lumière qu'elles réfléchissent;

3° Que les lignes qui circonscrivent les différents objets dans un tableau peuvent être, quoique droites ou courbes en toutes sortes de sens, d'une finesse extrême, sans cesser d'être parfaitement distinctes, tandis que les fils de la chaîne et de la trame, qui se croisent toujours à angle droit, sont un obstacle à un pareil résultat, toutes les fois que les lignes du dessin ne coïncident pas exactement avec ces fils;

4° Ajoutons que le peintre a encore des ressources pour augmenter la vivacité des lumières et la vigueur des ombres qui manquent tout à fait au tapissier. Par exemple, il oppose des couleurs empâtées opaques à des couleurs glacées; il modifie un objet d'une seule couleur en faisant varier l'épaisseur de la couche de peinture qu'il met sur la toile; il peut même, jusqu'à un certain point, produire des modifications en changeant la direction des coups de pinceau.

391. De cet état de choses je conclus que, pour élever autant que possible les effets de la tapisserie près de ceux de la peinture, il faut :

1° Qu'elle représente des objets d'une telle grandeur, que le point où le spectateur doit être placé pour les bien voir ne permette pas de distinguer les éléments colorés les uns des autres, ainsi que les sillons qui les séparent, de telle sorte que non seulement les fils de deux gammes mélangées (377) et les hachures de diverses gammes plus ou moins éloignées, qui sont intercalées ensemble (378), se confondent en une couleur homogène à l'œil, malgré la dimension finie des éléments diversement colorés qui constituent cette couleur, mais encore que les cavités et les parties saillantes se présentent comme une surface unie;

2° Que les couleurs soient les plus vives et les plus contrastées possible, afin que les lignes qui circonscrivent les différents objets soient plus distinctes, et que les lumières et les ombres soient plus différentes.

392. Il est clair maintenant que des modèles de tapisserie ne devront pas seulement se recommander par un dessin correct, des formes élégantes, mais qu'ils devront présenter aux regards de grands objets, des figures plutôt drapées que nues, des vêtements chargés d'ornements plutôt que simples et unis, enfin des couleurs variées et aussi contrastées que possible; que par conséquent tout ce qui rappelle la miniature par la petitesse ou par le fini des détails s'éloigne du but spécial de la tapisserie.

SECTION II.

TAPISSERIES DE BEAUVAIS POUR MEUBLES.

CHAPITRE PREMIER.

DES ÉLÉMENTS DES TAPISSERIES DE BEAUVAIS POUR MEUBLES.

393. Les éléments des tapisseries de Beauvais pour meubles sont essentiellement les mêmes que ceux des tapisseries des Gobelins; mais il y a cette différence, que les clairs et même les tons moyens des gammes qu'on y emploie sont en soie, tandis que pour les tapisseries des Gobelins ces tons sont presque toujours en laine; d'un autre côté, les gammes de Beauvais sont moins variées en couleur que celles des Gobelins, et leurs tons sont moins nombreux. Du reste, le travail des fils est le même pour les deux genres de tapisseries, de sorte que, l'emploi des fils colorés reposant pareillement sur la connaissance et l'observation du principe du mélange et du principe du contraste des couleurs, je n'ajouterai rien à ce que j'ai dit à ce sujet dans la section précédente (chapitres II et III).

394. Je ferai remarquer que les sillons occasionnés par la chaîne et la trame n'ont point l'inconvénient qu'ils présentent dans les tapisseries des Gobelins (390). En effet, le *grain* régulier de la tapisserie pour meubles est si loin de produire un mauvais effet dans l'image qui s'y trouve représentée, que l'on s'efforce de donner à plusieurs papiers peints pour tenture l'apparence de ce grain, au moyen de lignes parallèles qui se coupent, ou de points symétriquement placés.

CHAPITRE II.

DES SUJETS REPRÉSENTÉS DANS LES TAPISSERIES DE BEAUVAIS POUR MEUBLES.

395. Les sujets représentés sur les tapisseries de Beauvais pour meubles sont plus simples que ceux des tapisseries des Gobelins, puisqu'ils se bornent en général à des ornements, des fleurs, des animaux, particulièrement des oiseaux et des insectes; je dis *en général*, parce qu'autrefois on exécutait de petits tableaux pour écrans, sièges, dessus de porte et de glace.

CHAPITRE III.

DES MODÈLES DE TAPISSERIES DE BEAUVAIS POUR MEUBLES.

396. Les objets, quoique plus petits en général que ceux qui se voient sur une tapisserie des Gobelins, étant d'une forme plus simple, souvent symétriques, présentent moins de difficulté pour être exécutés de manière à être vus distinctement, et la nature même de ces objets n'exige pas absolument l'emploi de couleurs très variées dans leurs tons et dans leurs nuances; car je suppose que le tapissier de Beauvais n'a pas la prétention de rivaliser avec la peinture; conséquemment, lorsqu'il représentera les fleurs, par exemple, il n'exigera point un modèle qui serait peint à la manière dont un élève de van Spændonck ferait un tableau ou un dessin pour un livre de botanique.

397. Dans les modèles de tapisseries pour meubles, on néglige trop souvent l'opposition des fonds avec la couleur dominante des sujets qu'on y place. Par exemple, s'agit-il d'un fond cramoisi orné d'une guirlande de fleurs, il faut que les fleurs bleues, jaunes, blanches en composent la plus grande partie; si l'on y place des fleurs rouges, celles-ci tireront sur l'orangé plutôt que sur le pourpre; elles seront entourées de feuilles vertes contiguës au fond. S'il s'agit d'un fond verdâtre, des fleurs roses et rouges doivent au contraire dominer sur les autres. Si le fond est feuille-morte, des fleurs bleues, violettes, blanches et roses s'en détacheront parfaitement.

398. Les modèles de tapisseries pour meubles doivent avoir les

qualités que nous avons désirées dans ceux des tapisseries des Gobelins. Ainsi des formes simples, gracieuses, se détachant parfaitement
du fond où elles se trouvent, revêtues des couleurs les plus fraîches
et les plus harmoniquement choisies, sont préférables à toutes autres.
Les harmonies de contraste de couleur doivent généralement dominer
sur celles d'analogues.

SECTION III.

TAPIS DE LA SAVONNERIE.

CHAPITRE PREMIER.

DES ÉLÉMENTS DES TAPIS DE LA SAVONNERIE.

399. La fabrication des tapis de la Savonnerie est toute différente de celle des tapisseries des Gobelins.

Les éléments de ces tapis sont au nombre de trois :

1° *Des fils de laine, blancs* pour la plupart, constituant la chaîne du tapis ;

2° *Des fils de laine teinte* diversement, qui se nouent sur les premiers ;

3° *Des fils de chanvre* qui servent à assujettir les fils de la chaîne entre eux.

400. I. *Chaîne.* — Les fils de laine qui la constituent sont bien tendus sur le métier, parallèlement les uns aux autres et à des intervalles égaux.

401. II. *Laine teinte.* — C'est, à proprement parler, l'élément coloré des tapis de la Savonnerie.

Quoique les gammes de laine teinte ne soient pas aussi nombreuses que celles des tapisseries des Gobelins, cependant elles le sont assez pour imiter toutes les nuances de la peinture, et on le concevra sans peine, lorsqu'on saura que le fil employé à la confection d'un tapis est toujours complexe; il se compose de cinq ou six fils. Or, pour imiter un modèle peint en diverses couleurs d'après le système du clair-obscur, le fil complexe se compose de fils de deux, de trois, de quatre, de cinq et même de six couleurs différentes : on a donc une grande latitude pour modifier les couleurs d'après le *principe du mélange*.

Lorsqu'il s'agit d'un fond, le fil complexe se compose de cinq ou six fils d'un même ton de la même couleur.

Les tons de chaque gamme sont presque toujours au nombre de seize ou dix-huit.

Lorsqu'un fil complexe se compose de fils appartenant à des gammes diverses, ceux que l'on réunit doivent généralement avoir le même numéro, quant à la hauteur de leur ton, dans les gammes auxquelles ils appartiennent respectivement. Si l'on s'écarte de cette règle, c'est qu'on prend en considération l'altérabilité différente des couleurs mélangées; par exemple, quand on mêlera des fils violets à des fils rouges, les premiers seront d'un numéro plus élevé que les seconds, parce qu'ils s'altèrent davantage sous l'influence des agents de l'atmosphère.

Chaque fil complexe se fixe sur un fil de la chaîne au moyen d'un nœud particulier, et perpendiculairement à la direction de ce dernier; c'est ce qu'on nomme le *point*. Lorsqu'il y a eu un certain nombre de fils colorés ainsi fixés, offrant à l'œil une ligne colorée qui est à angle droit avec la chaîne, on coupe ces fils perpendiculairement à leur axe, de manière que la superficie colorée d'un tapis de la Savonnerie présente l'intérieur de la laine colorée mise à découvert par cette section.

402. III. *Fils de chanvre.* — On parvient à consolider le *point*,

ou, en d'autres termes, les fils de laine teinte qui ont été noués sur
les fils de la chaîne, en faisant usage d'un fil de chanvre double,
appelé *duite*, et d'un fil de chanvre simple, appelé *trame*, lequel est
ordinairement coloré en bleu, en gris ou en noir. Ces fils forment
avec ceux de la chaîne une véritable toile, qui est absolument cachée
lorsque le tapis est mis en place; le spectateur ne voit alors qu'un
plan parallèle à celui de la chaîne sur lequel apparaît l'imitation du
modèle : ce plan est la surface supérieure d'un véritable velours de
laine.

403. On voit combien le travail du tapis de la Savonnerie diffère
de celui des tapisseries, et si nous rapportons encore ici la beauté
des effets à la connaissance et à l'observation des principes du mélange et du contraste des couleurs, il y a quelques remarques à faire
relativement à l'application spéciale de ces principes à la confection
des tapis, parce que cette application n'est pas absolument identique
à celle des mêmes principes à l'art de la tapisserie des Gobelins. C'est
ce que je vais démontrer dans les deux chapitres suivants.

CHAPITRE II.

**DU PRINCIPE DU MÉLANGE DES COULEURS DANS SES RAPPORTS AVEC LA FABRICATION
DES TAPIS DE LA SAVONNERIE.**

404. Le mélange des couleurs dans la fabrication des tapis de la
Savonnerie s'exécute toujours par le mélange de fils diversement colorés, ainsi qu'il a été dit plus haut (401); conséquemment on ne
fait pas, comme dans la tapisserie des Gobelins, de *mélange par ha-
chure* (378) : on conçoit sans peine que l'on dégrade une couleur en
juxtaposant des fils de cette couleur de plus en plus clairs, à mesure
qu'on s'éloigne du ton le plus élevé; enfin on conçoit pareillement
que l'on passe d'une couleur dans une autre, en juxtaposant des fils
complexes dans lesquels la proportion de la première couleur va en
diminuant avec d'autres fils complexes dans lesquels la seconde couleur va en augmentant.

405. Le mélange par fils est la chose qui importe le plus à la
beauté et à l'éclat des couleurs; mais s'il est vrai que, pour le faire
avec succès, il suffit d'observer les règles que j'ai exposées plus haut
(380) en parlant des tapisseries des Gobelins, et que sous ce
rapport il doive paraître superflu de revenir sur ce sujet, cependant,
par la raison que l'artiste en tapis fait usage de fils composés de cinq
ou six fils qui peuvent être diversement colorés (401), il se trouve
par là même bien plus exposé à commettre des fautes que ne l'est
le tapissier des Gobelins, lorsqu'il s'agit de mélanger des fils auxquels
il faudra conserver l'éclat des couleurs. Tel est donc le motif qui me

détermine à considérer de nouveau l'art de mélanger des fils colorés pour en faire des tapis de la Savonnerie.

I. RÈGLE CONCERNANT LE MÉLANGE DES FILS ROUGES ET JAUNES, DES FILS ROUGES ET BLEUS, DES FILS JAUNES ET BLEUS.

Toutes les fois que le tapissier veut faire, par le mélange, de l'orangé vif, du violet vif, du vert vif, il ne doit mêler que des fils dont la réunion ne présentera que deux couleurs. En conséquence, le fil complexe ne devra contenir que des fils appartenant à deux gammes élémentaires ou à leurs nuances intermédiaires; dans le cas où il voudrait modifier le ton d'une des couleurs ou de toutes les deux, il pourrait mélanger divers tons d'une même gamme. Mais il n'est pas inutile de remarquer que le mélange de trois fils des tons 3, 4 et 5 d'une même gamme bien dégradée donne le même résultat que si l'on eût pris trois fils du ton 4.

II. RÈGLE CONCERNANT LE MÉLANGE COMPLÉMENTAIRE DES FILS ROUGES ET VERTS, DES FILS ORANGÉS ET BLEUS, DES FILS JAUNES ET VIOLETS.

Ces mélanges donnant lieu à du gris, le tapissier ne peut y ajouter des couleurs brillantes sans que celles-ci soient ternies ou rabattues par les premiers, précisément comme elles le seraient si on les eût alliées avec du gris. Une conséquence de cette règle est donc de ne jamais faire entrer de couleurs complémentaires dans les mélanges destinés à composer des couleurs brillantes.

III. RÈGLE CONCERNANT LE MÉLANGE DE FILS PRÉSENTANT LES COULEURS COMPLÉMENTAIRES, MAIS EN PROPORTION OÙ ELLES NE SE NEUTRALISENT PAS COMPLÈTEMENT.

Le tapissier ne doit recourir aux mélanges qui rentrent dans la troisième règle que lorsqu'il a l'intention de rabattre ou de ternir des couleurs ; et il est évident que moins il restera d'une couleur en excès sur les quantités de celles qui sont mutuellement complémentaires, plus cet excès de la première se trouvera rabattu par le mélange des secondes.

On voit donc qu'on peut rabattre les couleurs sans recourir à des tons rabattus, et que, si l'on veut passer d'une couleur à l'autre sans tomber dans le gris, on doit éviter toute juxtaposition de couleurs qui, en se confondant dans l'œil, produiraient l'effet des couleurs complémentaires mélangées (380).

CHAPITRE III.

DU PRINCIPE DU CONTRASTE DES COULEURS, DANS SES RAPPORTS
AVEC LA FABRICATION DES TAPIS DE LA SAVONNERIE.

406. S'il est vrai que la connaissance du principe du contraste ne semble point aussi nécessaire à l'artiste de la Savonnerie qu'elle l'est à celui des Gobelins, cependant ce serait une erreur de croire que le premier peut, sans inconvénient, l'ignorer.

En effet, quoique l'artiste de la Savonnerie ne soit pas aussi assujetti à copier fidèlement son modèle sous le point de vue du coloris que le tapissier des Gobelins, et que les cinq ou six fils diversement colorés qu'il peut mélanger pour en former un fil complexe, soient très favorables à la dégradation et au passage d'une couleur dans une autre, cependant cette liberté même, qui permet de s'écarter un peu de la couleur du modèle, impose l'obligation de ne le faire que pour produire le meilleur effet possible. Or y a-t-il un meilleur guide à suivre que la loi du contraste, lorsqu'il s'agit d'atteindre ce but?

CHAPITRE IV.

CONDITIONS QUE DOIVENT REMPLIR LES MODÈLES DES TAPIS DE LA SAVONNERIE.

407. Le tapissier de la Savonnerie travaillant d'après des modèles peints, comme le tapissier des Gobelins et celui de Beauvais, je vais parler des conditions principales que ces modèles doivent remplir, afin que les tapis qui en reproduisent l'image remplissent parfaitement leur destination.

ARTICLE PREMIER.

1ʳᵒ CONDITION. — ÉTENDUE RESPECTIVE DES OBJETS FIGURÉS.

408. La grandeur des objets représentés doit être en rapport avec la surface totale du tapis; de grands trophées, de grands ornements, ne vont qu'à un grand tapis, et des dessins simples conviennent surtout aux petits.

409. D'un autre côté, si la pièce qui doit recevoir un tapis a un défaut de proportion dans sa largeur relativement à sa longueur, le compositeur doit bien se garder d'augmenter à l'œil ce défaut par le dessin qu'il imagine et par la manière dont il distribue ses masses.

ARTICLE 2.

2° CONDITION. — VUE DISTINCTE.

410. Toutes les parties qui présentent des couleurs vives et des dessins bien circonscrits doivent être visibles en entier, lorsque les meubles seront à la place qu'ils doivent occuper dans la pièce à

laquelle le tapis est destiné, cette pièce étant ce qu'on appelle vulgairement *rangée*.

Par exemple :

Les bords d'un tapis sur lesquels sont posés les canapés, les fauteuils, les chaises, doivent être noirs ou bruns; dans le cas où l'on préférerait à un fond uni des dessins, ceux-ci doivent être très simples et composés seulement de deux ou trois tons de couleurs beaucoup plus foncées que celles du reste du tapis, lorsque ce tapis pourtant ne présente pas de grandes masses noires : et c'est l'occasion de rappeler les harmonies d'analogues que l'on peut obtenir avec des tons foncés des gammes bleue et violette, et même avec ceux des autres gammes (218).

411. La véritable bordure du tapis ne doit pas être sous les sièges. Elle offrira à la vue un encadrement continu de tous les objets représentés sur le tapis. Cet encadrement ne pourra être interrompu que vis-à-vis de la cheminée.

412. Si quelque meuble doit être placé à demeure au milieu de la pièce, ou plus généralement dans l'encadrement, il faut que les dessins du tapis soient exécutés en conséquence, c'est-à-dire de manière qu'ils commencent à la ligne de circonscription de la place occupée par le meuble et qu'ils s'étendent au delà de cette place.

413. Tout trophée, tout dessin présentant un objet bien circonscrit, ou, en d'autres termes, tout dessin qui ne fait pas ligne, qui ne se déploie pas à l'œil parallèlement aux bordures, doit être découvert dans toutes ses parties pour que la vue en saisisse sans peine l'ensemble. En outre, il doit toujours y avoir un intervalle suffisant entre

la bordure et les trophées, ou plus généralement les objets circonscrits sur lesquels l'artiste appelle principalement les regards.

ARTICLE 3.
3ᵉ CONDITION. — ANALOGIE AVEC LES LIEUX OU LES PERSONNES.

414. Les objets autres que des arabesques ou des figures imagi-
naires, représentés sur un grand tapis, doivent avoir quelque analogie avec la destination de la pièce où le tapis doit être posé, ou offrir
quelque allusion soit aux lieux, soit aux personnes.

ARTICLE 4.
4ᵉ CONDITION. — DISTRIBUTION DES COULEURS.

415. Les couleurs doivent être distribuées de manière à se faire
valoir dans toutes les parties du tapis, non seulement dans chaque
objet en particulier, mais encore dans l'ensemble des objets formant
une composition unique.

DES COULEURS LOCALES ET DES COULEURS DANS CHAQUE OBJET EN PARTICULIER.

416. Chaque objet doit se détacher parfaitement du fond sur
lequel il est placé. Dès lors, si le rose ou le rouge domine dans un
objet, le fond ne devra être ni cramoisi, ni écarlate, ni même violet;
si le bleu y domine, le fond ne devra pas être violet ni même vert en
général. Si l'objet est jaune, l'orangé devra être proscrit du fond. Je
rappellerai au reste ce que j'ai dit plus haut (396, 397, 398) en
parlant des conditions que doivent remplir sous ce rapport les modèles des tapisseries pour meubles de Beauvais.

DE L'HARMONIE GÉNÉRALE DES COULEURS D'UN TAPIS.

417. Il y a des observations d'autant plus importantes à faire sur l'harmonie générale des couleurs, que généralement elle est négligée par le compositeur des modèles de cette sorte d'ouvrage; cependant sans elle l'effet d'un tapis est en grande partie manqué, quelle que soit d'ailleurs la perfection avec laquelle chaque objet est rendu en particulier.

418. Si le tapis présente plusieurs objets séparés, ceux-ci doivent avoir chacun une couleur dominante qui s'accorde avec celles des autres objets, soit que les couleurs dominantes se rapportent à des tons différents d'une même gamme, soit, ce qui est l'effet le plus satisfaisant, que ces couleurs contrastent entre elles.

L'ensemble de ces objets doit se détacher du fond, qui sera en général plus terne qu'eux, la lumière étant censée presque toujours émaner du centre de la composition.

La manière dont les objets sont circonscrits et la nature des lignes de circonscription de chacun d'eux contribuent beaucoup à rendre une composition harmonieuse ou discordante. Par exemple, des carrés, des parallélogrammes, qui attirent l'œil par leur étendue et la vivacité de leurs couleurs, vont mal avec des figures circulaires, elliptiques, surtout quand ils en sont très rapprochés.

ARTICLE 5.

5ᵉ CONDITION. — HARMONIE DES TAPIS RELATIVEMENT AUX OBJETS QUI DOIVENT CONCOURIR AVEC EUX À LA DÉCORATION D'UN APPARTEMENT.

419. Il ne suffit pas pour qu'un tapis fasse le plus bel effet possible, qu'il soit d'une exécution parfaite sous le rapport de la

fabrication, que le modèle soit d'un beau dessin, que la distribution des couleurs ne laisse rien à désirer; il faut encore qu'il soit en harmonie avec la décoration de la pièce pour laquelle il est destiné, ou, en d'autres termes, qu'il ait avec cette décoration certains rapports de convenance, non seulement pour l'étendue proportionnelle de la nature des ornements, la facilité avec laquelle l'œil saisit l'ensemble de la composition, l'art qui a présidé à la distribution des grandes masses de couleurs, mais encore pour l'harmonie de ces mêmes couleurs avec celles des objets qui concourent avec le tapis à l'ameublement d'une pièce donnée : c'est sous ce dernier rapport seulement que je ferai ici quelques réflexions, que je compléterai plus bas, lorsque j'examinerai la décoration des appartements.

420. La manière de rendre, sous le rapport des couleurs, l'harmonie d'un grand tapis la plus facile possible avec les couleurs des autres meubles d'un même appartement, c'est d'abord de faire partir la lumière du centre du tapis; c'est donc là, c'est-à-dire dans la partie la plus éloignée des sièges, des tentures, etc., qu'on pourra employer sans inconvénient les couleurs les plus vives et les plus fortement contrastées. En ménageant entre cette vive peinture de la partie centrale de l'encadrement une partie beaucoup moins éclairée, on pourra encore donner à l'encadrement des couleurs assez vives pour qu'il tranche sur les parties contiguës, sans cependant nuire à la couleur des sièges, des tentures, etc.

SECTION IV.

TAPISSERIES POUR MEUBLES ET TAPIS DU COMMERCE.

CHAPITRE PREMIER.

DES TAPISSERIES POUR MEUBLES DU COMMERCE.

421. Les tapisseries des Gobelins et les tapisseries pour meubles de Beauvais, composées d'après le système de la peinture au clair-obscur, exigent un temps si long pour être confectionnées, tant de soins et d'habileté de la part des artistes qui les exécutent, que le prix en est beaucoup trop élevé pour le commerce. Sans examiner si l'on a eu tort ou raison de préférer les papiers peints aux tentures de laine, les étoffes unies, les étoffes de Lyon, les étoffes imprimées, aux tapisseries pour meubles, je dirai qu'avec des gammes de cinq ou six tons au plus, on peut exécuter de ces derniers ouvrages d'après la peinture à teintes plates (368), qui sont d'un bel effet et d'un prix tel, si on ne m'a pas trompé, qu'on pourrait les livrer au commerce si la mode les adoptait.

CHAPITRE II.

DES TAPIS DU COMMERCE.

ARTICLE PREMIER.

TAPIS D'APRÈS LE SYSTÈME DU CLAIR-OBSCUR.

422. On sait combien le goût des tapis est aujourd'hui répandu, et l'on ne saurait douter que, loin de diminuer, il s'accroîtra, précisément comme cela est arrivé pour les glaces de nos appartements. Si les tapis de la Savonnerie sont trop chers pour le commerce, il n'en est pas de même de ceux qui, composés à leur imitation d'après des modèles peints suivant le système du clair-obscur, sortent de plusieurs fabriques particulières de France et de l'étranger.

423. Ces tapis coûtent beaucoup moins que ceux de la Savonnerie, parce qu'il y entre moins de laine; que celle-ci est généralement d'une qualité inférieure; que toutes les couleurs ne sont pas aussi solides; qu'on travaille avec des gammes moins variées en couleur et moins nombreuses en tons; enfin que ces ouvrages, fabriqués bien plus rapidement que ceux des manufactures nationales, ne sont point aussi soignés.

424. Si les qualités intrinsèques du tapis de la Savonnerie et celles du tapis que l'industrie particulière fabrique à son instar sont réellement si différentes, on se tromperait beaucoup, si l'on croyait que la différence est sensible à un premier examen superficiel et

qu'elle peut même toujours être reconnue par l'examen plus prolongé qu'en fera une personne qui ne connaît point toutes les difficultés de ce genre d'ouvrages. Effectivement, ce que la plupart des yeux recherchent dans un tapis, c'est le brillant des couleurs. Eh bien, le fabricant de tapis du commerce, connaissant ce goût du consommateur, sait très bien s'y conformer, et il arrive à son but en employant moins de tons rabattus et plus de couleurs franches et vives qu'on n'en emploie dans les manufactures nationales. Il obtient ainsi plus d'effet apparent avec moins de dépenses, et je suis convaincu que dans plusieurs cas où l'on mêle à la Savonnerie un grand nombre de fils colorés ensemble, il faut beaucoup d'habileté et de connaissances pour ne pas éteindre des couleurs brillantes les unes par les autres, en mélangeant des complémentaires; ce danger n'existe pas ou se présente bien moins souvent dans le travail des tapis du commerce.

425. Les considérations que j'ai émises sur le mélange des couleurs conduisent à penser que tout industriel qui voudra se mettre au courant de la fabrication des tapis façon de la Savonnerie, arrivera par des moyens très simples à des résultats dont le succès me paraît certain, lorsque, après s'être bien pénétré des règles que nous avons prescrites (380 et 405), il se livrera à un système d'expériences propres à lui révéler ce que la plupart de ses confrères ignorent, la valeur des couleurs de sa palette; et dans cette valeur nous comprenons la connaissance de la résultante colorée qu'il obtiendra, soit en mêlant un nombre donné de fils d'une même gamme, mais à des tons différents, soit en mêlant un nombre donné de fils diversement colorés appartenant à des gammes différentes.

Les premières expériences qu'il devra tenter auront pour objet de fixer le nombre *minimum* des tons de ses gammes, après qu'il aura

eu fixé le nombre des fils de laine qui composeront ses fils complexes;
car on conçoit que, s'il entre trois fils dans un fil complexe, on
pourra, avec une gamme d'un même nombre de tons, obtenir par
le mélange un plus grand nombre de tons mixtes que si le fil complexe n'était que binaire : par exemple, qu'une gamme se compose
de dix tons et qu'il s'agisse d'un fil complexe ternaire; deux fils
au ton dix avec un fil du ton neuf donneront un ton mixte plus
rapproché du dixième que si l'on était dans la nécessité de ne mêler
qu'un fil du ton dix avec un fil du ton neuf pour faire un fil complexe binaire; dès lors on conçoit qu'on pourra obtenir du mélange
ternaire bien plus de tons mixtes intermédiaires entre le premier et
le dixième qu'on ne pourra en obtenir du mélange binaire.

Après avoir déterminé le nombre des tons qui composeront ses
gammes, il déterminera le nombre des gammes non rabattues qui
lui seront nécessaires pour composer des nuances brillantes, en
ayant égard à la première règle; et plus il emploiera de fils pour
un fil complexe, plus, toutes choses égales d'ailleurs, il pourra constituer de mélanges qui se rapporteront à autant de gammes distinctes et qui viendront s'intercaler entre les gammes qui auront été
mêlées.

Cette détermination faite, il s'occupera de constater quels sont les
gris résultant du mélange de ses gammes complémentaires, conformément à notre seconde règle, et il se rendra compte du *rabat* ou du
gris que ces mélanges complémentaires donneront aux fils de couleur franche auxquels on les associera.

Enfin il verra quelles sont les gammes de couleurs rabattues,
ainsi que les gris plus ou moins purs, qu'il lui importe d'avoir.

Bien entendu que dans tout ce qui précède il n'est question que
des couleurs dégradées et nullement des couleurs pour fonds.

ARTICLE 2.

TAPIS D'APRÈS LE SYSTÈME DES TEINTES PLATES.

426. Dans la plupart des cas où il s'agit de choisir un tapis pour des pièces d'une grandeur moyenne, et à plus forte raison pour celles qui sont petites, je donnerai la préférence au tapis à teintes plates, parce qu'il est possible d'avoir un ouvrage d'un très bel effet, sans que le prix en soit trop élevé, tandis qu'en payant beaucoup plus cher un tapis d'un autre genre rappelant le tableau, on sera loin d'avoir ce qu'on peut faire de mieux dans ce genre.

Le tapis à teintes plates est le plus favorable à la vivacité des couleurs; en effet, des zones droites ou ondulées, des dessins point de Hongrie, des palmes, où le jaune est opposé au violet, l'orangé au bleu, le vert au rouge, etc., produisent les contrastes les plus brillants. Mais je ne conseille l'emploi de ces tapis que pour les lieux où les couleurs éclatantes ne peuvent nuire ni aux meubles ni aux tentures, par exemple dans les pièces où les tentures, les étoffes des sièges sont gris, blancs, noirs, ou choisis de manière à se lier harmoniquement aux tapis par leurs couleurs et leurs dessins.

427. Des tapis d'un bel effet sont encore ceux qui présentent sur un fond de couleur brune des fleurs détachées et une guirlande au centre, à teintes plates et parfaitement assorties, suivant la loi du contraste.

ARTICLE 3.

TAPIS D'APRÈS UN SYSTÈME INTERMÉDIAIRE ENTRE LE CLAIR-OBSCUR ET LES TEINTES PLATES.

428. Je n'ai pas d'observations spéciales sur ce genre de tapis à ajouter à celles qui précèdent; je remarquerai seulement que ceux qui se rapprochent le plus du tapis à teintes plates me paraissent préférables aux tapis que l'artiste s'est efforcé de rapprocher du tapis de la Savonnerie.

SECTION V.

MOSAÏQUES.

CHAPITRE UNIQUE.

429. Tout le monde sait qu'on donne le nom de *mosaïques* aux imitations colorées que l'on fait d'un modèle peint, en employant des fragments de marbre, de pierres, d'émaux diversement colorés, convenablement taillés, que l'on juxtapose les uns contre les autres et qui sont en outre fixés au moyen d'un mortier fin ou ciment.

S'il était possible de faire de la mosaïque avec des éléments aussi déliés et aussi serrés que le sont les fils de tapisseries, un pareil ouvrage se placerait entre le tableau peint à l'huile et la tapisserie des Gobelins; il ressemblerait à celle-ci, parce qu'il résulterait de la juxtaposition d'éléments colorés d'une étendue appréciable, et il se rapprocherait du tableau par une surface unie et rendue brillante au moyen du poli qu'elle aurait reçu; en outre, l'opposition d'éléments opaques et d'éléments vitreux rappellerait celle des couleurs opaques et des couleurs glacées de la peinture à l'huile.

Mais en ayant égard aux considérations précédentes relatives aux qualités spéciales de chaque genre d'imitation, la mosaïque ayant été faite pour servir de pavage ou du moins pour être exposée aux intempéries de l'atmosphère, à l'humidité des rez-de-chaussée, etc., la résistance à ces agents destructeurs doit être sa qualité essentielle; d'un autre côté, la place qu'elle occupe généralement dans les édifices ne permettant pas que l'œil saisisse tous les détails qu'il peut chercher dans un tableau, on s'éloigne du but lorsqu'on prétend donner à des ouvrages de cette nature le fini de la peinture; on confond alors deux arts absolument distincts par le but et par la nature même des éléments colorés que chacun d'eux emploie.

SECTION VI.

VITRAUX COLORÉS DES GRANDES ÉGLISES GOTHIQUES.

CHAPITRE UNIQUE.

430. Je vais examiner, d'après les idées précédentes, ce que sont les vitraux colorés lorsqu'ils concourent si puissamment avec l'architecture pour donner aux vastes églises gothiques l'harmonie que ne peuvent méconnaître tous ceux qui y pénètrent, après avoir admiré la variété et la hardiesse de leurs ornements extérieurs, et qui mettent ces monuments au nombre des objets de l'art qui frappent le plus par la grandeur, la subordination de leurs différentes parties et enfin par le rapport intime qu'ils ont avec leur destination. Les vitraux des églises gothiques, en interceptant la lumière blanche qui donnerait un air trop vif et moins propre au recueillement que ne l'est la lumière colorée qu'ils transmettent, ont cependant le plus bel éclat. Si l'on en recherche les causes, on les trouvera non seulement dans le contraste de leurs couleurs si heureusement opposées, mais encore dans le contraste même de leur transparence avec l'opacité des murs qui les entourent et des plombs qui les joignent les uns aux autres. Les impressions produites sur l'œil en vertu de cette double cause sont d'autant plus vives, qu'on les ressent et plus souvent et plus longtemps chaque fois.

431. Les fenêtres de l'église gothique sont en général ou circulaires ou cintrées du haut en ogive et à côtés verticaux. Les vitraux

des premières représentent ordinairement de grandes rosaces où le jaune, le violet, le bleu, l'orangé, le rouge, le vert semblent jaillir des pierres fines les plus précieuses. Les vitraux des secondes représentent presque toujours, au milieu d'une bordure ou d'un fond analogue aux vitraux rosaces, une figure de saint en parfaite harmonie avec celles qui se détachent en relief autour des portails de l'édifice, et ces dernières figures, pour être appréciées à leur juste valeur, doivent être jugées comme *parties d'un ensemble* et non comme une statue grecque qui est destinée à être vue isolément de tous les côtés.

432. Les verres qui composent les diverses parties d'une figure humaine sont de deux sortes : *les uns ont été peints sur leurs faces* avec des préparations qu'on a ensuite vitrifiées; *les autres ont été fondus avec la matière même qui les colore.* En général, les premiers entrent dans la composition des parties nues de la figure, comme le visage, les mains, les pieds, et les seconds entrent dans celle des draperies; tous ces verres sont réunis par des lames de plomb. Ce qui m'a frappé dans les vitraux à figure humaine du plus bel effet, c'est l'observation exacte des rapports de la grandeur des figures et de l'intensité de la lumière qui les rend visibles, avec la distance où le spectateur est placé, distance telle, que les lames de plomb qui circonscrivent chaque pièce de verre ne paraissent plus qu'une ligne ou une zone noire de peu de largeur.

433. Il n'est pas nécessaire, pour l'effet de l'ensemble, que les *verres peints*, vus de près, présentent des hachures fines, un pointillé soigné, des teintes fondues; car ils doivent composer, avec les verres colorés pour draperies, un système qui se rapporte à la peinture à

teintes plates; et certes, on ne peut douter qu'une peinture sur verre exécutée complètement d'après le système du clair-obscur aurait ce désavantage sur l'autre, sans parler du prix de l'exécution, que le fini des détails disparaîtrait tout à fait à la distance où se trouve placé le spectateur, et que la vision de l'ensemble serait moins distincte; or *la première condition que doit remplir tout objet d'art destiné à parler aux yeux, est qu'il s'y présente sans confusion et le plus distinctement possible.* Ajoutons que des peintures sur verre exécutées d'après la méthode du clair-obscur ne se prêtent point à recevoir les bordures et les fonds à vitraux rosaces (431), qui sont d'un si bel effet de couleur; qu'elles ont moins d'éclat, de limpidité, que les verres dans lesquels la matière colorante a été incorporée au moyen de la liquéfaction ignée (432), et enfin qu'elles sont moins capables de résister aux injures du temps.

434. La variété des couleurs dans les vitraux est si nécessaire pour qu'ils produisent le plus grand effet possible, que ceux qui représentent des figures entièrement nues, des édifices, en un mot, des objets étendus d'une seule couleur ou peu nuancée, quelle que soit d'ailleurs la perfection de leur exécution sous le rapport du fini et de la vérité de l'imitation, seront d'un effet inférieur à celui des vitraux composés de pièces de couleurs variées et heureusement opposées. Cependant je ne peux manquer de signaler le mauvais effet qui résulte du mélange des vitraux colorés avec des verres incolores transparents, du moins quand ceux-ci ont une certaine étendue dans une fenêtre; mais je reconnais en même temps l'effet qu'on peut obtenir du mélange des verres dépolis avec les vitraux colorés, ou encore de petits verres incolores transparents enchâssés dans du plomb, de manière qu'à la distance où ils doivent être vus, ils

28

produisent l'effet d'une juxtaposition symétrique de parties blanches et de parties noires.

435. Je conclus qu'il faut rapporter les causes des beaux effets des vitraux colorés des grandes églises gothiques :

1° A ce qu'ils présentent un dessin très simple, dont les diverses parties bien circonscrites peuvent être vues sans confusion à une grande distance;

2° A ce qu'ils offrent un ensemble de parties colorées distribuées avec une sorte de symétrie, et qui sont en même temps vivement contrastées, non seulement entre elles, mais encore avec les parties opaques qui les circonscrivent.

436. Les vitraux colorés ne me paraissent véritablement produire tout l'effet dont ils sont susceptibles que dans un vaste vaisseau où les rayons, diversement colorés, arrivent à l'œil du spectateur, placé sur le sol de l'église, tellement écartés par l'effet de la figure conique des rayons de lumière émanés d'un seul point, qu'ils empiètent les uns sur les autres et qu'il en résulte un mélange harmonieux qui n'a pas lieu dans un petit local éclairé par des vitraux colorés. C'est ce mélange intime des rayons colorés, transmis dans un vaste vaisseau, qui permet la vision de tapisseries placées au rez-de-chaussée, lorsque les bas-côtés n'ont pas de fenêtres à verres incolores : il est évident que si les tapisseries se trouvaient trop rapprochées des vitraux colorés, elles perdraient toute l'harmonie de leurs couleurs, puisque les rayons bleus pourraient tomber sur des draperies rouges ou des carnations, des rayons jaunes sur des draperies bleues, etc.

Ainsi, lorsqu'il s'agit de mettre des vitraux colorés à une fenêtre, il me paraît convenable non seulement d'avoir égard à leur beauté, mais encore à l'effet que les lumières colorées qu'ils transmettent auront sur les objets qu'ils doivent éclairer.

437. Les vitraux colorés d'une vaste église me paraissent de véritables tapisseries transparentes, destinées à transmettré la lumière et à se lier harmoniquement avec les sculptures qui, à l'extérieur, détruisent la monotonie des hautes murailles de l'édifice, et avec les ornements divers de l'intérieur, parmi lesquels les tapisseries doivent être comptées.

438. Je résumerai mes idées sur l'emploi des verres colorés pour fenêtres dans les termes suivants :

1° Ils ne produisent véritablement tout l'effet dont ils sont susceptibles que dans la fenêtre rosace ou la fenêtre cintrée ou terminée en ogive des grandes églises gothiques;

2° Ils ne produisent tout leur effet que quand ils présentent les harmonies de contraste les plus fortes, non du verre incolore transparent avec le noir produit par l'opacité des murs, des barreaux de fer, des lames de plomb, mais de ce noir avec les tons intenses du rouge, du bleu, de l'orangé, du violet et du jaune;

3° S'ils présentent des dessins, ceux-ci doivent toujours être les plus simples possible et comporter les harmonies de contraste;

4° Tout en admirant des vitraux dont un grand nombre de pièces sont des peintures sur verre d'un mérite incontestable, surtout en examinant les difficultés vaincues, j'avoue que ce n'est pas un genre qui doive être très encouragé, parce que le produit n'a jamais le mérite d'un tableau proprement dit, qu'il est plus coûteux et qu'il produira moins d'effet dans une grande église qu'un vitrail d'un prix beaucoup moins élevé;

5° Des vitraux à fond gris clair avec des arabesques légères sont d'un triste effet partout où on les place.

Je reviendrai sur l'emploi des vitraux colorés dans les églises, lorsque je traiterai des rapports de la loi du contraste avec la décoration des intérieurs d'églises.

TROISIÈME DIVISION.

IMPRESSION DES MATIÈRES COLORÉES SUR LES ÉTOFFES ET LE PAPIER.

PREMIÈRE SECTION.

DE L'IMPRESSION DE DESSINS SUR LES ÉTOFFES.

CHAPITRE UNIQUE.

439. Le but que je me propose dans ce chapitre est l'examen des effets optiques que présentent des dessins produits au moyen de l'impression sur les étoffes tissées, et nullement la recherche des effets chimiques qui peuvent avoir lieu entre elles et les matières qu'on y imprime.

Pendant longtemps l'impression des tissus s'est bornée exclusivement, pour ainsi dire, à celle de la toile de coton; ce n'est que dans ces dernières années qu'elle s'est étendue aux tissus de laine et de soie, destinés soit à l'ameublement, soit aux vêtements. Cette industrie a pris une prodigieuse extension, la mode en ayant accueilli les produits avec une extrême faveur; mais quelle que soit l'importance du sujet sous le point de vue commercial, je dois le traiter brièvement, puisque cet ouvrage n'y est pas exclusivement consacré et que d'ailleurs tout ce qui précède s'y trouve lié si essentiellement, que se livrer à des détails approfondis serait s'exposer aux inconvénients de redites qu'aucun avantage ne compenserait. Je me contenterai d'énoncer plusieurs faits propres à démontrer que, faute de connaître la loi du contraste, le fabricant de toiles peintes, l'imprimeur sur étoffes de laine et de soie, sont sans cesse exposés à porter de faux jugements sur la valeur de recettes pour compositions colorantes, ou bien à méconnaître la véritable teinte de dessins qu'ils ont eux-mêmes appliqués sur des fonds dont la couleur diffère de celle de ces derniers.

A. FAUX JUGEMENTS SUR LA VALEUR DE RECETTES POUR COMPOSITIONS COLORANTES.

440. Dans un atelier de toiles peintes, on possédait pour le vert par impression une recette qui avait toujours réussi, jusqu'à une époque où l'on crut apercevoir qu'elle donnait de mauvais résultats. On se perdait en conjectures sur la cause de cet effet, lorsqu'une personne, qui avait suivi aux Gobelins mes travaux sur le contraste, reconnut que le vert dont on se plaignait, étant imprimé sur un fond bleu, tirait au jaune, à cause de l'influence de l'orangé complémentaire de la couleur du fond. Elle conseilla en conséquence d'augmenter la proportion du bleu dans la composition colorante, afin de corriger l'effet du contraste. La recette modifiée d'après cet avis donna le beau vert qu'on était auparavant en possession d'obtenir en la suivant.

441. Cet exemple démontre que toute recette de composition colorante destinée à être appliquée sur un fond d'une autre couleur que la sienne, doit être modifiée conformément à l'effet que le fond produira sur la couleur de la composition. Il prouve encore qu'il est bien plus facile à un peintre de corriger un effet du contraste, qu'il ne l'est à un fabricant de toiles peintes, en supposant que tous les deux ignorent la loi du contraste; car si le premier s'est aperçu, en peignant un dessin vert sur une draperie bleue, que le vert prend trop de jaune, il lui suffit d'ajouter un peu de bleu au vert pour corriger

le défaut qui le frappe. C'est cette grande facilité qu'il a de corriger le mauvais effet de certains contrastes, qui explique pourquoi il y parvient souvent sans s'en rendre compte à lui-même.

B. VÉRITABLE TEINTE DE DESSINS, IMPRIMÉS SUR DES FONDS DE COULEUR, MÉCONNUE.

442. En traitant des modifications que nous apercevons dans les corps par l'intermédiaire de la lumière, j'ai cité des toiles de coton à fond de couleur et à dessins que l'indienneur avait eu l'intention de faire incolores, et qui, à cause de l'imperfection des procédés, étaient réellement de la couleur du fond, mais d'un ton excessivement clair (292, 293), comme on pouvait s'en assurer en les regardant après les avoir isolés de ce fond au moyen d'un papier blanc découpé. J'ai fait remarquer que, malgré leur couleur, l'œil les jugeait ou incolores, ou de la teinte complémentaire de celle du fond.

443. Je vais rappeler la cause de ces apparences, parce qu'elle a été l'objet de questions qui m'ont été fréquemment adressées par des fabricants de toiles peintes et des marchands de nouveautés; elle est donnée par la loi du contraste simultané des couleurs. En effet, lorsque les dessins semblent blancs, le fond agit par contraste de ton (9); s'ils semblent colorés, et cette apparence succède en général à celle où ils paraissent blancs, c'est que le fond agit alors par contraste de couleur (13); le fabricant de toiles peintes ne doit donc pas chercher à rapporter la cause de ces phénomènes à des actions chimiques qui se manifesteraient dans ses opérations.

444. L'ignorance de la loi du contraste a été, entre des marchands de nouveautés et des imprimeurs, le sujet de plusieurs contestations

que j'ai été assez heureux de terminer à l'amiable, en démontrant aux parties qu'il n'y avait pas de procès possible dans les cas qu'ils me soumettaient. Je vais en rapporter quelques-uns, afin de prévenir le retour de pareilles contestations.

Des marchands de nouveautés ayant donné des étoffes de couleur unie, rouge, violette et bleue, à des imprimeurs pour qu'ils y appliquassent des dessins noirs, se plaignirent de ce qu'on leur rendait des étoffes rouges à dessins verts, des étoffes violettes à dessins d'un jaune verdâtre, des étoffes bleues à dessins bruns orangés ou cuivrés, au lieu d'étoffes à dessins noirs qu'ils avaient demandés. Il me suffit, pour les convaincre qu'ils n'étaient pas fondés dans leurs plaintes, de recourir aux deux épreuves suivantes :

1º Je circonscrivis les dessins avec des papiers blancs découpés qui cachaient le fond : les dessins parurent noirs;

2º Je fis des découpures de drap noir que je plaçai sur des étoffes de couleur unie, rouge, violette et bleue, et les découpures parurent comme les dessins imprimés, c'est-à-dire de la couleur complémentaire du fond, pendant que les mêmes découpures placées sur un fond blanc étaient du plus beau noir.

445. En définitive, voici les modifications que des dessins noirs éprouvent sur des fonds de diverses couleurs :

Sur des étoffes rouges, ils paraissent d'un vert foncé;

Sur des étoffes orangées, ils paraissent d'un noir bleuâtre;

Sur des étoffes jaunes, ils paraissent d'un noir dont la teinte violâtre est très faible à cause du grand contraste de ton;

Sur des étoffes vertes, ils paraissent d'un gris rougeâtre;

Sur des étoffes bleues, ils paraissent d'un gris orangé;

Sur des étoffes violettes, ils paraissent d'un gris jaune verdâtre.

Ces exemples suffiront pour faire comprendre l'avantage qu'il y a d'imprimer des dessins qui soient de la couleur complémentaire de celle du fond, toutes les fois qu'il s'agit de renforcer mutuellement des teintes juxtaposées, sans les faire sortir de leurs gammes respectives.

SECTION II.

CHAPITRE PREMIER.

GÉNÉRALITÉS.

446. Au point où l'art de fabriquer les papiers peints est parvenu de nos jours, on peut dire sans exagération que la connaissance de la loi du contraste des couleurs est d'une indispensable nécessité aux artistes qui se livrent à cette industrie avec l'intention de la perfectionner. Je regarde comme essentielle à leur instruction l'étude de la première division (IIe Partie), où j'ai traité de l'imitation des objets colorés au moyen de matières colorées, divisées pour ainsi dire à l'infini, ainsi que celle de la plupart des faits dont se compose la deuxième division, consacrée à l'imitation des objets colorés au moyen de matières colorées d'une étendue sensible.

447. On ne peut réellement bien juger des vrais rapports de la loi du contraste avec l'art de fabriquer les papiers peints, qu'en distinguant ceux-ci en plusieurs catégories auxquels la loi est applicable; car elle ne l'est pas à tous, puisqu'il y a des papiers peints de couleur unie.

Je range dans une première catégorie les papiers peints à figures, à paysages, ainsi que ceux qui, représentant des fleurs plus ou moins grandes de couleurs variées, ne sont pas destinés à servir de bordures. De tous les papiers peints, ceux de cette catégorie se rapprochent le plus de la peinture.

Les papiers peints à dessins d'une seule couleur, ou de couleurs peu variées, font une seconde catégorie.

Enfin je range dans une troisième les papiers peints pour bordures.

CHAPITRE II.

DE LA LOI DU CONTRASTE SIMULTANÉ DES COULEURS RELATIVEMENT AUX PAPIERS PEINTS
À FIGURES, À PAYSAGES OU À GRANDES FLEURS DE COULEURS VARIÉES.

448. L'étude que je viens de prescrire (446) aux artistes qui
s'occupent de l'art de fabriquer les papiers peints, est en quelque
sorte celle des généralités et à la fois celle des spécialités immédiatement applicables à toute composition qui rappelle le tableau, ou, en
d'autres termes, la tapisserie à figures et à paysages; mais quels que
soient le mérite des papiers peints de cette catégorie et la difficulté
que l'on ait surmontée pour les exécuter d'une manière satisfaisante,
cependant ce ne sont pas ceux que les personnes de goût recherchent, et ils ne me paraissent pas destinés à l'être quelque jour plus
qu'ils ne le sont aujourd'hui, par la double raison que le goût des
arabesques peintes sur mur ou sur bois et celui des lithographies,
des gravures et des tableaux se répandent tous les jours davantage.
Or, si ces trois derniers objets ne proscrivent pas absolument, comme
le font les arabesques peintes sur mur, toute espèce de papiers
peints, ils excluent du moins tous les papiers à figures, à paysages
et à couleurs variées.

449. Les applications de la loi du contraste à l'art de fabriquer
les papiers peints de la première catégorie sont si faciles lorsqu'on
connaît bien les divisions de l'ouvrage auxquelles j'ai renvoyé (446),
que je me bornerai, pour preuve de l'avantage qu'il y a de connaître
cette loi, à rappeler le mauvais effet que des zones contiguës de deux
tons d'une même gamme de gris, servant de fond à une figure d'en-

fant, présentaient par suite du contraste de ton naissant de leur juxta-position (333); car on ne peut douter que l'artiste qui me consul-tait pour détruire le mauvais effet dont je parle, ne l'aurait pas produit s'il eût connu la loi du contraste, parce qu'il aurait éclairci la zone la plus foncée, et foncé la zone la plus claire dans leurs parties contiguës.

CHAPITRE III.

DE LA LOI DU CONTRASTE SIMULTANÉ DES COULEURS RELATIVEMENT AUX PAPIERS PEINTS À DESSINS D'UNE SEULE COULEUR OU DE COULEURS PEU VARIÉES.

450. Les observations que j'ai faites relativement aux modifications à apporter dans les recettes des compositions colorantes destinées à être imprimées comme dessins sur des fonds d'étoffes d'une autre couleur que la leur (440), sont tout à fait applicables à l'impression de dessins sur papiers peints.

451. Il en est encore de même des observations consignées dans le même chapitre (444), qui concernent les modifications que des dessins noirs éprouvent de la part de la couleur des fonds sur lesquels ils sont imprimés. Les observations que je rappelle, quoique applicables à tous les cas où du noir est placé sur des fonds de couleur, m'ont principalement été suggérées par les impressions que l'on fait sur étoffes de laine pour manteaux de femme, et surtout pour meubles; il semble que j'aurais dû réunir à ces observations toutes celles qui concernent des dessins autres que les noirs : la raison qui m'a empêché de le faire, c'est que les impressions sur étoffes de laine pour meubles ou pour manteaux, qui sont du meilleur goût et le mieux exécutées, sont celles des dessins noirs, ou plus généralement de dessins beaucoup plus foncés que les fonds. Les papiers peints, je ne dis pas du meilleur goût, mais ceux de l'emploi le plus convenable, présentant des fonds très clairs à dessins blancs ou gris, j'ai préféré parler à leur article des modifications que de pareils dessins peuvent recevoir des fonds de couleur; et ce qui m'a déterminé

encore à en agir ainsi, ce sont les observations dont ils ont été réellement pour moi le sujet.

452. Les papiers pour tenture de couleur peu foncée et à dessins gris présentent le phénomène du contraste au maximum, c'est-à-dire que le gris paraît coloré par la complémentaire du fond.

Ainsi, conformément à la loi (63), des dessins gris sur un fond rose paraissent verdâtres ;

Sur un fond orangé, ils paraissent bleuâtres ;

Sur un fond jaune, ils paraissent violets ou lilas ;

Sur un fond vert, ils paraissent rosés ;

Sur un fond bleu, ils paraissent d'un gris orangé ;

Sur un fond violet, ils paraissent jaunâtres.

453. Je cite ces faits comme des exemples propres à éclairer les artistes, parce qu'il est à ma connaissance que des discussions se sont élevées, dans des fabriques de papiers peints, entre le propriétaire et le préparateur des couleurs; ainsi, il y a quelques années que le propriétaire d'une des premières fabriques de Paris, ayant voulu faire imprimer des dessins gris sur un fond vert-pomme et sur un fond rose, se refusa à croire que son préparateur avait donné du gris à l'imprimeur, par la raison que les dessins imprimés sur ces fonds paraissaient colorés de la complémentaire de la couleur du fond. Ce ne fut qu'à l'époque où le préparateur, qui assistait à une leçon que je faisais en 1829 au Muséum d'histoire naturelle pour M. Vauquelin, m'entendant parler des méprises que le contraste des couleurs pouvait occasionner, soupçonna la cause des effets qu'il avait produits à son insu et qui étaient même devenus pour lui le sujet de quelque désagrément.

CHAPITRE IV.

DE LA LOI DU CONTRASTE SIMULTANÉ DES COULEURS RELATIVEMENT AUX BORDURES DE PAPIERS PEINTS.

454. Tout papier de tenture uni ou appartenant à la seconde catégorie doit recevoir une bordure en papier peint, qui généralement est plus foncée et plus compliquée de dessin et de couleur que le papier qu'elle doit encadrer. L'assortiment des deux papiers exerce une très grande influence sur l'effet qu'ils sont capables de produire; car chacun d'eux peut être d'une belle couleur, orné de dessins du meilleur goût, et cependant leur effet sera médiocre ou même mauvais, parce que l'assortiment n'en sera pas conforme à la loi du contraste. Je reviendrai sur ce sujet dans la cinquième division, parce que ce chapitre est exclusivement consacré à considérer les bordures en elles-mêmes.

455. Le fond d'une bordure contribue extrêmement à la beauté des dessins, soit ornements, soit fleurs ou tout autre objet que le compositeur y place. Ne pouvant traiter de cette influence d'une manière absolue et méthodique, je choisirai un certain nombre de faits remarquables que j'ai eu l'occasion d'observer, et j'insisterai principalement sur ceux dont on peut déduire des conséquences qui, en apparence, ne découlant pas immédiatement des choses précédemment exposées, pourraient échapper à beaucoup de lecteurs, malgré le grand intérêt qu'ils ont à les connaître, sans compter que l'exposition de ces faits me donnera l'occasion d'appliquer la loi du contraste à des cas où il s'agit de dessins présentant toujours plusieurs

tons d'une même gamme et de diverses nuances, et souvent même de différentes gammes plus ou moins éloignées les unes des autres, c'est-à-dire que je ne m'occuperai pas de bordures simples présentant des dessins noirs ou gris sur fond uni; car j'ai déjà parlé des modifications qu'éprouvent, dans cette circonstance, des dessins noirs (445) et des dessins gris (452), en traitant de l'impression des dessins sur étoffes, et des papiers peints à dessins d'une seule couleur ou de couleurs peu variées.

456. Voici les circonstances dans lesquelles les observations suivantes ont été faites :

Le dessin d'une bordure, soit ornements, soit fleurs, soit tout autre objet, avait été découpé, puis collé sur un carton blanc.

Des dessins identiques au précédent, qui avaient été collés sur carton, puis découpés, étaient superposés ensuite sur des fonds noir, rouge, orangé, jaune, vert, bleu et violet, puis observés comparativement non seulement par moi, mais encore par plusieurs personnes dont les yeux sont fort exercés à voir des couleurs. Les effets étaient notés par l'écriture lorsque nous étions parfaitement d'accord pour les évaluer.

I. BORDURE DE $0^m 20$ DE HAUTEUR REPRÉSENTANT DES ORNEMENTS D'OR SUR DIFFÉRENTS FONDS.

457. Ces ornements, exécutés par les procédés ordinaires des fabriques de papiers peints, ne contenaient aucune parcelle d'or métallique; des laques jaunes et orangées de divers tons et de diverses nuances avaient été exclusivement employées à leur confection. Après avoir énoncé les modifications que les ornements d'or peint éprouvent de la couleur des fonds, j'indiquerai comparativement

30

celles que des ornements d'or métallique reçoivent de la part de ces mêmes fonds, cette comparaison présentant des résultats qui me paraissent intéressants.

(A) *Fond noir.*

458. Lorsqu'on a regardé les ornements d'or peint placés sur ce fond avec l'intention de les comparer aux ornements identiques placés sur un fond blanc, les premiers apparaissent bien plus distincts que les seconds, parce que les jaunes et les jaunes orangés, couleurs éminemment lumineuses, et le fond noir qui ne renvoie pas de lumière, donnent lieu à un contraste de ton que le fond blanc, essentiellement lumineux, ne peut présenter avec des couleurs qui le sont elles-mêmes.

On aperçoit ensuite, comme on devait s'y attendre d'après ce qu'on a dit de l'effet du noir dans le contraste (53), que les couleurs superposées dessus se sont abaissées de ton; mais il faut noter que les jaunes orangés, loin de s'appauvrir, ainsi que la remarque exposée précédemment (58) pouvait le faire craindre, gagnent en pureté.

En considérant les effets des deux fonds avec plus d'attention, on voit que le noir donne du rouge aux ornements, et ce qu'il importe de remarquer, c'est le brillant de ce rouge; loin de briqueter les jaunes, il les dore véritablement : j'appelle l'attention sur ce résultat, parce que nous verrons plus bas (460) un effet du fond rouge qu'on pourrait, sans réflexion, croire contraire à celui qui nous occupe. Tel est le motif qui m'engage à insister sur ce point, afin que l'on comprenne bien comment le noir, en ôtant du gris, donne du brillant et comment ce gris, qu'on peut considérer comme un bleu terni ou rabattu, devait produire avec le jaune une couleur olivâtre. Or il importe encore de faire remarquer que les ornements d'or dont il est question présentent une teinte grise olivâtre, qui loin d'être diminuée par le fond blanc est exaltée par lui.

En définitive, si le fond noir abaisse le ton des couleurs, tandis que le blanc les rehausse, il abaisse proportionnellement plus le jaune que le rouge et rend par conséquent les ornements plus rouges qu'ils ne le paraissent sur le fond blanc; enfin, en ôtant du gris, il épure les couleurs et agit encore par là en leur donnant du rouge ou leur ôtant du vert.

ORNEMENTS D'OR MÉTALLIQUE.

459. Les ornements d'or se détachent mieux sur le noir que sur le blanc, mais la couleur orangée s'abaisse et s'appauvrit véritablement; le fond noir n'épure donc pas l'or véritable comme il épure les ornements d'or peint.

(ʙ) *Fond rouge foncé.*

460. Les jaunes sont plus lumineux, l'ensemble de l'ornement peint est plus clair, plus brillant, moins gris que sur fond blanc.

Le rouge, bien plus foncé que l'ornement, en abaisse le ton, et cet effet est encore augmenté par l'addition de sa complémentaire, le vert, couleur brillante.

Cet exemple a de l'importance en ce qu'il fait bien voir comment la couleur rouge, qui semblerait devoir être peu avantageuse aux ornements, parce qu'elle tend à les pâlir en les verdissant, leur est pourtant favorable, par la raison que l'éclaircissement ou l'affaiblissement de la couleur est plus que compensé par le brillant de la complémentaire du fond qui s'ajoute au jaune; nous reviendrons encore sur cet effet dans un moment (468). Il y a cette analogie entre l'influence du fond rouge et celle du fond noir, que le ton des couleurs s'abaisse; mais il y a cette différence, que les ornements verdissent sur le premier, tandis qu'ils s'orangent sur le second.

ORNEMENTS D'OR MÉTALLIQUE.

461. Le fond rouge n'est point aussi avantageux pour les orne-ments d'or qu'il l'est pour les ornements d'or peint, par la raison que le métal perd trop de sa couleur orangée, et sous ce rapport il semble même inférieur à l'or sur fond noir.

Le fond rouge paraît plus foncé et plus violâtre que le fond sur lequel les ornements peints sont placés.

Les fonds d'un rouge clair sont encore moins favorables à l'or que les fonds rouges d'un ton foncé.

(c) *Fond orangé plus foncé que les ornements.*

462. Les ornements peints sont plus bleuâtres ou plutôt plus ver-dâtres que sur fond blanc. Les jaunes et les orangés ont singulière-ment baissé de ton.

Ce fond est donc très désavantageux aux ornements, comme on devait le présumer.

ORNEMENTS D'OR MÉTALLIQUE.

463. L'orangé ne leur est pas favorable. Le métal devient trop blanc; d'un autre côté, le fond orangé est plus rouge et plus vif que celui où se trouvent les ornements peints.

(D) *Fond jaune de chromate de plomb, plus brillant que le jaune des ornements.*

464. Le jaune des ornements peints est excessivement affaibli

par la complémentaire violette du fond qui s'y ajoute. Les ornements paraissent gris relativement à ceux qui sont sur le fond blanc.

ORNEMENTS D'OR MÉTALLIQUE.

465. Le fond jaune n'est point aussi défavorable aux ornements
d'or qu'il l'est aux ornements peints. Le premier assortiment peut
même, dans certains cas, être recommandé.

Le jaune paraît plus intense et plus verdâtre peut-être.

(ε) *Fond vert gai.*

466. Les ornements peints sont plus foncés sur fond vert gai que
sur fond rouge et même que sur fond blanc; ils ont pris du rouge,
mais ce n'est pas la teinte brillante que leur donne le noir, c'est une
teinte briquetée.

Il résulte de la comparaison des effets des ornements sur fond
rouge et sur fond vert, que le premier est beaucoup plus avantageux
que le second, parce qu'il ajoute à la couleur des ornements une
teinte essentiellement brillante, tandis que le dernier, ajoutant du
rouge ou retranchant du vert, produit du briqueté.

ORNEMENTS D'OR MÉTALLIQUE.

467. Sur le fond vert gai ils prennent du rouge, comme les ornements d'or peint; mais le rouge, ne diminuant pas sensiblement le
brillant du métal et augmentant au contraire l'intensité de sa couleur,
produit un excellent effet.

Le fond vert est plus intense et plus bleu que le même fond sur
lequel les ornements peints sont placés.

468. L'étude des effets du fond rouge et du fond vert sur les

ornements peints d'une part et sur les ornements d'or d'une autre part, est extrêmement intéressante pour les fabricants de papiers peints et les décorateurs ; elle leur démontre la nécessité de prendre en considération, dans la juxtaposition des corps qu'ils se proposent d'assortir, le brillant que ces corps peuvent posséder naturellement et celui qu'on veut leur donner s'ils en sont dépourvus. Les exemples précédents (460, 461, 466, 467) expliquent donc très bien comment le fabricant de papiers peints choisira de préférence pour ses ors le rouge foncé au lieu du vert, et pourquoi un tapissier décorateur préférera, pour couleur de tenture d'un magasin de bronzes dorés, le vert au rouge. Au reste, on peut apprécier la différence qu'il y a entre ces deux tentures, en voyant dans des magasins de pendules dorées combien le fond vert est préférable au fond rouge.

(f) *Fond bleu.*

469. L'observation s'accorde parfaitement avec la loi ; c'est véritablement sur le fond bleu que les ornements peints dont la couleur dominante est la complémentaire de ce fond se montrent avec le plus d'avantage, quant à l'intensité de la couleur jaune d'or ; cet effet compense et au delà la petite différence qui peut résulter de ce que le fond rouge donne un peu plus de brillant. Les ornements sur ce dernier fond, comparés à ceux sur le fond bleu, sont moins colorés et semblent plus blanchâtres.

ORNEMENTS D'OR MÉTALLIQUE.

470. Ils vont aussi bien que les ornements peints ; le fond bleu est plus foncé et moins violeté que celui sur lequel reposent les ornements peints.

(g) *Fond violet.*

471. Conformément à la loi, le fond violet, donnant du jaune verdâtre aux ornements peints, leur est favorable; ils paraissent sur ce fond moins gris olivâtre, plus brillants que sur le fond blanc, et moins verts que sur le fond rouge.

ORNEMENTS D'OR MÉTALLIQUE.

472. Ils se détachent également bien sur ce fond; celui-ci est rehaussé et le violet paraît plus bleu ou moins rouge.

473. Il est remarquable que les ornements d'or rehaussent tous les fonds sur lesquels ils sont placés relativement aux ornements de papiers peints, ce qui n'est pas dire que ce métal fait perdre du brillant aux fonds; car l'orangé, tout en prenant du rougeâtre par la juxtaposition de l'or, paraît cependant plus brillant que l'orangé juxtaposé avec les ornements peints. L'or, par sa couleur orangée, donne en outre du bleu, sa complémentaire, aux corps qui l'avoisinent.

II. BORDURE DE 0ᵐ 10 DE HAUTEUR, PRÉSENTANT DES ORNEMENTS COMPOSÉS DE FLEURS BLEUES EN FESTON, DONT LES EXTRÉMITÉS SONT ENGAGÉES DANS DES FEUILLES GRISES D'ARABESQUES.

474. Je prends comme second exemple ces ornements, opposés en quelque sorte aux précédents par leur couleur dominante, qui est le bleu.

Fond noir.

475. Gris abaissé de trois tons, relativement au gris sur blanc; moins rougeâtre.

Fleurs bleues abaissées de deux tons au moins.

Fond rouge.

476. Le gris est verdâtre, tandis que sur le blanc il est rougeâtre.

Les fleurs bleues sont abaissées de trois tons, et le bleu tire sur le verdâtre.

Fond orangé.

477. Gris très abaissé, moins rougeâtre que sur blanc.

Fleurs plus pâles et d'un bleu moins rougeâtre ou moins violet que sur fond blanc.

Fond jaune.

478. Gris plus haut que sur fond blanc, plus violeté.

Fleurs d'un bleu plus violeté, moins verdâtre que sur fond blanc.

Fond vert.

479. Le gris est rougeâtre, tandis que sur fond blanc il paraît verdâtre.

Le bleu prend du rouge ou du violet, mais il perd beaucoup de sa vivacité; il ressemble à des bleus de cuve sur soie qui, en cédant du jaune à l'eau, deviennent d'un bleu violet ardoisé.

Fond bleu.

480. Le fond bleu étant plus frais que celui de l'ornement, il arrive qu'il orange le bleu des fleurs, c'est-à-dire qu'il les grise de la manière la plus désagréable.

L'ornement gris est orangé et plus clair que sur le fond blanc.

Fond violet.

481. Gris abaissé, jauni, appauvri, bleu tirant au vert et appauvri.

III. BORDURE DE 0^m14 DE HAUTEUR, REPRÉSENTANT DES ROSES GARNIES DE LEURS FEUILLES.

482. Cette bordure est surtout destinée à servir d'exemple de l'effet de deux couleurs, le rouge et le vert, qui sont très communes dans la nature végétale et souvent reproduites sur papiers peints.

Fond noir.

483. Le vert est moins noir, plus clair, plus frais et plus pur, et ses tons bruns sont plus roux que sur fond blanc; quant à ses tons clairs, je les voyais plus jaunes, tandis qu'ils paraissaient au contraire plus bleuâtres à trois personnes habituées à voir les couleurs. Cette différence, ainsi que j'ai fini par le reconnaître, tenait à ce que je comparais l'ensemble des feuilles sur fond noir à l'ensemble des feuilles sur fond blanc, tandis que les autres personnes établissaient leur comparaison plus particulièrement entre les tons bruns et les tons clairs du vert placé sur un même fond. Cette différence dans la manière dont on voit les mêmes objets me suggérera plus tard quelques remarques.

Rose plus clair, plus jaune que sur fond blanc.

Sur fond rouge foncé.

484. Vert plus beau, moins noir, plus clair que sur fond blanc. Rose plus lilas peut-être que sur fond blanc.

Le bon effet de la bordure sur ce fond tient principalement à ce

IMPRIMERIE NATIONALE.

que la plus grande partie du rose n'est pas contiguë au rouge, mais bien à du vert, de sorte que l'ensemble de la bordure et du fond présente des fleurs dont le rose contraste avec le vert de leurs feuilles, tandis que ce même vert contraste avec le rouge du fond, qui est plus foncé et plus ardent que la couleur des fleurs.

Sur fond orangé.

485. Vert plus clair, un peu plus bleuâtre que sur fond blanc.
Rose bien plus violâtre que sur le blanc.
Effet général qui n'est point agréable.

Sur fond jaune.

486. Vert plus bleuâtre que sur fond blanc.
Rose plus violâtre, plus frais que sur fond blanc.
Ensemble d'un bon effet de contraste.

Sur un fond vert, dont le ton est à peu près égal à celui du clair des feuilles et dont la nuance est un peu plus bleuâtre.

487. Vert des feuilles plus clair, plus jaune que sur fond blanc.
Rose plus frais, plus franc, plus velouté que sur fond blanc.
Fond d'un effet agréable, comme harmonie d'analogue avec la couleur des feuilles et comme harmonie de contraste avec le rose des fleurs.

Sur fond bleu.

488. Vert plus clair, plus doré que sur fond blanc.
Rose plus jaune, moins frais que sur fond blanc.
Quoique les feuilles vertes ne produisent pas précisément un mauvais effet sur le fond, cependant les roses perdent tant de leur fraîcheur, que la vue de l'ensemble n'est pas agréable.

Sur fond violet.

489. Vert plus jaune, plus clair que sur fond blanc.

Rose passé.

Si ce fond ne nuit pas au vert des feuilles, il nuit tellement au rose, qu'il n'est pas agréable.

IV. BORDURE DE 0^{m}15 DE HAUTEUR, PRÉSENTANT DES FLEURS BLANCHES, TELLES QUE REINE-MARGUERITE, PAVOT, MUGUET, ROSE; DES FLEURS ROSES, TELLES QUE ROSE, GIROFLÉE; DES FLEURS ÉCARLATES OU ORANGÉES, TELLES QUE PAVOT, GRENADE, TULIPE, BIGNONIA; DES FLEURS VIOLETTES, TELLES QUE LILAS, PRIMEVÈRE, TULIPE FLAMBÉE DE JAUNE, ET DES FEUILLES VERTES.

490. Cette bordure était remarquable par l'heureux assortiment des fleurs entre elles et de ces fleurs avec leurs feuilles; malgré la multiplicité des couleurs et des nuances du rouge et du violet, il n'y avait aucune juxtaposition désagréable, si ce n'est celle d'une grenade à une rose; mais le contact n'avait lieu que par un point, et les deux fleurs étaient dans des positions très différentes.

Fond noir.

491. L'ensemble plus clair que sur fond blanc.

Orangé plus beau, plus brillant que sur fond blanc.

Blanc *idem.*

Verts plus clairs, plus roux.

Les roses et les violets ne gagnent pas sur le noir.

Fond rouge-brun.

492. Ensemble plus clair que sur fond blanc.

Blancs et verts d'un bel effet.

Une fleur orangée, contiguë au fond, en reçoit, par la raison exposée plus haut (460), un brillant qu'elle n'a point sur le fond blanc.

Enfin cet assortiment est très agréable parce que les roses et les lilas sont très distincts du fond et presque partout environnés de vert.

Fond orangé.

493. Ensemble plus sombre, plus terne que sur fond blanc.

Fleurs orangées et roses ternies, fleurs lilas plus bleuâtres.

Cet assortiment n'est pas beau.

Fond jaune.

494. La fleur orangée, contiguë au fond, perd sensiblement de sa vivacité relativement au fond blanc.

Les blancs sont moins beaux que sur fond rouge.

Les verts sont plus bleus que sur fond blanc.

Les roses prennent du bleuâtre; les violets acquièrent du brillant.

L'effet total est bon, parce qu'il n'y a guère de jaune dans la bordure et peu d'orangé contigu au fond.

Fond vert.

495. Le fond étant plus frais que le vert des feuilles n'était pas d'un bon effet relativement à ces dernières. D'un autre côté, le vert était en trop petite quantité dans la bordure pour produire une harmonie d'analogue, et il n'y avait pas assez de rouge pour une harmonie de contraste.

Fond bleu.

496. Les orangés étaient d'un bel effet. Les verts étaient roux, ainsi que les blancs. Les roses et les lilas perdaient de leur fraîcheur.

Cet arrangement ne produisait pas un bel effet, parce qu'il n'y avait ni assez de jaune ni assez d'orangé dans la bordure.

Fond violet.

497. Orangé plus beau que sur fond blanc.

Roses et violets surtout moins beaux que sur blanc.

Assortiment médiocre.

Fond gris.

498. Ainsi qu'il était aisé de le prévoir, ce fond était extrêmement favorable à toutes les couleurs de la bordure sans exception.

499. L'examen que nous venons de faire de quatre sortes de bordures a ce double avantage qu'il nous a mis à portée de vérifier l'exactitude des conséquences qui se déduisent immédiatement de la loi du contraste simultané des couleurs, et qu'en outre il nous a présenté des effets que nous n'aurions guère pu déduire de cette même loi sans le secours de l'expérience; je veux parler :

1° De l'influence qu'exerce une complémentaire par sa qualité brillante sur la couleur à laquelle elle s'ajoute (460);

2° Des jugements très différents que non seulement plusieurs personnes, mais encore la même personne, peuvent porter sur les couleurs d'un dessin plus ou moins compliqué qui en présente un certain nombre, suivant que l'attention du spectateur se porte, dans un instant donné, sur des parties différentes (483).

500. L'examen auquel nous nous sommes livré de la bordure de roses garnies de leurs feuilles (n° 3), et surtout celui de la bordure de fleurs variées dans leurs formes et leurs nuances (n° 4), font

sentir la nécessité de la connaissance de la loi du contraste pour assortir les couleurs d'objets représentés sur une bordure avec la couleur qui doit leur servir de fond. L'examen de la bordure n° 4 a bien démontré expérimentalement que cet assortiment présente d'autant plus de difficultés, que l'on veut avoir pour le fond une teinte plus franche et plus de couleurs variées dans des objets qu'il s'agit d'y placer; en outre, en démontrant le bon effet du gris comme fond de ces derniers objets, il a fourni l'exemple d'un fait qui pouvait se déduire de la loi et qui est en accord parfait avec ce que la pratique a appris depuis longtemps.

SECTION III.

IMPRESSION DES CARACTÈRES D'IMPRIMERIE OU TRACÉ DE L'ÉCRITURE
SUR DES PAPIERS DE DIVERSES COULEURS.

CHAPITRE PREMIER.

INTRODUCTION.

501. M'étant fait une loi de ne donner dans cet ouvrage que des observations que j'ai moi-même vérifiées, toutes les fois que je ne cite point de nom d'auteur, je dois déclarer que, ne possédant pas tout ce qu'il aurait fallu pour approfondir le sujet de cette section, je suis forcé de n'en développer que certains points; toutefois j'indiquerai ceux que je n'ai pu traiter comme je l'aurais désiré.

502. Il n'est possible de porter un jugement approfondi sur les différents assortiments de couleurs relativement à l'usage que l'on peut en faire dans la lecture, soit de caractères imprimés, soit de lettres tracées à la plume ou par tout autre moyen, qu'autant qu'on a égard :

1° A la durée de la lecture ;

2° A l'espèce de la lumière qui éclaire le papier imprimé ou écrit.

A. INFLUENCE DE LA DURÉE DE LA LECTURE.

503. D'après les différents états où se trouve l'œil lorsqu'il est

apte à percevoir les phénomènes des contrastes simultané, successif et mixte des couleurs (77 et suiv.), on conçoit que pour juger de l'effet sur la vue des assortiments que l'on peut faire entre la couleur des lettres et celle du papier, relativement à l'ordre de facilité plus ou moins grande que différents assortiments présentent respectivement à la lecture, il est nécessaire d'avoir égard au temps pendant lequel on lit; car il pourrait arriver que tel assortiment serait plus favorable que tel autre à une lecture de quelques minutes, tandis que le contraire aurait lieu pour une lecture qui se prolongerait d'une à plusieurs heures, par la raison que le premier assortiment, présentant un contraste plus grand que le second, serait par là même plus favorable à une lecture de courte durée, tandis qu'il le serait moins à une lecture prolongée, parce qu'alors, à cause même de l'intensité de son contraste, il fatiguerait l'organe plus que ne ferait le second.

B. INFLUENCE DE L'ESPÈCE DE LA LUMIÈRE QUI-ÉCLAIRE LE PAPIER IMPRIMÉ OU ÉCRIT.

504. La lumière que nous développons pour suppléer à celle du soleil, changeant les rapports de coloration sous lesquels les mêmes corps nous apparaissent lorsqu'ils étaient éclairés par cette dernière lumière, il est évident que si on négligeait cette différence de rapport, on pourrait donner lieu à quelque erreur, parce que tel assortiment de couleurs qui serait plus favorable à la lecture que tel autre à la lumière diffuse du jour, le serait moins à la lumière d'une lampe, d'une bougie, etc.

505. Conformément aux distinctions que je viens d'établir, je vais examiner dans les deux chapitres suivants :

1° L'influence de différents assortiments de couleurs dont on peut faire usage dans l'impression et l'écriture pour rendre plus ou moins facile à la lumière diffuse du jour la lecture qu'on fera, durant quelques minutes ou quelques heures, de caractères imprimés ou tracés d'une manière quelconque;

2° L'influence des mêmes assortiments lorsqu'il s'agit d'une lecture courte ou prolongée, faite à la lumière développée artificiellement.

CHAPITRE II.

DE L'ASSORTIMENT DES COULEURS SOUS LE POINT DE VUE DE LA LECTURE
À LA LUMIÈRE DIFFUSE DU JOUR.

***

ARTICLE PREMIER.

LECTURE D'UNE DURÉE DE QUELQUES MINUTES.

506. La lecture de lettres imprimées ou tracées sur du papier n'a lieu sans fatigue qu'autant qu'il y a un contraste prononcé entre le trait des lettres et le fond sur lequel elles apparaissent à l'œil. Ce contraste peut être de ton, de couleur, ou à la fois de ton et de couleur.

Contraste de ton.

507. Le contraste de ton est ce qu'il y a de plus favorable à la vision distincte, si nous considérons le blanc et le noir comme les deux extrêmes d'une gamme comprenant la dégradation du gris normal; en effet, des lettres noires sur un fond blanc, présentant le maximum du contraste de ton et la lecture s'en faisant d'une manière parfaitement distincte et sans fatigue à la lumière diffuse du jour, offrent la preuve de ce que j'avance; enfin tous ceux dont l'âge a affaibli la vue savent combien le défaut de clarté, ou, ce qui revient au même, combien la teinte grise du papier, en diminuant le contraste de ton, rendent difficile la lecture de caractères, qui eût eu lieu sans peine à une lumière vive, ou, ce qui revient au même, sur un papier blanc ou moins gris que celui dont nous parlons.

508. C'est parce que des caractères noirs sur papier gris sont

d'une lecture difficile, qu'on a raison de ne pas en imprimer ou en tracer avec une encre de couleur sur du papier de la couleur de cette encre, lors même qu'il y aurait une grande différence de ton entre les deux teintes.

Contraste de couleur.

509. Pour apprécier l'influence de ce contraste, il faut prendre la couleur des lettres et celle du papier à la même hauteur de ton, afin de n'apercevoir que l'effet du contraste mutuel des deux couleurs.

510. D'après la distinction que nous avons faite de couleurs lumineuses et de couleurs sombres à égalité de ton (184), il est évident que le contraste le plus favorable à la vision distincte sera celui d'une couleur lumineuse, telle que le rouge, l'orangé, le jaune, avec une couleur sombre, telle que le violet, le bleu, et que dans ce cas l'effet sera au maximum, si les couleurs sont complémentaires, comme l'orangé et le bleu, le jaune et le violet.

511. J'ai fait remarquer déjà que le rouge et le vert donnent l'assortiment complémentaire qui présente le moins de contraste de clarté, par la raison que le rouge se place sous ce rapport entre les éléments du vert, dont l'un, le jaune, est la couleur la plus claire, et l'autre, le bleu, est la plus sombre (187). Eh bien, le rouge et le vert sont les couleurs complémentaires les moins propres à être opposées l'une à l'autre dans l'écriture ou l'impression de caractères colorés sur des fonds de couleur.

Contraste de ton et de couleur.

512. Si le contraste du noir et du blanc est le plus favorable à la vision distincte, et si le contraste de deux couleurs prises à

hauteur de ton égal n'y est favorable qu'autant que l'une est sombre et l'autre lumineuse, il faut en conclure nécessairement que toutes les fois qu'on voudra s'écarter de l'opposition du blanc et du noir, il faudra faire à la fois un contraste de ton et de couleur; autrement la lecture de lettres qui ne seraient point dans cette condition de contraste avec leur fond serait difficile ou fatigante.

513. Après l'opposition du noir et du blanc viennent celles du noir et des tons clairs des couleurs lumineuses, telles que le rouge, l'orangé et le jaune; puis celles du bleu foncé et de ces mêmes tons clairs.

514. L'opposition des couleurs lumineuses, telles que celles du rouge et de l'orangé, du rouge et du jaune, de l'orangé et du jaune, ne donnant rien de favorable à la vision, on fera bien, je crois, de renoncer à leurs associations.

515. Dans tout ce qui précède, je n'ai parlé que de l'opposition du ton et de la couleur existante entre les lettres et le fond sur lequel on les lit; il me resterait à traiter les questions de savoir s'il est avantageux pour le lecteur que les lettres soient plus obscures que le fond, comme cela a lieu presque universellement dans l'impression et l'écriture avec encre noire sur papier blanc et papier de couleur, ou si le cas inverse est préférable, ou enfin si les deux cas présentent un égal avantage. N'ayant point eu à ma disposition tout ce que je regarde comme nécessaire pour résoudre ces questions, je ne m'en suis point occupé; je me bornerai à la seule remarque que, les lettres présentant beaucoup moins de surface que le papier qui leur sert de fond, il y a supériorité de clarté dans l'assortiment spécial qu'on a

généralement adopté, et la clarté est toujours favorable à la vision distincte.

516. Je vais donner quelques exemples de caractères noirs imprimés sur papier de couleur, en commençant par ceux qui m'ont paru le plus faciles à lire :

1° Caractères noirs sur papier blanc ;

2° Caractères noirs sur papier jaune clair ;

3° Caractères noirs sur papier vert-jaune clair ;

4° Caractères noirs sur papier orangé clair ;

5° Caractères noirs sur papier bleu clair ;

6° Caractères noirs sur papier rose amarante ;

7° Caractères noirs sur papier orangé foncé ;

8° Caractères noirs sur papier rouge foncé ;

9° Caractères noirs sur papier violet foncé.

Je ferai remarquer que je lisais presque aussi bien sur le papier orangé clair que sur le papier vert-jaune clair. Au reste, on trouvera dans les planches des papiers de couleur imprimés qui mettront le lecteur à même de répéter mes expériences.

517. J'ai tout lieu de croire que d'autres yeux que les miens pourraient apporter quelque changement à l'ordre que je viens d'assigner aux assortiments précédents.

ARTICLE 2.

LECTURE D'UNE DURÉE DE QUELQUES HEURES.

518. L'ordre qu'une personne peut établir entre différents assortiments de couleurs, relativement au plus ou moins de facilité qu'ils présenteront respectivement pour une lecture de quelques minutes

de durée, différera sans doute, à l'égard de certains d'entre eux, de
l'ordre où la même personne les rangera pour une lecture de quelques
heures.

Ainsi il y aura tel assortiment de lettres noires et de papier de
couleur qui, moins favorable à une lecture d'un quart d'heure que
l'assortiment de lettres noires et de papier blanc, sera préféré à
ce dernier par une personne que le contraste du blanc et du noir,
vu pendant plusieurs heures, fatiguerait plus que ne ferait la lecture
des mêmes lettres sur papier de couleur jaune, verte, bleue, etc.,
convenablement choisies quant à la hauteur du ton et à la nuance.
Malheureusement je n'ai pu faire d'épreuves comparatives suffisamment prolongées, pour que je cite des résultats positifs; car je n'ai
eu à ma disposition que des feuillets épars de papiers de diverses
couleurs, sur lesquels on avait imprimé des caractères noirs.

519. Il n'a point été question jusqu'ici d'un élément qui me
semble cependant devoir être pris en considération dans le sujet qui
nous occupe : je veux parler de cette propriété qu'ont les couleurs, à
des degrés variables, de laisser à l'organe qui les a perçues pendant
un certain temps l'impression de leurs complémentaires respectives
(116); il est clair que plus cette impression sera durable, toutes
choses étant égales d'ailleurs, moins l'organe sera disposé à recevoir
distinctement de nouvelles impressions; car il devra y avoir évidemment des superpositions de diverses images, comme dans le contraste
mixte (327), qui, ne coïncidant pas, tendront à rendre la perception actuelle moins nette qu'elle ne serait sans cela.

CHAPITRE III.

DE L'ASSORTIMENT DES COULEURS SOUS LE POINT DE VUE DE LA LECTURE À LA LUMIÈRE DÉVELOPPÉE ARTIFICIELLEMENT.

520. Je n'ai fait que très peu d'observations sur le sujet de ce chapitre; cependant je me crois en droit d'affirmer qu'à la lumière diffuse du jour, je lisais, durant quelques minutes, plus facilement des lettres noires imprimées sur papier jaune que des lettres noires imprimées sur papier d'un vert-jaune pâle, tandis qu'à la lumière d'une lampe le contraire avait lieu.

QUATRIÈME DIVISION.

EMPLOI DES TEINTES PLATES POUR L'ENLUMINURE.

PREMIÈRE SECTION.

DE L'ENLUMINURE DES CARTES GÉOGRAPHIQUES.

CHAPITRE UNIQUE.

521. L'enluminure des cartes géographiques a de grands avantages, comme chacun sait, pour présenter rapidement aux yeux les diverses parties composant soit un continent, soit un empire, un royaume ou une république, soit une province ou un département. Jusqu'ici l'enluminure des cartes a toujours dépendu du caprice de l'enlumineur; cependant il me semble qu'il y a quelques règles qui ne sont point inutiles à observer.

522. *Premièrement,* les couleurs doivent être aussi pâles que possible, surtout lorsqu'elles sont naturellement sombres, comme le bleu et le violet, afin que la lecture des noms soit toujours facile; mais il faut donner la préférence aux couleurs lumineuses, le rouge, l'orangé, le jaune et le vert gai, et n'employer que leurs tons clairs.

523. *Deuxièmement,* toutes les parties qui ont ensemble quelque rapport commun doivent recevoir une seule couleur, chaque partie se distinguant des parties contiguës par la différence du ton.

IMPRIMERIE NATIONALE,

524. Il n'est pas nécessaire, pour atteindre ce but, d'employer autant de tons différents qu'il y a de parties à distinguer; il suffit que l'on aperçoive sans peine la différence de ton des parties contiguës.

Par exemple, dans la figure 70 il y a treize divisions qui, quoique assez petites, se distinguent les unes des autres au moyen de cinq tons d'une seule gamme. Dans le cas où l'on trouverait que certains tons seraient trop rapprochés, on pourrait leur donner une teinte extrèmement légère de la couleur de la gamme la plus voisine. Par exemple, si l'on trouvait que le ton 2, qui est près du ton 1, n'en fût pas assez distinct, on pourrait, si la couleur était le rose, donner une teinte de rose amarante.

525. S'il y avait une étendue a, b, c, d contiguë à la précédente, il faudrait choisir la complémentaire de la première couleur; s'il y avait une seconde étendue c, d, e, f, il faudrait prendre une couleur distincte des deux autres. Par exemple, en supposant que l'on eût rose et vert, on prendrait le jaune pour la seconde..

526. On pourra procéder d'une manière analogue, lorsqu'il s'agira de représenter les courants de la mer, c'est-à-dire recourir aux tons d'une gamme vert bleuâtre, qui est généralement la couleur consacrée aux eaux.

Fig. 70.   PL. 33.

SECTION II.

DE L'ENLUMINURE DES TABLEAUX GRAPHIQUES.

CHAPITRE UNIQUE.

527. A une époque où tant de personnes ont cherché les moyens de rendre accessibles à toutes les intelligences beaucoup de connaissances qui jadis n'étaient que du ressort d'un très petit nombre d'esprits distingués, on n'a point négligé le parti qu'on peut tirer des tableaux graphiques coloriés, pour présenter aux yeux des rapports que l'on veut graver dans la mémoire, ou en rappeler l'ensemble d'un coup d'œil à celui qui, les ayant étudiés, pourrait avoir oublié quelques-unes des généralités qu'ils représentent. L'application des couleurs à ces tableaux n'est en quelque sorte qu'une extension de l'enluminure des cartes géographiques et des plans terriers.

528. Sans partager l'engouement de beaucoup de gens pour les tableaux graphiques, en tant qu'ils les considèrent comme tenant lieu des livres qui traitent spécialement des connaissances auxquelles ces tableaux se rapportent, cependant j'ai la conviction qu'en en montrant l'utilité à l'étudiant en même temps qu'on lui enseigne les connaissances dont ils retracent les principaux rapports à la simple vue, et surtout en l'habituant à en faire lui-même pour son propre usage, j'ai la conviction, dis-je, que ces tableaux sont un des meilleurs éléments d'instruction qu'on possède aujourd'hui; et je pense encore que s'ils ont eu des avantages incontestables dans l'étude des

33.

sciences naturelles, surtout dans celle des couches de la terre, ils
n'en auront pas moins dans toute autre étude lorsqu'on en fera
un usage raisonné, concurremment avec l'enseignement des détails
relatifs aux rapports généraux qu'ils expriment.

529. Il est sans doute indifférent d'employer une couleur plutôt qu'une autre dans un tableau graphique donné; cependant, en
considérant le but de ces tableaux, il est clair que tout ce qui peut
concourir à faciliter la conception des rapports qu'ils représentent
et aider la mémoire à les retenir, est un perfectionnement apporté
à leur exécution.

530. Les avantages que l'on peut tirer des couleurs pour les
tableaux graphiques sont, suivant moi, de plusieurs ordres.

1. AVANTAGE DE LA DISTINCTION DES PARTIES EN GÉNÉRAL.

531. Les parties différentes d'un tableau peuvent se distinguer:
1° par des couleurs de diverses gammes; 2° par les différents tons
d'une même gamme; et tout ce que nous avons dit en traitant de
l'enluminure des dernières subdivisions d'une carte géographique est
applicable aux tableaux graphiques.

2. AVANTAGE POUR LA DISTINCTION DE DIFFÉRENTS OBJETS, SOIT PAR ORDRE DE SUPERPOSITION, SOIT PAR ORDRE DE SUCCESSION.

532. S'il s'agit de représenter dans un tableau des objets superposés suivant un certain ordre, on pourra convenir de représenter
chacun d'eux par une des couleurs du spectre solaire prise dans
l'ordre où elle s'y trouve placée, en partant du *rouge*, par exemple,
et prenant successivement l'*orangé*, le *jaune*, le *vert*, le *bleu*, l'*indigo*

et le *violet*. Dans le cas où le nombre de ces couleurs serait insuffi-sant, on prendrait différents tons de leurs gammes et l'on pourrait encore modifier ces tons en ayant recours aux gammes les plus voi-sines de la gamme à laquelle ils se rapportent.

533. Il est évident que par le même artifice on pourrait repré-senter une succession de choses ou de personnes.

3. AVANTAGE POUR LA CONNEXION OU LE MÉLANGE DE DIVERSES PARTIES.

534. Par la juxtaposition de diverses couleurs représentant cha-cune un objet différent, on peut se représenter la connexion de ces objets, de même que par le mélange de diverses couleurs repré-sentant chacune un objet différent, on peut se représenter l'union, la confusion, le mélange de ces objets, en ayant égard :

1° A la formation des couleurs binaires, telles que

$$
\begin{aligned}
\text{orangé} &= \text{rouge} + \text{jaune}, \\
\text{vert} &= \text{jaune} + \text{bleu}, \\
\text{violet} &= \text{bleu} + \text{rouge}.
\end{aligned}
$$

2° A la formation des couleurs ternaires, représentées par des couleurs binaires plus ou moins ternies par du noir.

Dans le cas de mélange, on pourrait exprimer par un nombre la proportion de chacune des couleurs élémentaires.

535. Il manquerait quelque chose à l'exposé de mes idées sur le parti qu'on peut tirer des tableaux graphiques coloriés, si je ne pré-venais pas une objection qui naîtrait certainement dans l'esprit de plusieurs de mes lecteurs; c'est, penserait-on, qu'il y aurait de l'in-convénient à consacrer certaines couleurs à des objets subordonnés

par des rapports que les progrès des connaissances peuvent modifier s'ils ne les changent pas plus ou moins profondément. Cette objection est plus grave qu'elle ne le paraît au premier aspect, parce qu'en y réfléchissant, elle ne diffère point au fond de celle qu'on a élevée dans ces derniers temps contre l'utilité des nomenclatures méthodiques ou rationnelles dans les sciences progressives.

536. Je reconnais le premier l'inconvénient des noms parfaitement définis, pour désigner des objets matériels, lorsque les rapports sur lesquels ces noms reposent sont de nature variable, ou lorsque, étant l'expression d'une certaine manière d'interpréter les faits auxquels ils se rapportent, cette manière de voir venant à changer, la nomenclature se trouve dès lors en opposition plus ou moins directe avec elle. Par exemple, d'après les règles de la nomenclature chimique, le mot *muriate d'oxyde de sodium*, signifiant la combinaison de l'*acide muriatique* avec l'*oxyde du métal appelé sodium*, s'appliqua au *sel marin*, à l'époque où l'on crut que telle était en effet sa composition. Mais des travaux ultérieurs ayant conduit à penser qu'il ne renferme ni acide ni oxyde de sodium, mais deux corps simples, le *chlore* et le *sodium*, on lui a donné le nom de *chlorure de sodium*.

Ces expressions ont ceci de contraire, qu'il résulte de la première que les 0,6034 du poids du sel marin représentent de l'*acide muriatique* et de l'*oxygène*, et, conformément à ce résultat, on pensait que ces corps étaient l'un à l'autre dans la proportion convenable pour constituer un *acide muriatique oxygéné*, tandis qu'il résulte de la seconde expression que les 0,6034 du poids du sel marin, au lieu d'appartenir à un corps composé, l'*acide muriatique oxygéné*, appartiennent à un corps simple, le *chlore*. Examinons l'inconvénient réel de cet état de choses, afin de savoir s'il est assez grave pour qu'il faille abandonner l'admirable moyen d'exprimer des rapports par une nomenclature rationnelle.

537. Il est clair que lorsqu'une théorie vient à changer, la nomenclature, qui en était l'expression concise, rend l'enseignement plus difficile qu'il ne le serait si la nomenclature était insignifiante : mais cette difficulté, d'une durée passagère, disparaît dès que la théorie qui remplace l'ancienne vient se résumer à son tour dans une nouvelle nomenclature, qui, méthodique comme la première, en a aussi les avantages. Ainsi, en reprenant l'exemple précédent, nous voyons que la nomenclature des composés muriatiques n'a eu d'inconvénient réel qu'à l'époque où l'on professait la nouvelle théorie du chlore avec les termes de l'ancienne nomenclature; mais, celle-ci une fois remplacée par la nouvelle, l'ordre a été aussitôt rétabli, et l'ancienne est entrée dans les archives de la science, où elle sert encore à ceux qui veulent étudier l'histoire des variations de la théorie chimique, comme elle a servi lorsqu'on la croyait l'expression du vrai, à celui qui voulait étudier les éléments de la science dont elle dépendait.

538. En parlant de l'utilité des nomenclatures méthodiques ou rationnelles, je n'ai point voulu défendre l'abus qu'on peut en faire; j'ai supposé qu'elles reposaient *sur un système de faits parfaitement définis et qui avaient été déjà l'objet de discussions suffisamment nombreuses et suffisamment approfondies, pour que leur interprétation pût être considérée comme définitive relativement à l'état des connaissances à l'époque où cette interprétation avait lieu.*

539. Cette digression m'a paru nécessaire pour développer clairement ma pensée relativement à l'utilité qu'il y a de colorier les

tableaux graphiques d'après les principes que je propose. Une fois ces principes rappelés par celui qui fera usage de cette enluminure méthodique ou rationnelle, l'usage des tableaux qui en seront le résultat aidera beaucoup à la conception du texte auquel ils seront joints, soit pour l'étudiant qui les verra pour la première fois, soit pour le savant qui les consultera dans l'intention de se rappeler des choses qu'il aura oubliées; enfin, des rapports entre des objets donnés, exprimés par des couleurs, venant à changer par suite du progrès des connaissances dont ces objets ressortent, ou par le fait de dissidence d'opinion qui peut exister entre des auteurs contemporains, les mêmes principes régissant l'emploi des couleurs dans les tableaux graphiques qui doivent exprimer ces variations : ces tableaux rendront à ceux qui les consulteront des services analogues à ceux que rendent les nomenclatures méthodiques appliquées à un même sujet, dans l'étude qu'on fait des variations de la science. Je conçois même que sous le rapport historique on pourrait tirer de l'enluminure un parti que ceux qui n'ont point réfléchi à cet objet sont loin de soupçonner.

CINQUIÈME DIVISION.

DISPOSITION D'OBJETS COLORÉS D'UNE ÉTENDUE FINIE.

PREMIÈRE SECTION.

EMPLOI DES COULEURS EN ARCHITECTURE.

CHAPITRE PREMIER.

DE L'EMPLOI DES COULEURS DANS L'ARCHITECTURE ÉGYPTIENNE.

540. Les Égyptiens ont employé des couleurs variées, telles que le rouge, le jaune, le vert, le bleu, le blanc, pour décorer leurs monuments.

541. Lancret, auteur du texte de la partie de l'ouvrage sur l'Égypte qui concerne les monuments et les antiquités, tout en exprimant son étonnement sur cet usage, remarque cependant *que tous ceux qui ont vu les monuments égyptiens peuvent attester que lorsqu'ils ont aperçu ces peintures, même pour la première fois, ils n'en ont point été frappés désagréablement;* il énonce enfin l'opinion que, *si les couleurs paraissent d'abord distribuées arbitrairement, c'est qu'on n'a point encore réuni un assez grand nombre d'observations sur cette matière, et qu'un jour on trouvera que cette partie des arts égyptiens était, comme tout le reste, soumise à des règles invariables.*

542. Champollion le jeune s'exprime en ces termes sur l'application des couleurs à l'architecture égyptienne : *Je voudrais conduire dans le grand temple d'Ibsamboul tous ceux qui refusent de croire à l'élégante richesse que la sculpture peinte ajoute à l'architecture; dans moins d'un quart d'heure je réponds qu'ils auraient* SUÉ *tous leurs préjugés, et que leurs opinions* A PRIORI *les quitteraient par tous les pores.*

543. Si l'on regarde avec attention la planche XVIII du grand ouvrage sur l'Égypte, représentant *la vue perspective intérieure coloriée, prise sous le portique du grand temple* de l'île de Philes, on voit que les murs, les plafonds, les colonnes sont couverts d'hiéroglyphes, de figures symboliques, de tableaux allégoriques, tous colorés.

544. Les hiéroglyphes étaient destinés à être lus; par conséquent, il fallait qu'ils fussent bien distincts du reste de la surface de la pierre dans laquelle ils avaient été en général *taillés en relief.* Or, en les colorant, ils devenaient plus distincts qu'ils ne l'auraient été par le seul relief. Mais si les Égyptiens n'eussent été guidés que par le principe de la vue distincte, ils les auraient constamment colorés pour une même espèce de pierre en une seule couleur, laquelle aurait été choisie de manière à trancher le plus possible sur le fond environnant; mais c'est ce qu'ils n'ont pas fait : ils ont employé des couleurs diverses. Nul doute, d'après cela, qu'ils n'y aient été conduits par le goût si prononcé des peuples de l'Orient pour les couleurs; quant à l'emploi raisonné qu'ils peuvent avoir fait de chacune d'elles en particulier, ce n'est point à moi qu'il appartient de l'expliquer.

545. Une fois qu'on a admis le fait de colorer les hiéroglyphes, la

coloration des autres objets figurés qui les accompagnent me paraît en avoir été une conséquence nécessaire, soit afin de voir certains symboles, certaines allégories, plus distinctement et plus agréablement par l'effet de leurs couleurs variées, soit parce qu'on avait compris que si les hiéroglyphes étaient seuls diversement colorés, il n'y aurait point d'harmonie entre eux et les autres objets figurés.

En effet, si l'on considère avec attention les peintures de la planche XVIII de l'ouvrage sur l'Égypte que j'ai cité plus haut (543), on ne pourra méconnaître l'harmonie avec laquelle se marient les hiéroglyphes et les autres objets peints; et cela est si vrai, qu'il me semble qu'on ne serait pas choqué de la vue de ces hiéroglyphes colorés, lors même qu'ignorant leur nature de caractères d'écriture, on les prendrait pour des figures tracées par le caprice de l'imagination de l'artiste. Cette harmonie, évidente suivant moi, justifie donc les passages de Lancret et de Champollion le jeune que j'ai cités plus haut (541 et 542).

Dans le cas où ce serait la coloration des ornements accessoires aux hiéroglyphes qui aurait déterminé celle de ces derniers, et non le cas inverse comme je l'ai supposé, il n'y aurait rien à changer dans la conclusion de mon raisonnement.

CHAPITRE II.

DE L'EMPLOI DES COULEURS DANS L'ARCHITECTURE GRECQUE.

546. La découverte de *temples grecs colorés à l'extérieur* est sans doute bien remarquable en archéologie, car si des monuments semblaient à beaucoup de personnes devoir repousser l'application des couleurs à leur décoration extérieure, c'étaient assurément ceux des Grecs; aujourd'hui il est impossible de ne pas admettre que chez ce peuple l'alliance de l'architecture avec les couleurs s'est faite non à une époque de décadence, mais dans un temps où l'on élevait des monuments du meilleur style; en effet, les ruines de temples colorés mises à découvert par les fouilles faites en Grèce, en Italie et en Sicile, dans des lieux où prospérèrent plusieurs colonies grecques, ont ce caractère à un degré non méconnaissable.

547. Si l'on recherche la cause qui a déterminé l'architecte grec à s'emparer d'un des moyens les plus puissants qu'a le peintre de parler aux yeux, on la trouvera surtout, je pense, dans le goût pour les couleurs, plutôt que dans l'intention unique de rendre les diverses parties d'un édifice plus distinctes les unes des autres en les colorant diversement, et de substituer des ornements peints à des ornements en relief, soit sculptés, soit moulés, ou d'augmenter le relief des ornements qui en avaient déjà; enfin les communications des Grecs avec les Égyptiens auront pu conduire les premiers à imiter les seconds dans cette application des couleurs aux monuments.

548. J'ai remarqué dans les dessins coloriés des monuments grecs que j'ai pu me procurer, non seulement le nombre des couleurs employées dans ces monuments, le *blanc*, le *noir*, le *rouge*, le *jaune*, le *vert* et le *bleu*, mais encore le parti qu'on en a tiré sous le rapport de la *variété* et de la *pureté des teintes*, de la *vue distincte des parties* et de l'*harmonie de l'ensemble*.

En effet, dans l'ouvrage du duc de Serra di Falco, sur les antiquités de Sélinonte, on voit des dessins coloriés représentant des débris de temples grecs où les lignes principales, telles que les *listels* de l'architrave et ceux de la corniche, sont *rouges;* les *mutules bleues* et leurs *gouttes blanches;* les *triglyphes bleus*, leurs *canaux noirs* et leurs *gouttes blanches;* enfin les parties les plus étendues de la *frise* et de la *corniche*, ainsi que l'*architrave*, sont d'un jaune léger.

On voit que le *rouge*, couleur éclatante, dessinait la plupart des grandes lignes; que le bleu, associé au noir dans les triglyphes et leurs canaux, formaient un ensemble harmonieux et distinct des parties voisines; enfin que la couleur dominante, le jaune clair, produisait un effet bien supérieur à celui qui aurait eu lieu si les couleurs les plus intenses ou les plus sombres eussent prédominé. En définitive, les couleurs étaient réparties de la manière la plus intelligente pour qu'il y eût, sans bigarrure, variété et lumière dans les teintes, et distinction facile des parties.

CHAPITRE III.

DE L'EMPLOI DES COULEURS DANS L'ARCHITECTURE GOTHIQUE.

549. Dans les grandes églises gothiques, la couleur n'a jamais été employée à l'extérieur, si ce n'est dans quelques cas, et toujours d'une manière restreinte et sans nuire à l'harmonie générale; car la peinture qu'on aperçoit dans le fond de quelques portails et dans quelques niches de saints est tout à fait insignifiante sous le point de vue qui nous occupe, et d'ailleurs rien ne démontre qu'elle n'ait pas été ajoutée longtemps après l'érection du monument où elle se trouve. Une des choses que j'admire le plus dans ces vastes constructions, c'est l'art, ou, si l'on veut, le bonheur avec lequel on est parvenu à se passer absolument de la couleur, en ne recourant qu'à l'architecture et à la sculpture, pour donner à l'extérieur de l'édifice une variété qui ne nuit en rien à l'effet imposant de l'ensemble; car les murs élevés de la nef et ceux des bas côtés parallèles aux premiers ne sont-ils pas remarquables, d'abord sous le rapport des grandes fenêtres qui, en en interrompant la continuité, leur ôtent cet aspect triste et désagréable de toute grande muraille qui n'est pas percée de jours; ensuite sous le rapport de leur liaison mutuelle, au moyen d'arcs légers, appuyés d'une part sur les éperons de la nef, et d'une autre part sur des piliers qui surgissent de la muraille des bas côtés, la dépassent en hauteur, et par leur saillie en dehors contribuent si efficacement avec les fenêtres et leurs ornements à ôter toute monotonie aux façades latérales de l'édifice? Enfin ne sont-ils pas remarquables encore, lors même qu'il n'y a pas de portails latéraux, sous

le rapport de l'harmonie générale, par la manière dont les fenêtres et leurs ornements, les piliers et leurs arcs-boutants se lient avec la façade de la nef, où il semblerait au premier aspect que l'architecte aurait concentré tous les ornements si variés, si légers et si sveltes qui la décorent [1] ?

550. C'est en considérant les églises gothiques sous le point de vue précédent, en comparant leurs diverses façades avec celles de la plupart des églises modernes, où généralement une seule semble avoir fixé l'attention de l'architecte, ainsi que le montre par exemple l'église de Sainte-Geneviève, de Soufflot, que tant de personnes sont conduites à envisager l'architecture gothique comme essentiellement celle du culte catholique, et à la considérer comme ayant résolu le problème de bâtir de longues et hautes murailles, où les principes de la forme, de la solidité, de la variété, de la vue distincte, de l'harmonie parfaite de toutes les parties principales, quelque variée que chacune soit dans ses détails, de la convenance de l'édifice avec sa destination, aient été complètement observés à l'extérieur.

[1] Je prie le lecteur de voir dans les lignes précédentes l'énoncé d'impressions profondes que, dès l'enfance, j'ai ressenties à la vue de ces monuments, et non celui d'un jugement d'après lequel il me supposerait l'intention de donner l'église gothique comme type à imiter de préférence à tout autre. Je le répète, j'exprime des impressions et rien de plus. Je n'examine donc point si cette architecture a des règles, avant d'admirer les constructions qu'elle a faites. En parlant des arcs légers, appuyés d'une part sur les éperons de la nef, et d'une autre part sur les piliers de la muraille des bas côtés, je n'examine point si ce sont des étais que l'impuissance de l'art qui les a élevés a rendus permanents. Je les considère simplement comme établissant entre deux murailles une liaison qui ne me déplaît pas, parce qu'elle est en rapport avec tout ce qui l'accompagne. Je reviendrai sur cet objet à la fin de l'ouvrage, tant je tiens à ce qu'on ne se méprenne pas sur mes intentions.

551. Si nous pénétrons maintenant dans l'intérieur de ces églises, alors la magie des couleurs des vitraux viendra compléter toutes les jouissances que la vue peut recevoir de l'architecture alliée aux couleurs, jouissances qui ne font que donner plus de force aux sentiments religieux de ceux qui se rendent dans ces monuments pour adresser leurs prières au Dieu des chrétiens.

552. M. Boisserée, auteur d'un ouvrage rempli de recherches aussi neuves qu'approfondies sur la cathédrale de Cologne, pense que la voûte des églises gothiques, devant, d'après une coutume générale, représenter la voûte céleste, était peinte en bleu et parsemée d'étoiles de métal doré.

553. Si la peinture a réellement concouru dès l'origine avec l'architecture et même la sculpture peinte à la décoration intérieure des églises gothiques, cela n'a pu être que très secondairement et d'après le système des teintes plates, du moment où l'on s'est décidé à mettre aux fenêtres des vitraux colorés; car aucune peinture appliquée sur un corps opaque, tel que la pierre, le bois, etc., ne pouvait se soutenir à côté des brillantes lumières colorées transmises par les vitraux, et si cette peinture eût été dégradée suivant les règles du clair-obscur, tout son mérite disparaissait aux yeux du spectateur faute d'une lumière claire et blanche, la seule convenable pour l'éclairer.

554. Serait-il vrai que le voisinage des vitraux colorés exigerait nécessairement, comme effet d'harmonie, la peinture des murs qui y sont contigus? Sans me prononcer d'une manière absolue en faveur de l'opinion contraire, j'avouerai, après avoir longtemps réfléchi aux

impressions profondes que j'ai reçues dans de grandes églises gothiques, où les murs ne m'offraient que les simples effets de la lumière et de l'ombre sur la surface unie de la pierre, où il n'y avait pas d'autres couleurs qui frappaient mes yeux que celles transmises par les vitraux; j'avouerai, dis-je, que le spectacle d'effets plus variés m'aurait semblé une faute contre le principe de la convenance du lieu avec sa destination, et cette opinion s'est surtout fortifiée lorsque voyant, après le sacre de Charles X, la belle voûte de l'antique cathédrale de Reims, qu'on avait peinte à cette occasion en bleu semé de fleurs de lis, je me suis rappelé l'impression qu'elle m'avait faite quelques années auparavant, lorsqu'elle n'offrait aux regards que la couleur unie de la pierre.

555. Entrer dans de plus grands détails sur la décoration des intérieurs des grandes églises gothiques serait empiéter sur un des chapitres suivants, où je dois examiner cette décoration, non plus sous un point de vue particulier, mais d'une manière générale, indépendamment d'une forme architectonique donnée.

SECTION II.

APPLICATION À LA DÉCORATION DES INTÉRIEURS DES ÉDIFICES.

INTRODUCTION.

556. Le titre de cette section est si général, qu'il faut indiquer brièvement les matières que j'ai cru devoir y comprendre et l'ordre suivant lequel je vais les examiner.

Je traiterai successivement :

1° De l'assortiment des étoffes au bois des meubles pour sièges ;

2° De l'assortiment des cadres aux tableaux, gravures, lithographies qu'ils doivent circonscrire ;

3° De la décoration générale des intérieurs d'églises ;

4° De la décoration des musées ;

5° Du choix des couleurs pour une salle de spectacle ;

6° De la décoration des intérieurs des maisons et palais, quant à l'assortiment des couleurs.

CHAPITRE PREMIER.

DE L'ASSORTIMENT DES ÉTOFFES AU BOIS DES MEUBLES POUR SIÈGES.

557. Lorsqu'il s'agit d'assortir la couleur d'une étoffe à celle d'un bois pour meuble, il faut distinguer deux cas : celui où l'on veut tirer le plus grand parti possible de deux couleurs en les faisant valoir l'une par l'autre, et celui où, considérant l'étoffe et le bois comme un même objet, on n'a égard qu'à la couleur de l'étoffe relativement à celles des objets qui doivent avec le meuble composer un ameublement. Il est donc évident que, dans le premier cas, il faut des harmonies de contraste entre les deux parties du meuble, l'étoffe et le bois, et dans le second, des harmonies d'analogue.

558. *Premier cas.* Rien ne contribue autant à relever la beauté d'une étoffe destinée pour fauteuils, canapés, etc., que le choix du bois qui doit l'encadrer, et réciproquement, rien ne contribue autant à relever la beauté du bois que la couleur de l'étoffe qu'on y juxtaposera. D'après tout ce qui précède, il est évident qu'il faut assortir :

Les étoffes violettes ou bleues avec les bois jaunes, comme ceux de citron, de racine de frêne ;

Les étoffes vertes avec les bois roses ou rouges, comme le bois d'acajou.

Les gris, violets ou bleus vont également bien avec les bois jaunes, comme les gris verdâtres avec les bois rouges.

Mais dans tous ces assortiments, il est nécessaire, si l'on veut obtenir le plus bel effet possible, de prendre en considération le

35.

contraste résultant de la hauteur du ton, car une étoffe d'un bleu ou d'un violet foncé ne se marie pas aussi bien avec un bois jaune qu'une étoffe d'un ton clair des mêmes couleurs; c'est la raison pour laquelle le jaune ne va pas aussi bien avec l'acajou qu'il irait avec un bois de la même couleur, mais qui serait moins foncé.

559. Parmi les harmonies de contraste de ton que l'on peut faire avec des bois auxquels on laisse la couleur qui leur est propre, je citerai le bois de palissandre; sa couleur brune permet de l'employer avec des étoffes claires pour produire des contrastes de ton plutôt que des contrastes de couleur. On peut l'employer aussi avec des couleurs intenses très éclatantes, comme le ponceau, l'écarlate, l'aurore, la couleur de feu, etc.

560. Lorsqu'on emploie des bois peints au lieu de bois qui doivent conserver la couleur qui leur est naturelle, on est maître, pour une étoffe donnée, d'imprimer au bois la couleur la plus propre à faire ressortir celle de l'étoffe. Pour les assortiments de ce genre, je crois ne pouvoir mieux faire que de renvoyer aux exemples d'assortiments des couleurs principales avec le blanc, le noir et le gris (2ᵉ Partie, prolégomènes, § 4, p. 111 et suiv.).

561. *Deuxième cas.* Le bois de palissandre, à cause de sa couleur brune, peut être employé avec des étoffes foncées pour produire des assortiments d'analogues. Dans ce cas, il peut s'allier avec les tons bruns, du rouge, du bleu, du vert et du violet; il n'est pas nécessaire de faire remarquer que ces assortiments repoussent du palissandre les incrustations blanches et jaunâtres que l'on peut employer avec plus ou moins d'avantage, lorsqu'il s'agit d'assortiments qui rentrent dans les harmonies de contraste (559).

562. On fait un fréquent usage du velours de laine cramoisi et du bois d'acajou. Cet assortiment, qui se rapporte aux harmonies d'analogue, est préféré à beaucoup d'autres par la seule considération de la grande stabilité de la couleur de l'étoffe et, par conséquent, indépendamment de toute idée d'harmonie. C'est ce qui m'engage à l'examiner sous plusieurs rapports, afin qu'on en tire le meilleur parti possible, suivant le but particulier qu'on se propose.

Lorsque, en assortissant le cramoisi au bois d'acajou, on veut avoir l'harmonie d'analogue, en distinguant cependant les lignes où le bois et l'étoffe se touchent, on peut employer un galon étroit jaune ou un galon d'or avec des clous dorés, ou bien encore un galon étroit vert ou noir, suivant que l'on veut une bordure plus ou moins tranchante.

Lorsque, en assortissant les mêmes couleurs, on est guidé par le double motif de la stabilité de la couleur cramoisie et de la beauté du bois d'acajou, il faut nécessairement augmenter la distance qui sépare l'étoffe du bois, en donnant plus de largeur à l'étoffe noire ou verte qui servira de bordure.

563. C'est parce que les bois d'une teinte rouge perdent toujours plus ou moins de leur beauté par la juxtaposition d'étoffes rouges, qu'il ne faut jamais allier à l'acajou des couleurs qui appartiennent aux rouges vifs, tels que le ponceau, le cerise, et à plus forte raison aux rouges orangés, tels que l'écarlate, le nacarat, l'aurore; car ces couleurs ont une si grande vivacité, qu'en enlevant à ce bois la teinte qui le fait rechercher, elles lui donnent l'aspect du chêne ou du noyer.

CHAPITRE II.

DE L'ASSORTIMENT DES CADRES AUX TABLEAUX, GRAVURES, LITHOGRAPHIES, QU'ILS DOIVENT CIRCONSCRIRE.

564. Si un cadre est nécessaire à un tableau, à une gravure, à un dessin, pour les isoler, quand ils occuperont la place qu'on leur destine, des divers objets qui se trouveront dans leur voisinage, il est toujours plus ou moins nuisible à l'illusion que le peintre ou le dessinateur a voulu produire; c'est un fait dont je parlerai plus bas (584) : je ne me propose dans ce chapitre que d'examiner le rapport de couleur qui doit exister entre le cadre et l'objet qu'il circonscrit.

565. Les cadres dorés vont bien avec les grands sujets peints à l'huile, lorsque ceux-ci ne représentent pas de dorures, du moins assez près du cadre, pour qu'il soit facile à l'œil de comparer l'or peint à l'or métallique.

Je citerai comme un mauvais effet de ce voisinage une tapisserie des Gobelins d'après Laurent, représentant un génie armé d'un flambeau, auprès duquel est un autel chargé de dorures, exécutées en laine et en soie jaunes, lesquelles sont absolument éclipsées par l'éclat métallique de *bronzes dorés*, répandus avec profusion sur le bois d'acajou de l'écran qui encadre la tapisserie. C'est un des exemples les plus propres à convaincre que la richesse d'un encadrement peut être non seulement une faute contre l'art, mais même contre le simple bon sens.

566. Les cadres bronzés qui n'ont que peu de jaune brillant ne nuisent point à l'effet d'un tableau à l'huile représentant une scène éclairée par une lumière artificielle, telle que celle des bougies, des flambeaux, des torches, d'un incendie.

567. Lorsque les cadres noirs, les cadres de bois de palissandre, tranchent suffisamment sur la peinture à l'huile, ils sont favorables aux grands sujets; mais toutes les fois qu'on en fait usage, il est bien essentiel de voir si les bruns de la peinture ou du dessin qui y sont contigus ne perdent pas trop de leur vigueur.

568. Un cadre gris est favorable à beaucoup de scènes de paysages peints à l'huile, surtout lorsque, le tableau ayant une couleur dominante, on prend un gris nuancé légèrement de la complémentaire de cette couleur.

569. Les cadres dorés vont parfaitement avec les gravures noires, les portraits lithographiés, lorsqu'on a le soin de laisser une certaine étendue de papier blanc autour du sujet.

570. Les cadres de bois jaune ou de la couleur appelée *bois* vont assez bien avec les paysages lithographiés; il est possible de modifier beaucoup l'aspect du dessin en l'entourant dans le cadre d'un papier de couleur, lorsqu'on ne voudra pas avoir l'effet d'un entourage blanc.

571. Les observations suivantes, faciles à répéter, sont très propres à démontrer l'influence que peuvent avoir dans ce cas des encadrements de couleur. J'ai pris neuf épreuves, aussi semblables que

possible, d'un même sujet lithographié, ayant une surface de 270 millimètres de hauteur sur 385 millimètres de longueur : c'était une
vue du lac de Zurich; elles ont été collées sur des cartons égaux,
puis on a introduit chacune d'elles dans la coulisse d'un cadre de
sapin, dont le bois avait 55 millimètres de largeur; on a introduit
dans la coulisse, entre la lithographie et le bois, un encadrement de
carton de couleur, de 55 millimètres de largeur, de sorte que les huit
épreuves encadrées étaient de toutes parts isolées du bois par une
bande colorée; je comparais chacune d'elles à la neuvième, qui se
trouvait dans un cadre, isolée de toutes parts du bois par une bande
blanche de 55 millimètres de largeur.

Encadrement noir.

A une lumière diffuse, vive surtout, il a une grande influence pour
changer les tons du tableau : il les affaiblit, et on doit comprendre
que les tons clairs perdent plus que les demi-teintes, et que les bruns
à plus forte raison. Enfin des bruns, qui sont éloignés de l'encadrement, paraissent plus noirs que dans l'encadrement blanc, par
suite de l'affaiblissement du ton des clairs et des demi-teintes voisines
de l'encadrement noir.

Si le noir n'exalte pas le roux de l'encre lithographique, il ne l'affaiblit certainement pas.

Encadrement gris.

S'il n'affaiblit pas les clairs et les demi-teintes, comme le fait le
noir, d'un autre côté il ne les rehausse pas, comme le fait le blanc;
il leur donne du roux. Mais un effet remarquable qu'il présente est
une harmonie de perspective, si je puis m'exprimer ainsi, qui n'a lieu
ni avec le noir ni avec le blanc : l'effet dont je parle provient en

partie de l'analogie de l'entourage gris avec la couleur de la lithographie; il est évident que cet encadrement détruit en partie le mauvais effet du cadre que je signalerai plus bas (584).

Encadrement rouge.

Les bruns voisins de l'encadrement paraissent plus clairs, et les
bruns qui en sont éloignés paraissent plus foncés que les bruns correspondants de l'encadrement blanc : les blancs ont plus de blancheur; l'ensemble du paysage est moins roux ou plus verdâtre dans
l'encadrement rouge.

Encadrement orangé.

Il produit un effet contraire à celui du gris, relativement à l'harmonie d'analogue de perspective. En effet, le bleu que l'orangé donne
à la lithographie n'affaiblit ni les bruns ni les demi-teintes, mais il
affaiblit beaucoup les clairs et donne en même temps plus de vivacité
aux blancs en détruisant du roux, ou plus exactement l'orangé contenu dans ce roux (car le roux n'est que du jaune + du rouge ou de
l'orangé + du noir).

Encadrement jaune.

Tous les bruns et les demi-teintes prennent plus de ton que dans
l'encadrement blanc. Les blancs prennent un peu de vivacité en perdant du jaune, et un effet remarquable est le rapprochement de la
perspective du spectateur, contrairement à l'effet de l'encadrement
gris, si la clarté du jour est intense; car dans le cas contraire, les
blancs s'obscurcissent en devenant lilas.

On conçoit que la teinte violette, provenant du contraste du jaune,
neutralise du jaune dans les clairs, en même temps qu'elle rehausse

36

le noir des bruns par la même raison; c'est ainsi qu'elle rapproche la perspective : mais comme l'effet de contraste est plus sensible à une faible clarté qu'à une vive lumière, les blancs du tableau, pour paraître plus vifs dans l'encadrement jaune que dans l'encadrement blanc, exigent que la clarté du jour soit assez forte pour qu'ils ne paraissent pas teints de violet.

Encadrement vert.

Il affaiblit les bruns; il rose les demi-teintes, les clairs et les blancs, mais plus faiblement ces derniers; les blancs, dans l'encadrement vert, sont moins clairs que dans l'encadrement blanc.

Comme avec le jaune, la teinte complémentaire de l'encadrement est d'autant plus sensible que le jour est moins vif.

L'effet du vert est agréable.

Encadrement bleu.

L'effet de cet encadrement est le plus prononcé et certainement le plus remarquable de tous ceux qu'on peut obtenir par la juxtaposition d'une bande de couleur et d'une lithographie. La nuance orangée à laquelle il donne lieu, s'étendant sur l'ensemble du paysage, produit l'harmonie d'une couleur dominante (179) et change l'aspect de la lithographie entourée de blanc en celui d'un dessin bistre ou à la sépia sur papier de Chine. Nul doute que la teinte rousse de l'encre lithographique ne concoure avec la complémentaire orangée, provenant de la juxtaposition du bleu, à l'effet remarquable dont nous parlons (70 *ter*).

Toutes les personnes qui préfèrent la sépia sur papier de Chine à la lithographie sur papier blanc pourront changer celle-ci en la première au moyen d'un simple encadrement bleu.

Encadrement violet.

Les bruns voisins de l'encadrement perdent beaucoup de leur ton; les demi-teintes sont plus verdâtres; les clairs et les lumières sont plus jaunes que dans l'encadrement blanc.

572. En résumé, la règle à suivre pour assortir un cadre au tableau qu'il doit circonscrire est que la couleur, le brillant et les ornements même qu'il peut avoir ne nuisent ni aux couleurs, ni aux ombres, ni aux clairs de la peinture, ni aux ornements qu'elle peut représenter.

En résumé, lorsqu'il s'agit d'interposer un encadrement entre le cadre et un dessin noir ou colorié, il faut prendre en considération :

1° L'effet de la hauteur du ton de cet encadrement sur les différents tons du dessin;

2° L'effet de la complémentaire de la couleur de l'encadrement sur la couleur du dessin;

3° L'intensité de la lumière diffuse qu'on regarde comme la plus propre à éclairer le dessin, pour un encadrement donné, par la raison que les rapports mutuels des bruns, des demi-teintes, des clairs et des blancs changent avec l'intensité de la lumière du jour, et qu'ils changent plus pour une composition donnée avec certains encadrements qu'avec d'autres.

Il y a telle composition peinte de petite ou même de moyenne dimension pour laquelle l'artiste fera bien de choisir lui-même l'encadrement le plus propre à la faire valoir, et d'y subordonner les parties de son tableau qui y seront contiguës.

CHAPITRE III.

DE LA DÉCORATION GÉNÉRALE DES INTÉRIEURS D'ÉGLISES.

573. Dans la section précédente j'ai traité de l'emploi des couleurs en architecture sous le point de vue le plus général, et je n'ai énoncé qu'accessoirement mon opinion particulière sur la couleur employée à la décoration intérieure des grandes églises gothiques, y ayant été conduit pour ainsi dire d'une manière irrésistible par l'harmonie continue que les vitraux colorés des fenêtres établissent, autant que cela est possible, entre la décoration extérieure et la décoration intérieure. Je vais reprendre ce sujet, non plus pour le traiter relativement à une forme architectonique donnée, mais pour le considérer sous le point de vue le plus général.

Conformément au principe énoncé plus haut (370), de juger les productions de l'art suivant des règles puisées dans la nature même des matériaux que l'on emploie, je vais établir deux classes distinctes d'églises, non d'après leur forme, mais d'après une considération fondamentale qui subordonne la décoration intérieure à l'état de la lumière colorée ou incolore qui s'y répand au travers de vitraux colorés ou de verres incolores.

A. ÉGLISES À VITRAUX COLORÉS.

574. D'après le mauvais effet du voisinage mutuel des verres incolores transparents et des vitraux colorés (434), il convient que dans une église où ceux-ci sont employés, ils le soient à l'exclusion des autres, du moins dans la nef, le chœur, en un mot dans tout

l'ensemble que le spectateur peut embrasser d'un coup d'œil; car des verres incolores transparents dans quelques chapelles des bas côtés ne tireraient point à conséquence pour l'effet général.

575. Comme je l'ai dit (553), si l'on veut des peintures près des vitraux colorés, il les faudra unies, ou présentant les sujets les plus simples possible, puisque leurs effets sont absolument sacrifiés à ceux des vitraux.

576. On peut, à la rigueur, voir des tableaux dans une grande église où la lumière est transmise par des verres colorés; mais, pour que la vision soit satisfaisante, il y a un tel ensemble de conditions nécessaires à rencontrer, que l'on est fondé à dire qu'ils y seront presque toujours mal placés, ou, ce qui est la même chose, on sera hors d'état d'apprécier le mérite qu'ils pourraient avoir d'ailleurs. En effet, si les tableaux ne sont pas à une certaine distance des vitraux, si les lumières colorées qui émanent de ceux-ci ne sont pas, par leur mélange mutuel, en proportion convenable pour reproduire de la lumière blanche, ou du moins une lumière très faiblement colorée, enfin si cette lumière blanche ou très faiblement colorée est insuffisante pour éclairer l'intérieur de l'église convenablement, comme le ferait la lumière diffuse transmise au travers de verres incolores, les tableaux perdront de leur coloris, à moins toutefois qu'ils n'aient été exécutés conformément à la nature de la lumière transmise dans un lieu donné par des vitraux de couleurs également données; mais ce cas, à ma connaissance, ne s'est jamais réalisé. C'est donc parce que les conditions précédentes ne se rencontrent pas que je n'ai parlé, en traitant des vitraux des églises gothiques (436), que de tapisseries et non de tableaux qui peuvent en orner les murs.

B. ÉGLISES À VERRES INCOLORES.

577. Les églises à verres incolores reçoivent tous les ornements que l'on peut imaginer de l'emploi du bois, du marbre, du porphyre, du granit et des métaux. La mosaïque peut en paver le sol et en orner les murs de véritables tableaux, comme elle l'a fait à Saint-Pierre de Rome; enfin la peinture à fresque, la peinture à l'huile, la sculpture blanche et la sculpture colorée concourent encore à en décorer l'intérieur.

578. Dans les églises de cette classe, la profusion des richesses dont le décorateur dispose, loin de le servir toujours, pourra quelquefois être une cause de difficultés, parce que plus il y aura d'objets variés à placer, plus il sera facile de s'éloigner du but qu'il faudrait atteindre pour ne présenter que des objets convenables au caractère du lieu qu'il s'agit d'orner. En effet, il ne suffit pas d'avoir des bois précieux, des marbres, des métaux, des peintures, il faut encore que ces objets s'harmonisent de manière que l'étendue de leurs surfaces respectives soit entre elles dans des proportions convenables, et en outre que l'on passe de l'un à l'autre sans confusion dans les limites contiguës, mais pourtant sans ces chocs qui sont si désagréables à des yeux exercés.

Ainsi il faut éviter que des marbres colorés ne soient contigus à la pierre blanche dont les murs peuvent être construits; il faut proscrire encore l'encadrement de bas-reliefs en pierre blanche avec des plaques ou bordures de marbre rouge ou vert.

579. La cathédrale de Cologne, pour les églises à vitraux colorés, et Saint-Pierre de Rome, pour les églises à verres incolores,

sont deux types qu'il suffit de citer lorsqu'on veut démontrer que le beau est compatible avec des systèmes différents. En effet, y a-t-il un de ces types que l'on doive préférer à l'autre? C'est une de ces questions que je considère comme oiseuses, si l'on a la prétention de la résoudre d'une manière absolue, afin de n'accorder son admiration à l'un qu'à la condition de proscrire l'autre. Mais si, au contraire, on l'élève avec l'intention d'examiner ce qui donne des admirateurs à chacun d'eux, on parviendra ainsi à se rendre un compte satisfaisant de ces œuvres de l'art.

580. En partant du principe de la convenance des édifices avec leur destination, j'ai admis que l'église gothique, avec ses ornements architectoniques et ses vitraux colorés, ne laisse rien à désirer au sentiment religieux, tant la lumière qu'elle présente à l'intérieur est propre au recueillement, tant les objets qu'on y rencontre, loin de distraire l'attention par quelque image terrestre, ont été bien choisis pour exciter l'ardeur à élever la prière jusqu'au Ciel.

581. Tout en admirant les merveilles que les arts ont accumulées dans les églises où la lumière blanche pénètre librement, tout en reconnaissant les effets que certaines peintures du premier ordre sont capables de produire sur l'esprit du chrétien, cependant je ne puis m'empêcher de remarquer que les églises où l'on voit ces décorations ressemblent plus à un musée d'arts qu'à un temple consacré à la prière, et que sous ce rapport elles ne me paraissent point remplir au même degré que les églises gothiques à vitraux colorés la condition imposée par le principe de la convenance des édifices avec leur destination.

CHAPITRE IV.

DE LA DÉCORATION DES MUSÉES.

582. On donne aujourd'hui le nom de *musées* à des édifices destinés à contenir, pour les offrir aux regards, des produits de l'art, tels que des tableaux, des statues, des médailles, etc., et des produits de la nature, tels que des minéraux, des animaux préparés, etc.

583. La condition essentielle que ces édifices doivent remplir est que la lumière qui s'y répand soit la plus blanche et la plus vive possible, mais toujours diffuse et toujours répartie également sur tous les objets exposés au spectateur de la manière la plus convenable, pour qu'ils soient vus sans fatigue et distinctement dans toutes leurs parties.

ARTICLE PREMIER.

MUSÉE DE TABLEAUX.

584. On est généralement disposé à prodiguer les ornements et les dorures dans les musées de tableaux; sans prétendre qu'il faille absolument en proscrire tout ce qui est décoration, cependant je crois qu'il y a moins d'inconvénient à pécher par défaut que par excès; car, en définitive, les objets précieux sont les tableaux et c'est sur eux qu'il faut attirer et fixer la vue, au lieu de chercher à la distraire par des objets variés et plus ou moins brillants, tels que des ornements qui nuisent par leur éclat même aux ornements que le peintre a pu représenter dans son œuvre. Ajoutons qu'une des choses les plus nuisibles à l'effet des tableaux est leur accumulation, leur

entassement dans un même lieu; la position qu'ils ont alors, si différente de celle que les peintres leur destinaient, ôte une partie de
l'illusion que chacun d'eux produirait s'il était à sa véritable place.
Il n'y a guère que le connaisseur et l'amateur instruit qui éprouvent
à la vue d'un tableau exposé dans un musée toute l'impression que
l'artiste a voulu produire, parce qu'eux seuls savent trouver le meilleur point de vue, et que, leur attention se fixant sur l'œuvre qu'ils
regardent, ils finissent par ne plus voir les tableaux environnants,
ni même le cadre de celui qu'ils contemplent. Si, pour isoler une
peinture des objets étrangers qui l'entourent, un encadrement est
nécessaire, cependant on ne peut s'empêcher de reconnaître que la
contiguïté du cadre avec le tableau est excessivement nuisible à l'illusion de la perspective, et c'est ce qui explique la différence qu'on
remarque entre l'effet d'un tableau encadré et l'effet de ce même
tableau qu'on regarde par une ouverture qui ne permet d'en apercevoir ni l'encadrement ni la limite; l'illusion produite alors rappelle
tout à fait celle du diorama.

ARTICLE 2.
MUSÉE DE STATUES.

585. Les statues de marbre blanc ou de pierre blanche, ainsi
que les plâtres, se détachent convenablement d'une galerie dont les
parois sont de couleur gris de perle, et, si l'on voulait augmenter
encore la blancheur de ces statues en neutralisant l'œil roux que le
marbre, la pierre et même le plâtre pourraient avoir, il conviendrait
de peindre les parois en couleur chamois ou orangé gris.

Si, au contraire, on préférait donner aux statues une couleur
ardente, que plusieurs statuaires estiment beaucoup, elles devraient
être d'un bleu grisâtre.

Enfin, peintes en verdâtre, elles donneraient aux statues une teinte rosée qui n'est point désagréable.

Quant au ton de leur couleur, il doit être d'autant moins élevé, que l'on veut plus de clarté, toutes choses égales d'ailleurs.

586. Lorsqu'il s'agit de bronzes, la couleur des parois de la galerie est déterminée par celle que l'on veut faire prédominer dans les statues; parce qu'en effet tout le monde sait que l'alliage métallique dont elles sont formées est capable de présenter deux teintes très différentes : la teinte verdâtre qu'il acquiert par son exposition aux injures de l'air, et la teinte dorée particulière qui lui est essentielle quand il n'est point oxydé. Eh bien, s'il s'agit d'exalter la teinte verdâtre, la couleur des parois de la galerie sera rougeâtre, tandis qu'il la faudra bleuâtre, si l'on veut faire ressortir l'éclat du bronze métallique qui n'a point éprouvé l'action des agents atmosphériques.

587. On ne doit pas perdre de vue que nous considérons des parois de galeries qui donnent lieu à des effets de contraste et non de reflet.

ARTICLE 3.
MUSÉE DES PRODUITS DE LA NATURE.

588. S'il est permis de donner aux murs des galeries des musées une couleur sensible pour rendre plus agréable l'aspect des statues qu'on y a réunies, il y aurait un grand inconvénient à le faire quand il s'agit de galeries destinées à recevoir des produits de la nature, car ceux-ci doivent apparaître aux yeux du naturaliste qui les contemple pour en étudier les propriétés physiques avec la couleur propre à chacun d'eux en particulier; par conséquent, les intérieurs des armoires, des cadres vitrés, des tiroirs qui les renferment,

seront nécessairement blancs ou d'un gris normal très léger de ton; car il faut que les objets se voient de la manière la plus distincte possible, et tout ce qui tendrait à affaiblir l'éclat de la lumière serait contraire au but qu'il faut atteindre.

589. Je me reprocherais, en parlant des intérieurs des musées destinés aux collections d'histoire naturelle, de ne pas ajouter à ce qui précède une considération qui, quoique étrangère à celle de la couleur, se rattache cependant à mon sujet, parce qu'elle a trait au contraste de la vue simultanée d'objets qui diffèrent beaucoup sous le rapport de la grandeur ou du volume.

On ne pourrait placer des objets d'histoire naturelle à une hauteur trop considérable, parce que dans cette position il ne serait pas possible de les voir commodément d'une manière distincte. La condition de les voir convenablement remplie, il est évident qu'il ne faut pas qu'il y ait un trop grand intervalle entre la limite supérieure des meubles qui renferment les objets et le plafond de la voûte de l'édifice; car, sans insister sur l'inconvénient de l'espace perdu, une étendue trop grande au-dessus des meubles aurait le double inconvénient de faire paraître les objets trop petits et de donner à penser qu'ils ne sont là que dans un lieu de dépôt, parce qu'on ne pourrait croire que c'est de préméditation qu'on a établi cette disproportion entre les objets que l'on veut offrir aux regards et l'édifice propre à les recevoir.

Les inconvénients dont je parle seraient encore augmentés par de grands objets architectoniques, tels que piliers, pilastres, colonnes, qui, par leur forme régulière, leur position symétrique, viendraient attirer l'œil, distraire la vue de la collection et amoindrir enfin les objets qu'elle renferme; car, dès que les yeux se dirigeraient sur ces objets, ils amèneraient inévitablement l'esprit à en comparer le volume à celui de ces grands piliers, de ces grands pilastres, de ces grandes colonnes qui s'emparent si aisément de l'esprit d'après *les principes de la vue distincte, du volume, de la forme régulière et ornée, de la disposition symétrique* et *de la répétition*, au moyen desquels l'architecture agit sur nous par l'intermédiaire de la vue.

CHAPITRE V.

DU CHOIX DES COULEURS POUR UNE SALLE DE SPECTACLE.

590. D'après l'importance qu'on donne à l'éclairage dans une salle de spectacle, il faut en conclure qu'en général les couleurs claires doivent y dominer; car personne n'ignore combien les couleurs foncées, telles que le bleu et le cramoisi, exigent de lumière pour être éclairées.

591. Je distingue, dans une salle de spectacle, sous le rapport de la couleur, quatre parties principales :

Le fond des loges;

Le devant des loges;

Le plafond;

L'avant-scène et le rideau.

ARTICLE PREMIER.
FOND DES LOGES.

592. Le fond des loges d'une salle de spectacle ne doit jamais être rose, lie de vin ou amarante léger, par la raison que ces couleurs ont le grave inconvénient de rendre la peau plus ou moins verdâtre. Pour se convaincre de cette vérité, il suffit de faire l'expérience suivante :

On place deux demi-feuilles de papier rose, lie de vin ou amarante léger, o, o', et deux feuilles de papier couleur de chair, p, p', comme la figure 1 les représente; en les regardant simultanément, on voit que p a perdu beaucoup de son rose relativement à p', et que o est devenu plus violâtre que o' : en définitive, o et p se nuisent mutuellement; résultat facile à concevoir, puisque, les deux couleurs perdant du rouge, p, qui en a le moins, doit paraître d'un jaune verdâtre, et o, qui en a le plus, doit paraître plus violâtre.

593. Si l'on remplace les demi-feuilles o et o' par des demi-feuilles d'un vert léger, un effet absolument contraire au précédent s'observera, c'est-à-dire que p paraîtra plus rosé que p', et o paraîtra d'un vert plus intense, plus brillant que o'.

Ces expériences, répétées à la lumière artificielle, donnent le même résultat qu'à la lumière du jour.

594. On peut en conclure que toutes les fois qu'il s'agira de faire valoir la fraîcheur de carnations rosées au moyen d'un fond coloré, la couleur la moins favorable sera le rose, et la couleur la plus favorable le vert pâle.

595. Je dois faire remarquer que la hauteur du ton de la couleur verte exerce une influence sur le résultat; car un vert très foncé, agissant par contraste de ton, pourrait tellement affaiblir le ton de la carnation, que le contraste de la couleur proprement dite serait insensible; un rouge foncé, par une influence analogue, *blanchirait* les carnations.

ARTICLE 2.

DES DEVANTS DES LOGES.

596. Il y a plusieurs raisons pour que les devants des loges aient moins d'influence sur les carnations que n'en ont les intérieurs. En

effet, ceux-ci, ordinairement d'une couleur unie, servent, pour ainsi dire, de fond aux visages des personnes qui s'y trouvent, tandis que les devants, toujours peints de couleurs plus ou moins variées, sont plus éloignés des carnations et peuvent perdre encore beaucoup de leur influence, si l'on a eu le soin de recouvrir d'un velours d'Utrecht vert leur rebord rembourré de crin : quoi qu'il en soit, on fera toujours bien de ne pas choisir le rouge pour couleur dominante, je crois, et d'être sobre de dorures, afin que les ors des toilettes ressortent mieux.

ARTICLE 3.
DU PLAFOND DES SALLES DE SPECTACLE.

597. Le plafond ne pouvant exercer qu'une influence de reflet sur les personnes qui sont dans une salle de spectacle, on peut sans inconvénient y mettre des peintures roses et des dorures.

ARTICLE 4.
DE L'AVANT-SCÈNE ET DU RIDEAU.

598. Ce que j'ai dit du plafond est applicable à l'avant-scène et au rideau; cependant il faut remarquer que, ce dernier étant plus exposé que le plafond à être vu, la couleur rouge ou rose qu'il peut avoir présente l'inconvénient de disposer les yeux à voir verdâtre par une conséquence du contraste successif (79); un rideau vert, au contraire, donnant aux yeux la disposition à voir rose, est sous ce rapport préférable au premier.

Je donnerai, dans le chapitre concernant l'habillement des femmes (voyez la Section suivante), de nouveaux détails relatifs à l'influence qu'exercent les draperies sur les carnations, suivant qu'elles produisent des effets de contraste ou des effets de reflet.

CHAPITRE VI.

DE LA DÉCORATION DES INTÉRIEURS DES MAISONS ET DES PALAIS,
QUANT À L'ASSORTIMENT DES COULEURS.

599. Après avoir traité des conditions que les tapis doivent remplir, ayant égard à la grandeur des appartements auxquels on les destine, de quelques conditions que doivent réunir les papiers pour tentures, de l'assortiment des étoffes aux bois des meubles, de l'assortiment des tableaux, gravures, etc., à leurs cadres, je vais considérer les rapports mutuels des meubles divers d'un appartement dans leurs couleurs respectives.

600. Voici l'ordre dans lequel j'examinerai les matières qui font l'objet de ce chapitre :

§ 1. Il concerne les assortiments des couleurs relativement aux intérieurs qu'on veut décorer avec des tentures de tissus ou de papiers peints.

Il comprend les articles suivants :

1° Les lambris d'appui, couronnés par leur cimaise;

2° La tenture commençant à la cimaise des lambris d'appui et finissant à la corniche du plafond;

3° La corniche du plafond;

4° Les sièges qui se placent contre les lambris d'appui;

5° Les rideaux des fenêtres, et ceux du lit s'il s'agit d'une chambre à coucher;

6° Les portes;

7° Les fenêtres;

8° Les tapis;

9° Les tableaux.

§ 2. Il concerne les assortiments des couleurs relativement aux intérieurs dont on veut boiser les murs, ou les revêtir de marbre, ou les enduire de stuc, ou enfin les orner de peintures sur bois, sur pierre ou sur enduit.

Il comprend les articles suivants :

1° Les intérieurs boisés;

2° Les intérieurs revêtus de marbre;

3° Les intérieurs revêtus d'un enduit de stuc;

4° Les intérieurs peints sur boiserie, stuc, pierre, etc.

§ 1. DES ASSORTIMENTS DES COULEURS PAR RAPPORT À LA DÉCORATION DES INTÉRIEURS DESTINÉS À RECEVOIR DES TENTURES EN TISSUS OU EN PAPIERS PEINTS.

ARTICLE PREMIER.

LAMBRIS D'APPUI.

601. Les lambris d'appui sont surtout d'usage pour empêcher la vue des murs, préserver les meubles de l'humidité dans les appartements au rez-de-chaussée ou peu élevés au-dessus du sol, et recevoir dans ce cas une peinture qui ne pourrait être appliquée d'une manière durable sur un mur humide; enfin ils sont d'usage pour préserver les tentures du choc des sièges, ou plus généralement du choc de tout meuble qu'on peut placer devant elles.

D'après cela, la hauteur du lambris, à partir du carreau ou du parquet, doit être précisément celle des sièges.

De cette manière les tentures seront garanties de tout choc, et en

IMPRIMERIE NATIONALE.

outre la bordure de la tenture ne sera pas cachée à la vue, comme
cela arrive lorsque les sièges dépassent les lambris, défaut très
commun dans les appartements modernes, ce qui tient sans doute à
ce que les propriétaires, ayant voulu avoir pour une hauteur donnée
de maison le plus grand nombre possible d'étages, ont forcé l'architecte à réduire la hauteur de ces derniers et l'ont mis dans la nécessité de diminuer beaucoup les lambris d'appui; car en faisant autrement, c'est-à-dire en prenant la diminution sur la tenture, on eût
encore augmenté à l'œil le défaut de proportion de l'étage.

602. On ne rencontre plus guère aujourd'hui que dans les vieux
manoirs des lambris dépassant les sièges et les meubles qu'on a
l'habitude de placer devant. La vue de hauts lambris est si peu
agréable, qu'elle choque même les personnes qui ne s'aperçoivent
pas du mauvais effet des lambris que les sièges dépassent : cela vient
probablement de ce que généralement les meubles semblent devoir
être d'un prix plus élevé que ce qu'ils cachent, et qu'un meuble
dépassant un lambris s'offre à la vue d'une manière plus distincte
que quand on aperçoit au-dessus une boiserie avec laquelle il a plus
d'analogie qu'il n'en a avec la tenture; enfin la partie du lambris
qui excède le meuble en hauteur, considérée relativement à la partie
cachée, blesse le principe *de la vue distincte*, plus que ne le fait la
partie de la tenture qui est découverte relativement à celle qui peut
être cachée par un meuble.

603. De ce fait que les lambris sont en général cachés par les
meubles qui se placent devant, on peut conclure qu'ils devront être
d'une couleur obscure plutôt que claire, et que, s'ils reçoivent des
ornements, il faudra que ceux-ci soient peu apparents et simples. Les

lambris peuvent être considérés comme servant de fond aux meubles, toutes les fois qu'ils ne sont pas entièrement masqués par ces derniers. Nous verrons tout à l'heure quelle est la couleur qu'il convient de leur donner pour qu'ils répondent à cette destination.

ARTICLE 2.

TENTURE.

(A) TENTURE PROPREMENT DITE.

604. Par la raison qu'un appartement n'est jamais trop clair, puisqu'on peut y diminuer la lumière du jour au moyen de persiennes, de jalousies, de rideaux simples ou doubles; et d'un autre côté, que la nuit on recherche l'éclairage le plus vif et le plus économique, toutes choses égales d'ailleurs, il faut, à cause de cela même, que les tentures soient d'une couleur claire et non obscure, afin qu'au lieu d'absorber la lumière, elles en réfléchissent beaucoup.

1. TENTURE DE COULEUR UNIE COMPRENANT LES PAPIERS PEINTS (447).

605. Nous proscrivons toutes les tentures foncées, quelle qu'en soit la couleur, parce qu'elles absorbent trop de lumière; nous proscrivons en outre les tentures rouges et violettes, parce qu'elles sont extrêmement défavorables aux carnations.

C'est par ce dernier motif que nous rejetons les tons clairs des gammes du rouge et du violet.

L'orangé est une couleur qui fatigue trop la vue par sa grande intensité pour être employé jamais.

Parmi les couleurs franches, il n'y a guère réellement que le jaune et les tons clairs du vert et du bleu qui soient avantageux.

Le jaune est gai brillant; il se marie bien aux meubles d'acajou, mais non aux dorures en général. Je dis *en général,* parce qu'il y a des cas où cette alliance peut être faite (615 et 629).

Le vert clair est avantageux aux carnations blanches et pâles, ainsi qu'aux carnations rosées, aux meubles d'acajou et aux dorures.

Le bleu clair est moins avantageux que le vert aux carnations rosées, surtout à la lumière du jour : il est particulièrement favorable aux dorures; il ne nuit pas à l'acajou et s'associe mieux que le vert aux bois jaunes ou orangés.

606. Les tentures blanches ou blanchâtres, d'un gris clair, soit normal, soit verdâtre, soit bleuâtre ou jaunâtre, unies ou à dessins veloutés de la couleur du fond, sont encore d'un bon usage.

607. Lorsqu'il s'agit de choisir une tenture pour y placer un tableau, il faut la prendre unie et établir le plus grand contraste possible entre sa couleur et celle qui domine dans le tableau, si la tenture n'est pas d'un gris normal. Je reviendrai plus bas sur cet assortiment (640).

2. TENTURE PRÉSENTANT UNE COULEUR FRANCHE ET DU BLANC, OU PLUSIEURS TONS APPARTENANT À UNE MÊME GAMME OU À DES GAMMES VOISINES, COMPRENANT LES PAPIERS PEINTS DE LA DEUXIÈME CATÉGORIE (447).

608. Tout ce que j'ai dit des tentures de couleurs franches unies s'applique aux tentures où une de ces couleurs est alliée au blanc, sauf cependant que ces dernières réfléchissent évidemment plus de lumière à égalité de ton et qu'elles sont moins propres à recevoir des tableaux, lors même que le ton en est clair. Au reste, parmi les tentures de cette sorte d'un bon effet, il n'y a guère que les coutils, ou les papiers qui les imitent, dans lesquels la couleur alliée avec le blanc soit foncée,

et tout le monde sait que ces dernières tentures sont destinées à des lieux qui n'admettent pas de tableaux.

609. Les tentures du meilleur goût sont celles :

1° Qui présentent des dessins d'un ton clair, soit gris normal, soit gris coloré sur fond blanc, ou l'inverse, et dans lesquelles le dessin est au moins égal en surface au fond; car un petit dessin est d'un très médiocre effet, pour une grande pièce du moins;

2° Des dessins de deux ou plusieurs tons d'une même gamme ou de gammes très voisines, assorties conformément à la loi du contraste.

610. Malheureusement il n'y a guère que les papiers peints qui présentent des tentures d'un gris clair ou de couleurs très claires, par la raison que les tissus, que l'on pourrait teindre en tons clairs des couleurs que nous recommandons, ne résisteraient point suffisamment aux agents décolorants de l'atmosphère, pour qu'on pût les employer sous le point de vue de l'économie aussi avantageusement que les papiers peints.

3. TENTURES DE COULEURS VARIÉES ET ÉCLATANTES, REPRÉSENTANT DES FLEURS, DES INSECTES, DES OISEAUX, DES FIGURES HUMAINES, DES PAYSAGES, COMPRENANT LES PAPIERS PEINTS DE LA PREMIÈRE CATÉGORIE (447).

611. Je n'ai aucune remarque à faire sur ces tentures, qui sont en général ou *toiles peintes* ou *papiers peints,* sinon qu'elles ont passé de mode pour la décoration des grands appartements, et que celles qu'on appelle *perses* ne conviennent qu'à de petites pièces, comme cabinets, boudoirs, etc. Dans tous les cas, ces tentures, à cause de leurs dessins plus ou moins compliqués, de leurs couleurs

vives, ne peuvent recevoir des tableaux, et il y a plus, c'est que les
tentures à figures humaines et à paysages, devant s'offrir distinctement à la vue dans toute leur étendue, ne peuvent être masquées
par des meubles en aucune de leurs parties.

(B) BORDURES DES TENTURES.

612. Lorsqu'il s'agit d'assortir une bordure à une tenture monochrome ou à une tenture présentant une couleur dominante, il faut
déterminer d'abord si l'on veut recourir à une harmonie d'analogue
ou à une harmonie de contraste; dans tous les cas, la bordure doit
trancher plus ou moins sur la tenture qu'elle est destinée à circonscrire et à séparer des objets contigus. Je vais examiner les bordures
les plus convenables aux trois groupes de tentures que j'ai distingués précédemment (447).

1. BORDURES POUR TENTURES DE COULEUR UNIE (605).

(A) TENTURES DE COULEUR FRANCHE UNIE (605).

613. L'harmonie de contraste est la plus convenable aux papiers
de couleur franche unie, tels que les jaunes, les verts et les bleus;
en conséquence, nous recommandons de prendre pour couleur dominante de la bordure la complémentaire de celle de la tenture, soit
que cette bordure présente des ornements, des arabesques, des
fleurs, ou simule une étoffe, soit torsade, soit tissue. Mais comme
tout contraste de couleur ne doit pas généralement offrir en même
temps un contraste de ton, il faut que le ton général de la bordure
ne dépasse celui de la tenture que du nombre de degrés nécessaire
pour éviter la fadeur dans l'assortiment. Enfin, si l'on veut une bordure double, par exemple une bordure intérieure de fleurs et une

bordure extérieure, celle-ci pourra être d'un ton beaucoup plus foncé que l'autre et devra toujours être moins large.

614. Parmi les couleurs propres aux bordures, nous recommandons les suivantes comme harmonies de contraste :

1° Pour tenture jaune, la couleur violette et la couleur bleue alliée au blanc, qu'il s'agisse d'une torsade, de fleurs garnies de leurs feuilles ou d'ornements ;

2° Pour tenture verte, le rouge et toutes ses nuances, en torsade, en fleurs, en ornements ; les jaunes d'or peints sur fond rouge foncé ; les bordures de laiton ;

3° Pour tenture bleue, l'orangé et le jaune, soit en torsades, soit en fleurs, soit en ornements ; les bordures de laiton ; elles vont encore mieux sur le bleu que sur le vert.

615. Parmi les harmonies d'analogue, je recommanderai :
Pour une tenture jaune, une bordure de laiton (629).

(B) TENTURES BLANCHES OU BLANCHÂTRES, D'UN GRIS NORMAL, D'UN GRIS DE PERLE OU D'UN GRIS COLORÉ TRÈS PÂLE, UNIES OU À DESSINS VELOUTÉS DE LA COULEUR DU FOND (606).

616. Les papiers de cette sorte admettent des bordures de toutes couleurs, mais il faut éviter cependant le trop grand contraste de ton d'une bordure où se trouvent une ou plusieurs couleurs franches, car les tons intenses du bleu, du violet, du rouge, du vert sont trop crus pour s'allier aux fonds légers dont nous parlons.

Les bordures dorées au moyen de l'or en feuille et les bordures de laiton vont parfaitement avec ces fonds, surtout avec les blancs ou les blancs grisâtres.

Si un gris présente une teinte de verdâtre, de bleuâtre ou de jaunâtre, on pourra employer des bordures de la complémentaire de ces teintes prise à plusieurs tons au-dessus, ou d'un gris foncé teint par cette même complémentaire.

617. Parmi les harmonies d'analogue, on peut prendre pour tentures grises des bordures de quelques tons plus élevés que le leur, et d'un gris qui peut contraster de couleur avec leur teinte, mais très légèrement.

2. BORDURES POUR DES TENTURES QUI PRÉSENTENT UNE COULEUR FRANCHE ET DU BLANC, OU PLUSIEURS TONS APPARTENANT SOIT À UNE MÊME GAMME, SOIT À DES GAMMES VOISINES (608 et suiv.).

618. Tout ce qui a été dit pour l'assortiment des bordures aux tentures d'une couleur franche unie (613) est applicable non seulement à l'assortiment des bordures aux tentures où une couleur franche est alliée au blanc, mais encore à l'assortiment des bordures aux papiers de plusieurs tons d'une même gamme ou de gammes voisines.

619. Quant à l'assortiment de la bordure et des couleurs présentant des dessins blancs et gris, je renverrai à ce que j'ai dit plus haut (616).

3. BORDURES POUR TENTURES DE COULEURS VARIÉES ET ÉCLATANTES REPRÉSENTANT DES FLEURS, DES INSECTES, ETC. (611 et suiv.).

620. Pour les tentures les plus simples de cette sorte, les *perses*, il faut des bordures analogues.

Pour les tentures qui présentent des dessins plus grands que les *perses*, et qui sont répétés d'ailleurs comme ceux de ces dernières, il suffit d'un galon.

621. Les tentures à figures humaines, à paysages, en un mot toutes celles qui font tableau, demandent un encadrement de bois peint, de bois doré ou de bois bronzé, ou bien encore un encadrement simulé par la peinture.

COULEUR DES LAMBRIS RELATIVEMENT AUX TENTURES.

622. Après avoir parlé de la hauteur des lambris, j'ai dit (603) que je reviendrais sur la couleur qui leur convient le mieux. Mais avant de traiter des cas particuliers, il faut distinguer deux cas généraux, suivant que l'assortiment de la tenture à la bordure rentre dans les harmonies de contraste de couleur, ou bien qu'il rentre soit dans les harmonies de contraste de gamme ou de contraste de nuances, soit dans les harmonies d'analogue.

PREMIER CAS. L'ASSORTIMENT DE LA TENTURE ET DE LA BORDURE RENTRE DANS LE CONTRASTE DE COULEUR.

623. La couleur du lambris ou sa couleur dominante, s'il est de plusieurs teintes, lesquelles doivent être en général plus ou moins rapprochées, peut être :

1° La même que celle de la bordure, mais un peu plus foncée et surtout plus ou moins rabattue par du noir.

2° Le gris teint légèrement de la couleur de la bordure et pris au même ton ou à peu près.

3° La complémentaire de la couleur de la tenture, dans le cas où la couleur dominante de la bordure, quoique contrastant avec celle de la tenture proprement dite, n'en serait pas la complémentaire. Si l'on emploie la complémentaire légèrement rompue par du noir, il faudra que la cimaise tranche en clair sur les teintes de la bordure et du lambris.

4° Un gris complémentaire de la couleur de la tenture, toujours dans le cas où la bordure n'est pas de la complémentaire de la tenture.

Dans les quatre cas précédents, on fait trancher sur la couleur de la tenture proprement dite celle du lambris, qu'on ternit toujours plus ou moins. Par ce moyen, les couleurs de la tenture et du lambris s'harmonisent heureusement, et la bordure sépare convenablement ces deux parties en contrastant de couleur avec la tenture, et en contrastant de brillant et de ton avec le lambris.

5° Un gris normal de plusieurs tons, auxquels on peut allier du blanc.

624. Sans proscrire absolument l'assortiment où la couleur du lambris est la même que celle de la tenture, mais plus terne ou plus foncée, cependant je dirai qu'en général il est d'un effet médiocre, et cela tient surtout à ce que la couleur de la bordure, qui contraste avec celle de la tenture et du lambris, est dans une trop faible proportion superficielle relativement à l'autre, et ce défaut est d'autant plus frappant, que le ton de la tenture et du lambris est plus élevé.

DEUXIÈME CAS. L'ASSORTIMENT DE LA TENTURE ET DE LA BORDURE RENTRE SOIT DANS LES HARMONIES DE CONTRASTE DE GAMME OU DE CONTRASTE DE NUANCES, SOIT DANS LES HARMONIES D'ANALOGUE.

625. La couleur du lambris ou sa couleur dominante, s'il est de plusieurs teintes, lesquelles doivent être en général plus ou moins rapprochées, peut être :

1° La complémentaire de la couleur de la tenture, mais plus ou moins rabattue et un peu plus foncée;

2° Le gris complémentaire de la couleur de la tenture;

3° Une couleur qui, sans être complémentaire, contraste avec celle de la tenture;

4° Le gris teint par une couleur qui, sans être complémentaire de celle de la tenture, contraste avec elle.

626. Lorsque la tenture est blanche ou d'un ton de couleur extrêmement faible, et que la bordure ne tranche pas très fortement par sa couleur, on peut faire une harmonie de ton ou de nuance avec la teinte du lambris; par exemple, une tenture blanche ou presque blanche avec une bordure d'or ou de laiton s'harmonise bien avec un lambris qui ne diffère que par quelques tons de plus de la couleur de la tenture, soit que la couleur appartienne à la même gamme, soit qu'elle appartienne à une gamme voisine.

ARTICLE 3.
CORNICHES DU PLAFOND.

627. La corniche d'un plafond blanc doit être en couleurs claires et peu variées. En général, c'est au peintre à voir les couleurs les plus convenables, qui doivent au reste rappeler non celles de la tenture, mais les teintes des lambris. Il faut bien éviter qu'il n'y ait des parties blanches qui la confondraient avec le plafond si ce dernier était blanc, et d'un autre côté, des couleurs trop distantes l'une de l'autre quant à la hauteur du ton et à leurs gammes respectives surtout. En un mot, il faut éviter ce qui différencierait trop les parties d'un même tout. Lorsque la tenture est blanche ou d'un gris très pâle, avec une bordure dorée ou de laiton, la corniche peut

présenter des ornements de la même matière, et, dans ce cas, ils peuvent se détacher sur du blanc ou sur un gris un peu plus foncé que celui de la tenture.

ARTICLE 4.

SIÈGES PLACÉS DEVANT LES LAMBRIS D'APPUI.

628. On doit encore, dans cette circonstance, distinguer le cas général où l'on veut des harmonies de contraste de couleur, et le cas général où l'on veut des harmonies de contraste, soit de gamme, soit de nuances, ou des harmonies d'analogue.

PREMIER CAS GÉNÉRAL. CONTRASTE DE COULEUR.

629. La couleur de l'étoffe des sièges sera la complémentaire de celle de la tenture proprement dite, ou plus généralement la même que celle de la bordure, parce que celle-ci peut être différente de cette complémentaire et contraster cependant de teinte avec la tenture. On voit donc que, dans le cas général qui nous occupe, les sièges contrasteront avec la tenture comme pourront le faire les lambris d'appui ; mais la couleur des sièges étant franche, elle sera encore épurée par celle des lambris, que, par ce motif, nous avons conseillé de ternir.

Il y a quelques remarques à faire :

1° C'est que le cas de contraste le plus net, c'est-à-dire celui où les couleurs des tentures et des sièges sont complémentaires, est le plus favorable à la vision distincte, ainsi qu'au contraste successif, toutes les fois qu'ayant regardé isolément la tenture, on regarde ensuite isolément les sièges et *vice versa*.

2° C'est que dans le cas où les couleurs de la tenture et des sièges contrastent sans être complémentaires, il faut avoir égard à la considération du degré de *clarté* inhérent à la couleur de la tenture; par exemple, si celle-ci est bleue et que la bordure soit jaune, l'étoffe du meuble étant jaune et d'une nuance plutôt dorée que citron, il faudra que cette étoffe soit d'un ton beaucoup plus élevé que le ton bleu de la tenture, et le ton du bois des meubles devra être encore plus élevé que le jaune, afin d'éviter la fadeur.

3° On peut border l'étoffe du meuble dans les parties contiguës au bois, soit avec des couleurs foncées bien assorties, soit avec la couleur même de la tenture, mais en prenant celle-ci à un ton plus élevé; c'est même un moyen d'harmoniser la tenture et le meuble, en y faisant entrer les mêmes couleurs, mais dans des proportions inverses.

4° Lorsque, au lieu de canapés, de fauteuils, de chaises, il y a un divan qui cache entièrement les lambris, il faut prendre la couleur complémentaire de la tenture, et dans ce cas il est plus avantageux que la couleur de la bordure, au lieu d'être complémentaire de celle du fond, forme avec elle un contraste de gamme ou de nuances. C'est surtout dans cette circonstance qu'une tenture jaune, à bordure de laiton en relief (615), peut produire, avec un divan de couleur violette, un excellent effet, du moins à la lumière du jour, car je dois rappeler que le jaune perd à la lumière artificielle, ainsi que le violet.

5° On peut regarder comme harmonie de contraste de couleur, des tentures claires de couleur franche avec des meubles d'un gris dont la couleur est très sensiblement la complémentaire de celle de la tenture.

DEUXIÈME CAS GÉNÉRAL. CONTRASTE DE GAMME OU DE NUANCES; HARMONIE D'ANALOGUE.

630. Les arrangements qui rentrent dans ce cas général peuvent concerner des pièces différant de grandeur, et, suivant qu'ils appar-

tiennent aux harmonies gaies ou aux harmonies graves, ils peuvent concerner des pièces de destinations très différentes.

1. ASSORTIMENTS GAIS.

631. Dans de petites pièces, telles que boudoirs, par exemple, où les tentures sont gaies, une harmonie de contraste de nuances, de gamme, ou une harmonie d'analogue, est en général préférable à une harmonie de contraste de couleur, si la tenture est unie ou si elle a une couleur dominante, car si elle avait une couleur prononcée alliée au blanc, comme un coutil, une étoffe rayée, ou bien si elle présentait des dessins de couleurs variées, tels que ceux des *perses*, l'ameublement le plus convenable serait un divan de l'étoffe même de la tenture, et nous remarquerons que c'est en quelque sorte se conformer à l'objet du boudoir ou de lieux analogues que d'en diminuer en quelque sorte l'étendue à l'œil, en ne faisant usage que d'une seule étoffe pour la tenture et les sièges, au lieu de chercher à fixer la vue sur des objets distincts.

632. Dans de grandes pièces, il y a un arrangement d'un bel effet, c'est une tenture blanche ou d'un gris presque blanc avec un meuble d'une couleur franche, telle que le rouge, le jaune, le vert, le bleu et le violet.

Lorsqu'on emploie le rouge, le vert, le bleu ou le violet, il faut ne hausser le ton que de ce qui est convenable pour éviter la fadeur. Le bleu de ciel est la couleur la plus convenable à cet arrangement; le cramoisi, que l'on emploie aussi, est trop dur, surtout si la pièce n'est pas très grande ni très éclairée.

2. ASSORTIMENTS GRAVES.

633. Les assortiments de ce genre conviennent à des pièces

consacrées à des réunions graves ou à l'étude, telles que bibliothè-
ques, cabinets de physique, etc. En général, plus la pièce est petite,
ou, ce qui revient au même, moins il y a d'espace propre à recevoir
une tenture, plus l'assortiment doit rentrer dans les harmonies d'analogue.

Les tentures ou les peintures ne doivent présenter que du gris
normal, ou du gris d'une couleur plus ou moins rabattue; les sièges
doivent être noirs ou d'un gris foncé, soit normal, soit coloré, et
dans ce cas on peut prendre un gris teint de la complémentaire de
la couleur du gris de la tenture. Enfin, si on voulait plus de contraste,
on pourrait recourir aux tons bruns de cette complémentaire de la
couleur qui teint les gris de la tenture.

ARTICLE 5.

RIDEAUX DES FENÊTRES ET DU LIT.

634. Les rideaux des fenêtres et ceux du lit, s'il s'agit d'une
chambre à coucher, seront pareils les uns aux autres; ils pourront :

1° Être blancs, en soie ou en mousseline brodée;

2° Être de couleur;

3° Se composer d'un rideau blanc et d'un rideau de couleur.

Voyons maintenant, lorsque les rideaux ne seront pas blancs, la
couleur qui leur conviendra le mieux. Je distingue deux cas généraux
comprenant plusieurs cas particuliers.

PREMIER CAS GÉNÉRAL. LES SIÈGES SONT D'UNE COULEUR DÉCIDÉE,
TELLE QUE LE ROUGE, LE JAUNE, LE VERT, LE BLEU, LE VIOLET.

(A) *Cas particulier.* La tenture a une couleur franche, contrastant
heureusement avec celle des sièges.

Les rideaux devront être généralement de la couleur des sièges, et leur bordure sera de la couleur de la tenture.

(B) *Cas particulier*. La tenture n'est pas d'une couleur franche.

Les rideaux pourront être :

1° De la couleur des sièges;

2° De la couleur de la tenture avec une bordure de la couleur des sièges.

DEUXIÈME CAS GÉNÉRAL. LES SIÈGES SONT GRIS OU D'UNE COULEUR TRÈS RABATTUE.

(A) *Cas particulier*. La tenture est d'une couleur décidée.

Les rideaux pourront être :

1° De la couleur des sièges, avec une bordure de la couleur de la tenture;

2° De la complémentaire de la tenture ou d'une couleur contrastant heureusement avec elle. La couleur de la bordure sera celle de la tenture.

(B) *Cas particulier*. La tenture est d'une couleur grise ou blanche.

Les rideaux pourront être :

1° De la couleur des sièges;

2° D'une couleur franche, qui sera d'autant mieux assortie avec le gris de la tenture, qu'elle sera complémentaire de la couleur du gris, si celui-ci n'appartient pas à la gamme du gris normal.

ARTICLE 6.
PORTES.

635. Les portes étant par leur usage, leur grandeur, leur position relativement au plan du mur, absolument distinctes des lambris

d'appui, doivent s'en distinguer par la couleur, malgré l'habitude contraire où sont les peintres de les faire semblables.

636. On pourra en peindre différentes parties en plusieurs tons peu élevés d'une même gamme ou de gammes rapprochées, et toujours suivant les harmonies d'analogue, parce qu'il s'agit des parties d'un même objet. La couleur des portes sera le gris normal ou un gris teint de la couleur de la tenture ou de sa complémentaire, qui se liera toujours ainsi avec la tenture, soit par une harmonie d'analogue, soit par une harmonie de contraste. Ce sera surtout par la clarté des tons ou des nuances que les portes se distingueront des lambris d'appui. L'encadrement de la porte devra être plus foncé que la porte même.

ARTICLE 7.
FENÊTRES.

637. Les fenêtres seront comme les portes : c'est au reste une règle qui est généralement observée depuis longtemps. Quant aux espagnolettes, elles seront noires, bronzées ou de laiton.

ARTICLE 8.
TAPIS.

638. D'après ce que j'ai dit de la distribution des couleurs dans les tapis destinés à de grands appartements, comme ceux des palais (420), il est clair que, quelles que soient les couleurs dominantes des sujets représentés dans leur partie centrale sous le rapport de l'éclat et du contraste, elles seront toujours séparées des sièges par un intervalle suffisant pour qu'elles ne soient pas en désaccord avec la couleur de ces derniers, et que les unes ne nuisent pas aux autres.

639. Quant aux tapis de petites pièces ou de pièces moyennes, il faudra distinguer deux cas relativement aux couleurs de leur ameublement.

Premier cas. Plus ces couleurs seront nombreuses et vives, plus on voudra en ménager l'éclat, plus les meubles seront nombreux, et plus il conviendra que le tapis soit simple de couleurs et de dessin. Dans beaucoup de cas, l'assortiment vert et noir sera d'un bon effet.

Deuxième cas. Si l'ameublement est d'une seule couleur ou de plusieurs tons, soit d'une même couleur, soit de gammes voisines, on pourra sans inconvénient employer un tapis de couleurs brillantes, et établir ainsi une harmonie de contraste entre elles et la teinte dominante de l'ameublement.

Mais si les meubles sont en acajou et qu'on veuille en faire briller la couleur, il ne faudra pas que le tapis ait, pour couleur dominante, le rouge, l'écarlate, l'orangé.

En un mot, dans le premier cas, pour ménager les couleurs de l'ameublement, il faut que les couleurs du tapis rentrent dans les harmonies d'analogues plus ou moins sombres, tandis que dans le second, où l'harmonie de contraste de couleur n'existe pas dans le meuble, on peut sans inconvénient, si on le veut, recourir à cette harmonie dans le tapis.

ARTICLE 9.
TABLEAUX.

640. Toutes les fois qu'on veut placer des tableaux sur des tentures, il faut que celles-ci soient d'une couleur unie ou de deux couleurs très voisines, si ce ne sont pas des tons d'une même gamme. En outre, le dessin de ces tentures à deux couleurs voisines ou à

deux tons d'une même gamme sera le plus simple possible. En définitive, lorsqu'on veut placer un tableau sur une tenture de couleur, il faut toujours, pour que l'effet soit supportable, que la couleur dominante de la tenture soit la complémentaire de la couleur dominante du tableau.

641. Les gravures, les lithographies noires ne doivent jamais être placées à côté de tableaux à l'huile, ni même à côté de dessins coloriés.

642. Les papiers gris de perle ou gris normal un peu foncé peuvent recevoir des gravures, des lithographies noires, encadrées dans des cadres dorés ou de bois jaune.

643. Les tentures jaunes peuvent recevoir avec avantage des paysages dans lesquels le vert des gazons, des feuilles et le bleu du ciel dominent. Les cadres les plus convenables, dans ce cas, sont ceux de palissandre, ou de bois peint en gris ou en noir. Les cadres dorés ne sont pas d'un mauvais effet pour le tableau, mais l'or du cadre et le jaune de la tenture ne contrastent pas assez pour la plupart des yeux.

644. Les tableaux à l'huile, dans des cadres dorés, sont d'un bon effet sur une tenture d'un gris olivâtre plus ou moins foncé, suivant le ton du tableau. Les carnations et l'or ressortent bien sur un pareil fond. Les papiers d'un vert foncé et même d'un bleu foncé peuvent encore être employés avec avantage dans plusieurs cas.

§ 2. DES ASSORTIMENTS DES COULEURS RELATIVEMENT AUX INTÉRIEURS DONT
LES MURS SONT BOISÉS, OU REVÊTUS DE MARBRE, OU ENDUITS DE STUC, OU
ENFIN DÉCORÉS DE PEINTURE SUR BOIS, SUR PIERRE OU SUR ENDUIT.

ARTICLE PREMIER.

INTÉRIEURS BOISÉS.

645. Si l'on cherche à rattacher à un motif rationnel l'usage de
boiser les murs des intérieurs de haut en bas et de laisser la surface
du bois apparente, on le trouvera dans le besoin de se préserver
de l'humidité des murailles et du froid résultant du contact de nos
organes avec la pierre, et en outre dans l'intention de montrer aux
yeux des personnes qui se réuniront dans une pièce boisée, que l'on
a satisfait à ce besoin.

646. Les appartements boisés étaient bien plus communs autrefois qu'ils ne le sont aujourd'hui, et cela ne doit pas surprendre,
lorsqu'on réfléchit d'un côté à la cherté d'une boiserie d'un bel effet,
à la nécessité d'un beau jour pour éclairer une pièce boisée, car la
surface d'un bois de prix est en général sombre, et d'un autre côté
au goût actuel pour les décorations plus ou moins chargées d'ornements, qu'il est si facile de satisfaire au moyen des papiers peints,
des tissus et des accessoires. Malgré cette disposition du goût, je
crois qu'il y a encore dans les grands appartements deux pièces
auxquelles une boiserie plus ou moins soignée sera très convenable :
ce sont la salle à manger et la salle de billard, où l'on se réunit pour
un tout autre but que celui de causer ou de montrer une toilette élégante. La scène étant pour ainsi dire concentrée sur la table à manger
ou sur le billard, il n'y a pas de raison pour en distraire la vue, en

la portant sur des murs revêtus d'ornements variés : dans le cas où un intérieur est boisé, le sol doit être parqueté; car des carreaux de terre cuite, de pierre, de marbre, seraient un contresens.

647. La couleur des rideaux pour des pièces boisées sera choisie conformément aux principes précédents. Par exemple :

Des rideaux blancs rehausseront le ton des boiseries;

Des rideaux bleus feront ressortir la teinte dorée de plusieurs bois, notamment du chêne poli.

ARTICLE 2.
INTÉRIEURS REVÊTUS DE MARBRE.

648. Il n'y a guère que des rez-de-chaussée, des vestibules, de grands escaliers, des galeries qui, quoique couvertes, sont exposées aux injures de l'air par des ouvertures quelconques, des salles de bain, des salles à manger et des salles de billard, que l'on puisse revêtir de marbre.

Le marbre préserve bien l'intérieur qu'il revêt, de l'humidité puisée dans le sol par la capillarité des murs; mais la sensation *de froid* qu'il nous fait éprouver lorsque nous le touchons est tellement liée dans notre esprit à son image, qu'une grande surface couverte de marbre nous semble froide, et qu'elle est en opposition avec nous-mêmes toutes les fois que nous avons besoin de chaleur. Si le marbre convient parfaitement à une salle de bain, il ne doit être employé rationnellement dans une salle à manger, dans une salle de billard, qu'autant que ces pièces sont placées dans des conditions où nous recherchons la fraîcheur.

649. On peut arranger des marbres entre eux d'après le principe

de l'harmonie de contraste ou celui de l'harmonie d'analogue. Le bronze s'y adapte très bien. Je ferai remarquer que si l'on voulait y ajouter encore du granit, du porphyre, il faudrait composer de ces derniers les assises inférieures; on pourrait les employer comme lambris d'appui, à cause de leur grande dureté et de leur stabilité aux agents de l'atmosphère.

650. Les rideaux vont mal avec les marbres; les stores leur sont préférables.

ARTICLE 3.
INTÉRIEURS REVÊTUS DE STUC.

651. Le stuc est principalement préparé pour imiter le marbre; partout où celui-ci est employé, le stuc peut l'être, seulement il ne résiste pas autant que lui aux agents atmosphériques.

652. On peut orner le stuc, imitant le marbre blanc, de paysages, de fleurs, de fruits, etc., au moyen d'un procédé qui consiste à y incorporer, lorsqu'il est frais, des pâtes diversement colorées, qu'on juxtapose ensemble à la manière des éléments de la mosaïque (429). Je crois, conformément à la manière dont j'ai envisagé le marbre dans la décoration des intérieurs, que le stucateur doit viser plutôt à imiter la mosaïque que la peinture au pinceau.

ARTICLE 4.
INTÉRIEURS REVÊTUS DE BOIS OU D'UN ENDUIT QUELCONQUE, PEINTS EN PLUSIEURS COULEURS.

653. Les peintures que l'on peut faire sur une boiserie qui n'est pas assez belle pour être offerte à la vue, ou plus généralement sur une surface quelconque, ont pour objet d'imiter :

1° Une tenture proprement dite ;

2° Une boiserie d'un prix plus ou moins élevé ;

3° Un revêtement de marbre.

Je n'ai rien à dire de particulier concernant ces trois sortes d'imitation, soit qu'on les considère sous le rapport de l'association des couleurs à employer dans leur décoration, soit que l'on considère l'opportunité des lieux relativement à la préférence qu'il faut accorder à l'une d'elles sur les deux autres, par la raison que ce serait répéter ce qui a été développé déjà dans ce chapitre.

654. Mais il est un genre de peinture de décoration dont je dois dire quelques mots : ce sont les arabesques sur fond blanc ou gris pâle. Il est d'usage dans des galeries, des salles de danse, de grands salons et même des chambres à coucher. Lorsqu'on décore d'arabesques des pièces qui doivent être chauffées, il faut chercher à imiter les tableaux plutôt que la mosaïque.

655. Plus les arabesques seront d'un travail soigné, plus elles présenteront de variétés dans leurs formes et leurs couleurs, et moins il faudra chercher à les rappeler par les draperies qu'on leur associera ; ainsi des rideaux blancs à bordure ample et simple à la fois, ou des rideaux d'un ton de couleur peu élevé, ou d'un dessin extrêmement simple, devront avoir la préférence sur des rideaux qui rappelleraient les arabesques par de vives couleurs, des dessins variés ou une couleur tranchante ; en un mot, la couleur du rideau, s'il en a, doit être sacrifiée à celle des arabesques.

SECTION III.

APPLICATIONS À L'HABILLEMENT.

INTRODUCTION.

656. En exposant les applications de la loi du contraste qui font l'objet de cette section, mon intention est de traiter principalement, à l'occasion de l'habillement des hommes, la question de l'association des couleurs dans les uniformes militaires, sous le point de vue de l'économie pour l'État, et, à l'occasion de l'habillement des femmes, la question de déterminer les associations de couleurs qui leur sont les plus convenables, lorsqu'elles posent devant un peintre. La première question est donc toute d'économie administrative, et la seconde rentre absolument dans le domaine de l'art.

Sous ce dernier rapport j'aurai atteint le but que je me propose, si le peintre de portrait trouve dans les vues que je vais exposer le moyen de choisir les associations de couleurs qui, en donnant à son œuvre plus d'éclat et d'harmonie, la rendront par là moins susceptible de paraître vieille, après que la mode sous le règne de laquelle il l'aura exécutée sera oubliée.

Quelques lecteurs pourraient penser qu'ayant déjà parlé (deuxième Partie, première division, troisième section) de plusieurs circonstances de la peinture en portrait, j'aurais dû traiter alors la question que je viens de poser : le motif que j'ai eu de faire autrement est que dans la *section du coloris*, si je ne pouvais omettre de mentionner ce genre de peinture, c'était sans donner les développements dans lesquels je vais entrer, parce que non seulement ils eussent été hors de proportion avec le reste du sujet, mais encore quelques détails n'auraient point été suffisamment éclaircis, comme ils le seront, j'espère, par plusieurs faits dont je n'ai parlé que dans la partie de l'ouvrage qui suit la section *du coloris*.

CHAPITRE PREMIER.

HABILLEMENT DES HOMMES.

657. C'est un fait connu de beaucoup de personnes, qu'un habit d'uniforme composé de draps de différentes couleurs se porte plus longtemps beau à l'œil, quoique usé, qu'un habit d'une seule couleur, lors même que celui-ci serait d'un drap identique à un de ceux qui composent le premier. La loi du contraste donne parfaitement la raison de ce fait, comme je vais le dire dans l'article suivant, en démontrant l'avantage de l'assortiment des couleurs pour uniformes militaires sous le rapport économique.

§ 1. DES AVANTAGES DU CONTRASTE SOUS LE POINT DE VUE DU RENFORCEMENT OU DE L'ÉPURATION OPTIQUE DE LA COULEUR DES DRAPS POUR HABILLEMENT.

ARTICLE PREMIER.

DES UNIFORMES DONT LES COULEURS SONT COMPLÉMENTAIRES.

658. Supposons un uniforme vert et rouge, comme l'est celui de plusieurs corps de cavalerie : d'après la loi du contraste, les deux couleurs, étant complémentaires, se renforcent mutuellement; le *vert rend donc le rouge plus rouge, et le rouge rend le vert plus vert.* Je suppose que l'augmentation de couleur résultant du contraste soit $\frac{1}{10}$ pour chacun des draps dont la couleur vue isolément est représentée par l'unité : au moyen de la juxtaposition, chaque couleur devient donc égale à $1 + \frac{1}{10}$; je suppose, en outre, qu'un habit fait uniquement du drap vert ou du drap rouge, après avoir été porté un

an, ait perdu $\frac{1}{10}$ de couleur : il est clair que l'habit d'uniforme, composé de drap vert et de drap rouge, après avoir été porté le même temps, ne paraîtra point à l'œil formé de deux draps qui seraient tombés chacun de $\frac{1}{10}$ de leur couleur première, puisque *le vert donne du rouge au rouge, et que le rouge donne du vert au vert*; et si l'on n'admet pas que le renforcement soit précisément égal à $\frac{1}{10}$ de la couleur première, cependant l'observation prouve que la fraction réelle qui l'exprime ne s'en éloigne pas beaucoup; de sorte que si, dans la supposition que j'ai faite, on ne peut pas dire qu'au bout d'un an l'uniforme bicolore présente des draps qui ont absolument la même couleur que celle de chaque drap neuf vu isolément, cependant on est obligé d'admettre que la différence est petite. J'ai oublié de dire que les deux couleurs sont prises au même ton.

659. Le raisonnement que je viens de faire s'applique aux habits bicolores dont les couleurs, comme l'orangé et le bleu, le violet et le jaune verdâtre, l'indigo et le jaune orangé, sont complémentaires l'une de l'autre; il faut seulement tenir compte de la différence de ton plus ou moins grande qui peut exister entre elles, lorsqu'on ne les prend pas au même ton, ainsi que je l'ai supposé dans l'exemple précédent.

660. L'orangé foncé et le bleu sont capables de composer un bel uniforme; mais le drap bleu ne doit pas être trop foncé pour s'allier heureusement à l'orangé brillant.

661. Le violet et le jaune, plutôt verdâtre qu'orangé, et aussi foncé que possible, tel enfin qu'on peut l'obtenir avec la gaude, sont capables de former un bel uniforme pour la cavalerie légère. La

seule objection est dans la couleur violette, qui n'est réellement solide qu'autant qu'elle résulte du mélange du rouge de la cochenille et
du bleu d'indigo de cuve, et qu'elle est prise à une certaine hauteur
de ton.

ARTICLE 2.

DES UNIFORMES DONT LES COULEURS, SANS ÊTRE COMPLÉMENTAIRES,
SONT CEPENDANT TRÈS CONTRASTANTES.

662. Parmi les couleurs qui ne sont pas mutuellement complémentaires, mais dont le contraste est agréable, et conséquemment
avantageux pour les uniformes, je citerai particulièrement le bleu et
le jaune, le bleu et l'écarlate, le vert et le jaune.

Bleu et jaune.

663. Ces deux couleurs vont bien ensemble; le bleu donne une
teinte orangée d'autant plus sensible au jaune, que le ton de celui-ci
est plus élevé et que le ton du bleu l'est moins. A son tour, dans la
même circonstance, le jaune communique au bleu un œil violet qui
l'embellit; si le bleu avait une teinte verdâtre désagréable, le jaune
la neutraliserait; mais s'il existait une grande différence de ton entre
les deux couleurs, le contraste provenant de cette différence pourrait aller jusqu'à rendre insensible l'effet résultant du contraste des
couleurs; et il y a plus, c'est que le bleu foncé, à un certain point,
peut paraître noir ou moins violâtre, comme le jaune, en s'affaiblissant, peut paraître verdâtre.

Bleu et écarlate.

664. Le bleu foncé et le rouge écarlate font un bel assortiment
pour uniforme : le premier, par son orangé complémentaire, donne

plus de feu au rouge écarlate, et celui-ci, en ajoutant sa complémentaire, le vert bleuâtre, au bleu foncé, le rapproche du bleu proprement dit; car il ne faut pas oublier que le bleu foncé teint avec l'indigo ou le bleu de Prusse est plutôt violâtre que bleu pur.

C'est dans cet assortiment que rentre l'uniforme bleu-indigo et rouge-garance de beaucoup de corps de l'armée française. Il n'est pas douteux que, pour l'éclat, un bleu plus clair et une couleur de garance orangée plus franche, et conséquemment moins terne et moins rosée que les couleurs actuelles, seraient préférables, s'il ne devait pas entrer de blanc dans l'uniforme.

Vert et jaune.

665. Le vert et le jaune forment une association qui plaît à l'œil par sa gaieté, et qui convient surtout à un uniforme de cavalerie de ligne. Mais il faut remarquer que, pour avoir l'assortiment le plus seyant, le vert doit être plus clair et plus jaune que celui qui s'associe bien avec le rouge, par la double raison que le jaune qu'on juxtapose au vert, neutralisant par son violet une portion du jaune du drap vert, exalte la couleur du bleu et ôte par conséquent du brillant au vert; et qu'en outre cet effet tend incessamment à augmenter, parce que le jaune du drap vert est plus vite altéré que son bleu. D'un autre côté, le drap jaune recevant du rouge de la juxtaposition du vert, il ne faut pas le prendre trop orangé. Ce cas peut servir d'exemple, par opposition à celui où j'ai cité l'assortiment vert et rouge complémentaires, dans l'intention de démontrer l'avantage économique des assortiments de contraste de couleur en général (658), pour faire comprendre clairement que dans les assortiments de couleur propres aux uniformes militaires, un bon choix est d'autant plus difficile à faire, qu'on s'éloigne davantage du contraste des couleurs complémentaires.

DE L'UNIFORME COMPOSÉ D'UNE SEULE COULEUR ET DE BLANC.

666. Après la remarque que j'ai faite de l'augmentation de ton que la juxtaposition du blanc donne aux couleurs (52), et d'après l'ordre que j'ai établi entre les assortiments du bleu, du rouge, du jaune, du vert, de l'orangé et du violet avec le blanc (185), j'ai peu de chose à dire sur les uniformes qui présentent ces associations. Il ne faut pas perdre de vue qu'en même temps que les couleurs sont rehaussées, leurs complémentaires respectives s'ajoutent au blanc et produisent des effets d'autant plus sensibles, toutes choses égales d'ailleurs, que le ton des couleurs est moins élevé. Si le blanc est roux, la juxtaposition du bleu en augmentera la teinte, celle du violet l'éclaircira en le jaunissant, celle du vert en exaltera le rougeâtre; enfin celle du jaune et surtout celle de l'orangé l'affaibliront.

667. L'uniforme blanc n'est pas seulement d'un bon effet lorsqu'on porte le pantalon blanc avec l'habit blanc uni, ou l'habit blanc à collet, revers, parements et retroussis d'une couleur franche convenablement choisie; mais il l'est encore lorsqu'on porte un pantalon de couleur claire, par exemple bleu de ciel, avec l'habit blanc uni, ou à collet, revers, parements et retroussis de la couleur du pantalon ou d'une couleur qui y soit assortie convenablement.

Enfin le pantalon blanc s'associe bien avec un habit monochrome.

DE L'UNIFORME BICOLORE, DANS LEQUEL ON FAIT ENTRER LE BLANC.

668. Le blanc, en s'associant à deux couleurs pour en composer un habit d'uniforme, ne produit réellement un très bon effet qu'avec

le bleu et l'orangé, le bleu et le rouge. Il est d'un effet moindre avec
le vert et le jaune et avec le bleu et le jaune; c'est au reste ce qu'on
pouvait présumer de ce que j'ai dit des associations de deux couleurs
franches avec le blanc (185 et suiv.).

669. Si le blanc ne s'associe pas également bien à deux couleurs
pour former un habit, il est toujours d'un excellent effet lorsqu'il est
porté en pantalon avec un habit bicolore, par exemple avec l'habit
bleu (foncé ou clair) et orangé, avec l'habit bleu (foncé ou clair) et
rouge, avec l'habit bleu de ciel et jaune, avec l'habit vert et rouge,
avec l'habit vert et jaune.

Rien n'est plus propre à démontrer l'avantage du blanc associé
au bleu et au rouge, que la différence qu'on remarque entre l'habit
bleu foncé et le pantalon garance, portés sans buffleteries blanches,
et l'effet du même uniforme porté avec ces dernières.

ARTICLE 5.

DE L'UNIFORME BICOLORE, DANS LEQUEL ON FAIT ENTRER LE NOIR.

670. Le noir pourrait entrer avec avantage dans la composition
de plusieurs uniformes composés de deux couleurs lumineuses, telles
que le rouge, l'écarlate, l'orangé, le jaune, le vert gai, par exemple;
l'habit écarlate uni ou avec retroussis et revers d'un jaune verdâtre
plutôt qu'orangé, ou encore d'un vert ou d'un bleu tendre, va parfaitement avec le pantalon noir. Enfin le pantalon noir peut s'associer
avec des couleurs sombres pour des uniformes qui ne doivent pas
être vus de loin.

ARTICLE 6.

DE L'UNIFORME DANS LEQUEL IL Y A PLUS DE DEUX COULEURS,
NON COMPRIS LE BLANC ET LE NOIR.

671. Si l'on peut faire entrer trois couleurs dans un uniforme, notamment le rouge, le bleu et le jaune, sans produire un mauvais effet, cependant je donne la préférence aux uniformes bicolores, dans lesquels on associe convenablement le blanc ou le noir, et je saisis encore cette occasion de faire remarquer que si la vue de plusieurs couleurs est plus agréable que la vue d'une seule, il y a cependant toutes sortes d'inconvénients à en présenter aux yeux un trop grand nombre à la fois, que ces couleurs soient réparties sur des objets différents, ou qu'elles le soient sur des parties distinctes d'un même objet.

ARTICLE 7.

DE L'UNIFORME DANS LEQUEL IL ENTRE DIFFÉRENTES NUANCES
D'UNE MÊME COULEUR.

672. A la rigueur, il est possible de faire des assortiments agréables de couleurs appartenant à des gammes voisines, ou, ce qui est la même chose, à une même nuance; cependant la difficulté du succès dans les assortiments de ce genre, et la facilité de réussir dans ceux de contraste de couleur, me déterminent à rejeter les premiers, du moins toutes les fois qu'il s'agit de couleurs brillantes; car pour des uniformes de couleurs sombres, on peut les employer.

Afin de motiver le jugement que je porte contre les assortiments de différentes nuances d'une couleur, je citerai :

Le mauvais effet des uniformes des troupes françaises, où il y a juxtaposition du rouge-garance et du rouge de cochenille : tel est l'uniforme des dragons, où les revers de l'habit sont roses de cochenille, et le pantalon rouge de garance.

ARTICLE 8.

DE L'UNIFORME COMPOSÉ DE DEUX TONS D'UNE MÊME GAMME.

673. L'association de deux tons d'une même couleur pour uniforme n'est point heureuse; en effet, le ton le plus clair perd de sa couleur, et si le ton foncé en acquiert, ce n'est jamais ou presque jamais un avantage. Au reste, il serait inutile de s'appesantir sur ce sujet, puisque la pratique est tout à fait conséquente à la théorie.

ARTICLE 9.

DE L'UNIFORME MONOCHROME.

674. Si les uniformes qui présentent des contrastes de couleur sont avantageux sous le rapport économique, si les uniformes à couleurs claires présentent des avantages lorsqu'on veut frapper la vue d'une armée ennemie par le nombre des combattants qu'on lui oppose, il y a des cas où, loin de déployer des bataillons, des escadrons, dans l'intention de rendre visibles des lignes étendues, on cherche au contraire à dissimuler la présence de soldats tirailleurs ou éclaireurs. Eh bien, pour ces derniers, ou encore s'il s'agissait d'établir une sorte de hiérarchie entre divers corps au moyen de l'habillement, on pourrait recourir à l'uniforme monochrome de couleur sombre.

§ 2. DE L'INFLUENCE DES PROPORTIONS SUPERFICIELLES SUIVANT LESQUELLES LES DRAPS DE COULEURS DIVERSES SONT ASSOCIÉS DANS LES UNIFORMES POLYCHROMES.

675. J'ai eu déjà plusieurs fois l'occasion de faire remarquer que

42

la proportion des étendues superficielles que diverses couleurs contiguës occupent, et la manière dont ces couleurs sont distribuées, les unes à l'égard des autres, lors même qu'on les suppose bien assorties, ont beaucoup d'influence sur les effets qu'elles produisent (249, 251, 365) : je dois ajouter, conformément à ces principes, qu'il ne suffit pas d'avoir choisi pour des uniformes des couleurs dont l'association est satisfaisante, mais qu'il faut les employer dans certaines proportions respectives et les distribuer convenablement pour en tirer le meilleur parti possible. Quoique j'aie l'intention de n'entrer dans aucun détail à ce sujet, cependant je ferai quelques remarques qui s'y rapportent.

676. Lorsqu'une couleur n'est qu'en faible proportion relativement à une autre, il est nécessaire qu'elle soit répartie aussi également que possible dans tout le vêtement; un exemple qui vient à l'appui de cette proposition est l'uniforme de l'artillerie, bleu et rouge-écarlate : cette dernière couleur, qui est loin d'égaler la première en étendue superficielle, produit un très bon effet, parce qu'elle est distribuée sur tout l'uniforme.

677. Dans un uniforme polychrome où une couleur se trouve sur différentes pièces du vêtement, soit l'habit et le pantalon, par exemple, il faut éviter que la couleur ne confonde à l'œil des parties contiguës ou superposées, de manière qu'une partie d'une des pièces semble appartenir à l'autre; ainsi des régiments de l'armée française portent, avec le pantalon rouge-garance, un habit bleu dont les retroussis sont de ce même rouge : qu'arrive-t-il de là? c'est qu'à une certaine distance, le rouge des retroussis se confondant avec celui du pantalon, les basques de l'habit paraissent réduites à leurs parties bleues et sont

jugées trop étroites. Il serait aisé de remédier à cet inconvénient en mettant les retroussis bleus avec un passepoil rouge.

En résumé, je serais disposé à admettre les deux principes suivants :

1° Toutes les fois que dans un uniforme l'habit et le pantalon sont d'une même couleur, et qu'il en existe une seconde sur le premier qui n'y soit qu'en faible proportion, il faudra la répéter sur le pantalon, en large bande si le soldat porte des bottes, et en simple passepoil s'il porte des souliers;

2° Toutes les fois que le pantalon est de la couleur distinctive de l'habit (c'est-à-dire de celle qui n'en fait pas le fond), une bande ou un simple passepoil de la couleur de l'habit rappellera cette couleur sur le pantalon.

§ 3. DES AVANTAGES DU CONTRASTE SOUS LE POINT DE VUE DE LA PROPRETÉ APPARENTE DES DRAPS POUR HABILLEMENT.

678. Le contraste produit par les couleurs de draps composant un uniforme est non seulement avantageux pour l'éclat et la *conservation apparente* des couleurs de ces draps, mais il l'est encore pour rendre moins visibles des inégalités qu'un drap peut présenter, parce que, la matière colorée que la teinture lui a donnée n'ayant pas pénétré également jusqu'au centre de l'étoffe, la partie superficielle venant à s'user inégalement suivant qu'elle est exposée à des frottements différents d'intensité, la couleur du drap s'éclaircit, ou, comme on dit vulgairement, *blanchit* dans les parties les plus exposées au frottement : beaucoup de draps bleus, rouge-écarlate, rouge-garance, présentent particulièrement ce résultat sur les parties saillantes du vêtement, telles que les coutures. Eh bien, ce défaut qu'ont certains draps de *blanchir sur coutures* est bien moins sensible dans l'habit

de deux ou de plusieurs couleurs qu'il ne l'est dans l'habit monochrome, parce que *le vif contraste des couleurs différentes, fixant tout
à fait l'attention du spectateur, empêche la vue d'apercevoir des inégalités qui seraient visibles dans l'habit monochrome.*

679. C'est par la même raison que les taches sur un même fond
seront toujours moins apparentes dans un habit polychrome que dans
un habit monochrome.

680. C'est encore par la même raison qu'un habit, un gilet et un
pantalon d'une même couleur ne peuvent être portés ensemble avec
avantage que neufs; car dès que l'un d'eux a perdu sa fraîcheur pour
avoir été plus porté que les autres, la différence augmentera par le
contraste. Ainsi un pantalon noir neuf mis avec un habit et un gilet
de même couleur, mais vieux et légèrement roux, fera ressortir cette
dernière teinte, en même temps que le noir du pantalon paraîtra
plus brillant. Un pantalon blanc et même d'un gris roux corrigerait
l'effet dont je parle. On voit donc l'avantage que le pantalon du soldat
soit d'une autre couleur que celle de l'habit, surtout si, portant cet
habit toute l'année, il ne portait un pantalon du même drap que pendant l'hiver. Enfin on voit pourquoi le pantalon blanc est favorable
aux habits de toutes les couleurs, ainsi que je l'ai déjà dit (667).

APPENDICE AU CHAPITRE PRÉCÉDENT.

REMARQUES SUR LES UNIFORMES DE L'ARMÉE FRANÇAISE PORTÉS EN 1838.

Dans le chapitre qu'on vient de lire, je n'ai guère exposé que des généralités; je vais maintenant, les prenant pour principes, en faire des applications à une revue de la plupart des uniformes de l'armée française, tels qu'ils sont prescrits dans l'Annuaire militaire de 1838.

A. GENDARMERIE DÉPARTEMENTALE ET COLONIALE.

L'uniforme de ce corps, pour grande tenue, est bien. Il serait mieux encore, si le collet était écarlate comme les revers et les retroussis, parce que la proportion de la couleur qui occupe le moins d'étendue serait plus grande et plus également répartie (675 et 676).

B. GARDE MUNICIPALE DE PARIS.

L'uniforme de ce corps, pour grande tenue, est très bien.

C. INFANTERIE DE LIGNE.

Quoi qu'on en ait dit, l'association du pantalon rouge-garance et de l'habit bleu de roi n'est point désagréable, surtout lorsque le soldat porte ses buffleteries blanches (669).

Les seules remarques critiques auxquelles il donne lieu portent :

1° Sur l'effet résultant de la vue simultanée de l'épaulette écarlate des grenadiers, et du pantalon garance qui est d'un autre rouge; cependant il ne faut pas trop insister sur ce reproche, à cause de l'éloignement des deux rouges et de la faible étendue de l'épaulette;

2° Sur ce qu'à une certaine distance le retroussis garance de l'habit se confondant à la vue avec le pantalon de même couleur, la basque de l'habit se trouve réduite à sa seule partie bleue (677).

Si l'infanterie portait encore en été le pantalon blanc de toile, comme autrefois lorsqu'elle avait le pantalon de drap bleu, le pantalon rouge aurait l'avantage sur ce dernier de ne pas nuire, par sa fraîcheur, à l'habit bleu qui est porté toute l'année (680).

D. INFANTERIE LÉGÈRE.

L'habit bleu de roi avec le collet, les retroussis et les épaulettes jonquille, ainsi que le pantalon garance, ne présentent pas de couleurs qui se nuisent; cependant je préférerais le bleu céleste à la teinte bleu de roi, le contraste de ton de ce dernier avec le jaune étant trop fort (663). Pour l'infanterie, deux couleurs avec le blanc seraient peut-être préférables au bleu, au rouge et au jaune.

Enfin il est bon de remarquer que dans cet uniforme les retroussis de l'habit ne se confondent point avec le pantalon, comme cela a lieu dans l'uniforme précédent.

I. CAVALERIE DE RÉSERVE.

E. 1° CARABINIERS.

L'habit bleu céleste avec le casque et la cuirasse de cuivre jaune, la chenille rouge du casque, les buffleteries jaunes et le pantalon garance vont bien ensemble. La seule chose à reprendre est l'effet du rouge-écarlate de l'épaulette et du rouge-garance du pantalon.

F. 2° CUIRASSIERS.

L'uniforme des cuirassiers, quoique satisfaisant dans son ensemble, savoir : le casque d'acier avec sa crinière en chenille noire, la cuirasse d'acier, l'habit bleu, les buffleteries blanches et le pantalon garance, donne lieu cependant aux observations suivantes :

1° L'épaulette est écarlate et le pantalon garance;

2° Les retroussis *écarlates* du 1ᵉʳ régiment, *cramoisis* du 2ᵉ, *aurore* du 3ᵉ et *roses* du 4ᵉ présentent, avec le rouge du pantalon, l'inconvénient de la juxtaposition de deux nuances ou couleurs qui se nuisent réciproquement, et ce défaut est bien plus sensible que le précédent, à cause de la contiguïté;

3° Les retroussis garance du 6ᵉ ont l'inconvénient, à une certaine distance, de se confondre avec le rouge du pantalon; mais l'inconvénient est moindre que dans l'uniforme de l'infanterie de ligne;

4° Le 5ᵉ portant les retroussis jonquille, il n'y a rien à ajouter à ce que j'ai remarqué plus haut relativement à l'uniforme de l'infanterie légère;

5° Les régiments 7, 8, 9 et 10, qui portent les couleurs distinctives des quatre premiers, mais en étendue superficielle bien moindre, parce que les retroussis sont bleus, prêtent conséquemment moins à la critique.

Enfin il convient de faire remarquer que les défauts que je viens de signaler ne s'aperçoivent plus ou presque plus, lorsque les cuirassiers sont à cheval.

II. CAVALERIE DE LIGNE.

G. 1° DRAGONS.

Les dragons portent le casque de cuivre jaune à crinière flottante, l'habit vert avec revers d'une couleur distinctive, la frange de l'épaulette écarlate et le pantalon garance. La rencontre du rouge de l'épaulette et du rouge du pantalon donne donc lieu à la remarque faite déjà au sujet des grenadiers de l'infanterie de ligne, etc.

Le 1er et le 2e régiment ont les revers d'un rose foncé, le 3e et le 4e d'un rose plus clair, le 9e et le 10e cramoisi; par conséquent, la juxtaposition du rouge du pantalon avec le rouge des revers faits à la cochenille et occupant une étendue assez grande est d'un mauvais effet.

Si ces régiments portaient le pantalon blanc, le casque d'acier à crinière noire, leur uniforme ne prêterait pas à la critique.

Le 5e et le 6e, ayant les revers jonquille, donnent lieu à l'observation faite déjà relativement à l'emploi de trois couleurs non compris le blanc, et en outre à celle que la couleur jaune éclatante du casque nuit excessivement au jaune des revers.

Enfin il n'y a rien à dire sur le 11e et le 12e régiment, qui portent les revers du même rouge que celui du pantalon.

H. 2° LANCIERS.

Le schapska bleu, le pantalon garance, l'habit bleu à revers et à retroussis jonquille pour les quatre premiers régiments vont bien, sauf la remarque concernant l'emploi de trois couleurs non compris le blanc.

Dans l'uniforme des quatre derniers régiments, qui portent les revers et les retroussis garance, on ne peut blâmer que la superposition des retroussis sur le pantalon.

III. CAVALERIE LÉGÈRE.

I. 1° CHASSEURS.

Les chasseurs portant le shako garance, le pantalon garance, l'habit vert à retroussis verts, il n'y a rien à reprendre que dans les

5ᵉ et 6ᵉ, qui ont le collet cramoisi, et les 9ᵉ et 10ᵉ, qui l'ont écarlate. Dès lors on a le mauvais effet du voisinage du rouge de la cochenille avec celui de la garance.

K. 2° HUSSARDS.

Les uniformes des six régiments de hussards prêtent chacun à la critique.

Le 1ᵉʳ régiment porte la pelisse et le dolman bleu céleste, le pantalon et le shako garance;

Le 4ᵉ porte les mêmes couleurs, mais d'une manière inverse;

Le 5ᵉ ressemble au premier, sauf que le bleu est foncé.

Je pense que les uniformes seraient plus agréables à l'œil, si le drap garance était plus orangé ou moins rouge.

Le 6ᵉ régiment, portant la pelisse et le dolman vert et le pantalon garance, je voudrais au contraire que celui-ci fût plus rouge qu'il n'est, afin de former avec la couleur de l'habit un assortiment aussi complémentaire que possible.

Le 2ᵉ régiment porte la pelisse et le dolman brun marron, le pantalon et le shako garance. Cette association est trop sombre : il serait préférable que la pelisse et le dolman fussent bleu céleste et le pantalon d'une couleur marron tirant sur le carmélite, ou bien que les couleurs que je prescris fussent portées d'une manière inverse.

Le 3ᵉ régiment porte la pelisse et le dolman gris argentin, et le pantalon et le shako garance : l'orangé brillant et un gris bleuâtre seraient préférables à la couleur garance et au gris argentin.

Enfin je remarquerai que la schabraque bleue des carabiniers, des cuirassiers, est bien plus avantageuse au pantalon garance que ne l'est la schabraque garance des dragons, etc.

IMPRIMERIE NATIONALE.

L. ARTILLERIE.

Ainsi que je l'ai fait remarquer, l'uniforme de l'artillerie est irré-prochable : le bleu de roi et l'écarlate du vêtement vont parfaitement avec les buffleteries blanches.

M. GÉNIE.

Je ne me permettrai qu'une observation sur l'uniforme du génie : c'est la juxtaposition du drap bleu et du velours noir, qui forme le collet et les revers non adhérents de l'habit; il est entendu que ce n'est pas la juxtaposition de couleur que je blâme, mais celle de deux étoffes aussi distinctes que le sont entre elles le velours et le drap, et c'est surtout le velours des revers qui n'est pas d'un bon effet.

RÉSUMÉ DE L'APPENDICE.

Les critiques que l'on peut faire des uniformes français, confor-mément aux principes que j'ai énoncés, tombent :

1° *Sur l'emploi de deux étoffes différentes dans la même pièce de l'uniforme.*

Velours et drap de l'habit du génie.

2° *Sur la répartition ou le défaut de proportion d'une des couleurs.*

Collet de l'habit de la gendarmerie, qui devrait être écarlate.

Couleurs distinctives des uniformes de chasseurs, qui devraient occuper plus d'étendue.

3° *Sur l'identité de couleur existant entre les retroussis de l'habit et le pantalon.*

Infanterie de ligne,

6ᵉ régiment de cuirassiers,

5ᵉ, 6ᵉ, 7ᵉ et 8ᵉ de lanciers.

4° *Sur la réunion de couleurs qui se nuisent mutuellement.*

Le pantalon garance va mal avec :

Les épaulettes écarlates des grenadiers de l'infanterie de ligne, des carabiniers, des cuirassiers, des dragons ;

Les retroussis des 1ᵉʳ, 2ᵉ, 3ᵉ et 4ᵉ régiments de cuirassiers ;

Les ornements des retroussis des 7ᵉ, 8ᵉ, 9ᵉ et 10ᵉ régiments de cuirassiers ;

Les revers des 1ᵉʳ, 2ᵉ, 3ᵉ, 4ᵉ, 9ᵉ et 10ᵉ de dragons ;

Le collet des 3ᵉ, 6ᵉ, 9ᵉ et 10ᵉ de chasseurs.

5° *Sur la modification de ton ou de la nuance de certaines couleurs.*

Remplacer par le bleu céleste le bleu de l'habit de l'infanterie légère, du 3ᵉ de cuirassiers, des quatre premiers régiments de lanciers.

Remplacer la couleur garance du pantalon des 1ᵉʳ, 3ᵉ, 4ᵉ et 5ᵉ de hussards par le garance d'un orangé plus vif.

Remplacer au contraire la même couleur du pantalon du 6ᵉ de hussards par une nuance plus rouge ou moins orangée.

6° *Sur un mauvais assortiment de couleurs.*

Le rouge garance associé au brun marron dans le 2ᵉ de hussards ; le bleu céleste et une couleur marron ou carmélite seraient préférables.

Enfin il serait à désirer que le choix des *couleurs* dites *distinctives* des différents régiments d'une même arme fût la conséquence d'une règle quelconque.

CHAPITRE II.

DE L'HABILLEMENT DES FEMMES.

INTRODUCTION.

681. Quoiqu'il existe beaucoup de variétés dans l'espèce humaine relativement à la couleur de la peau, cependant on peut les ranger dans les trois divisions suivantes :

Première division. Elle comprend la race blanche ou caucasique.

Deuxième division. Elle comprend les peuples de l'Amérique, dont la peau est d'un rouge cuivré.

Troisième division. Elle comprend la race nègre, les Papous, les Malais, etc., qui ont la peau noire ou olivâtre.

Il n'y a que l'habillement des femmes à peau blanche qui soit susceptible d'être étudié avec détail; cependant je dirai quelques mots des assortiments de couleur qui conviennent le mieux, lorsqu'il s'agit de draperies pour les femmes à peau rouge et à peau noire.

§ 1. DE L'ASSORTIMENT DES COULEURS DANS L'HABILLEMENT
DES FEMMES À PEAU BLANCHE.

682. Pour donner de la précision à ce sujet, il faut commencer par établir quelques distinctions.

La première est celle de deux types de femmes à peau plus ou moins blanche, et rosée dans certaines parties : l'un à cheveux blonds et à yeux bleus, l'autre à cheveux noirs et à yeux noirs.

La seconde distinction porte sur la juxtaposition des objets de toilette, suivant qu'elle a lieu avec la chevelure, ou bien avec les carnations; car telle couleur qui contraste heureusement avec les cheveux peut produire un effet désagréable avec la peau.

La troisième porte sur l'appréciation des modifications des carnations du visage par des rayons colorés, émanés de la coiffure, et qui, reflétés sur la peau, teignent cette dernière de la couleur qui leur est propre.

ARTICLE PREMIER.

DISTINCTION DE DEUX TYPES EXTRÊMES DE FEMMES À PEAU BLANCHE.

683. La couleur des cheveux blonds étant essentiellement le résultat d'un mélange de rouge, de jaune et de brun, il faut la considérer comme de l'*orangé rabattu très pâle;* la couleur de la peau, quoique d'un ton plus bas, y est analogue, sauf dans les parties vermeilles; enfin les yeux d'une couleur bleue sont véritablement les seules parties du type blond qui forment avec l'ensemble un contraste de couleur; car les parties vermeilles ne produisent, avec le reste de la peau, qu'une harmonie d'analogue de nuance, ou au plus un contraste de nuance et non de couleur; et les parties de la peau contiguës à la chevelure, aux sourcils, aux cils, ne donnent lieu qu'à une harmonie d'analogue, soit de gamme, soit de nuance. Les harmonies d'analogue dominent donc évidemment dans le type blond sur les harmonies de contraste.

684. Le type à cheveux noirs, considéré comme nous venons d'envisager le type à cheveux blonds, nous montre les harmonies de

contraste prédominant sur les harmonies d'analogue. En effet, les cheveux, les sourcils, les cils, les yeux, contrastent de ton et de couleur
non seulement avec le blanc de la peau, mais encore avec les parties
vermeilles qui, dans ce type, sont réellement plus rouges ou moins
rosées que dans le type blond, et il ne faut pas oublier que le rouge
prononcé, associé au noir, donne à celui-ci le caractère d'une couleur
excessivement foncée, soit bleuâtre, soit verdâtre.

ARTICLE 2.

DE LA CHEVELURE ET DE LA COIFFURE SOUS LE RAPPORT
DE LEURS COULEURS RESPECTIVES.

685. Si nous considérons les couleurs qui passent généralement
pour aller le mieux aux chevelures blondes et aux chevelures noires,
nous verrons que ce sont précisément celles qui produisent de grands
contrastes : ainsi le bleu de ciel, connu pour aller très bien aux
blondes, est la couleur qui s'approche le plus d'être complémentaire
de la couleur orangée, fond de la teinte de leur chevelure et de leur
carnation (683). Deux couleurs estimées depuis longtemps pour se
marier heureusement aux chevelures noires, le jaune et le rouge
plus ou moins orangé, contrastent pareillement beaucoup avec la
leur (684). Effectivement, le jaune et le rouge orangé contrastent
par la couleur et le brillant avec le noir, et leurs complémentaires,
le violet et le vert bleuâtre, en se mêlant à la teinte des cheveux,
sont loin de produire aucun mauvais résultat.

ARTICLE 3.

DES CARNATIONS ET DES DRAPERIES CONTIGUËS SOUS LE RAPPORT
DE LEURS COULEURS RESPECTIVES.

686. La juxtaposition des draperies avec les diverses carnations

de femmes offre aux peintres de portrait une foule de remarques qui sont toutes conséquentes aux principes exposés précédemment : nous énoncerons les plus générales.

Draperies rouges et carnations.

687. Le rose ne peut être mis en contact avec les carnations les plus rosées sans leur faire perdre de leur fraîcheur, ainsi que nous l'a démontré d'ailleurs l'expérience rapportée, lorsqu'il s'est agi des inconvénients du rose employé comme fond d'une salle de spectacle (592). Il est donc nécessaire de séparer le rose de la peau par un moyen quelconque ; ce qu'il y a de plus simple, sans recourir à des étoffes de couleur, est de border les draperies de ruches de tulle, qui produisent l'effet du gris par le mélange de fils blancs qui réfléchissent la lumière et d'interstices qui en absorbent beaucoup : il y a ainsi un mélange d'ombre et de lumière qui rappelle l'effet du gris naissant de petits carreaux de verre enchâssés dans du plomb (434), vus à une grande distance.

Le rouge foncé a moins d'inconvénient pour certaines carnations que n'en a le rose, parce que, plus haut que ce dernier, il tend à les blanchir par suite du contraste de ton.

Draperies vertes et carnations.

688. Le vert tendre est au contraire favorable à toutes les carnations blanches qui manquent de rose ou qui peuvent en recevoir plus qu'elles n'en ont sans inconvénient. Mais il n'est point aussi favorable aux carnations plutôt rouges que roses, ni à celles qui ont une teinte d'orangé mêlé de brun, parce que le rouge qu'il ajoutera à cette teinte pourra la briqueter. Dans ce dernier cas, un vert foncé aurait moins d'inconvénient que le vert tendre.

Draperies jaunes et carnations.

689. Le jaune donne du violet à une peau blanche, et sous ce rapport il est moins favorable que le vert tendre.

Aux peaux d'une teinte jaune plutôt qu'orangée, il donne du blanc; mais cet assortiment est bien fade pour une blonde.

Lorsque la peau a une teinte orangée plutôt que jaune, il pourra la roser en neutralisant le jaune; il produit cet effet sur des carnations du type à cheveux noirs, et c'est encore (685) ainsi *qu'il sied bien aux brunes.*

Draperies violettes et carnations.

690. Le violet, complémentaire du jaune, produit des effets contraires : ainsi il donne du jaune verdâtre aux peaux blanches; il augmente la teinte jaune des peaux jaunes et orangées; enfin, pour peu qu'il y ait quelque chose de bleuâtre dans une carnation, il la verdit. Le violet est donc une des couleurs les moins favorables à la peau, du moins quand il n'est pas assez foncé pour la blanchir par contraste de ton.

Draperies bleues et carnations.

691. Le bleu donne de l'orangé, qui est susceptible de s'ajouter heureusement aux carnations blanches et aux carnations blondes, qui ont déjà une teinte plus ou moins prononcée de cette couleur. Le bleu peut donc convenir à beaucoup de blondes et justifier encore dans ce cas de juxtaposition (685) sa réputation.

Il n'ira pas aux brunes, qui ont dans les carnations une teinte trop prononcée d'orangé.

Draperies orangées et carnations.

692. L'orangé est trop éclatant pour être recherché; il bleuit les peaux blanches, blanchit celles qui ont une teinte orangée, et verdit les peaux d'une teinte jaune.

Draperies blanches et carnations.

693. Les draperies d'un blanc mat, comme la percale, vont bien aux peaux fraîches, dont elles relèvent la couleur rosée; mais elles vont mal aux carnations qui ont une teinte désagréable, toujours par la raison que le blanc exalte toutes les couleurs en en élevant le ton; il ne sied pas conséquemment aux peaux qui, sans avoir cette teinte désagréable, sont sur le point d'y atteindre.

Les draperies blanches très claires, comme la mousseline, le tulle, plissés et surtout façonnés en ruches, ont un tout autre aspect : elles paraissent plutôt grises que blanches, par la raison que les fils qui réfléchissent la lumière blanche et leurs interstices qui l'absorbent, produisent sur la vue l'effet d'un mélange de petites surfaces blanches ou de petites surfaces noires, ainsi que je l'ai dit (687), et c'est encore sous ce rapport qu'on doit considérer toute draperie blanche qui laisse passer la lumière par ses interstices et qui n'apparaît aux yeux que par la surface opposée à celle qui reçoit la lumière incidente.

Draperies noires et carnations.

694. Les draperies noires, abaissant le ton des couleurs qui y sont juxtaposées, blanchiront la peau; mais si les parties vermeilles ou rosées sont éloignées à un certain point des draperies, il se pourra que, quoique abaissées de ton, elles paraissent, relativement aux parties blanches de la peau, contiguës à ces mêmes draperies, plus rouges qu'elles ne paraîtraient si la contiguïté du noir n'existait pas; cet effet est analogue à celui que nous avons mentionné (458 et 571).

DE LA COIFFURE SOUS LE RAPPORT DES RAYONS COLORÉS QU'ELLE PEUT REFLÉTER SUR LA PEAU.

695. Nous sommes en mesure de voir, d'une manière précise, l'effet des chapeaux de couleur sur le teint, et s'il est vrai, comme on le croit généralement, qu'un chapeau rose donne du rose à la peau, tandis qu'un chapeau vert lui donne du vert par suite des rayons colorés que chacun d'eux reflète sur elle. Avant d'aller plus loin, je préviens qu'il ne s'agit plus des coiffures qui, trop petites ou trop rejetées en arrière pour donner lieu à des reflets, ne peuvent produire que des effets de contraste, comme je l'ai dit plus haut en traitant de la juxtaposition des objets de couleur avec les cheveux et la peau (685, 686 et suiv.).

696. Si un objet en relief est éclairé exclusivement par une lumière colorée, il paraît teint de la couleur de cette lumière. Une figure blanche de plâtre, par exemple, placée dans une enceinte où il n'arrive que des rayons rouges, paraît colorée en rouge, du moins à la plupart des yeux et dans la plupart des circonstances; car je n'oserais pas affirmer que certains yeux, dans quelques circonstances, ne pussent percevoir la sensation de la complémentaire des rayons colorés, en voyant certaines parties du plâtre.

697: Mais si la figure est exposée à recevoir à la fois des rayons colorés et la lumière diffuse du jour, il se produira, aux yeux d'un spectateur convenablement placé, un effet complexe, résultant :

1° De ce qu'il y a des parties dans la figure blanche qui renvoient aux yeux du spectateur les rayons colorés qui tombent dessus;

2° De ce qu'il y a des parties dans cette figure qui renvoient de la lumière diffuse du jour en assez grande quantité pour paraître blanches ou presque blanches;

3° De ce qu'il y a entre les parties qui envoient à l'œil de la lumière colorée, et celles qui lui envoient de la lumière diffuse du jour, des parties qui sont dans la condition de paraître de la couleur complémentaire de la lumière colorée réfléchie.

698. Une conséquence assez remarquable de l'effet complexe dont je viens de parler, c'est que les rayons de couleurs mutuellement complémentaires, éclairant successivement un même objet, concurremment avec la lumière diffuse du jour, tout étant égal d'ailleurs, donnent lieu à la même coloration, mais avec cette différence, que les mêmes couleurs sont distribuées d'une manière inverse dans les deux cas.

EXEMPLES :

1° Des rayons rouges et des rayons verts donnent lieu à des effets qui ont cette analogie, que la figure blanche présente, dans les deux cas, des parties rosées, des parties vertes et des parties blanches; mais les parties qui sont vertes lorsque la lumière incidente est rouge paraissent rosées lorsque la lumière incidente est verte;

2° Des rayons jaunes et des rayons violets donnent lieu à des effets qui ont cette analogie, que la figure blanche présente, dans les deux cas, des parties jaunes, des parties violettes et des parties blanches;

3° Des rayons bleus et des rayons orangés donnent lieu à des effets qui ont cette analogie, que la figure blanche présente, dans les deux cas, des parties bleues, des parties orangées et des parties blanches.

699. L'expérience est parfaitement conforme à tout ce que je viens de dire (697), et voici comment on peut s'en assurer : entre deux fenêtres directement opposées ou percées dans deux murs d'équerre, lesquelles donnent passage en même temps à la lumière diffuse du jour, on place une figure blanche, de plâtre, de manière que chaque moitié soit éclairée directement par une des fenêtres. On intercepte complètement une des lumières, pendant qu'un rideau de couleur ne transmet que certains rayons dans la chambre; alors la figure n'offre à la vue que la couleur du rideau; mais si on ouvre la seconde fenêtre, la figure se trouvant éclairée par la lumière diffuse du jour en même temps qu'elle l'est par la lumière colorée, on aperçoit des parties blanches et des parties teintes de la complémentaire de cette lumière colorée transmise par le rideau.

Cette expérience apprend donc que si un chapeau, rose par exemple, donne lieu sur une carnation à des reflets de cette couleur, les parties ainsi rosées par l'effet du contraste donnent elles-mêmes lieu à des teintes verdâtres, puisque la figure, en même temps qu'elle reçoit les reflets roses, reçoit la lumière diffuse.

700. Les choses amenées à ce point, il reste à apprécier l'influence réelle du chapeau; pour cela on place trois copies de plâtre blanc d'un même modèle dans une position pareille relativement à la lumière diffuse du jour, puis on les observe comparativement après avoir coiffé le plâtre du milieu d'un chapeau blanc et les deux autres de chapeaux dont l'un est de la couleur complémentaire de l'autre. On *s'assure ainsi que l'influence du reflet, pour colorer la figure, est très faible, lors même que le chapeau est placé de la manière la plus favorable au phénomène qu'on veut observer.*

Chapeau rose.

701. La couleur rosée, reflétée sur la peau, est très faible, excepté sur les tempes. Partout où des parties rosées sont contiguës à des parties faiblement éclairées par la lumière du jour, celles-ci paraissent très légèrement verdâtres.

Chapeau vert.

702. La couleur verte, reflétée sur la peau, est très faible, excepté sur les tempes : partout où des parties vertes sont contiguës à des parties faiblement éclairées par la lumière du jour, celles-ci paraissent légèrement rosées; l'effet du vert reflété pour colorer en rose est proportionnellement plus grand que l'effet du rose reflété pour colorer en vert.

Chapeau jaune.

703. La couleur jaune, reflétée sur la peau, est très faible, excepté sur les tempes; partout où les parties jaunes sont contiguës à des parties faiblement éclairées par la lumière du jour, celles-ci paraissent très sensiblement violetées.

Chapeau violet.

704. La couleur violette, reflétée sur la peau, est très faible, même sur les tempes; partout où les parties violettes sont contiguës à des parties faiblement éclairées par la lumière du jour, celles-ci paraissent légèrement jaunes; mais cette coloration est très faible, parce que les reflets du violet le sont eux-mêmes.

Chapeau bleu céleste.

705. La couleur bleue, reflétée sur la peau, est très faible, excepté

sur les tempes; partout où les parties bleues sont contiguës à des parties faiblement éclairées par la lumière du jour, celles-ci paraissent légèrement orangées.

Chapeau orangé.

706. La couleur orangée, reflétée par la peau, est très faible, excepté sur les tempes; partout où les parties orangées sont contiguës à des parties faiblement éclairées par la lumière du jour, celles-ci paraissent légèrement bleuâtres.

707. Il est donc évident, d'après ces expériences, qu'un chapeau de couleur produit bien plus d'effet en vertu du contraste naissant de la juxtaposition avec les carnations que par les reflets colorés qu'il leur envoie.

708. Voyons maintenant le parti que le peintre peut tirer des observations précédentes, lorsqu'il s'agit de prescrire un chapeau à un modèle appartenant au type à cheveux blonds ou au type à cheveux noirs.

(A) TYPE À CHEVEUX BLONDS.

709. Un chapeau noir à plumes blanches, à fleurs blanches ou roses ou rouges, convient aux blondes.

710. Un chapeau blanc mat ne convient réellement qu'aux carnations blanches et rosées. Il en est autrement des chapeaux de gaze, de crêpe, de tulle : ils vont à toutes les carnations. Le chapeau blanc peut recevoir des fleurs blanches, roses et surtout des fleurs bleues.

711. Le chapeau bleu clair est spécialement seyant au type blond :

il peut être orné de fleurs blanches, dans plusieurs cas de fleurs jaunes et orangées, mais non de fleurs roses ou violettes.

712. Le chapeau vert est avantageux aux carnations blanches ou convenablement rosées; il peut recevoir des fleurs blanches et roses surtout.

713. Le chapeau rose ne doit point être contigu à la peau, et si l'on trouvait même que les cheveux ne l'en séparassent pas suffisamment, on pourrait en éloigner encore le rose au moyen du blanc, ou, ce qui est préférable, du vert. Une guirlande de fleurs blanches pourvues de leurs feuilles est d'un bon effet.

714. Je ne conseillerai l'usage d'un chapeau rouge plus ou moins foncé que lorsque le peintre voudra diminuer une teinte trop ardente.

715. Enfin le peintre ne devra prescrire ni les chapeaux jaunes ni les chapeaux orangés, et être fort réservé lorsqu'il s'agira du violet.

(B) TYPE À CHEVEUX NOIRS.

716. Un chapeau noir ne contraste point autant avec l'ensemble du type à cheveux noirs qu'il contraste avec l'autre type; cependant il peut être d'un bon effet et recevoir avec avantage des accessoires blancs, rouges, roses, orangés et jaunes.

717. Le chapeau blanc donne lieu aux mêmes remarques que celles qui ont été faites relativement à son usage à l'égard du type blond (710), sauf que, pour les brunes, il convient de recourir de préférence à des accessoires rouges, roses, orangés et même jaunes, plutôt qu'à des accessoires bleus.

718. Les chapeaux rose, rouge, cerise, vont bien aux brunes, lorsque les cheveux séparent, autant que possible, les carnations du chapeau. Les plumes blanches vont bien avec le rouge, et les fleurs blanches, abondamment garnies de leurs feuilles, sont d'un bon effet avec le rose.

719. Un chapeau jaune sied bien aux brunes et reçoit avantageusement des accessoires violets ou bleus; il faut toujours que les cheveux s'interposent entre les carnations et la coiffure.

720. Il en est de même pour les chapeaux d'un orangé plus ou moins rabattu, tel que les couleurs chamois et ventre de biche. Les accessoires bleus sont éminemment convenables avec l'orangé et ses nuances.

721. Un chapeau vert sied aux carnations blanches et faiblement rosées; les fleurs roses, rouges, blanches, doivent être préférées à toutes autres.

722. Un chapeau bleu ne convient qu'à des carnations blanches ou faiblement rosées : il ne peut donc s'allier à celles qui ont une teinte d'orangé brun. Lorsqu'il convient à une brune, il peut recevoir avec avantage des accessoires orangés et jaunes.

723. Un chapeau violet est toujours défavorable aux carnations, puisqu'il n'en est aucune à qui le jaune convienne; cependant, si l'on interpose entre le violet et la peau non seulement des cheveux, mais des accessoires jaunes, un chapeau de cette couleur pourra être seyant.

724. Toutes les fois que la couleur d'un chapeau ne répond pas à l'effet qu'on en attendait, lors même qu'on a séparé les carnations de la coiffure par de grandes masses de cheveux, il est avantageux de placer entre ceux-ci et le chapeau des accessoires, tels que rubans, guirlandes ou fleurs détachés, etc., de la couleur complémentaire du chapeau, ainsi que je l'ai prescrit pour le chapeau violet (723); il faut encore que la même couleur se retrouve sur la partie extérieure du chapeau.

§ 2. DE L'ASSORTIMENT DES COULEURS DANS L'HABILLEMENT
DES FEMMES À PEAU ROUGE CUIVRÉ.

725. La teinte des carnations des femmes de la race américaine à peau rouge cuivré est trop prononcée pour qu'on doive chercher à la dissimuler, soit en l'abaissant de ton, soit en la neutralisant. Il n'y a donc pas possibilité de faire autrement que de la rehausser; dès lors il faudra des draperies blanches ou des draperies d'un bleu tirant d'autant plus sur le vert, que la teinte sera d'un orangé plus rouge.

§ 3. DE L'ASSORTIMENT DES COULEURS DANS L'HABILLEMENT
DES FEMMES À PEAU NOIRE OU OLIVÂTRE.

726. Si j'ai prescrit les harmonies de contraste de ton ou de couleur pour les carnations d'un rouge cuivré, à plus forte raison doivent-elles l'être lorsqu'il s'agit de draper des carnations noires ou olivâtres; on peut donc employer le blanc ou les couleurs les plus brillantes, telles que le rouge, l'orangé et le jaune. La considération du contraste détermine le choix qu'on doit faire de l'une d'elles dans un cas particulier. S'agit-il du noir le plus intense, d'un noir olivâtre ou verdâtre, le rouge est préférable à toute autre couleur; le noir est-il bleuâtre,

l'orangé est surtout convenable. Enfin le jaune irait bien à un noir violâtre.

CONSÉQUENCES APPLICABLES À LA PEINTURE EN PORTRAIT.

727. J'ai dit plus haut (351) que le peintre de portrait doit s'attacher à trouver dans la carnation de ses modèles la couleur qui y prédomine, afin de la faire valoir au moyen des accessoires, et j'ai ajouté qu'il y a des teintes brunes, orangées, cuivrées même, appartenant cependant à la race blanche, qui sont susceptibles d'être reproduites dans un portrait avec plus d'avantage qu'on ne le pense généralement. Il est évident que les faits exposés dans ce chapitre donnent au peintre le moyen d'obtenir non seulement le résultat que je viens de rappeler, mais encore le résultat contraire, s'il jugeait plus convenable de neutraliser ou du moins d'atténuer une teinte au lieu de chercher à l'exalter; je vais résumer les conséquences de ces faits, dans la supposition où il veut exalter la teinte et dans celle où il veut la neutraliser.

PREMIÈRE SUPPOSITION. LE PEINTRE VEUT EXALTER UNE TEINTE DE CARNATION.

728. Dans cette supposition, deux cas sont à distinguer : celui où toutes les couleurs que l'œil aperçoit dans le modèle sont celles de ses différentes parties, modifiées seulement par leur juxtaposition mutuelle et non par des rayons colorés émanés de l'une d'elles et reflétés sur d'autres, et le cas où les couleurs des différentes parties sont modifiées par leur juxtaposition et par des rayons colorés émanés de l'une d'elles et reflétés sur d'autres.

PREMIER CAS. LE SPECTATEUR NE VOIT QUE DES COULEURS MODIFIÉES PAR LA JUXTAPOSITION.

(A) REHAUSSEMENT DE LA TEINTE SANS QU'ELLE SORTE DE SA GAMME.

1° C'est l'effet d'une draperie blanche qui la rehausse par contraste de ton;

2° C'est l'effet d'une draperie dont la couleur est exactement la complémentaire de la teinte et dont le ton n'est pas trop élevé.

Telle peut être une draperie verte pour une carnation rosée;

Telle peut être une draperie bleue pour la carnation orangée d'une blonde.

(B) REHAUSSEMENT DE LA TEINTE EN LA FAISANT SORTIR DE SA GAMME.

1° C'est l'effet d'une draperie verte, d'un ton clair, sur une carnation orangée;

2° C'est l'effet d'une draperie bleue, d'un ton clair, sur une carnation rosée;

3° C'est l'effet d'une draperie jaune serin ou paille, sur certaine carnation orangée, dont la complémentaire violette neutralise du jaune de la carnation et en rehausse le rosé.

DEUXIÈME CAS. LE SPECTATEUR VOIT À LA FOIS DES COULEURS MODIFIÉES PAR LA JUXTAPOSITION ET PAR DES REFLETS.

Les modifications provenant de la juxtaposition des parties diversement colorées sont bien plus prononcées que celles qui proviennent du mélange de la couleur reflétée d'une partie du modèle sur l'autre.

DEUXIÈME SUPPOSITION. LE PEINTRE VEUT DISSIMULER UNE TEINTE DE CARNATION.

729. Comme précédemment, il faut distinguer deux cas :

PREMIER CAS. LE SPECTATEUR NE VOIT QUE DES COULEURS MODIFIÉES
PAR LA JUXTAPOSITION.

(A) ABAISSEMENT DE LA TEINTE SANS QU'ELLE SORTE DE SA GAMME.

1° C'est l'effet d'une draperie noire qui l'abaisse par contraste de ton;

2° C'est l'effet d'une draperie de même gamme que celle de la teinte, mais d'un ton beaucoup plus élevé.

Telle peut être une draperie rouge pour les carnations rosées;

Telle peut être une draperie orangée pour les carnations orangées;

Tel peut être l'effet d'une draperie d'un vert foncé pour une carnation de teinte verdâtre.

(B) ABAISSEMENT DE LA TEINTE EN LA FAISANT SORTIR DE SA GAMME.

1° C'est l'effet d'une draperie verte, d'un ton très foncé, sur une carnation orangée;

2° C'est l'effet d'une draperie bleue, d'un ton foncé, sur une carnation rosée;

3° C'est l'effet d'une draperie d'un jaune très foncé sur une carnation orangée très pâle.

DEUXIÈME CAS. LE SPECTATEUR VOIT À LA FOIS DES COULEURS MODIFIÉES
PAR JUXTAPOSITION ET PAR DES REFLETS.

Les modifications provenant de la juxtaposition des parties diversement colorées sont plus grandes généralement que celles qui proviennent du mélange de la couleur reflétée d'une partie du modèle sur l'autre.

730. Je viens d'indiquer au peintre ce qu'il peut espérer de l'em-

ploi des draperies blanches, noires et de couleurs diverses, pour modifier les carnations dans des sens déterminés. J'ai atteint mon but,
si je ne me suis pas trompé dans les effets que j'ai attribués à chacune de ces draperies; mais c'est à l'artiste qu'il appartient de choisir
l'effet qu'il convient le mieux d'obtenir dans un cas particulier. S'il
n'y a aucune difficulté lorsqu'il s'agit de l'assortiment des couleurs
aux carnations des races colorées comprises dans les deuxième et
troisième divisions (681), puisque alors on a toujours recours à
une harmonie de contraste plus ou moins forte, il en est autrement
lorsqu'il s'agit d'assortir des couleurs aux carnations de la race
blanche; car les variétés qui se placent entre les deux types extrêmes
que nous avons distingués, et qui les lient l'un à l'autre par des
nuances insensibles, sont cause que l'artiste seul peut juger l'harmonie la plus convenable à celle de ces variétés qui doit lui servir de
modèle; conséquemment, c'est à lui de juger si la teinte dominante
d'une carnation doit être exaltée ou diminuée, soit intégralement,
soit dans une de ses couleurs élémentaires, ou si elle doit être tout à
fait neutralisée; c'est à lui de voir, dans le cas où il s'agit de l'affaiblir, s'il est plus avantageux de le faire au moyen d'une draperie d'un
ton bien plus foncé qu'elle, et de former ainsi une harmonie de contraste de gamme ou de nuance, ou bien s'il est préférable au contraire
d'arriver au même but en opposant à cette teinte une draperie de sa
couleur complémentaire, prise à un ton convenablement élevé pour
produire le double effet de l'affaiblir par contraste de ton, en même
temps qu'on produit un contraste de couleur avec la portion de la
teinte qui n'est pas neutralisée.

SECTION IV.

APPLICATIONS À L'HORTICULTURE.

INTRODUCTION.

731. Les applications que je me propose de faire à l'horticulture sont de deux genres : les unes concernent spécialement l'assortiment des plantes dans les jardins d'après la couleur de leurs fleurs; les autres se rapportent à la manière de distribuer et de planter des végétaux ligneux dans des massifs que je suppose avoir été dessinés d'avance. J'aurais pu sans doute me dispenser de traiter ce dernier sujet; mais j'y ai été conduit si naturellement et les règles qui m'ont guidé me paraissent si simples et si positives, que je ne doute point qu'elles soient profitables à quelques-uns de mes lecteurs qui les observeront dans des plantations qu'ils auront à faire.

732. M. le vicomte de Viard, dans un excellent ouvrage sur l'art de faire les jardins, a proposé plusieurs mots que j'adopte, parce que réellement ils manquaient à la langue française. Tels sont le mot *jardinique*, qui désigne l'art lui-même, et le mot *jardiniste*, qui désigne l'artiste qui s'occupe de la jardinique. Enfin j'adopterai encore le mot *jardins-paysages*, pour désigner les jardins dits *paysages*, *paysagistes*, *anglais* ou *pittoresques*.

PREMIÈRE SOUS-SECTION.

APPLICATION DE LA LOI DU CONTRASTE DES COULEURS À L'HORTICULTURE.

CHAPITRE PREMIER.

DE L'ART D'ASSORTIR, DANS LES JARDINS, LES PLANTES D'ORNEMENT, AFIN DE TIRER LE MEILLEUR PARTI POSSIBLE DE LA COULEUR DE LEURS FLEURS POUR L'AGRÉMENT DE LA VUE.

INTRODUCTION.

733. Parmi les plaisirs que nous offre la culture des plantes d'agrément, il en est peu d'aussi vifs que le spectacle de cette multitude de fleurs si variées dans leurs couleurs, leurs formes, leur grandeur et leur disposition sur la tige qui les porte. *Si le parfum qu'elles exhalent* a été vanté par des poètes *à l'égal de leur émail*, il faut convenir qu'elles n'ont jamais causé, par l'intermédiaire de la vue, des sensations désagréables analogues à celles que quelques organisations nerveuses reçoivent de leurs émanations par l'intermédiaire de l'odorat; la couleur est donc assurément, de toutes leurs propriétés, celle qu'on recherche le plus. C'est probablement parce qu'on admire les plantes individuellement et qu'on s'y attache en raison des soins qu'elles ont coûtés, que jusqu'ici on a négligé si généralement de les disposer de manière à leur faire produire sur l'œil qui voit leurs fleurs, non plus isolément, mais ensemble, le plus bel effet possible.

Ainsi rien n'est plus fréquent que le défaut de proportion dans la manière dont les fleurs d'un même genre de couleur sont réparties dans un jardin : tantôt la vue n'est frappée que du bleu ou du blanc, tantôt elle est éblouie par du jaune. Ajoutez à ce défaut de proportion le mauvais effet résultant du voisinage de plusieurs espèces de fleurs, qui, bien que du même genre de couleur, ne sont pas de la même sorte ; par exemple, au printemps on verra la doronique d'un jaune d'or brillant à côté du narcisse d'un jaune verdâtre pâle ; en automne, l'œillet d'Inde à côté de la rose d'Inde et des soleils, des dahlias de différents roses groupés ensemble, etc. De pareils rapprochements causent à un œil exercé à saisir les effets du contraste des couleurs, des sensations tout aussi désagréables que le sont celles qu'éprouve le musicien dont l'oreille est frappée par des sons discordants.

734. Avant mes observations sur le contraste simultané et la démonstration de la loi qui le régit, il était impossible de prescrire aux horticulteurs des règles qui, en leur faisant placer à coup sûr, à côté les unes des autres, les fleurs dont les couleurs s'embellissent réciproquement, leur fissent ainsi éviter, ou la monotonie résultant de la réunion des fleurs d'une même couleur, ou le désagrément résultant de l'assemblage de fleurs dont les nuances se nuisent mutuellement ; et si alors on avait parlé des heureux effets du contraste, c'était d'une manière générale et toujours vague, puisqu'on n'indiquait ni les plantes qu'il fallait associer ensemble pour que leurs fleurs s'embellissent réciproquement, ni les plantes qu'on devait éloigner les unes des autres, parce que les couleurs de leurs fleurs se nuisent mutuellement. Il est évident qu'après avoir donné la loi du contraste simultané des couleurs, distingué leurs diverses sortes d'harmonies et leurs associations avec le blanc, le noir et le gris, les associations des fleurs ne présenteront aucune difficulté, puisqu'elles

ne seront qu'une simple conséquence de faits antérieurement étudiés sous tous les rapports qui concernent l'horticulture.

Conformément à la manière dont les applications de la loi du contraste ont été faites à tous les arts dont nous avons parlé, nous distinguerons encore ici les associations de fleurs qui donnent lieu à des harmonies de contraste et celles qui donnent lieu à des harmonies d'analogue.

§ 1. ASSOCIATIONS DE FLEURS QUI SE RAPPORTENT AUX HARMONIES DE CONTRASTE.

ARTICLE PREMIER.

ASSOCIATIONS DE FLEURS QUI SE RAPPORTENT AUX HARMONIES DE CONTRASTE DE COULEUR.

735. Il faut distinguer d'abord deux cas généraux relativement à l'intervalle qui se trouve entre les plantes : le cas où l'intervalle est tel, qu'on voit isolément chaque individu, et celui où elles sont tellement rapprochées, que les fleurs, appartenant à des individus différents, paraissent pêle-mêle.

A. ASSOCIATIONS OÙ LES PLANTES SONT À DISTANCE.

736. Les associations qui se rapportent aux harmonies de contraste de couleur sont d'abord celles des fleurs de couleur mutuellement complémentaire, telles que :

Les fleurs bleues et les fleurs orangées;

Les fleurs jaunes et les fleurs violettes.

Quant aux fleurs rouges et roses, elles contrastent avec leurs feuilles.

737. Les fleurs blanches s'associent avec plus ou moins d'avantage aux fleurs bleues et aux fleurs orangées déjà alliées ensemble,
et parfaitement aux fleurs rouges et roses, mais moins bien aux
fleurs jaunes et aux fleurs violettes déjà alliées ensemble, comme on
pouvait le présumer d'après ce que nous avons dit de l'intervention
du blanc dans ce dernier assortiment complémentaire (189); le blanc
s'associe d'autant moins bien au jaune, que celui-ci est plus clair et
plus verdâtre.

Quoi qu'il en soit de ce dernier cas et du peu d'effet d'un massif
uniquement composé de fleurs blanches, cependant on ne peut se
refuser à considérer ces mêmes fleurs comme indispensables à l'ornement des jardins, une fois qu'on les a vues distribuées convenablement entre des groupes de fleurs dont les couleurs sont associées
conformément à la loi du contraste; et il y a plus, c'est que si l'on
cherche soi-même dans le cours de l'année horticulturale à mettre en
pratique les préceptes que nous recommandons de suivre, on remarquera qu'il est des époques où les fleurs blanches ne sont pas généralement assez multipliées par la culture pour qu'on tire le meilleur
parti possible de la flore actuelle de nos jardins; car, en définitive,
si ces fleurs ne produisent pas un aussi bon effet avec les fleurs d'un
jaune pâle et les fleurs violettes qu'avec les fleurs rouges, roses et
bleues, cependant jamais leur association n'est répréhensible.

Les fleurs blanches sont les seules en possession de l'avantage de
rehausser le ton des fleurs qui n'ont qu'une légère teinte d'une couleur quelconque; elles seules ont encore l'avantage de séparer toutes
les fleurs dont les couleurs se nuisent mutuellement.

738. Après les associations des fleurs dont les couleurs sont mutuellement complémentaires, il faut placer les suivantes :

Les fleurs jaunes, surtout celles qui tirent sur l'orangé, vont très bien avec les fleurs bleues;

Les fleurs d'un jaune plutôt verdâtre qu'orangé sont d'un bon effet avec les fleurs d'un rose tirant sur l'amarante plutôt que sur l'orangé;

Les fleurs d'un rouge foncé s'allient bien avec les fleurs d'un bleu foncé;

Les fleurs orangées ne sont pas déplacées auprès des fleurs violettes.

Il est sans doute superflu de remarquer que le blanc s'allie plus ou moins heureusement à toutes ces associations.

B. ASSOCIATIONS OÙ LES PLANTES SONT PÊLE-MÊLE.

739. Il existe une manière d'associer des variétés d'une même espèce de plante annuelle ou bisannuelle, qui est d'un bel effet : c'est de semer leurs graines dru en corbeille ou en bordure. Je citerai pour exemple les graines de pied-d'alouette, de reine-marguerite, et en un mot, celles qui donnent lieu à des tiges basses, portant une multitude de fleurs blanches, roses, rouges, bleues, violettes, etc.

On obtiendra un effet analogue en plantant dru des griffes d'anémones.

740. Je ne prescris le pêle-mêle que pour des corbeilles ou des bordures et non pour des plates-bandes; lorsqu'on voudra que celles-ci n'offrent que des fleurs aux regards, il faudra que les associations soient conformes à la loi du contraste et que les plantes soient à un tel intervalle les unes des autres, qu'elles puissent prendre plus de développement que dans le cas précédent, et qu'en même temps leurs tiges puissent s'étaler et cacher la terre sous leurs fleurs.

ASSOCIATIONS DE FLEURS QUI SE RAPPORTENT AUX HARMONIES
DE CONTRASTE DE GAMME.

741. Parmi les harmonies de contraste de gamme que l'on peut
faire avec succès, je ne citerai que les associations des variétés du
rosier bengale, qui présentent le rouge, le rose et le blanc. Je considère
la fleur du bengale sanguin comme le type du rouge, et le rose de la
variété rose comme étant bien la dégradation de la couleur précédente; c'est pour cette raison que je les associe, afin de former une
harmonie de contraste de ton d'un bel effet.

ARTICLE 3.

ASSOCIATIONS DE FLEURS QUI SE RAPPORTENT AUX HARMONIES
DE CONTRASTE DE NUANCES.

———

A. ASSOCIATIONS OÙ LES PLANTES SONT À DISTANCE.

742. Il est si difficile de réussir à faire des associations de nuances
qui soient d'un effet satisfaisant, que je proscris *en général* l'association
mutuelle des fleurs dont les couleurs appartiennent à des gammes
voisines. Il faut donc séparer :

Les fleurs roses des fleurs d'un rose amarante ou orangé;
Les fleurs orangées des fleurs d'un jaune orangé;
Les fleurs jaunes des fleurs d'un jaune verdâtre;
Les fleurs bleues des fleurs d'un bleu violet.

J'irai même plus loin, en conseillant d'éloigner :

Les fleurs rouges des fleurs orangées;
Les fleurs roses des fleurs violettes;
Les fleurs bleues des fleurs violettes.

Je dis que je proscris *en général,* parce que je laisse au goût de l'amateur éclairé l'appréciation de quelques associations de ce genre, qui peuvent être d'un bel effet, mais qu'il serait difficile de définir par le langage écrit.

B. ASSOCIATIONS OÙ LES PLANTES SONT PÊLE-MÊLE.

743. Des fleurs qui ne présenteraient que des contrastes de nuances et qui proviendraient de graines semées dru en bordure ou en corbeille, n'auraient pas le même inconvénient que celui des fleurs dont les pieds sont plantés à distance l'un de l'autre.

744. Enfin il est encore une circonstance où des fleurs, présentant un contraste désagréable de nuances, peuvent cependant produire un bon effet : c'est lorsque leur assortiment fait partie d'associations de contrastes de couleurs fortement opposées : dans ce cas, n'étant plus vu isolément, il devient en quelque sorte l'élément d'un tableau. Je reviendrai sur cette circonstance (815).

§ 2. ASSOCIATIONS DE FLEURS QUI SE RAPPORTENT AUX HARMONIES D'ANALOGUE.

ARTICLE PREMIER.
ASSOCIATIONS DE FLEURS QUI SE RAPPORTENT AUX HARMONIES DE GAMME.

745. Il n'est pas impossible de faire des associations d'analogue de gamme, surtout parmi les variétés d'une même espèce de plantes; cependant je ne compte guère que des arbustes qui soient susceptibles de s'y prêter, par la raison que l'on ne trouvera guère que des plantes vivaces qui présenteront à l'horticulteur la garantie que les

fleurs d'une année seront identiques par le ton de couleur à celles de l'année précédente; qu'en conséquence, si l'on a planté des arbustes en ligne, de manière à avoir une dégradation, en commençant par la variété qui présente le ton le plus élevé, et finissant par la variété du ton le plus clair, les floraisons successives annuelles se feront constamment selon cet ordre. Je crois que l'on peut appliquer ce genre d'association aux rosiers greffés.

746. Mais je ne conseillerai à personne de chercher à soumettre à cet arrangement des plantes annuelles, à cause de l'incertitude où l'on est, je ne dis pas de la couleur des fleurs des individus que l'on plante, mais du ton de cette couleur. Par exemple, quoiqu'il soit facile, avec des fleurs de dahlias de différents tons d'une même gamme de rouge, d'établir une série harmonieuse, je ne conseillerai pas de prendre les tubercules qui auront donné ces fleurs pour les planter l'année suivante, de manière à réaliser de nouveau cette série avec les individus vivants provenus de ces tubercules, parce que les couleurs des nouvelles fleurs pourront non seulement varier de ton, mais sortir même de la gamme de l'année précédente.

ARTICLE 2.

ASSOCIATIONS DE FLEURS QUI SE RAPPORTENT AUX HARMONIES D'ANALOGUE DE NUANCES.

747. Si je me suis prononcé contre les associations de contraste de nuances (742), à plus forte raison me prononcerai-je contre les associations d'analogue de nuances, toujours bien entendu avec les restrictions que j'ai énoncées plus haut (742, 744). Il ne faut pas perdre de vue que mon intention est de prescrire les associations dont les bons effets sont sûrs; or, plus les couleurs contrastent conformé-

ment à notre loi, plus on aura de latitude pour que les associations ne cessent pas d'être agréables, quoique la couleur des fleurs des individus associés vienne à varier de ton et de nuance par des circonstances que nous ne connaissons pas.

REMARQUE.

748. Je terminerai ce chapitre par une réponse à l'objection qu'on pourrait m'adresser, *que le vert des feuilles, qui sert pour ainsi dire de fond aux fleurs, détruit l'effet du contraste de ces dernières.* Il n'en est pas ainsi, et pour s'en convaincre il suffit de fixer sur un écran de soie verte deux sortes de fleurs, conformément à l'arrangement des bandes colorées, fig. 1, et de les regarder à la distance d'une dizaine de pas. Au reste, cela est tout simple : dès que l'œil voit distinctement et simultanément deux couleurs bien tranchées sur un fond, son attention étant fixée par elles, les objets environnants ne lui font éprouver que de faibles impressions, surtout ceux de couleur sombre qui, se trouvant sur un plan éloigné, se présentent d'une manière confuse à la vue. Cette observation rentre encore dans celle que j'ai faite relativement à la modification que le vert des feuilles d'une guirlande de roses en papier peint éprouvait sur un fond noir (483).

CHAPITRE II.

DE L'ART D'ASSORTIR, DANS LES JARDINS, LES PLANTES LIGNEUSES, AFIN DE TIRER LE
MEILLEUR PARTI POSSIBLE DE LA COULEUR DE LEUR FEUILLAGE POUR L'AGRÉMENT
DE LA VUE.

749. Si l'on considère les arbres et les arbrisseaux, non plus sous
le rapport de la couleur de leurs fleurs, mais sous celui du parti qu'on
peut tirer de leur feuillage pour la décoration des jardins en les
assortissant convenablement, on verra qu'il n'y a guère qu'un très
petit nombre de contrastes de gamme ou de nuances qu'il soit possible de réaliser, du moins aux époques où la végétation est en acti-
vité; car en automne, lorsqu'elle s'arrête et que les plantes vont perdre
leurs feuilles, celles-ci, avant de tomber, peuvent présenter des couleurs rouges, roses, écarlates, orangées et jaunes, qui semblent assez
souvent, par leur vivacité, rappeler la saison des fleurs. La plupart
des arbres et des arbustes ne présentent dans la belle saison que du
vert dans leurs feuillages; et si ce vert diffère de ton et de nuance
suivant les espèces et les variétés, les différences sont toujours peu
prononcées. Il n'y a qu'un très petit nombre de plantes ligneuses,
comme l'olivier de Bohême, dont le feuillage soit entièrement argenté,
c'est-à-dire le soit sur les deux faces de la feuille; il n'en est que très
peu dont le feuillage soit pourpre, comme l'est celui du hêtre pourpre.
Voyons les conséquences de cet état de choses pour établir des harmonies de contraste et des harmonies d'analogue.

A. HARMONIES DE CONTRASTE.

750. (A) Le contraste de couleur le plus prononcé qu'on puisse
établir entre les feuillages de végétaux ligneux est celui du vert du

plus grand nombre avec le feuillage le plus voisin de la couleur rouge : nous disons *le plus voisin*, puisque nous n'en connaissons aucun auquel la qualification de rouge soit réellement applicable. En effet, le hêtre pourpre est plutôt d'un brun rouge que d'un rouge foncé proprement dit, et cela ne doit pas surprendre, puisqu'en définitive la couleur des feuilles résulte d'un mélange de vert et de rouge, lesquels, d'après le principe du mélange des couleurs (154 et 158), doivent donner naissance à du noir, s'ils sont en proportion convenable, et à un ton brun de la gamme verte ou de la gamme rouge, suivant que l'une des couleurs domine sur l'autre. Il est visible, d'après cela, qu'il sera difficile d'obtenir le contraste de couleur avec des feuillages.

(b) Le contraste de nuance s'établira par l'assortiment d'un vert bleuâtre avec un vert jaunâtre, pris tous les deux à des tons inégalement élevés ; par le contraste d'un vert bleuâtre brun avec un vert clair jaunâtre, etc.

(c) Enfin le contraste de ton s'établira entre les feuillages argentés qui ont toujours un ton sensible de vert, et les feuillages d'un ton plus élevé de ce même vert, etc.

B. HARMONIES D'ANALOGUE.

751. Presque tous les massifs de nos jardins-paysages plantés de végétaux variés offrent des harmonies de nuances résultant presque toujours d'associations établies d'après des considérations étrangères à celle de l'assortiment du feuillage ; résultat tout simple, si on se rappelle la remarque faite plus haut (749), que les couleurs des feuilles du plus grand nombre de végétaux sont des verts appartenant à des gammes plus ou moins rapprochées et de tons peu éloignés les uns des autres.

(A) Des harmonies d'analogue de nuances formées de tons rapprochés, appartenant à des gammes voisines, sont donc celles qu'il est le moins difficile d'obtenir.

(B) Quant à des associations de feuillages présentant une série de tons équidistants, appartenant à une même gamme de vert, elles seraient excessivement difficiles à réaliser.

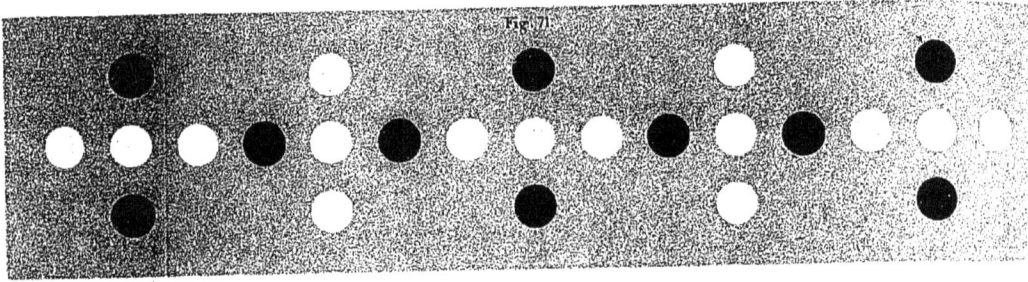

Fig. 71.

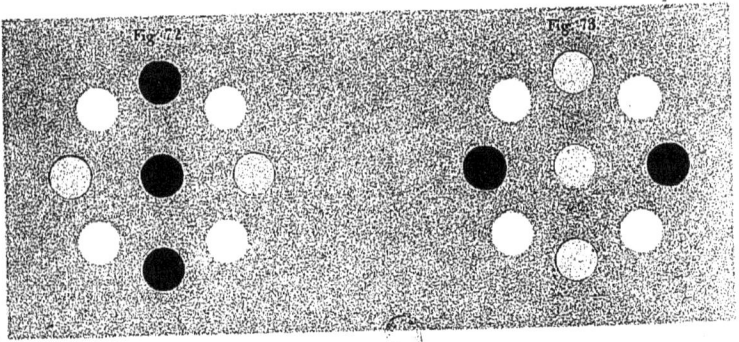

Fig. 72.

Fig. 73.

Imprimerie National

CHAPITRE III.

EXEMPLES DES PLANTES QUE L'ON PEUT ASSOCIER ENSEMBLE SOUS LE RAPPORT
DE LA COULEUR DE LEURS FLEURS.

752. Il ne suffit pas d'avoir énoncé les assortiments de fleurs d'une
manière générale, comme je viens de le faire, pour que toute personne qui cultive des plantes se soumette à des règles qui demandent quelque étude nouvelle, et surtout des changements d'habitude
de la part des jardiniers; c'est dans l'intention de rendre l'observation de ces règles plus facile que je vais indiquer, par leurs noms
spécifiques, les plantes que l'on peut associer ensemble, du moins
sous le climat de Paris, l'expérience d'une dizaine d'années m'ayant
appris que *généralement* elles fleurissent simultanément; j'aurais pu
en augmenter beaucoup le nombre, en y comprenant des plantes de
serre et d'orangerie, et même plusieurs plantes rustiques différentes
de celles dont je vais parler; mais, les associations possibles étant
indéfinies, il a fallu borner mes citations à des exemples choisis; et
mon choix est tombé sur les espèces que j'ai observées moi-même
et que l'on peut trouver dans tous les jardins du département de la
Seine. Au reste, l'horticulteur qui goûtera mes principes en étudiant
les associations que je vais donner, et d'une autre part en voyant les
associations de couleurs du quatrième paragraphe de l'introduction à
la seconde Partie de ce livre, aura toute facilité pour faire lui-même
soit des assortiments de plantes que je n'ai pas nommées, soit des
assortiments de couleurs que je n'ai pas mentionnés, et je me trompe
fort si cette occupation ne sera pas pour l'amateur des jardins une
nouvelle source de jouissance.

753. *Arrangements de fleurs pour le mois de février.*

Les *crocus* (*Crocus vernus;* — *luteus*) fleurissent dans ce mois, lorsque l'hiver n'a pas été trop rigoureux ni trop prolongé. Ils présentent trois variétés de couleur : le blanc, le violet et le jaune.

On peut les disposer en bordure d'une seule ligne.

Fig. 53. (A) 1° *Crocus jaune;*
2° — *violet;*
1$^{v'(1)}$ — *jaune,* etc.

Fig. 54. (B) 1° *Crocus jaune;*
2° — *violet;*
3° — *blanc;*
1$^{v'}$ — *jaune,* etc.

Fig. 55. (C) 1° *Crocus jaune;*
2° — *blanc;*
3° — *violet;*
1$^{v'}$ — *blanc,* etc.

(D) 1° *Crocus jaune;*
2° — *violet;*
3° — *jaune;*
4° — *blanc;*
1$^{v'}$ — *jaune,* etc.

(E) 1° *Crocus violet;*
2° — *jaune;*
3° — *violet;*
4° — *blanc;*
1$^{v'}$ — *violet,* etc.

---

[1] 1$^{v'}$ signifie qu'on répète la série précédente.

(F) On peut les disposer en quinconce, faisant bordure ou corbeille de la manière représentée par la figure 71.

754. *Arrangements de fleurs pour le mois de mars.*

A. On peut opposer l'*elléborine jaune* (Helleborus hiemalis) avec le *perce-neige blanc* (Galanthus nivalis) et le Leucoïum vernum, fig. 16.

B. Enfin il y a des hivers où la *rose de Noël* (Helleborus niger), en fleur depuis décembre, peut être entourée sans ordre apparent d'*elléborine*, de *violette* (Viola odorata) et de *perce-neige.*

C. Arrangement des hépatiques blanches, roses et bleues (*Anemone hepatica*).

En bordure :

Fig. 40. (A) 1° *Hépatique blanche;*
2° — *bleue;*
3° — *blanche;*
4° — *rose;*
1°' — *blanche*, etc.

En corbeille :

o
Fig. 72. (B) blanche o o blanche
rose o o o rose
blanche o o blanche
o
3 bleues
o

Fig. 73. (C) blanche o o blanche
bleue o o o bleue
blanche o o blanche
o
3 roses

755. *Arrangements de fleurs pour le mois d'avril.*

A. *Primevères* (Primula elatior; — officinalis).

On peut faire un assez grand nombre d'arrangements de primevères, parce qu'il en existe de nombreuses variétés. J'indiquerai la
bordure suivante :

(A) 1° *Primevère rouge;*
    2°   —   *blanche;*
    3°   —   *orangée;*
    4°   —   *lilas;*
    5°   —   *jaune;*
    6°   —   *d'un violet brun;*
    7°   —   *blanche;*
    1°′   —   *rouge,* etc.

(B) S'il s'agissait de faire une bordure circulaire ou elliptique,
dont on pourrait embrasser l'ensemble d'un coup d'œil, on admirerait
certainement l'effet de l'arrangement représenté par la figure 74.

    1° *Primevère blanche;*
    2°   —   *rouge unie;*
    3°   —   *blanche;*
    4°   —   *orangée* ou *orangée bordée de brun;*
    5°   —   *violette* ou *lilas;*
    6°   —   *jaune (coucou);*
    7°   —   *violette* ou *lilas-bleu;*
    8°   —   *orangée* ou *orangée bordée de brun;*
    1°′   —   *blanche,* etc.

Les primevères jaunes ou coucous, revenant à des intervalles égaux,

Fig. 74.

Planche 35.

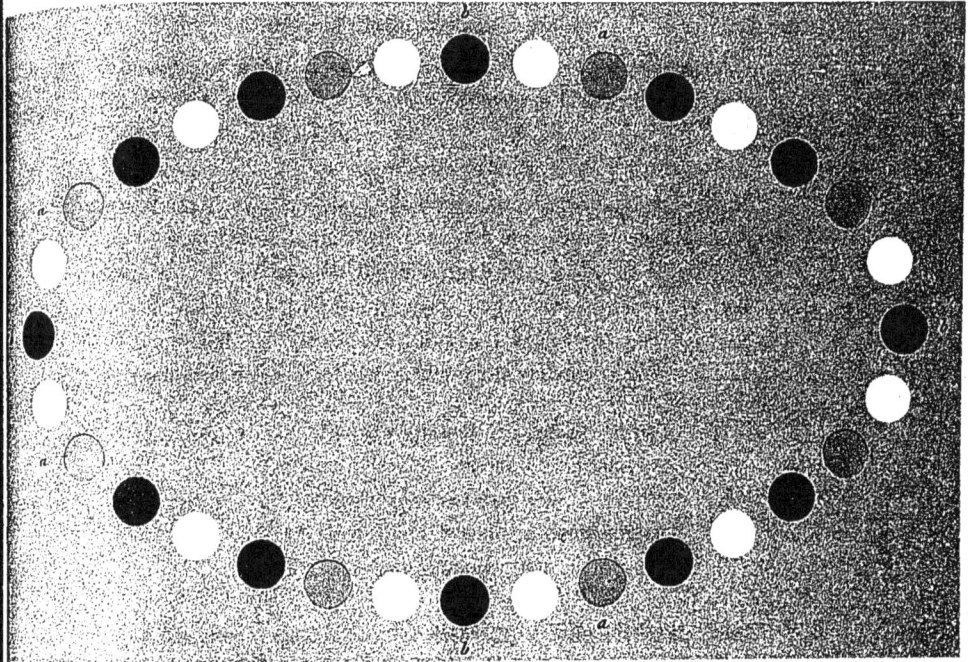

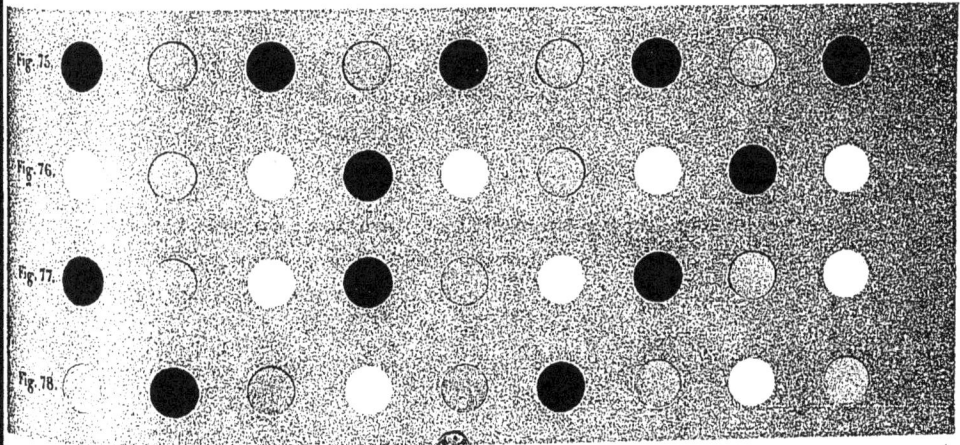

Imprimerie Nationale.

produisent un excellent effet, parce que leurs pédoncules droits, couvérts de fleurs jaunes, coupent agréablement l'uniformité de hauteur du reste de la bordure.

Je me suis assuré, en supprimant de la bordure les primevères orangées *a, a, a, a,* qu'elle perdait beaucoup de son effet en perdant ainsi de sa symétrie. Cette observation doit être prise en considération toutes les fois qu'une bordure en courbe fermée est susceptible, à cause de son peu d'étendue et de sa position, d'être vue en entier d'un seul coup d'œil. Si cette condition n'existait pas, la première bordure de primevère (*a*) pourrait être préférée à la seconde (*b*).

B. (ᴀ) Fig. 25. 1° *Tourette printanière* (Turritis verna);
2° *Saxifrage de Sibérie* (Saxifraga crassifolia);
3° *Tourette printanière;*
4° *Doronique* (Doronicum caucasicum);
1°' *Tourette printanière,* etc.

(ʙ) Lorsqu'on abandonne les tourettes à elles-mêmes, elles prennent trop d'extension relativement aux saxifrages; dès lors il y a trop de blanc. Si l'on ne veut pas prendre le soin de maintenir les tourettes, je prescrirai la bordure suivante :

Fig. 24. 1° *Tourette;*
2° *Saxifrage;*
3° *Doronique;*
1°' *Tourette,* etc.

J'ai fait allusion à cet assortiment (251) lorsque j'ai pris en considération la proportion des surfaces diversement colorées qui font partie d'un arrangement.

C. (a)   1° *Doronique;*

2° *Lunaire violette* (Lunaria annua) ou *saxifrage;*

3° *Doronique;*

4° *Tourette;*

5° *Lunaire violette* ou *saxifrage;*

6° *Tourette;*

1°′ *Doronique,* etc.

Pour que cette bordure produise un bon effet, les tourettes et les doroniques doivent être maintenues, afin d'empêcher que leurs fleurs n'occupent trop d'étendue relativement aux saxifrages ou aux lunaires.

(b) Enfin on peut alterner successivement, dans l'arrangement précédent, une *lunaire* avec une *saxifrage,* et ainsi de suite, c'est-à-dire que la *lunaire* sera entre deux *doroniques,* et la *saxifrage* entre deux *tourettes.*

D. (a) Fig. 50.   1° *Jacinthe bleue* (Hyacinthus orientalis);

2° *Narcisse jaune* (godet, Narcissus pseudo-narcissus *ou* Narcissus odorus);

1°′ *Jacinthe bleue,* etc.

(b) Fig. 14.   1° *Jacinthe blanche;*

2°   —   *rose;*

1°′   —   *blanche,* etc.

(c) Fig. 40.   1° *Jacinthe blanche;*

2°   —   *bleue;*

3°   —   *blanche;*

4°   —   *rose;*

1°′   —   *blanche,* etc.

(D) On peut alterner avec des doroniques de larges corbeilles de jacinthes bleues;

(E) Et avec des saxifrages de larges corbeilles de jacinthes blanches.

E. (A) Fig. 16. 1° *Iberis de Perse* (Iberis sempervirens);

2° *Alysse saxatile* (Alyssum saxatile);

1°′ *Iberis de Perse*, etc.

(B) Fig. 51. 1° *Iberis de Perse;*

2° *Pulmonaire de Virginie* (Pulmonaria virginica);

3° *Alysse saxatile;*

1°′ *Iberis de Perse*, etc.

(C) 1° *Iberis de Perse;*

2° *Phlox verna* (pourpre), ou *Anemone pavonina* (rouge), ou *Anemone apennina* (bleu de ciel);

3° *Alysse saxatile;*

4° *Phlox verna*, ou *Anemone pavonina*, ou *Anemone apennina;*

1°′ *Iberis de Perse*, etc.

F. Des tapis de pervenche (*Vinca minor* et *Vinca major*) blanche et bleue, entremêlés de violettes violettes et blanches et d'*Anemone nemorosa* ou d'*Isopyrum thalictroides*, et si les tapis ont une certaine étendue de fleurs jaunes, telles que coucous, renoncules (*Ranunculus ficaria*), etc., sont d'un bon effet.

G. (A) Fig. 23. 1° *Pêcher nain à fleurs doubles roses* (Amygdalus persicus);

48

IMPRIMERIE NATIONALE.

             2° *Kerria Japonica;*

             1°′ *Pêcher nain,* etc.

(B)   1° *Pêcher nain;*

             2° *Jasmin frutiqueux* (Jasminum fruticans);

             1°′ *Pêcher nain,* etc.

H.   Fig. 14. 1° *Chamæcerasus tartarica rose;*

             2°   —   —   *blanc;*

             1°′   —   —   *rose,* etc.

Mais il ne faut pas se dissimuler que cet arrangement est un peu lourd. On peut interposer, entre deux *Chamæcerasus* rose ou blanc, un *Kerria Japonica;* mais à cause de la grande différence des formes, il faut qu'il y ait un assez grand intervalle pour éviter que les feuillages ne se touchent : dès lors il est nécessaire que derrière cette ligne il y ait d'autres végétaux qui soient d'un aspect agréable.

I. Un pommier du Japon (*Malus Japonica*), s'élevant en buisson au-dessus d'une corbeille de violettes, produit un bel effet par le contraste de ses fleurs écarlates avec la couleur des violettes.

756. *Arrangements de fleurs pour le mois de mai.*

A. (A) Fig. 14. 1° *Iberis de Perse;*

                   2° *Tulipe rouge des jardiniers* (Tulipa Gesne-riana), ou *jacée double* (Lychnis sylvestris);

                   1°′ *Iberis de Perse,* etc.

(B) Fig. 24. 1° *Iberis de Perse;*

                   2° *Tulipe rouge* ou *jacée;*

                   3° *Alysse saxatile;*

                   1°′ *Iberis de Perse,* etc.

B. (A) Fig. 19. 1° *Iris bleu* (Iris germanica);

2° — *blanc* (Iris florentina);

1°′ — *bleu,* etc.

(B) Fig. 15 1° *Iris blanc;*

et Fig. 14. 2° *Pavot de Tournefort* (Papaver orientale) ou *pavot à bractées* (Papaver bracteatum);

1°′ *Iris blanc.*

(C) 1° *Iris blanc;*

2° *Pavot de Tournefort* ou *à bractées;*

3° *Iris bleu;*

4° *Pavot de Tournefort* ou *à bractées;*

1°′ *Iris blanc,* etc.

C. (A) Fig. 14. 1° *Valériane rouge* (Valeriana rubra);

2° — *blanche;*

1°′ — *rouge,* etc.

(B) Fig. 15 1° *Valériane blanche;*

et Fig. 14. 2° *Pavot de Tournefort* ou *à bractées;*

1°′ *Valériane blanche,* etc.

(C) 1° *Valériane rouge;*

2° *Iris bleu;*

3° *Valériane blanche;*

4° *Iris bleu;*

1°′ *Valériane rouge,* etc.

D. Fig. 14. 1° *Pivoine rouge* (Pæonia officinalis);

2° — *blanche;*

1°′ — *rouge,* etc.

48.

E. Des pavots à bractées, alternés avec des boules de neige, produisent un très bel effet.

Fig. 14. 1° *Boule de neige* (Viburnum opulus sterilis);

2° *Pavot à bractées;*

1°′ *Boule de neige, etc.*

Fig. 19. 1° *Boule de neige;*

2° *Lin vivace* (Linum perenne);

1°′ *Boule de neige, etc.*

F. (A) Fig. 75. 1° *Rosier bengale rouge sanguin* (Rosa semperflorens);

2° *Rosier bengale rose;*

1°′ — — *rouge, etc.*

(B) Fig. 14. 1° *Rosier bengale rose;*

2° — — *blanc;*

1°′ — — *rose, etc.*

(C) Fig. 76. 1° *Rosier bengale blanc;*

2° — — *rose;*

3° — — *blanc;*

4° — — *rouge;*

1°′ — — *blanc, etc.*

(D) Fig. 77. 1° *Rosier bengale rouge;*

2° — — *rose;*

3° — — *blanc;*

1°′ — — *rouge, etc.*

(E) Fig. 78. 1° *Rosier bengale rose;*

2° — — *rouge;*

3° *Rosier bengale rose;*

4° —   — *blanc;*

1°′ —   — *rose,* etc.

On peut faire des bordures d'un bel effet en alternant des touffes de rosier rose-bengale ou de *Rosa cinnamomea* avec :

1° Des touffes de laurier tin (*Viburnum tinus*);

2° Des touffes de jasmin frutiqueux. On met les touffes à 1 mètre l'une de l'autre.

On peut également les alterner avec des lauriers amandes (*Cerasus lauro-cerasus*); dans ce cas, il y a entre les touffes 1 à 2 mètres d'intervalle, et on dispose trois pieds de rosiers en triangle équilatéral. °₀°

G. (ᴀ) Fig. 18. 1° *Lilas violet* (Syringa vulg.);

2° — *blanc;*

1°′ — *violet,* etc.

(ʙ) Fig. 53. 1° *Lilas violet;*

2° *Faux ébénier* (Cytisus laburnum);

1°′ *Lilas violet,* etc.

(c)   1° *Faux ébénier;*

2° *Lilas violet;*

3° — *blanc;*

4° — *violet;*

1°′ *Faux ébénier,* etc.

(ᴅ)   1° *Faux ébénier;*

2° *Lilas violet;*

3° *Seringa* (Philadelphus coronarius);

4° *Lilas violet;*

1°′ *Faux ébénier,* etc.

(ᴇ) Fig. 18. 1° *Lilas varin* (Syringa media);

2° *Spiræa hypericifolia* ou *ulmifolia;*

1°′ *Lilas varin*, etc.

(ꜰ) Fig. 53. 1° *Lilas varin;*

2° *Kerria japonica;*

1°′ *Lilas varin*, etc.

Quoique le kerria fleurisse un peu plus tôt que le lilas varin, cependant cet assortiment peut très bien se faire.

(ɢ) Fig. 14. 1° *Lilas blanc;*

2° *Arbre de Judée* (Cercis siliquastrum);

1°′ *Lilas blanc*, etc.

(ʜ) 1° *Lilas blanc;*

2° *Chamæcerasus tartarica rose;*

1°′ *Lilas blanc*, etc.

H. 1° *Spiræa hypericifolia;*

2° *Jasmin frutiqueux;*

1°′ *Spiræa hypericifolia*, etc.

I. (ᴀ) 1° *Bois de Sainte-Lucie* (Prunus mahaleb);

2° *Arbre de Judée;*

1°′ *Bois de Sainte-Lucie*, etc.

Lorsque l'arbre de Judée fleurit, le bois de Sainte-Lucie n'est plus en fleur; ce n'est donc pas pour le contraste des fleurs que nous prescrivons l'association, mais pour celui des fleurs du premier avec les feuilles du second.

(B)   1° *Bois de Sainte-Lucie;*

                 2° *Faux ébénier;*

                 1°' *Bois de Sainte-Lucie,* etc.

(c)   1° *Bois de Sainte-Lucie;*

                 2° *Faux ébénier;*

                 3° *Bois de Sainte-Lucie;*

                 4° *Arbre de Judée;*

                 1°' *Bois de Sainte-Lucie,* etc.

K. (A) Fig. 16.   1° *Boule de neige;*

                 2° *Colutœa arborescens;*

                 1°' *Boule de neige,* etc.

(B) Fig. 14.   1° *Boule de neige;*

                 2° *Arbre de Judée;*

                 1°' *Boule de neige,* etc.

L. (A) Fig. 23.   1° *Arbre de Judée;*

                 2° *Faux ébénier;*

                 1°' *Arbre de Judée,* etc.

(B)   1° *Arbre de Judée;*

                 2° *Cornouiller sanguin* (Cornus sanguineus);

                 1°' *Arbre de Judée,* etc.

M. (A) Fig. 16.   1° *Seringa;*

                 2° *Colutœa arborescens* ou *Coronilla emerus;*

                 1°' *Seringa,* etc.

(B) Fig. 14.   1° *Chamœcerasus tartarica;*

                 2° *Spirœa ulmifolia;*

                 1°' *Chamœcerasus tartarica,* etc.

N. Des bordures d'anémones plantées dru (739) fleurissent communément dans ce mois.

757. *Arrangements de fleurs pour le mois de juin.*

A. On a des pensées (*Viola tricolor*) violettes, jaunes et blanches, c'est-à-dire des mêmes couleurs que les crocus; d'après cela, il est possible de les soumettre aux mêmes arrangements que ces derniers (753).

B. Avec les juliennes violette et blanche (*Hesperis matronalis*) et l'*Erysimum barbarea floræ pleno* qui est de couleur jaune, on obtient des résultats analogues (753).

C. Fig. 5o. 1° *Lin vivace;*
            2° *Verge d'or* (Solidago multiflora);
            1°′ *Lin vivace,* etc.

D. Fig. 14. 1° *Mufle de veau rouge* (Antirrhinum majus);
            2°   —   — *blanc;*
            1°′   —   — *rouge,* etc.

E. Fig. 44. 1° *Pied-d'alouette vivace* (Delphinium elatum);
            2° *Croix de Jérusalem* (Lychnis chalcedonica);
            1°′ *Pied-d'alouette vivace,* etc.

F. Fig. 14. 1° *Digitale rose* (Digitalis purpur.);
            2°   — *blanche;*
            1°′   — *rose,* etc.

758. *Arrangements de fleurs pour le mois de juillet.*

A. (a) Fig. 14. 1° *Mauve rose* (Malope trifida);

     2°   —   *blanche;*

     1°′   —   *rose,* etc.

(b) Des *Zinnia violacea,* s'élevant au milieu d'un mélange de mauves blanches et roses, sont d'un bel effet.

(c) Il en est de même de la véronique bleue (*Veronica spicata*), de la nigelle de Damas (*Nigella damascena*), du pied-d'alouette vivace, du *Coreopsis tinctoria,* de l'*Escholtzia californica.*

B. (a) Fig. 14. 1° *Reine-marguerite blanche* (Aster chinensis);

     2°   —   —   *rose;*

     1°′   —   —   *blanche,* etc.

(b) Fig. 19. 1° *Reine-marguerite blanche;*

     2°   —   —   *bleue;*

     1°′   —   —   *blanche,* etc.

(c) Fig. 40. 1° *Reine-marguerite blanche;*

     2°   —   —   *rose;*

     3°   —   —   *blanche;*

     4°   —   —   *bleue;*

     1°′   —   —   *blanche,* etc.

C. Des bordures de reines-marguerites semées *dru* (739) sont d'un bel effet.

Fig. 19. 1° *Campanule bleue* (Campanula medium);

     2°   —   *blanche;*

     1°′   —   *bleue,* etc.

D.   Fig. 5o. 1° *Lin vivace;*

2° *Escholtzia;*

1°′ *Lin vivace,* etc.

759. *Arrangements de fleurs pour le mois d'août.*

A. (A) Fig. 18. 1° *Phlox violet* (Phlox decussata);

2° — *blanc;*

1°′ — *violet,* etc.

(B) Fig. 53. 1° *Phlox violet;*

2° *Verge d'or* (Solidago humilis, *ou* integrifolia,
ou recurvata);

1°′ *Phlox violet,* etc.

(c) Fig. 53. 1° *Phlox violet;*

2° *Achillæa filipendulina jaune* ou *Escholtzia;*

1°′ *Phlox violet,* etc.

B. (A) Fig. 44. 1° *Aster de Sibérie* (Aster Sib.);

2° *Rudbeckia speciosa;*

1°′ *Aster de Sibérie,* etc.

(B) Fig. 5o. 1° *Aster de Sibérie;*

2° *Achillæa filipendulina jaune;*

1°′ *Aster de Sibérie,* etc.

C.   Fig. 5o. 1° *Ipomœa purpurea;*

2° *Escholtzia;*

1°′ *Ipomœa purpurea,* etc.

Une corbeille circulaire, dont un arbre est le centre, est d'un bel effet, lorsque des Ipomœa purpurea montent autour de l'arbre et qu'ils sont eux-mêmes entourés d'Escholtzia.

D. Une corbeille où les Ipomœa sont remplacés par des capucines, et l'Escholtzia par des pensées violettes, est encore fort agréable à la vue.

E. Une bordure de pied-d'alouette (*Delphinium Ajacis*) qui a été semée *dru* (739) est en fleur à cette époque.

760. *Arrangements de fleurs pour le mois de septembre.*

Le mois de septembre présente les plus beaux assortiments de couleurs qu'il soit possible d'obtenir avec les fleurs. C'est en effet à cette époque de l'année que les dahlias (*Dahlia variabilis*) brillent de tout leur éclat et qu'il est possible à l'horticulteur de décorer un grand espace avec une seule espèce de plante dont les nombreuses variétés présentent toutes les couleurs, excepté le bleu. Les dahlias ont fixé depuis longtemps mon attention, non pour ajouter encore à leurs nombreuses variétés, mais pour les assortir de la manière la plus favorable à l'embellissement réciproque de la couleur de leurs fleurs; en conséquence, je les ai examinés sous quelques points de vue dont je vais exposer les résultats, comme exemple du mode qui me paraît le plus convenable, lorsqu'on veut tirer le meilleur parti possible d'une plante d'ornement riche en variétés.

Je m'occuperai successivement:

1° De classer les variétés par gammes de couleur;

2° Du moyen, lorsqu'on est sur le point de récolter les tubercules de dahlias, de les marquer de façon à éviter toute erreur dans la plantation qu'on en fera, avec l'intention de tirer le meilleur parti possible de la couleur des fleurs de chaque pied;

3° Des différents assortiments de dahlias plantés en simple ligne, en rosaces et en corbeille.

1° *De la classification des variétés de dahlias par gamme de couleur.*

J'ai fait un choix des dahlias qui m'ont paru les plus beaux de couleur; j'ai pris une fleur de chaque variété, puis j'ai arrangé l'ensemble sur une table, par gamme, en commençant par le ton le plus clair; c'est ainsi que le tableau ci-joint a été formé. La plupart des noms qu'il contient appartiennent à des variétés connues dans le commerce; les autres se rapportent à des variétés provenant de semis faits chez moi ou dans mon voisinage. Enfin, au-dessous du dernier nom de chaque colonne il y a un espace assez grand pour recevoir toutes les remarques que l'on peut faire sur chaque variété comprise dans cette colonne. Les remarques concernent particulièrement ce qui est relatif aux différences que la variété est susceptible de présenter : 1° d'une année à l'autre dans sa grandeur et la couleur de ses fleurs; 2° durant la même année dans la couleur de ses fleurs. (Voir le tableau ci-joint.)

2° *Du moyen, lorsqu'on récolte les tubercules de dahlias, de les marquer de façon à éviter toute erreur dans la plantation qu'on en fera, avec l'intention de tirer le meilleur parti possible de la couleur des fleurs de chaque pied.*

A la fin d'octobre, ou plutôt à l'époque des premières gelées, on attache au pied de chaque dahlia, au moyen d'un fil de laiton, une petite plaque de plomb qui a été peinte à l'huile de la couleur de la gamme à laquelle le dahlia se rapporte. Cette plaque a reçu l'empreinte d'un numéro en relief qui correspond à celui du tableau. Les tubercules, une fois sortis de terre et bien nettoyés, sont conservés avec leur numéro.

TABLEAU D'UNE CLASSIFICATION DE PLUSIEURS VARIÉTÉS DE DAHLIAS PAR GAMMES DE COULEURS, DONNÉ AUX HORTICULTEURS COMME EXEMPLE DE LA MANIÈRE LA PLUS PROPRE À SE RENDRE COMPTE DES COULEURS D'UNE PLANTE RICHE EN VARIÉTÉS.

Blanc.	1re GAMME. Jaune.	2e GAMME. Capucine ou orangé.	3e GAMME. Écarlate.	4e GAMME. Rouge.	5e GAMME. Rouge cramoisi.	6e GAMME. Cramoisi.	7e GAMME. Violet.
Blanc de l'Haÿ. Blanc à tuyaux. Blanc à grosses fleurs. Roi des blancs*.	1° Jaune Henri*. 2° Jaune de l'Haÿ*. 3° Jaune d'or.	1° Aurore Chevreul ou de l'Haÿ*. 2° Auraatiaca. 3° Capucine de Poteaux. 4° Orangé de semis de l'Haÿ. 5° Écarlate de semis à petites fleurs.	1° Turban écarlate. 2° Globe denriale. 3° Speciosa coccinea*. 4° Coronation globosa. 5° Écarlate de l'Haÿ. 6° Bonne maman. 7° Imperiosa.	1° Louis-Philippe. 2° { Trocadéro. { Rouge Duval. 3° Roi des rouges. 4° Rouge bon papa ou rouge cerise.	1° Roi des roses*. 2° Étoile de Brunswick. 3° Dona-Maria (française).	1° Rose de l'Haÿ. 2° Mademoiselle. 3° Dona-Maria (française). 4° Cramoisi de l'Haÿ. 5° Montebello. 6° Mme de Mervalle*. 7° { Sans égal*. { Globe cramoisi*. 8° Pulla.	1° Ninon. 2° Blanc panaché de violet. 3° Duchesse de Berri. 4° Douce Amélie. 5° Lilas gris. 6° Reine de Naples. 7° Royal-lilas*. 8° Mme Richer. 9° Anemone flora*.[1] 10° Théodore*. 11° Royal pourpre*. 12° Amiral de Rigny. 13° Pourpre de Wets. 14° Duc de Reichstadt*.
En commençant par les plus grands.	En commençant par les plus clairs.	En commençant par les plus clairs.	En commençant par les plus clairs.	En commençant par les plus clairs.	En commençant par les plus clairs.	En commençant par les plus clairs.	En commençant par les plus clairs.
		L'aurantiaca de cette gamme, examiné le 1er novembre 1835, faisait un ton plus élevé que le *jaune d'or* de la 1re gamme; cependant il sortait un peu de cette gamme par un léger excès de rouge. *L'orangé de semis* de la gamme a faisait un ton brun de la gamme précédente 1. *Conséq.* Les capucines perdent donc du rouge dans l'arrière-saison.	*Le turban écarlate* peut perdre assez de rouge en automne pour passer dans la nuance capucine.			Le *brun cramoisi* 8 de cette gamme est aussi foncé que l'*imperiosa* de la gamme écarlate.	[1] S'approche un peu de la gamme 6.

OBSERVATIONS.

Ce tableau a été composé en 1835; depuis cette époque, plusieurs des variétés qui y sont désignées ont disparu du commerce ou ont été perdues; c'est pourquoi j'ai marqué d'un astérisque les variétés que l'on possède encore. Lorsque dans une gamme il y a plusieurs dahlias sous le même numéro, cela indique qu'ils sont à la même hauteur de ton.

Il ne faut pas croire que les numéros indiquent des tons équidistants; ils indiquent simplement qu'en partant du n° 1 les tons vont en augmentant d'intensité.

TABLEAU D'UNE CLASSIFICATION DE PLUSIEURS VARIÉTÉS DE DAHLIAS PAR GAMME DE COULEUR, FAIT EN 1838.

1re GAMME. Jaune.	2e GAMME. Capucine ou orangé.	3e GAMME. Écarlate.	4e GAMME. Rouge.	5e GAMME. Rouge cramoisi.	6e GAMME. Cramoisi.	7e GAMME. Pourpre.	8e GAMME. Pourpre-violet.	9e GAMME. Violet.
1° Pénélope. Duc de Poitiers. Glory of Little-Park. Dahlon Wels. Park. Uranie. Bénélion. 2° Goldfinder. Pallas. 3° Zaunkoenigpsi. Houri. Jeune Miraloton. Désaugiers. Metropolitan yellow. Zelanda. Imperial yellow. Star of Wakefield. 4° Ibis des jaunes. Jaune Cheuvrel. Sunbury brev. Phtas. Conquering king of the yellow. Jeune d'Alys. Lutea perfecta. 5° Mme de Léginsy. 6° Jaune d'or.	1° Orangé panaché. King dahlia. Foster's. 2° Duke of Wellington doré. Prince d'Orange. 3° Nec plus ultra. 4° Queen of orange.	1° Mungo-Park. 2° Shakespeare. 3° Conquest. Goldfinder. Sir James scarlet. 4° Carnation. Surpass scarlet. Étoile au diable. 5° New scarlet. Victor Duruflé. Dictator Wels. Baron de Montmorency. Globe écarlate. Coccinea speciosissima. Countess of Liverpool. Gloire d'Antonil. 6° Lord Hill. Queen of scarlet. Triumphe de Souffl. Glory Douglas. 7° Glory of the west. Nulli secundus. Beauty of the wall. Conqueror Harris. Duchesse de Richmond. Sans égal coccinel. 8° Sir John Broughton. 9° Elphinstone glory. 10° Mozart. Baron Desgranches. Beauty of Edinburgh. 11° Trafalgar. Indépendant. Coquel. Triomphe. Brillant. Bontyabol. 14° Suffolk Hero. 13° Marquis de Westland. 14° Invincible. 15° Imperiosa. 16° Nègre. Duc de Montmorency. Duke of Hereford. Beauty Isllingtones. Louis XIV. Cheltenham rival. Robert le diable. Don Juan. 17° Docteur Holloy. Sambo.	1° Stella (lorsqu'elle n'a pas trop de jaune). 2° Hélié. 3° Triomphe royal. 4° Adonis. 5° Rose d'amour. 6° Glory Elphinstone. 7° Étoile de Brunswick. Reine Adélaïde. 8° Britannia (un peu jaune). 9° Symetley. Lord Byron. Essex rival. 10° Triomphe des amandiers. Lord Grey.	1° York Lancaster. Queen rival. 2° Enfant du Caucase. 3° Princesse de Clèves. Princesse de Babylone. 4° Petit Frédéric. Lady King. Beauty of Perryhill. Duchesse de Broolough. 5° Rosea alba. 6° Aoladois. M. Deschiens. 7° Duchess of Montrose. Rosa imperialis. Triomphant Lowick. Philoston. King Otto. 8° Adonis. Royal Standard. Continenda. 9° Grand-duke of Sussex. Don Carlos. Nevrick rival. Duke of St. Alban. Knight viceroy. 10° Rienzi. Hero Wakefield. Virtin Wakefield.	1° Countess of Harington. Collinge. 2° Mexico. Villageoise. 3° Hope ou Metropolitan rose. 4° Mistress Nouvelle. 5° Don Carlos (un peu jaune). 6° Coligny. 7° Thompson. Lord Botli. 8° Thompson rival. 9° Louthiana ou Addison.	1° Oxford rival. Champion Wels. 2° Princesse Regration. Robert Buist. 3° Marquis of Camden. Georges. Firmie. 4° Silvia Wildouli's. 5° Lady Kninnaire. 6° St. Leonard rival. Hillarise. 7° Heros of Navarino. Marquis of Louthian.	1° Charles Kenrick. 2° Beauty Brown's. 3° Susart-Worday. 4° Marc Aurèle. 5° Mary Weilers. Adèle. 6° Canopy. 7° Rival purple (gaines). 8° Purple (gaines).	1° Marabanue. 2° Mme de Courteille. 3° Grand falconer. 4° Marquis of Anglesea (va peu jaune). 5° Léontine.

OBSERVATIONS.

J'ai composé ce tableau avec des fleurs dont le plus grand nombre proviennent du jardin de M. Chauvière, jardinier-fleuriste, rue de la Santé, n° 101, qui possède une des plus riches collections de dahlias que l'on puisse voir. C'est son ouvrage complaisance qui m'a mis à même de faire les nombreuses assertions que je présente.

La neuvième gamme, comprenant les rouges, a été composée en se servant des dahlias qu'elle réunissait à des fleurs des ordres bonzaires appartenant aux variétés rouge et rose, par le raison que ces fleurs ont, autant que l'on peut juger, le type du rouge végétal. Pour faire ces assertions, il faut mettre les fleurs que l'on compare l'une contre l'autre, et se placer à distance du surface à voir la couleur de l'ensemble, abstraction des nuances de nuance qu'un examen de détail pourrait faire apercevoir dans chaque fleur. À le fin de l'automne, la zone du flambée provenie à l'intérieur près de jaune au surface à la couleur du choix.

J'ai beau longtemps à donner la dénomination du violet, au lieu de celle de pourpre, à la gamme des dahlias la plus violente du bleu; je n'y suis décidé enfin, d'après la considération que la couleur des dahlias de cette gamme fait l'entre du rouge de la rose du Bengale et du bleu de la fleur de chicorée, lesquels ordinaire n'est pas violente.

On ne trompemrait beaucoup, si l'on pensant que je considère les variétés inscrites dans une même gamme comme y appartenant d'une manière absolue, au a avoir égard, par exemple, à l'indication de l'époque de la floraison, on à toute autre circonstance extérieur, qui a de l'influence sur la végétation, toutes choses égales d'ailleurs; car je reconnais des variations de couleur dans les fleurs d'une même variété, qui peuvent la faire passer de sa gamme dans une gamme voisine. J'ai déjà (voir le tableau précédent) signalé la tendance où ont les dahlias à la fin de la saison de perdre le bleu ou du rouge, ce qui fait tendre les violets et les pourpres vers le cramoisi, les cramoisis vers le rouge, les rouges vers l'écarlate, les écarlates vers les capucines, et les capucines vers le jaune; et changements qui arrivent remarquable dans les pourpres bruns et même les violets-bruns sur, à la fin de la saison. Il y a un qui peuvent citer jusqu'à la gamme rouge et même à la gamme écarlate. C'est pour cette raison que dans les arrangements des dahlias, et en général dans ceux de fleurs quelconques, on doit préférer les harmonies de contraste aux harmonies d'analogie, et éviter constamment le rapprochement des dahlias qui font partie de la gamme voisine.

Il existe aujourd'hui en assez grand nombre de variétés de dahlias que je n'ai pu mentionnées dans les tableaux, pour qu'elles présentent des parties différemment colorées, très distinctes par quelques détails ou couleurs avec des dahlias de couleur unie. Ces variétés sont très précieuses dans les arrangements des dahlias, lorsqu'on veut éviter le retour trop fréquent des mêmes couleurs unies, les règles pour les intervenir avec les résultats de couleur unie et désintéressé de la loi du contraste, dès qu'on a jugé quelle est la couleur dominante de ces variétés de couleurs mélangées, après avoir regardé chacune d'elles d'assez loin pour ne voir qu'une teinte uniforme ou presque uniforme.

Je donne plusieurs exemples de dahlias de talans mélangées.

A. Blanc avec jaune et pourpre.
  1re série. 1° Angélique; 2° Pindarus; 3° Élise.
  2e série. 1° M. de Mondeville; 2° Queen of fairies.

B. Beau jaune flambé de rouge.
  1° L'homme; de Belvédère; 2° Cromwell; 3° M. Lenyer; 4° Colombin.

C. Jaune terne flambé de rouge.
  1° Paganini; 2° Hortense; 3° Arlequin.

D. Jaune flambé de pourpre.
  1° Bernal de Tivoli; 2° Senati de Pansy; 3° Marsh Parrcagno; 4° Louisa Marubin.

E. Jaune flambé de pourpre-violet.
  1° Duchesse de Richelieu; 2° Proteus; 3° Clio; 4° Clara perfecta.

Fig. 79.

Fig. 80.

Fig. 81.

Fig. 82.

Fig. 83.

Imprimerie Nationale.

3° *Des différents assortiments de dahlias plantés en ligne, en rosaces et en corbeille.*

LIGNE DE DAHLIAS.

Après avoir placé sur une même ligne autant de piquets que l'on veut planter de dahlias, et à une distance de 1 mètre environ, on met sur chaque piquet un plomb de la·couleur du dahlia et portant son numéro; puis on dépose au pied de chaque piquet le tubercule qu'on doit planter. Lorsqu'on veut partager les tubercules, il faut s'arranger pour mettre les parties du même tubercule dans des positions symétriques.

A. ARRANGEMENTS LINÉAIRES.

Fig. 79.		Fig. 80.		Fig. 81.	
1° Dahlia blanc.		1° Dahlia blanc.		1° Dahlia blanc.	
2°	— rouge écarlate.	2°	— rouge écarlate.	2°	— rouge écarlate.
3°	— blanc.	3°	— pourpre noir-verdâtre.	3°	— pourpre noir.
4°	— rose lilas.	4°	— rose lilas.	4°	— rose lilas.
5°	— jaune.	5°	— jaune.	5°	— blanc.
6°	— violet ou pourp.	6°	— violet ou pourp.	6°	— jaune.
7°	— orangé.	7°	— orangé.	7°	— violet ou pourp.
1°′	— blanc, etc.	1°′	— blanc, etc.	8°	— orangé.
				1°′	— blanc, etc.

(Voyez encore les figures 82 et 83.)

B. ROSACES DE DAHLIAS.

On peut faire des rosaces composées de cinq ou de sept dahlias. Un plus grand nombre formerait une corbeille.

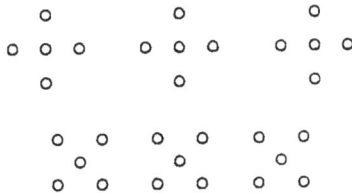

Les rosaces des cinq dahlias sont des quinconces. On les dispose les unes par rapport aux autres comme les deux figures l'indiquent, de manière qu'on a trois lignes parallèles de dahlias.

Ceux d'une même ligne sont à égale distance l'un de l'autre.

```
    o   o       o   o       o   o
  o   o   o   o   o   o   o   o   o
    o   o       o   o       o   o
```

Les rosaces de sept dahlias présentent de même trois lignes parallèles; tous les dahlias de la ligne centrale sont à égale distance l'un de l'autre. Rien n'est plus facile que de les planter : on fixe d'une manière quelconque, par le milieu, trois règles ou baguettes bien droites, de 2 mètres de longueur, formant six angles égaux ou six angles de 60 degrés chacun, comme le représente la figure ci-jointe : ✳. On met ce système à plat, de manière qu'une des règles soit sur la ligne centrale; on pose sept piquets aux places où doivent se trouver les sept dahlias. On porte ensuite le système des trois règles à l'endroit qu'occupera la seconde rosace, c'est-à-dire que le centre du système sera sur la ligne centrale à 3 mètres du centre de la rosace précédente.

Pour éviter toute erreur dans la plantation des rosaces, on doit les figurer sur un papier au moyen de pains à cacheter, dont les couleurs correspondent à celles des dahlias; puis on dépose au pied de chaque piquet les tubercules marqués de leur petite plaque de plomb coloré. Si une rosace de sept renferme six individus de la même variété, il faut tâcher de diviser un tubercule en six parties égales, afin d'avoir toutes les chances possibles que les six individus seront identiques. Dans le cas où l'on ne pourrait diviser un tubercule qu'en trois parties, il faudrait alterner ces parties. Cette précaution doit être prise dans tous les cas où l'on veut quelque symétrie.

ROSACES DE DAHLIAS.

Fig. 84.

1° Six dahlias orangés............... centre pourpre ou violet.
2° Six — pourpres ou violets....... centre jaune.
3° Six — jaunes................ centre pourpre ou violet.
4° Six — rouge écarlate.......... centre blanc.
5° Six — blancs................. centre rouge écarlate.
6° Six — rosés................ centre blanc.
7° Six — pourpres d'un noir verdâtre. centre orangé.

Si l'on fait cet arrangement dans une plate-bande droite dont le centre corresponde à un point de vue principal, on pourra placer au centre la rosace n° 7 et répéter du côté droit les rosaces dans l'ordre suivant, en partant du n° 7, 6, 5, 4, 3, 2 et 1, en supposant que la plate-bande soit remplie par 13 rosaces; si elle pouvait en contenir 15, il faudrait mettre à chaque bout une rosace blanche.

Si la plate-bande est circulaire et qu'il n'y ait pas de point de vue central, après 7 on commencera par 1, 2, 3, 4, 5, 6, 7, et ainsi de suite.

Les figures 85, 86 et 87 présentent différents arrangements symétriques de rosaces.

Fig. 85.

Six dahlias pourpres ou violets..... centre jaune.
Six — orangés............. centre blanc ou pourpre noir.
Six — blancs............. centre rouge écarlate.
Six — orangés............. centre blanc ou pourpre noir.
Six — pourpres ou violets..... centre jaune.

Fig. 86.

Six dahlias jaunes. . . . .   centre pourpre ou violet.
Six   —   lilas . . . .   centre blanc ou jaune.
Six   —   blancs. . . . .   centre écarlate.
Six   —   lilas . . . .   centre blanc ou jaune.
Six   —   jaunes . . . .   centre pourpre ou violet.

Fig. 87.

Six dahlias d'un pourpre noir . . . . . .   centre jaune.
Six   —   rouge écarlate. . . . .   centre blanc.
Six   —   blancs. . . . .   centre rouge écarlate.
Six   —   rouge écarlate. . . . .   centre blanc.
Six   —   pourpre noir. . . . .   centre jaune.

Dans une plate-bande droite où il peut tenir plus de cinq rosaces, on peut faire l'un des trois arrangements précédents, fig. 85, 86, 87, avec les additions suivantes :

Si la plate-bande droite peut tenir 7 rosaces, on peut :

1° Terminer l'arrangement fig. 85 par deux rosaces blanches ou jaunes ;

2° Terminer l'arrangement fig. 86 par deux rosaces blanches ou violettes ;

3° Terminer l'arrangement fig. 87 par deux rosaces blanches ou jaunes.

On peut encore placer à la suite de l'arrangement fig. 85, l'arrangement fig. 86, puis l'arrangement fig. 87.

Lorsqu'on ne tient pas à voir de très loin et d'une manière dis-

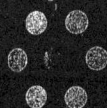

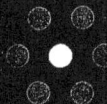

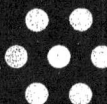

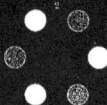

Fig. 84.

Fig. 85.

Fig. 86.

Fig. 87.

Fig. 88.

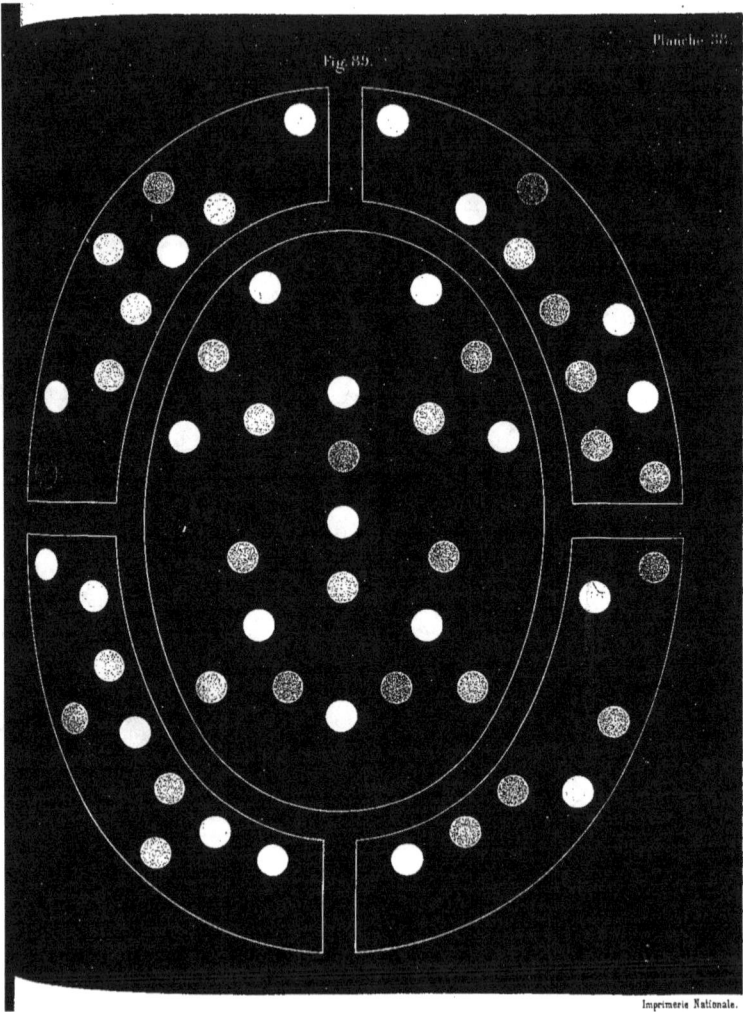

Fig. 89.

Imprimerie Nationale.

tincte des arrangements de dahlias semblables à ceux que je viens de décrire, on peut disposer les suivants sur une même ligne, fig. 88.

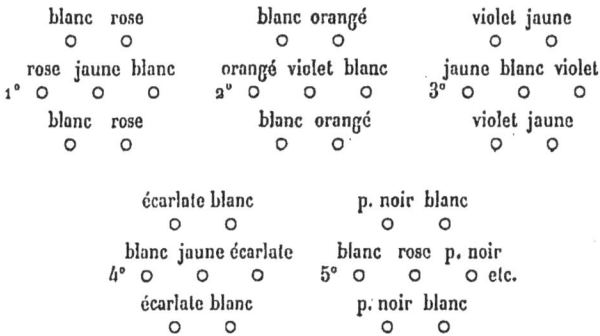

```
    blanc  rose          blanc orangé          violet jaune
      O    O               O    O               O    O
  rose jaune blanc     orangé violet blanc   jaune blanc violet
1° O     O    O       2° O     O     O       3° O    O      O
    blanc  rose          blanc orangé          violet jaune
      O    O               O    O               O    O


           écarlate blanc          p. noir blanc
             O      O                 O     O
        blanc jaune écarlate     blanc  rose  p. noir
     4° O     O      O        5° O      O     O etc.
           écarlate blanc          p. noir blanc
             O      O                 O     O
```

P. noir veut dire *pourpre noir*. Au lieu du violet on peut mettre du pourpre.

Dans le cas où l'on voudrait faire un arrangement symétrique de neuf rosaces, on répéterait, à partir de 5, les rosaces 4, 3, 2 et 1.

Si l'on avait de la place pour onze rosaces, on répéterait, à chacune des extrémités de l'arrangement précédent, la rosace 5.

C. CORBEILLE DE DAHLIAS.

La figure 89 représente une corbeille de dahlias. Je ne ferai pas d'autre observation que d'insister sur la nécessité que tous les individus d'une même variété soient symétriquement placés, en prenant les précautions dont j'ai parlé plus haut, page 391, fig. 84.

761. En septembre, une ligne de lauriers-amandes et de buissons ardents (*Mespilus pyracantha*), garnis de leurs fruits rouges, est d'un bel effet. Des troènes (*Ligustrum vulgare*), garnis de leurs fruits d'un bleu noir, contrastent également bien avec les buissons ardents ou avec des houx (*Ilex aquifolium*).

762. *Arrangements de fleurs pour le mois d'octobre.*

Le mois d'octobre peut être remarquable encore, si l'année est favorable, par les beaux arrangements auxquels se prêtent si bien les variétés de chrysanthème blanche, rouge, rose, orangée, jaune, auxquelles on associe, avec un extrême avantage, le grand aster à fleurs bleues; et ces arrangements sont d'autant plus faciles à réaliser, que les chrysanthèmes peuvent atteindre dans des pots à un parfait développement.

Je vais indiquer plusieurs arrangements linéaires et différents arrangements en rosaces et en corbeille.

A. ARRANGEMENTS LINÉAIRES.

Fig. 90.

(A) 1° Chrysanthème blanc;

2°   —   rouge;

3°   —   blanc;

4°   —   rose;

5°   —   jaune;

6° Aster à grandes fleurs bleues;

7° Chrysanthème orangé ou acajou;

1°'   —   blanc, etc.

Fig. 91.

(B) 1° Chrysanthème blanc;

2°   —   rouge;

3°   —   jaune;

4° Aster à grandes fleurs bleues;

5° Chrysanthème orangé;

1°'   —   blanc, etc.

Fig. 90.

Fig. 91.

Fig. 92.

Fig. 93.

Fig. 94.

Fig. 95.

Fig. 96.

Fig. 97.

Fig. 98.

Fig. 99.

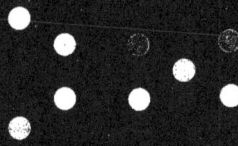

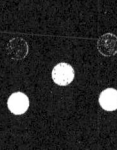

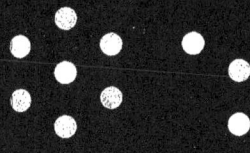

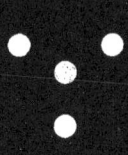

Fig. 100.

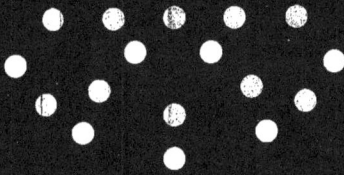

Imprimerie Nationale.

Voici des arrangements linéaires avec un centre symétrique :

Fig. 92.

(c) 1° Chrysanthème rouge;
2°   —   jaune;
3°   —   blanc;
4°   —   orangé;
5° Aster à grandes fleurs bleues;
6° Chrysanthème orangé;
7°   —   blanc;
8°   —   jaune;
9°   —   rouge.

On pourrait commencer par un chrysanthème blanc et finir de même, si au lieu de neuf places on en avait onze.

Fig. 93.

(D) 1° Chrysanthème blanc;
2°   —   orangé;
3° Aster à grandes fleurs bleues;
4° Chrysanthème jaune;
5°   —   blanc;
6°   —   jaune;
7° Aster à grandes fleurs bleues;
8° Chrysanthème orangé;
9°   —   blanc.

On pourrait commencer par un chrysanthème rouge et finir de même, si au lieu de neuf places on en avait onze.

B. ROSACES.

Voici six rosaces dont les couleurs sont bien assorties : fig. 94, 95, 96, 97, 98, 99.

C. CORBEILLE.

La figure 100 représente un massif de chrysanthèmes et d'asters bleus d'un bel effet.

REMARQUES.

763. Les plantes composant chacun des assortiments que je viens d'indiquer, observés pendant plusieurs années dans les environs de Paris, commune de l'Haÿ, sur un plateau élevé, ont, année moyenne, fleuri simultanément; mais dans des années extrêmes il peut y avoir des différences : alors l'avantage du contraste des couleurs, résultant de l'assortiment, n'a plus lieu; mais si cette jouissance est perdue, on ne peut en tirer aucune objection fondée contre le système des assortiments; et il y a plus, dans l'emploi des mêmes plantes pour décorer un jardin, l'assortiment que je prescris, quoique faisant défaut de fleuraison simultanée, aura cependant l'avantage sur les plantations ordinaires, parce que la plante qui ne fleurit pas en même temps que ses voisines présentera, par sa position symétrique, quelque chose de plus agréable à la vue que s'il n'y avait aucune symétrie entre les plantes en fleur et celles qui ne le sont pas.

764. Si, dans des circonstances différentes de celles où j'ai fait mes observations de fleuraisons simultanées moyennes, telle que position différente dans le climat de Paris, ou climat différent de celui-ci, on remarquait des fleuraisons que je donne pour simultanées qui ne le seraient pas communément, il faudrait remplacer la plante qui

fait défaut par une autre de la même couleur et qui y serait aussi analogue que possible.

765. Les associations de plantes indiquées pour fleurir dans les premiers mois de l'année sont plus exposées à manquer que celles des mois suivants, à cause de la température douce ou glaciale de l'hiver.

766. Parmi les associations indiquées pour fleurir dans un mois, il en est qui peuvent être encore en fleur dans les mois suivants.

CHAPITRE IV.

EXEMPLES DES PLANTES QUE L'ON PEUT ASSOCIER ENSEMBLE SOUS LE RAPPORT
DE LA COULEUR DE LEUR FEUILLAGE.

767. Les jardinistes insistent beaucoup plus sur le parti qu'on peut tirer des effets du feuillage des arbres et des arbustes que sur le parti qu'on peut tirer des effets des fleurs, sans doute parce que celles-ci occupent moins d'étendue que les feuilles; qu'elles sont d'une moindre durée, et j'ajoute, conformément à une opinion extrême qui les exclut du jardin-paysage, comme rappelant trop la main de l'homme. Il semblerait, d'après cela, qu'on devrait trouver, dans les ouvrages de jardinique, des indications propres à faire des associations de feuillages, soit de contraste, soit d'analogue, conformément aux principes qui m'ont constamment dirigé. Eh bien, il n'en est point ainsi. Les auteurs de ces ouvrages se bornent à des généralités, et dans le petit nombre d'exemples qu'ils citent, je n'oserais pas affirmer qu'ils aient suffisamment distingué les effets provenant de la forme générale du feuillage et de la forme particulière des feuilles, de l'effet résultant exclusivement de leur couleur. Si je ne répare pas dans ce chapitre ce que je regarde comme une omission de la part des écrivains jardinistes, c'est que mes propres observations ne sont point assez nombreuses pour que je puisse citer avec assurance un système d'exemples analogues à ceux que j'ai donnés dans le chapitre précédent, relativement aux associations fondées sur la couleur des

fleurs. Au reste, j'indiquerai dans la sous-section suivante des associations de plantes dans lesquelles j'ai tenu compte du feuillage, mais
en en subordonnant les effets à d'autres qu'il m'a paru plus important d'obtenir; telle est la raison pour laquelle je m'abstiens d'en
traiter dans ce chapitre.

DEUXIÈME SOUS-SECTION.

DE LA DISTRIBUTION ET DE LA PLANTATION DES VÉGÉTAUX DANS DES MASSIFS.

INTRODUCTION.

768. L'objet principal que je me propose dans les deux chapitres suivants est de combler une lacune des ouvrages de jardinique relative à la manière de distribuer et de planter des végétaux, conformément à des règles précises, dans des massifs dont les contours ont été tracés d'avance. En effet, les auteurs se taisent sur ce sujet, et les embarras du propriétaire qui veut planter un terrain préalablement dessiné sont encore accrus par cette circonstance, que dans la plupart des cas l'auteur du plan du jardin projeté, après avoir arrêté les lignes des plantations, indiqué les places où doivent être des arbres isolés, désigné des essences d'arbres qui constitueront des groupes, et celles qui entreront dans la formation des massifs avec des arbrisseaux et des arbustes que généralement il ne désigne pas, laisse le soin et tous les détails des plantations à de simples jardiniers. Cependant la distribution des arbustes et des arbrisseaux, quelque facile qu'elle paraisse, dans un terrain parfaitement dessiné d'ailleurs, contribue, plus qu'on ne le pense communément, à l'agrément d'un jardin-paysage, et présente aussi plus de difficultés qu'on ne le croit pour être faite d'une manière satisfaisante, lorsqu'on s'abandonne pour ainsi dire au hasard, comme cela arrive presque toujours. En effet, si, au bout de quelques années, on observe la plupart des massifs plantés comme on le fait si fréquemment, on sera frappé de défauts qui n'avaient pas

choqué d'abord, parce que l'on était encore sous l'impression du plaisir que toujours l'on éprouve à voir se développer des plantes que l'on a confiées à un sol préparé avec soin, et qu'en outre il y a des défauts qui ne s'aperçoivent qu'après un certain temps; tels sont, par exemple :

1° *Celui qui résulte de ce que des plantes ont été placées trop près les unes des autres.* Il peut arriver que l'une, se développant plus rapidement que l'autre, finisse par tuer celle-ci, ou que toutes se développent à la fois, mais mal, parce qu'elles se nuisent réciproquement.

2° *Celui qui provient de ce qu'on a mis au premier rang des touffes qui s'élèvent trop ou qui se dégarnissent du pied.* Tels sont les sureaux et le sumac (*Rhus coriaria*).

769. C'est après plusieurs années de jouissances perdues, pour avoir planté sans règle fixe des massifs bien dessinés d'ailleurs dans leurs contours, que j'ai été conduit à chercher, par ma propre expérience, le moyen d'éviter à l'avenir de pareilles fautes. Les règles que je vais exposer ne sont pas le résultat de la réflexion seule; elles ont été mises en pratique pendant plusieurs années, et je me trompe fort si ceux qui les observeront ne trouvent pas de grandes facilités dans leur application et n'éprouvent une vive satisfaction, lorsqu'ils compareront les effets des plantations entreprises conformément à leurs prescriptions, aux effets des plantations faites, pour ainsi dire, au hasard. Je justifierai plus tard ces règles d'après les principes puisés dans les facultés mêmes qui nous mettent en rapport avec les objets de la nature et de l'art, lorsque nous y cherchons des jouissances de couleur, de forme et d'arrangement.

770. Je vais définir plusieurs expressions usitées pour désigner

les différentes associations de végétaux qui peuvent faire partie d'un jardin-paysage.

Une association d'arbres et d'arbrisseaux occupant une vaste étendue est ce qu'on nomme une *forêt*. Eh bien, dans un jardin-paysage une pareille association, ou, ce qui revient au même, celle qui a été disposée pour présenter l'apparence d'une vaste étendue, s'appelle *bois*, si l'association est formée d'arbres et de taillis, et *futaie*[1], si elle l'est d'arbres seulement.

Une association d'arbres, d'arbrisseaux, d'arbustes, de sous-arbustes et même de plantes herbacées *à fleurs*, occupant une étendue moyenne ou petite, s'appelle *massif*.

Un massif est-il formé d'arbres et de taillis, c'est un *bosquet;* ne renferme-t-il que des arbres, c'est un *groupe d'arbres*.

Il y a des massifs d'arbrisseaux, d'arbustes, de sous-arbustes et de plantes herbacées à fleurs.

Il y a des massifs formés d'une seule espèce de plantes et des massifs formés de plusieurs espèces. Les premiers sont dits *homogènes*, et les seconds *hétérogènes* ou *variés*.

Il y a des *massifs isolés* et des *massifs subordonnés entre eux*.

Un petit massif de fleurs ou de sous-arbustes isolé et de forme circulaire ou elliptique est appelé *corbeille*.

Le tableau suivant représente les rapports mutuels de toutes les expressions que je viens de définir :

---

[1] Plusieurs auteurs de jardinique emploient le mot de *bocage* au lieu de celui de *futaie*. Dans la langue usuelle, *bocage* étant synonyme de bosquet, et *futaie* ayant le sens que je lui attribue, j'ai cru devoir l'adopter à l'exclusion de l'autre.

FORÊT.

Vaste étendue de terrain, couverte d'arbres, d'arbrisseaux; se distingue en

(A) *Bois.* Grand terrain couvert d'arbres et de taillis.

(B) *Futaie.* Grand terrain couvert d'arbres sans taillis.

MASSIF.

Étendue de terrain moyenne ou petite, plantée d'arbres, d'arbrisseaux, d'arbustes, de sous-arbustes, de plantes herbacées à fleurs.

On considère le massif sous plusieurs rapports :

A. Sous celui de la grandeur des végétaux.

1. Massif d'arbres..
   (A) *Bosquet.* Massif d'arbres et de taillis.
   (B) *Groupe d'arbres.* Massif d'arbres sans taillis.
2. — d'arbrisseaux.
3. — d'arbustes.
4. — de sous-arbustes.
5. — de plantes herbacées à fleurs.

B. Sous celui de la nature des végétaux composant un massif.

1. *Massif homogène.* Ne contient qu'une seule espèce de plantes.
2. *Massif hétérogène.* Contient plusieurs espèces de plantes.

C. Sous celui de la subordination mutuelle.

1. *Massif isolé.*
2. *Massifs subordonnés entre eux.*

CHAPITRE PREMIER.

DES LIGNES DE VÉGÉTAUX.

771. J'appelle *ligne de végétaux*, des végétaux plantés à égale distance les uns des autres sur une même ligne droite ou courbe; ces
végétaux peuvent être des arbres, des arbrisseaux, des arbustes, des
sous-arbustes et des plantes herbacées à fleurs.

RÈGLE. *Pour planter une ligne de végétaux, on pose le cordeau de
manière qu'il occupe le centre de la plantation projetée, puis on place
des piquets à égale distance les uns des autres, de manière que chacun
représente le centre d'un végétal. On ôte le cordeau, on fait des trous,
puis on plante.*

772. Une *ligne de végétaux* assez grande et dont les végétaux
sont assez serrés pour dérober à la vue les objets placés derrière
s'appelle *rideau*. Telles sont une charmille, une rangée de thuyas
cachant un mur.

773. Tous les massifs plantés d'après une méthode se composent
de lignes de végétaux qui sont parallèles l'une à l'autre, ou en d'autres termes, il y a partout entre deux mêmes lignes une égale distance; ainsi, dans un massif formé de 5 lignes droites ou courbes
dont les extrémités ne se rejoignent pas, il y aura partout la même
distance entre la 1re et la 2e, entre la 2e et la 3e, entre la 3e et la 4e,
entre la 4e et la 5e; mais la distance entre la 1re et la 2e pourra différer de la distance qui se trouve entre la 2e et la 3e, ainsi des autres.

Enfin le résultat serait le même, si les lignes étaient des courbes fermées, comme est par exemple la circonférence d'un cercle qui n'a point d'extrémités. Les lignes de végétaux considérées sous ce point de vue relativement aux *massifs* en sont les éléments. Il est évident qu'il faut au moins deux lignes de végétaux pour constituer un massif.

ARTICLE PREMIER.
DES LIGNES DE VÉGÉTAUX APPELÉES *RIDEAUX* (772).

774. Lorsqu'on veut cacher un mur, ou plus généralement un objet quelconque de quelque étendue, on a recours à un *rideau de végétaux*. Toutes les fois que le terrain ne permet pas, à cause de son peu de largeur, la plantation de plusieurs lignes qui constitueraient un massif, la condition essentielle à remplir est que les végétaux qui feront rideau aient au moins la hauteur de l'objet qu'il faut cacher et soient garnis de feuilles jusqu'au pied. Les arbres toujours verts, tels que les thuyas, le laurier-amande, etc., sont ceux qu'on doit préférer; viennent ensuite le charme, les lilas, le troène, etc.

775. Les rideaux les plus homogènes, c'est-à-dire ceux qui ne sont formés que d'une seule espèce de plante, sont préférables à tous autres pour l'objet qu'ils doivent remplir; et si l'on voulait éviter la monotonie résultant de la vue d'une même espèce, on pourrait recourir à une espèce qui présente des variétés. Par exemple, un rideau composé de lilas violets et de lilas blancs aura tout à la fois l'avantage de l'homogénéité pour cacher ce qui sera derrière, et l'avantage de la variété du feuillage; car tout le monde sait que le lilas violet a des feuilles qui sont plus sombres ou d'un vert moins jaune que celles du lilas blanc. On peut alterner un ou plusieurs pieds de lilas violets avec un pied de lilas blanc.

776. Il est difficile de donner exactement la distance qui doit séparer les végétaux destinés à former rideau, par la raison qu'il y a pour un même végétal un rapport à observer entre la hauteur de l'objet qu'il doit cacher et la hauteur à laquelle le végétal doit parvenir. Ainsi, quand la hauteur de l'objet est petite, on peut mettre moins de distance entre chaque végétal que quand elle est plus grande. Il faut, en un mot, atteindre le double but d'avoir un rideau suffisamment élevé et suffisamment garni de feuilles à partir du sol. Des végétaux susceptibles de s'élever, des lilas, par exemple, plantés trop près, se nuisent, et plantés trop loin l'un de l'autre, ils prennent trop de développement en hauteur et se dégarnissent du pied.

777. Si l'on ne veut pas planter en haie, on peut observer les distances suivantes :

Entre deux thuyas (*Thuya occidentalis*), $0^m 66$ à 1 mètre (2 ou 3 pieds);
Entre deux lilas, depuis $1^m 33$ jusqu'à $1^m 66$ (4 ou 5 pieds);
Entre deux troènes, 1 mètre.

ARTICLE 2.
DES LIGNES DE VÉGÉTAUX CONSIDÉRÉES COMME *ÉLÉMENTS* DES MASSIFS.

778. Il résulte, à mon sens, de la manière dont je considère une ligne de végétaux comme élément d'un massif, deux conséquences que je regarde comme absolues, et une troisième qui, sans avoir ce caractère, doit être en général prise en considération dans la plantation d'un massif :

1re conséquence (absolue). Si les végétaux d'une même ligne ne sont pas de la même espèce, il faudra nécessairement qu'ils ne diffèrent pas trop les uns des autres sous le rapport de la grandeur.

2ᵉ conséquence (*absolue*). Dans le cas où une ligne devra être vue en entier, il faudra que les mêmes espèces reparaissent alternativement.

3ᵉ conséquence (*non absolue, mais générale*). On évitera de mettre les mêmes espèces dans deux lignes voisines, lorsqu'il s'agira de massifs variés qui ne se composent que de quelques lignes.

RÈGLE.

779. *Lorsqu'on plante deux lignes de végétaux pour constituer un massif, on doit suivre dans la plantation de la première ligne, c'est-à-dire celle qui est à l'extérieur, la règle indiquée plus haut* (771), *puis procéder à la plantation de la seconde de la même manière que pour la première, sauf que les piquets indiquant le centre des végétaux doivent être placés en échiquier, relativement au centre des végétaux de la première ligne.*

780. Je vais citer un exemple d'une plantation de deux lignes destinées à cacher un mur :

1ʳᵉ ligne.   1° Laurier-amande;
            2° Lilas violet;
            3° Faux ébénier;
            4° Lilas violet;
            1°′ Laurier-amande, etc.

2ᵉ ligne.   1° Touffe de Sainte-Lucie;
            2° Touffe de Sainte-Lucie, etc.

La distance entre les touffes de la première ligne est de $1^m 33$ à $1^m 66$.

781. On pourrait planter la première ligne en rideau et la seconde en arbres plus grands que ceux de la première, ou encore planter la seconde ligne de tiges de Sainte-Lucie, comprenant entre deux tiges trois ou cinq touffes de la même espèce.

CHAPITRE II.

DES MASSIFS HOMOGÈNES.

782. Le *massif homogène* ne renferme qu'une seule espèce de plante, parce que l'intention du jardiniste, en le formant, étant qu'il produise sur la vue l'effet d'un *individu,* rien ne peut être plus propre à cet objet qu'une réunion d'êtres identiques.

783. Dans le grand jardin français, conçu par Lenôtre, où les arbres concourent si efficacement, avec les éléments ordonnés par l'architecte, à prolonger pour ainsi dire une même œuvre, les plantations symétriques sont identiques et généralement composées d'une seule espèce d'arbre.

784. Si, dans une grande composition, les massifs homogènes d'arbres sont d'un bel effet, il n'en est pas de même de ceux qui se composent d'une seule espèce ou d'une seule variété de fleur. Presque toujours, surtout si ces derniers ont une certaine étendue, ils présentent un aspect monotone, et si l'espèce de plante qui les compose n'est en fleur qu'une partie de l'année, le défaut de monotonie se trouve par là même encore augmenté.

785. Les massifs homogènes de sous-arbustes ou de fleurs ne conviennent qu'autant qu'ils sont en fleur ou en feuilles pendant une grande partie de l'année, que leur étendue est petite et qu'ils servent simplement de lien entre diverses parties plus ou moins éloignées les unes des autres.

CHAPITRE III.

DES MASSIFS HÉTÉROGÈNES OU VARIÉS.

786. Pour faire bien concevoir ce que j'ai à dire sur les massifs de ce genre, je distinguerai deux cas : celui où il s'agit d'un *massif hétérogène ou varié*, isolé, destiné à agir comme un individu formé de parties distinctes, et le cas où il s'agit de plusieurs massifs variés, liés entre eux et séparés par des allées, du moins dans quelques parties.

§ 1. MASSIF HÉTÉROGÈNE OU VARIÉ, ISOLÉ.

787. Ce massif peut être composé de lignes dont chacune ne renfermera qu'une seule espèce de plante, ou en renfermera plusieurs.

788. Si chaque ligne ne renferme qu'une seule espèce, il faudra les échelonner à partir de la première jusqu'à celle du centre par ordre de grandeur. Par exemple, on mettra :

En 1re ligne des lilas violets;
En 2e — des faux ébéniers;
En 3e — des bois de Judée.

Ce massif n'est guère préférable au suivant que dans le cas où il est isolé et destiné à être vu de tous les côtés sans obstacle.

789. Si chaque ligne renferme plusieurs espèces, on observera toujours la règle de placer les plus petites dans la première ligne. Chaque ligne devra être plantée comme je l'ai dit ci-dessus (771).

§ 2. MASSIFS HÉTÉROGÈNES OU VARIÉS, SUBORDONNÉS ENTRE EUX.

ARTICLE PREMIER.
CONSIDÉRATIONS GÉNÉRALES.

790. Les *massifs hétérogènes ou variés,* liés ensemble de manière à faire un tout, sont en général séparés les uns des autres : 1° par des allées; 2° par des clairières ou intervalles non plantés, mais cultivés ou semés en gazon.

Pour bien comprendre tout ce qui va suivre, il faut établir la différence essentielle qui existe entre le jardin-paysage et le jardin français.

791. Le jardin français est régulier et symétrique; les allées sont droites, et la vue n'y est affectée que d'objets peu variés; car dès qu'il y a des carrés, des plates-bandes droites, la symétrie exige nécessairement que les objets qui sont d'un côté soient répétés de l'autre. Il en résulte que dès que le spectateur a visité les principaux points de cette composition, qui ne sont jamais très nombreux, il a vu tout ce qu'elle est susceptible de présenter à sa curiosité.

792. Je ne dirai pas, avec quelques personnes, que le jardin-paysage est conçu d'après le *principe de l'irrégularité,* ou d'après un *mode diamétralement opposé* à celui qui préside au dessin du jardin français, mais je dirai qu'il est conçu pour un but tout différent. Le spectateur qui parcourt un jardin-paysage doit être excité, pour ainsi dire, à chaque pas par la vue d'objets divers. Les points de vue divers doivent donc être aussi multipliés que possible; les allées doivent toujours être tracées d'une telle façon, que d'aucun endroit on ne puisse

en découvrir toute l'étendue. Les plantations doivent être disposées de manière à cacher les murs, les clôtures et tous les objets désagréables ou mal placés. Elles doivent permettre à l'œil de s'étendre, le plus loin possible, dans tous les endroits que le jardiniste a voulu découvrir ; d'un autre côté, les vues doivent varier avec les différents points que le spectateur parcourt successivement dans sa promenade.

793. Pour atteindre le but dont je viens de parler, il est évident qu'il ne faut plus d'allées droites, mais des allées courbes ; parce qu'en effet ce ne sera que dans celles-ci que le promeneur ne pourra, d'une même place, en embrasser toute la longueur, lorsque toutefois ces allées passeront entre des massifs ; il faut en outre que les intervalles de ces massifs permettent d'apercevoir un ensemble d'objets plus ou moins agréables, lesquels doivent former des plans qui prolongent avec art la perspective aussi loin que possible. Il faut que les massifs, tout en présentant de la variété, soient cependant liés ensemble de manière que les plantations de l'un d'eux s'harmonisent avec celles des massifs voisins, comme parties dépendantes d'un même tout.

ARTICLE 2.

EXPOSÉ DES RÈGLES À SUIVRE DANS LA PLANTATION DES MASSIFS HÉTÉROGÈNES SUBORDONNÉS ENTRE EUX.

794. Le contour des allées et des massifs subordonnés entre eux étant arrêté, voici les règles qu'il faut observer pour les plantations :

795. 1re RÈGLE. *On trace au cordeau des lignes parallèles ou concentriques à la ligne qui circonscrit chaque massif, comme on le voit dans les massifs 1, 2, 3, 4 de la figure 101.*

Dans le massif 1, il y a quatre lignes concentriques fermées.

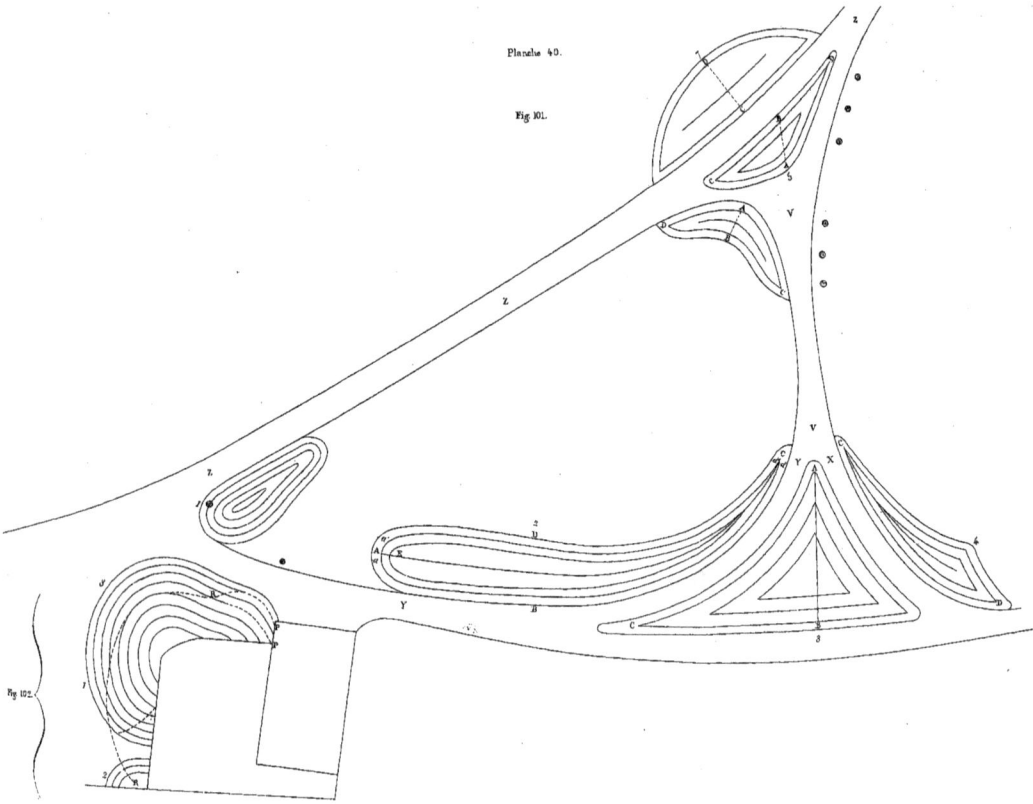

Planche 40.

Fig. 101.

Fig. 102.

Dans le massif 2, il n'y a que deux lignes concentriques à la ligne de circonscription fermées et une ligne courbe centrale qui le partage en deux moitiés.

Je trace une ligne centrale dans tous les massifs aux centres desquels je veux planter des végétaux beaucoup plus grands que ceux qui doivent l'être dans les lignes concentriques fermées.

Dans les massifs triangulaires subordonnés, placés entre trois allées, comme le sont les massifs 3 et 5, il faut distinguer ceux qui se réduiront par une ligne AB, prolongement de l'axe de l'allée AA, en deux triangles très inégaux, comme ABD et ABC du massif 3, et ceux qui se réduiront en deux triangles à peu près égaux, comme ABD et ABC du massif 5. En effet, dans les premiers, comme le massif 3, les plus grands végétaux devront se trouver dans la ligne AB et non aux angles D et C, tandis que dans le massif 5 les grands végétaux devront se trouver non seulement en A et en B, mais encore en C et en D. La raison principale que je donne de cette différence est que le spectateur qui regarde de l'allée AA l'angle A du massif 3 ne voit pas l'angle C; tandis que de la même allée, regardant l'angle A du massif 5, il voit en même temps les angles C et D. Or cette circonstance impose la condition qu'il y ait autant d'homogénéité que possible entre les deux parties du même tout qui sont vues simultanément.

796. 2ᵉ RÈGLE. *Les lignes de plantation étant arrêtées, je divise chacune d'elles en parties égales au moyen de piquets qui représentent le centre des plantes qu'on mettra sur ces lignes; il faudra, autant que possible, que les plantes de la seconde ligne correspondent aux intervalles des plantes de la première, et ainsi de suite; ou, en d'autres termes, planter en échiquier.*

Rien n'est plus important, pour le bel effet à venir des plantations, que d'espacer convenablement les végétaux. Il est préférable de pécher par excès de distance plutôt que par défaut. Dans le premier cas, on peut placer entre une plante et une autre, soit des fleurs, soit de petits arbustes qu'on supprimera plus tard.

Il ne faut pas perdre de vue que plus les intervalles seront grands, mieux les plantes se développeront, et plus la vision en sera distincte; or cette condition de voir distinctement une plante, et, si c'est une plante herbacée ou un sous-arbrisseau, de la voir se détacher sur la terre qui lui sert de fond, me paraît une condition importante à remplir pour tirer le meilleur parti possible de ces végétaux employés à la décoration d'un jardin.

DISTANCE À METTRE ENTRE LES VÉGÉTAUX QUI DOIVENT ENTRER DANS LA COMPOSITION DES MASSIFS.

1 mètre pour les rosiers de Bengale, les *Kerria japonica,* les petits spiræa, et $1^m 3o$ (4 pieds) si l'on veut placer entre eux des fleurs, telles que pensées de diverses couleurs, petites liliacées;

$1^m 3o$ ou $1^m 6o$ (4 ou 5 pieds) pour les lilas, les seringas, les chamæcerasus, les boules de neige, les lauriers-amandes (*Cerasus laurocerasus*);

$1^m 6o$ à $2^m oo$ (5 à 6 pieds) pour les Sainte-Lucie, les faux ébéniers, les bois de Judée.

On peut placer entre les lilas, les seringas, des iris blancs, jaunes, des pavots à bractées ou des pavots de Tournefort, de petits spiræa, des rosiers.

797. 3ᵉ RÈGLE. *Tout massif qui doit être vu dans son ensemble (comme le massif 1, fig. 101), tout massif adossé à des murs qu'il doit*

cacher (comme le massif 8, fig. 101), se composeront de lignes présentant chacune les mêmes espèces ou variétés d'une même espèce, revenant à des intervalles égaux.

Les plantes les plus petites, soit herbacées, sous-arbustes, arbustes, sous-arbrisseaux, arbrisseaux, seront dans les premières lignes, et les plus grandes dans les lignes les plus éloignées du bord.

Je vais citer des exemples :

Le massif 1 de la figure 101 est un massif de rosiers de Bengale. Il se compose de quatre lignes de rosiers et de trois lignes de plantes herbacées.

1re ligne. Rosier rouge, rosier rose, rosier rouge, etc.

2e ligne. Iberis de Perse, tulipe rouge, alysse saxatile, iris bulbeux (*Iris xyphium*), hémérocalle jaune (*Hemerocallis flava*), iris bulbeux, iberis, etc.

3e ligne. Rosier rose, rosier blanc, rosier rose, etc.

4e ligne. Escholtzia, lin vivace, Escholtzia, iris bulbeux, hémérocalle jaune, iris bulbeux, Escholtzia, etc.

5e ligne. Rosier rouge, rosier rose, rosier rouge, etc.

6e ligne. Iberis de Perse, tulipe rouge, alysse saxatile, iris bulbeux, hémérocalle jaune, iris bulbeux, iberis de Perse, etc.

7e ligne. Rosier rose (ou rosier rose noisette), rosier blanc (ou rosier blanc noisette), rosier rose, etc.

Le massif 8 de la figure se compose de la manière suivante :

1re ligne. Rosier rouge, rosier rose, rosier rouge, etc.;

2e ligne. Rosier rose, rosier blanc, rosier rose, etc.;

3ᵉ ligne. Rosier rouge de Provins, jasmin frutiqueux, rosier rouge de Provins, etc.;

4ᵉ ligne. Lilas violet, genêt d'Espagne (*Genista Hispanica*), lilas violet, etc.;

5ᵉ ligne. Sainte-Lucie, faux ébénier, Sainte-Lucie, etc.

6ᵉ ligne. Ormeau (*Ulmus campestris*), sureau (*Sambucus nigra*), sycomore (*Acer pseudoplatanus*), sureau à grappe (*Sambucus racemosus*), ormeau, etc.

Entre le premier et le deuxième rang, il y a iberis de Perse, lin vivace, alysse saxatile, Escholtzia, iberis, etc., à des distances de 2 mètres (6 pieds) l'un de l'autre.

798. 4ᵉ RÈGLE. *Dans les massifs qui doivent recevoir de grands arbres et qui, comme le massif 2 de la figure 101, sont contigus à une allée et à un gazon ou terrain cultivé, une même ligne concentrique peut avoir dans une de ses parties des espèces ou variétés différentes de celles qu'elles présentent dans le reste de son étendue; mais ce changement d'espèces n'est justifié qu'autant que les parties de la ligne où on l'opère ne sont pas susceptibles d'être vues en même temps, du moins dans une certaine étendue.*

Par exemple, 1° toute la partie de la première ligne concentrique du massif 2 qui borde l'allée *Y Y* pourra être plantée différemment du reste de cette même ligne qui est du côté du gazon; 2° la partie *CD* du massif 4 qui borde l'allée *XX* pourra être plantée d'une manière différente de la partie *AD* et même de la partie *AC* de la même ligne concentrique.

Ainsi dans le massif 2.

La première ligne de *a* en *d* se compose de *Spiræa ulmifolia* et de lilas violets, et de *a'* en *d'* d'un *Spiræa ulmifolia*, séparé du précédent par un frêne à fleur, puis de laurier-amande, seringa, laurier-amande, lilas blanc, laurier-amande, etc. : entre chaque touffe il y a un rosier de Bengale rose; cette ligne de *a'* en *d'* pourrait être plantée de touffes de buis (*Buxus sempervirens*) et de rosier de Bengale.

Ainsi dans le massif 4.

La première ligne de *C* en *D* se compose de lilas varin et de jasmin frutiqueux; de *D* en *A*, de lilas varin, jasmin frutiqueux, seringa, lilas violet, seringa; de *A* en *C*, de lilas violet, seringa, etc.

Le côté *AD* et le côté *AC* du massif 5, qu'on voit en même temps de l'axe de l'allée, sont, au contraire des précédents, plantés symétriquement de *Spiræa hypericifolia, lilas violet, Spiræa hypericifolia,* etc.

799. 5ᵉ RÈGLE. *Il faut, autant que possible, éviter de mettre les mêmes espèces ou variétés dans deux lignes concentriques différentes.*

Par exemple, si l'on a mis dans la première ligne d'un massif des lilas et des seringas, il faudra éviter d'en mettre non seulement dans la seconde, mais même dans la troisième. Cette observation a déjà été faite (778).

800. 6ᵉ RÈGLE. *Dans les massifs destinés à recevoir des arbres, ceux-ci doivent être placés à des distances doubles, triples ou quadruples des intervalles que laissent les touffes, et entre les arbres on peut placer des touffes qu'on ne pourrait mettre sans inconvénient sur un premier rang, parce qu'elles s'élèvent trop et que, comme le sureau, elles se dégarnissent du pied.*

Par exemple, la ligne *EF* du massif 2, fig. 101, se compose

IMPRIMERIE NATIONALE.

d'une touffe de sureau panaché (Sambucus nigra), d'un acacia visqueux (*Robinia viscosa*), d'un sureau à grappe (*Sambucus racemosa*), d'un sycomore, d'une touffe de sureau panaché, d'un marronnier rouge (*Æsculus rubicundus*), d'une touffe de sureau à grappe, d'un sycomore, d'une touffe de sureau panaché, d'un marronnier rouge, d'un *Colutæa arborescens*, d'un sycomore, d'un marronnier rouge, d'un *Spiræa ulmifolia*, d'un frêne à fleur (*Fraxinus florifera*), d'un *Spiræa ulmifolia*, d'un marronnier rouge.

Comme la distance qui sépare les arbres des touffes de la seconde ligne concentrique est grande, dans la partie *E* de la ligne médiane on a planté en quinconce, autour des deux premiers arbres, quatre petites touffes de groseilliers (*Ribes aureum*), qui doivent être supprimées plus tard.

801. 7ᵉ RÈGLE. *On ne doit faire alterner des arbres avec des touffes que dans une plantation faisant avenue, ou dans une ligne de touffes dont on veut corriger la monotonie résultant d'une même hauteur et d'une même forme, et lorsque toutefois il n'y a pas d'inconvénient à apercevoir les objets placés derrière cette ligne.*

1ᶜʳ EXEMPLE.

Avenue ou allée de ceinture.

1. PLATANE (*PLATANUS OCCI-DENTALIS*).

   Sainte-Lucie ⎫
   Arbre de Judée ⎬ touffes.
   Sainte-Lucie ⎭

2. ORMEAU.

   Lilas violet ⎫
   Faux ébénier ⎬ touffes.
   Lilas violet ⎭

3. SYCOMORE.

   Lilas blanc ⎫
   Arbre de Judée ⎬ touffes.
   Lilas blanc ⎭

4. ACACIA VISQUEUX (*ROBINIA VISCOSA*).

   Lilas violet ⎫
   Faux ébénier ⎬ touffes.
   Lilas violet ⎭

5. BOULEAU (*BETULUS ALBA*).

Sainte-Lucie
Arbre de Judée } touffes.
Sainte-Lucie

6. ACACIA VISQUEUX.

Lilas violet
Faux ébénier } touffes.
Lilas violet

7. SYCOMORE.

Lilas blanc
Arbre de Judée } touffes.
Lilas blanc

8. ORMEAU.

Lilas violet
Faux ébénier } touffes.
Lilas violet

9. PLATANE.

Sainte-Lucie
Arbre de Judée } touffes.
Sainte-Lucie

ETC.

Les arbres sont disposés de manière que le plus petit, le bouleau, se trouve à égale distance de gauche à droite des mêmes essences, dont les extrêmes, les platanes et les ormes, doivent s'élever à une plus grande hauteur que lui.

Pour plus de variété, on peut faire alterner avec les deux acacias roses deux acacias blancs (*Robinia pseudo-acacia*); remplacer un bouleau sur deux par une aubépine (*Mespilus oxyacantha*); remplacer un platane sur deux par un micocoulier (*Celtis australis*).

2ᵉ EXEMPLE.

1ʳᵉ *ligne.* 1. Aubépine blanche.

1° Lilas violet.
2° Seringa.
3° Lilas violet.
4° Seringa.
5° Lilas violet.

2. Aubépine rose.

1° Lilas violet.
2° Seringa.

3° Lilas violet.

4° Seringa.

5° Lilas violet.

3. Aubépine blanche, etc.

2° ligne, faisant rideau.

1° Faux ébénier.

2° Arbre de Sainte-Lucie.

1°′ Faux ébénier, etc.

3ᶜ EXEMPLE.

Plantation en arbres à fruit et en arbustes, de 4 mètres de largeur (12 pieds), destinée à cacher un potager ou tout autre objet, et en même temps à présenter des enfoncements à l'œil du côté du jardin.

Ligne du côté du potager.

1° Abricotier (*Armeniaca vulgaris*).

2° Lilas violet.

3° — blanc.

4° — violet.

5° Laurier-amande ou lilas, soit violet, soit blanc.

6° Lilas violet.

7° — blanc.

8° — violet.

9° Poirier.

1°′ Lilas violet, etc.

Ligne du côté opposé au potager.

1° Cerisier (*Cerasus juliana*).

Groseillier (*Ribes rubrum*).

Épine-vinette (*Berberis vulgaris*).

Groseillier.

2° Pommier (*Malus communis*).
  Groseillier.
  Cognassier (*Pyrus cydonia*).
  Groseillier.
3° Abricotier.
  Groseillier.
  Épine-vinette.
  Groseillier.
4° Poirier (*Pyrus communis*).
  Groseillier.
  Cognassier.
  Groseillier.
5° Cerisier, etc.

Il y a 5 mètres d'intervalle entre deux arbres. Les touffes de cognassier et d'épine-vinette sont au milieu. Les touffes de groseillier sont à 1 mètre de l'arbre et à 1ᵐ 5o par conséquent de la touffe d'épine-vinette ou de cognassier. Il est clair que, l'œil apercevant plus facilement l'arbre et les deux petites touffes qui sont des deux côtés, il faut que le principe de symétrie porte sur cet arrangement et non sur celui de la touffe centrale avec les deux petites touffes. Si l'on voulait ménager une vue distincte et lointaine de l'autre côté de la ligne, comme c'est le cas du premier exemple, il faudrait que la distance fût égale entre les touffes et d'une touffe à un arbre.

On peut mettre entre les deux lignes une ligne de touffes disposées de la manière suivante :

Le spectateur étant placé du côté opposé au potager, derrière chaque arbre de la première ligne, un jasmin frutiqueux.

Des deux côtés de chaque arbre, à égale distance du jasmin, deux troènes, et à l'arbre suivant deux buissons ardents; derrière chaque touffe de cognassier ou d'épine-vinette, une touffe de framboisier.

802. 8ᵉ ʀÈɢʟᴇ. *Pour établir l'harmonie :*

1° *Entre différents massifs subordonnés ensemble;*

2° *Entre différents massifs qui, sans être subordonnés ensemble, sont voisins;*

3° *Entre des massifs plus ou moins éloignés les uns des autres,*

On a recours :

1° *Aux mêmes forces végétales, c'est-à-dire aux mêmes espèces ou variétés, ou à des formes analogues;*

2° *Aux mêmes couleurs ou à des couleurs analogues de fleurs ou de feuillages,*

Que l'on distribue convenablement dans les différents massifs que l'on veut lier ou harmoniser ensemble.

803. Remarquons avant tout :

1° Que les lignes concentriques du massif 3 s'harmonisent d'une part avec les deux lignes du massif 2 concentriques à l'allée YY qui sépare ces massifs, et d'une autre part avec la ligne du massif 4, qui est concentrique à l'allée XX qui sépare ce massif du massif 3;

2° Que notre système de plantations d'un petit nombre d'espèces dans une même ligne, qui reviennent à des intervalles égaux, est favorable à l'harmonie de la ligne;

3° Que la plantation des arbres dans des lignes médianes ou concentriques est favorable à l'harmonie des massifs subordonnés, qui, de loin, doivent à la vue se confondre en un seul.

A. EXEMPLE D'HARMONIE ENTRE DES MASSIFS SUBORDONNÉS ENSEMBLE.

Voyons d'abord la composition des massifs 2, 3 et 4, fig. 101.

Massif 2.

1re ligne concentrique de *AadC*. Frêne en *A*, *Spiræa ulmifolia*, lilas, spiræa, etc., buis en *C*.

1re ligne concentrique de *Aa'd'C*. *Spiræa ulmifolia,* laurier-amande, rosier de Bengale rose, seringa, rosier de Bengale, laurier-amande, lilas blanc, rosier de Bengale, etc.

2e ligne concentrique à *AadC*. Touffe de Sainte-Lucie, touffe de faux ébénier, touffe de Sainte-Lucie, etc.

2e ligne concentrique à *Aa'd'C*. Touffe de bois de Judée, faux ébénier, touffe de bois de Judée, etc.

La ligne médiane se compose de touffes de sureau, d'un acacia rose, de sycomores, de marronniers rouges, de frênes à fleur, etc., comme il est dit plus haut (800).

Massif 3.

Ligne médiane *AB*. Un buis en *A*, touffe de boule de neige, Kœlreuteria, touffe de bois de Judée, frêne à fleur, touffe de Sainte-Lucie, faux ébénier.

1re ligne concentrique. Lilas violet, seringa, lilas violet, etc.

2e ligne concentrique du côté *AC*. Kœlreuteria de la ligne centrale, boule de neige, faux ébénier, Sainte-Lucie, faux ébénier, Sainte-Lucie, faux ébénier, arbre de Judée, Kœlreuteria.

Du côté *CBD*, après le Kœlreuteria précédent, bois de Judée, Sainte-Lucie, faux ébénier, Sainte-Lucie, faux ébénier, Sainte-Lucie, faux ébénier, Sainte-Lucie, faux ébénier, bois de Judée, Kœlreuteria.

Du côté *DA*, Kœlreuteria précédent, bois de Judée, faux ébénier, Sainte-Lucie, faux ébénier, boule de neige et Kœlreuteria de la ligne médiane ou centrale.

3ᵉ ligne concentrique. En partant du frêne à fleur central du côté *AC*, bois de Judée, frêne, Sainte-Lucie, faux ébénier.

Du côté *CBD*, faux ébénier précédent, Sainte-Lucie, frêne.

Du côté *DA*, en partant du frêne précédent, bois de Judée.

Massif 4.

Ligne médiane ou centrale de *C* en *D*. Frêne à fleur, Sainte-Lucie, chamæcerasus, viorne, chamæcerasus.

1ʳᵉ ligne concentrique *CD*. Buis, lilas varin, jasmin frutiqueux, lilas varin, etc.

1ʳᵉ ligne concentrique *CA*. Buis précédent, seringa, lilas, seringa, etc.

1ʳᵉ ligne concentrique *AD*. Seringa, lilas, seringa, jasmin frutiqueux, lilas varin.

2ᵉ ligne concentrique *CD*. Marronnier rouge, faux ébénier, arbre de Judée, faux ébénier, arbre de Judée, faux ébénier, arbre de Judée, faux ébénier, Kœlreuteria.

2ᵉ ligne concentrique *DA*. Kœlreuteria précédent, faux ébénier, Sainte-Lucie, marronnier rouge.

2ᵉ ligne concentrique *AC*. Marronnier rouge précédent, frêne à fleur de la ligne centrale.

Les trois massifs 1, 2 et 3 sont liés ensemble :

1° Au moyen des lilas des premières lignes concentriques;

2° Au moyen des touffes de Sainte-Lucie et de faux ébénier des deuxièmes lignes concentriques;

3° Au moyen des seringas des premières lignes concentriques extérieures des massifs 2 et 4;

4° Au moyen des frênes à fleur et des marronniers rouges, qui sont dans la ligne centrale des massifs 2 et 4, et des trois frênes du massif 3;

5° Au moyen de deux Kœlreuteria, placés l'un à l'angle *D* du massif 3, et l'autre au massif 4;

6° Au moyen de deux buis placés aux extrémités des massifs 2 et 4, et d'un buis placé à l'angle *A* du massif 3.

B. EXEMPLES D'HARMONIES
ENTRE DES MASSIFS NON SUBORDONNÉS ENSEMBLE, MAIS VOISINS.

Le massif 1, composé presque exclusivement de rosiers de Bengale, qui conservent longtemps leurs feuilles, se lie :

1° Au massif 2, dont la ligne est formée de lilas blancs, de lauriers-amandes, de seringas, séparés l'un de l'autre par des rosiers de Bengale; l'harmonie est donc établie au moyen de la même espèce, et j'ajoute au moyen d'un feuillage analogue, car celui du rosier de Bengale s'harmonise parfaitement avec les feuillages des lauriers-amandes et celui du buis qui termine le massif 2;

2° Au massif 6, au moyen d'une bordure uniquement composée, du côté du gazon, de rosiers de Bengale roses et de rosiers de Bengale blancs;

3° Au massif 4, par le feuillage du buis.

Le massif 2, dont la seconde ligne de *a'* en *d'* est plantée de faux ébéniers et de bois de Judée, et le massif 4, dont la deuxième ligne concentrique renferme des faux ébéniers et des bois de Judée, se lient au massif 6, dont la ligne du côté de l'allée *V* est pareille.

54

Le massif 4 se lie à un massif voisin, composé de la manière suivante :

1ʳᵉ ligne concentrique. *Rhus cotinus,* rosier, *Rhus cotinus,* etc. Entre les rhus il y a un intervalle de 2 mètres.

2ᵉ ligne médiane. Laurier-amande, touffe de bois de Judée, sycomore, faux ébénier, marronnier rouge, bois de Judée, érable satiné, faux ébénier, laurier, frêne noir.

L'effet des *Rhus cotinus,* pourvus de leurs fruits, est des plus agréables en automne.

C. EXEMPLE D'HARMONIE
ENTRE DES MASSIFS PLUS OU MOINS ÉLOIGNÉS LES UNS DES AUTRES.

Les harmonies s'établissent entre des massifs éloignés les uns des autres par les mêmes moyens qu'on établit celles des massifs voisins, sauf que l'intervalle qui se trouve entre les premiers exige que des points de vue principaux où ils doivent se présenter simultanément aux yeux, les formes ou les couleurs qui en établissent la liaison, soient parfaitement visibles.

Les feuillages étant bien plus abondants que les fleurs dans les massifs, les nuances de leurs verts ne différant jamais entre elles autant que peuvent différer les couleurs de leurs fleurs, il en résulte que des massifs éloignés, quelle que soit la variété de leurs feuillages respectifs, sont toujours en harmonie de forme et de couleur, s'ils ont été plantés d'après nos règles et s'ils se composent uniquement de plantes ligneuses qui perdent leurs feuilles en hiver, ou uniquement d'arbres verts qui ne les perdent pas; mais dans le cas contraire, c'est-à-dire lorsque les massifs éloignés sont formés, les uns d'arbres feuillus et les autres d'arbres verts, il y a des remarques à faire relativement aux conditions d'harmonie, qui sont d'autant plus nécessaires, que des jardins-paysages même soignés pèchent sous ce rapport. En effet, un groupe de quelques arbres verts ou un seul massif de ces arbres dans un grand espace où se trouvent des massifs d'arbres feuillus[1] sont toujours en désaccord avec ceux-ci. Pour remédier à ce défaut, il faut multiplier les groupes ou massifs d'arbres verts de manière à établir entre tous cette même corrélation que demandent les arbres qui perdent leurs feuilles; mais il n'est pas nécessaire que ces arbres occupent un espace égal à celui qu'occupent les arbres ordinaires : il suffit que leur forme soit rappelée à des intervalles convenables. En un mot, pour que des arbres verts produisent un bon effet, ils doivent composer, à eux seuls, un ensemble qui se marie ou s'intercale à l'ensemble des massifs d'arbres feuillus.

On peut opposer les épicéas aux pins, aux cèdres, aux mélèzes; différents groupes composés seulement de trois de ces arbres suffisent pour harmoniser un grand terrain où se trouveraient deux ou trois groupes composés d'une cinquantaine des mêmes arbres.

804. 9ᵉ RÈGLE. *Il y a des cas où le besoin, soit de la perspective, soit de l'harmonie, exige dans un grand massif une ligne d'arbres qui ne soit ni concentrique à sa circonscription, ni identique à la ligne centrale, s'il y en a une; telle est, par exemple, la ligne PR qui se trouve dans les massifs 1 et 2, fig. 102 : pour que la plantation de cette ligne soit correcte et conséquente aux principes précédents, il faut que les tiges qui la dessineront au-dessus des plantations concentriques soient dans des points d'intersection de la ligne PR, avec les lignes concentriques et la ligne centrale, s'il y en a une, et il faut, autant que*

[1] C'est-à-dire des arbres qui perdent leurs feuilles en hiver.

possible, que les tiges soient à des distances égales l'une de l'autre et dans des places qui, si elles n'étaient pas plantées d'arbres, le seraient par quelques-uns des végétaux qui composent les lignes concentriques.

Cette règle, nécessaire dans beaucoup de cas, donne à notre système de plantation une généralité qu'il n'aurait pas sans elle, puisqu'en la mettant en pratique on établit un rapport où il n'y en aurait pas eu. Je ferai remarquer que ces lignes ne doivent en général se composer que de plantes peu touffues, un peu plus élevées que celles qui sont devant, et qu'il suffit presque toujours qu'elles soient placées à de grands intervalles les unes des autres. Au reste, il faut se régler sur la grandeur des végétaux qui sont derrière et devant.

805. 10ᵉ RÈGLE. *Après avoir tracé des lignes de plantations et mis des piquets pour indiquer le centre des trous à creuser, on tracera, sur un papier gris, des lignes représentant celles du massif qu'on veut planter; on prendra sur elles autant de points équidistants qu'il y a de piquets dans les lignes de plantations correspondantes, puis on collera sur ces points de petits pains à cacheter, ou de petits cercles de papier de la couleur des fleurs des végétaux ou de celle de leur feuillage, suivant l'effet qu'on en attend. Enfin on pourra étendre cette règle à un ensemble de massifs d'un même système.*

Par ce moyen, on jugera de l'harmonie des couleurs des fleurs ou des différentes nuances de vert produites par les végétaux dont on veut composer le massif, et par conséquent on pourra rectifier ce qui ne paraîtrait pas bien avant de planter.

Quoique cette règle soit plus particulièrement applicable aux massifs de fleurs dont on découvre toute l'étendue d'un coup d'œil, cependant elle est encore avantageuse pour les plantes destinées à agir par leur feuillage.

Un système de massifs ainsi représenté sera très propre à faire apprécier non seulement l'effet des végétaux qui composent chacun d'eux, mais encore l'effet général des massifs subordonnés, des massifs voisins et des massifs éloignés. Il sera très utile, pour faire apprécier la répartition des arbres verts dans l'ensemble de la composition, puisqu'on pourra distinguer ces essences de celles qui perdent leurs feuilles par des pains à cacheter, ou de petits cercles d'un vert noir, différent de celui qu'on emploiera pour les autres.

Un pareil plan, qu'il est toujours facile de faire, permettra à un propriétaire, une fois que ses massifs seront dessinés, leurs lignes concentriques tracées, les espèces qu'il veut planter déterminées, de ne demander au pépiniériste absolument que le nombre des individus de chaque espèce dont il a besoin.

Enfin, pour un propriétaire, il n'y a pas de plan plus simple ni plus convenable pour représenter exactement, je ne dis pas tous les arbres qui entrent dans la composition de ses massifs, mais encore les arbrisseaux, les arbustes, sous-arbustes et même les plantes herbacées qui en font partie.

CHAPITRE IV.

DES PRINCIPES SUR LESQUELS REPOSE LE SYSTÈME DES PLANTATIONS PROFESSÉ DANS LES DEUX CHAPITRES PRÉCÉDENTS.

806. Il ne sera pas inutile de résumer les principes sur lesquels repose le système de plantation professé dans les deux chapitres précédents, les détails dans lesquels je suis entré pouvant avoir fait perdre de vue l'ensemble de ces principes, et ce résumé me paraissant indispensable pour en faciliter l'application à ceux qui voudraient les observer.

1. PRINCIPE DE LA GRANDEUR.

807. Toutes les fois que nous voyons un objet occuper dans l'espace plus d'étendue que nous ne le présumions avant de le voir, la grandeur devient une qualité qui nous frappe, abstraction faite de toute autre. C'est ainsi que nous admirons la grandeur d'un arbre qui dépasse les dimensions que nous regardons comme ordinaires aux individus de son espèce.

2. PRINCIPE DE LA FORME.

808. Un des éléments principaux des jugements que nous portons sur l'effet d'un objet que nous regardons est la forme sous laquelle il nous apparaît. Il importe d'après cela que les végétaux, particulièrement les arbres isolés et les touffes, soient conduits par la taille de manière à prendre la forme qui leur est la plus avantageuse, et c'est ici le cas de rappeler que celle de la plupart des arbres de

nos forêts ne leur est pas naturelle; car, si on ne les avait pas fait monter en enlevant leurs branches inférieures, au lieu des tiges élancées que nous leur voyons, ils ne présenteraient que des buissons plus ou moins gros. La conduite des arbres et celle des touffes qui font partie des massifs doivent donc fixer d'une manière particulière toute l'attention du jardiniste pour qu'ils produisent l'effet dont ils sont susceptibles.

3. PRINCIPE DE LA NUTRITION.

809. Pour que des végétaux frappent la vue par leur grandeur et leur forme, il faut les planter de manière qu'ils puissent atteindre à la plus grande limite de développement dont leur espèce est susceptible. La première condition à remplir pour cela est de les placer dans un terrain où leurs racines trouveront toute la nourriture nécessaire à ce développement; dès lors il ne faudra jamais oublier, avant de planter, qu'une étendue bornée de terrain ne peut nourrir qu'un nombre limité de végétaux; conséquemment, on devra mettre d'autant plus d'intervalle entre eux, défoncer le sol d'autant plus profondément et dans une étendue d'autant plus grande, qu'on voudra leur faire prendre plus d'accroissement.

810. L'inconvénient de planter *dru,* en général, est plus grand pour des végétaux de différentes espèces qu'il ne l'est pour des végétaux de la même espèce ou de la même variété, parce que, la force assimilatrice d'individus identiques étant plus égale relativement à chacun d'eux qu'elle ne l'est entre des individus d'espèces différentes, il s'établit entre les premiers une sorte d'équilibre de nourriture qui donne lieu à un développement à peu près égal dans chaque individu; tandis qu'entre les seconds, la force assimilatrice étant inégale,

le développement des individus le sera : les plus vivaces s'accroîtront aux dépens des faibles, et la plantation manquera d'harmonie; enfin il pourra arriver que ceux-ci nuisent d'une manière sensible aux premiers, non seulement en puisant dans le sol, mais encore en les ombrageant et gênant ainsi mécaniquement leur développement.

Il est superflu sans doute de faire remarquer qu'il s'agit ici d'une plantation *drue,* c'est-à-dire où les individus sont tellement rapprochés, que si des plantes peuvent profiter des excrétions des racines d'autres plantes voisines, cet effet est bien plus que compensé par l'effet de l'épuisement du sol.

4. PRINCIPE DE LA VUE DISTINCTE.

811. *A l'égard des arbres isolés.* Ils ne se développent bien qu'autant qu'ils sont également éclairés et conséquemment isolés de toutes parts; il ne faut donc en placer que dans les lieux où cette condition sera remplie.

A l'égard des végétaux constituant un massif homogène. Il faut, pour arriver au but qu'on se propose, que tous les individus soient également disposés pour qu'ils présentent un tout homogène.

A l'égard des végétaux constituant une ligne de massif varié, deux ou trois espèces ou variétés distinctes l'une de l'autre, placées à distance convenable, sont d'un bel effet.

812. C'est pour éviter la confusion, et conformément au principe de la vue distincte, que je ne place pas les mêmes variétés ou les mêmes espèces dans des lignes trop rapprochées.

813. Mais tout en cherchant à observer ce principe, il ne faut

pas que les végétaux de diverses espèces de la même ligne diffèrent trop les uns des autres par la grandeur et la forme.

814. C'est encore d'après le même principe que toute partie d'un massif destinée à être vue comme partie d'un tout doit être plantée d'après un seul système d'un bout à l'autre.

5. PRINCIPE DU CONTRASTE DES COULEURS.

815. Ce principe, envisagé d'une manière générale, rentre dans le principe précédent, puisqu'une différence dans la couleur rendra distincts des végétaux qui auraient ensemble de nombreuses analogies; mais envisagé d'une manière spéciale, il produit entre des végétaux, parfaitement distincts d'ailleurs, des effets qui ne peuvent provenir que de la couleur seule, et c'est sous ce point de vue que le principe du contraste doit être pris en considération.

Dans l'application de la loi du contraste à l'arrangement des fleurs, il ne faut jamais oublier la différence qu'il y a entre une association formant une ligne de végétaux, et une association de fleurs appartenant à des végétaux de grandeur très diverse, placés sur différents plans, de manière à produire l'effet d'un tableau. C'est à cette association que j'ai fait allusion précédemment (744); car dans une association linéaire, rien n'est plus désagréable que la fleur bleue de l'iris germanique associée à la fleur d'un violet clair du lilas. Eh bien, si l'on ajoute à cette association de larges touffes d'alysse saxatile, d'iberis de Perse et de tulipes rouges, de manière que le jaune d'or, le blanc et le rouge foncé apparaissent sur un plan, et le bleu foncé et le violet clair sur un plan plus reculé, on aura un ensemble de l'effet le plus agréable.

6. PRINCIPE DE LA RÉPÉTITION.

816. Lorsqu'une ligne de plantes présente la répétition des mêmes espèces un certain nombre de fois, et les présente régulièrement aux mêmes intervalles, il en résulte un effet très agréable, encore peu apprécié, car il est rare de le rencontrer dans les jardins. C'est surtout la répétition d'un même arrangement de couleurs qui est agréable et qui doit recommander l'observation de ce principe.

817. La répétition d'un même arrangement de végétaux divers, et par conséquent distincts à la vue, contribue beaucoup à prolonger l'étendue, soit d'une allée, soit d'un massif; un pareil ensemble, répété un certain nombre de fois, devient un norme au moyen duquel l'œil juge l'espace plus grand que s'il le voyait bordé d'individus d'une même espèce ou variété qui seraient en nombre égal aux premiers. L'effet est porté aussi loin que possible, lorsque l'arrangement se compose d'un certain nombre de touffes, de cinq par exemple, placées entre deux arbres qui s'élèvent au-dessus sans les dépasser beaucoup.

818. Le principe de la répétition concourt, avec le principe de la vue distincte, à produire un effet agréable.

7. PRINCIPE DE LA VARIÉTÉ.

819. Le principe de la variété distingue essentiellement le jardin-paysage du jardin français (792 et suiv.); car le promeneur qui parcourt le premier aperçoit des objets disposés de manière à exciter en lui, autant que possible, de nouvelles sensations, tandis que dans le jardin français il se trouve longtemps sous une même impression.

820. Le principe de la variété, comme tous les principes, ne doit jamais être outré ; et c'est une grande erreur de s'imaginer que des plantations faites au hasard, et qui sembleraient devoir être très variées, produiront nécessairement sous ce rapport plus d'effet que celles qui auraient été ordonnées d'après les principes de la vue distincte, du contraste et de la répétition.

821. Toutes les fois que des objets auront une certaine étendue, on gagnera toujours à ne pas en multiplier les variétés. Ainsi la répétition d'un arrangement de trois couleurs, y compris le blanc ou le noir, sera plus agréable en général que celle d'un arrangement de cinq couleurs.

822. La diversité des couleurs poussée à l'extrême ne sera permise que pour une bordure continue ou un tapis de variétés différentes d'une même espèce de fleurs, comme une bordure de pieds-d'alouette, de reines-marguerites, d'anémones ; mais pour des arbustes à fleurs, on gagnera tout à ne pas multiplier indéfiniment leur couleur dans une étendue qu'un seul coup d'œil embrasse.

823. Il en est des formes comme des couleurs : elles ne doivent point être trop diversifiées dans un même arrangement.

824. Enfin le principe de la variété, en éloignant les plantes identiques les unes des autres, doit être en général plus favorable à leur développement que le principe contraire, d'après lequel on plante un massif avec la même espèce ou la même variété, du moins conformément aux idées que l'on a aujourd'hui sur la nécessité des assolements.

8. PRINCIPE DE LA SYMÉTRIE.

825. On se tromperait beaucoup, si l'on croyait que le principe de la symétrie est exclu du jardin-paysage : il préside réellement à l'ordonnance d'un jardin de ce genre bien dessiné; mais pour l'y apercevoir ou pour le mettre soi-même en pratique, il est nécessaire de distinguer la *symétrie de parties pareilles* et la *symétrie de parties simplement correspondantes*.

SYMÉTRIE DE PARTIES PAREILLES.

C'est celle de deux moitiés égales d'un même tout, comme les deux moitiés d'un cercle, d'un carré, d'un triangle équilatéral ou isocèle, d'un animal pair.

SYMÉTRIE DE PARTIES SIMPLEMENT CORRESPONDANTES.

(A) C'est celle de deux parties d'un même tout, qui, sans être égales, ont la même forme ou à peu près; telles sont les deux parties triangulaires du massif 3, fig. 101;

(B) C'est celle de deux parties séparées plus ou moins analogues de forme, d'étendue ou de nature, qui ont une correspondance de position relativement à un objet intermédiaire;

(c) C'est celle de deux massifs ou groupes d'arbres, ou d'un massif et d'un groupe d'arbres qui se présente, l'un à la gauche et l'autre à la droite du spectateur, dans une position qui a été ménagée par le jardiniste.

A. SYMÉTRIE DE PARTIES PAREILLES.

826. Le principe de la symétrie de parties pareilles peut s'appliquer à des arrangements qui constituent une ligne de végétaux, ainsi qu'à un ensemble de lignes, ou, pour parler d'une manière plus générale, à une plantation constituant un massif.

Pour qu'un arrangement soit, à proprement parler, symétrique, il ne suffit pas qu'il présente une même forme revenant à des intervalles égaux, conformément au principe de la répétition; il faut qu'il soit réductible en deux moitiés semblables. Tels sont, par exemple, les arrangements suivants :

Une touffe de bois de Judée entre deux touffes de lilas blanc, ou entre deux touffes de bois de Sainte-Lucie;

Une touffe de faux ébénier entre deux touffes de lilas violet;

Une touffe de faux ébénier ayant de chaque côté une touffe de lilas et une touffe de seringa.

Tous ces arrangements doivent se trouver entre deux arbres ou entre deux touffes, telles, par exemple, que des lauriers-amandes, absolument distinctes de celles qui constituent l'arrangement.

L'analogie de ces arrangements avec les ornements d'architecture composés de deux parties pareilles est remarquable : en effet, dans les premiers comme dans les seconds, le milieu doit être plus grand que les deux côtés, et ceux-ci, quoique distincts, doivent s'y lier intimement; conséquemment, si la touffe du milieu était dégarnie de feuilles, tandis que les touffes latérales en seraient couvertes de bas en haut, l'arrangement serait vicieux. Enfin, pour augmenter l'effet d'homogénéité à la vue, au lieu d'encadrer l'arrangement entre deux touffes même très différentes des premières, il est préférable de le placer entre deux arbres.

C'est surtout lorsqu'on veut composer une ligne de trois espèces de touffes, dont l'une diffère beaucoup plus des deux autres que celles-ci ne diffèrent entre elles, qu'il vaut mieux observer l'arrangement symétrique que l'arrangement simplement successif. Par exemple, qu'il s'agisse de composer une ligne de *Kerria japonica*, de *Chamæce-rasus tartarica* rose, de *lilas blancs*, l'arrangement symétrique, *cha-mæcerasus, lilas, chamæcerasus*, entre *deux kerria*, sera d'un bien meilleur effet que *kerria, chamæcerasus, lilas blanc, kerria,* etc., ce dernier arrangement étant tout à fait incohérent.

Dans un massif réductible en deux moitiés parfaitement égales, et qui est susceptible d'être vu en entier d'un coup d'œil, parce qu'il est petit et qu'il ne renferme que des plantes basses, les lignes végétales symétriques sont d'un bon effet; on en a la preuve dans la bordure de primevères, qui circonscrit le massif elliptique de la figure 74 (755). Supprimez les primevères orangées *a, a, a, a*, vous détruirez une partie du bel effet de la bordure en en détruisant la symétrie; car alors vous n'aurez plus les quatre arrangements symétriques exis-tant entre les quatre primevères rouges *b, b, b, b.*

B. SYMÉTRIE DE PARTIES SIMPLEMENT CORRESPONDANTES.

827. Nous avons trois cas où l'on remarque cette symétrie :

(A) En parlant du massif 3, fig. 101, j'ai fait voir comment il se divise en deux parties triangulaires, qui, sans être égales, sont cor-respondantes par les plantations qu'on y a faites.

(B) Le bâtiment d'habitation ou le manoir doit avoir des deux côtés de sa façade principale des objets placés symétriquement, mais qui ne seront pas pour cela identiques; il suffit qu'ils présentent à la vue des masses qui se balancent à peu près.

(c) Deux plantations ainsi balancées, vues l'une à droite et l'autre à gauche d'une position ménagée par le jardiniste, sont d'un bel effet; mais il est essentiel de remarquer qu'il les faut non identiques, mais simplement correspondantes, soit par le feuillage, soit par la hauteur des arbres ; un massif et un groupe d'arbres se correspondent très bien dans ce cas.

9. PRINCIPE DE L'HARMONIE GÉNÉRALE.

828. Si je considérais un seul individu comme un arbre isolé, ou un ensemble d'individus constituant un massif isolé, soit homogène, soit hétérogène, ou un ensemble de massifs subordonnés entre eux, je n'aurais pas de nouveau principe à ajouter aux précédents ; car ces derniers suffisent pour qu'on tire le meilleur effet possible de l'harmonie des diverses parties d'un individu, soit que l'on considère les formes et l'arrangement de ces parties, soit que l'on considère les teintes diverses qu'elles peuvent avoir ; enfin l'harmonie naîtra dans les massifs des applications qu'on aura faites, pour les planter, du principe du contraste des couleurs des fleurs et des feuilles, du principe de la variété, du principe de la répétition, enfin du principe de la symétrie. Mais dans la composition générale d'un grand jardin-paysage il ne suffira pas d'avoir satisfait à tous ces principes, si les différents massifs subordonnés entre eux, que nous considérons maintenant comme des individus, ainsi que les diverses constructions faites de pierres ou de bois, ne sont pas liés ensemble par un rapport harmonieux quelconque, propre à satisfaire au principe de l'*harmonie générale*. Il faut que les massifs isolés ou subordonnés, voisins ou éloignés les uns des autres, soient liés ensemble par la même forme végétale (même espèce ou même variété), ou par des formes analogues, ou par les mêmes arrangements de plusieurs espèces, ou enfin par les mêmes couleurs de fleurs ou de feuillages. A l'aide des mêmes moyens, on lie le manoir ou des constructions quelconques avec les différentes parties du jardin. Lorsqu'on s'aperçoit que des massifs voisins, tels

que ceux surtout qui se trouvent près des bâtiments, ne sont pas
suffisamment liés ensemble, ou que la perspective n'est pas satisfaite
de leurs lignes concentriques ou médianes, on a recours à une ligne
végétale différente qui coupe les premières et ajoute ainsi à l'harmonie générale (804). C'est afin d'y satisfaire complètement que
j'ai tant insisté, lorsqu'on se décide à planter des arbres verts dans
un jardin-paysage, pour qu'on les distribue dans toute la composition,

SIXIÈME DIVISION.

INTERVENTION DES PRINCIPES PRÉCÉDENTS DANS LE JUGEMENT DES OBJETS COLORÉS RELATIVEMENT À LEURS COULEURS, CONSIDÉRÉES INDIVIDUEL-LEMENT ET SOUS LE POINT DE VUE DE LA MANIÈRE DONT ELLES SONT RESPECTIVEMENT ASSOCIÉES.

INTRODUCTION.

829. Je me propose, dans cette division, un objet tout critique : c'est que les conséquences positives auxquelles je suis arrivé sur l'assortiment des couleurs, afin d'en tirer le meilleur parti possible pour un but déterminé, deviennent des règles propres à guider ceux qui voudront juger une production d'art où cet assortiment se retrouve. Les généralités établies dans les divisions précédentes (1, 2, 3, 4 et 5), avec l'intention d'aider les nombreux artistes qui emploient les couleurs pour parler aux yeux, considérées maintenant sous le point de vue critique, doivent servir de bases à un jugement consciencieux et motivé, sur le mérite d'une œuvre qui ressort de ces généralités, du moins pour quelques-unes de ses parties; elles doivent, si je ne me fais pas illusion, avoir le double avantage de toutes les règles qui sont puisées dans la nature des choses qu'elles concernent; elles guident le travailleur qui ne les dédaigne pas, comme elles dirigent le critique qui juge l'œuvre dont ces règles gouvernent quelque élément. On ne peut donc se refuser à reconnaître l'utilité qu'un tel examen peut avoir pour les auteurs des œuvres qui y seront soumises, et pour le public auquel il est plus particulièrement adressé, dans

IMPRIMERIE NATIONALE.

l'espérance qu'une démonstration claire de ce qui est louable et de
ce qui encourt le blâme formera son goût, et qu'en l'empêchant de
s'abandonner à ses premières impressions, il deviendra lui-même
capable d'exprimer un jugement motivé, et que dès lors on ne pourra
espérer de capter son suffrage en tombant dans le bizarre et en
s'éloignant du vrai.

830. S'il existe un sujet digne d'être étudié sous le rapport critique à cause de la fréquence et de la variété des cas qu'il présente,
c'est sans contredit celui qui m'occupe; car, que l'on contemple les
œuvres de la nature ou que l'on contemple les œuvres de l'art, les
couleurs variées sous lesquelles nous les voyons sont un des beaux
spectacles qu'il est donné à l'homme d'admirer : c'est ce qui explique
comment le besoin de reproduire les images colorées d'objets que
nous aimons, ou qui, à un titre quelconque, nous intéressent, a
produit l'art de peindre; comment l'imitation des œuvres de la peinture, au moyen de fils, de petits prismes, a donné naissance aux
arts de fabriquer les tapisseries, les tapis et les mosaïques; comment
la nécessité de multiplier certaines images économiquement a produit les impressions de tous genres et l'enluminure. Enfin c'est ce
qui explique comment l'homme a été conduit à peindre diversement
les murailles, les boiseries de ses constructions, ainsi qu'à teindre
les étoffes de ses vêtements et celles qui décorent l'intérieur de ses
habitations.

831. La vue des couleurs, chose si simple pour la plupart des
hommes qui y sont habitués dès l'enfance, est, suivant quelques savants, un phénomène absolument hors du domaine des connaissances
positives, parce qu'ils le considèrent comme variant d'après l'organi-

sation des individus et leur imagination même; ils pensent, en conséquence, qu'il n'y a aucune induction à tirer de ce qu'un homme voit
un objet d'une telle manière, qu'un autre le verra semblablement dans
les mêmes circonstances extérieures; ils croient qu'aucune généralité
déduite de l'observation ne pourra diriger sûrement l'artiste soit
dans l'art de voir son modèle, soit dans l'art d'en reproduire fidèlement une image colorée; enfin ils pensent encore qu'aucune généralité utile, concernant la nature physiologique de l'homme, ne pourra
surgir d'une étude approfondie des modifications que ses organes
éprouvent de la vue des couleurs que les corps lui présentent.

832. En principe, je ne puis admettre qu'on doive s'abstenir de
l'étude d'une chose par la raison qu'elle présente des phénomènes
variables. Je vais plus loin : je crois que tous ceux qui s'occupent de
sciences positives doivent rechercher s'ils ne découvriraient pas dans
leurs travaux quelque fait susceptible d'éclairer l'étude de ces phénomènes, en mettant sur la voie de la détermination de la cause
de l'un d'eux; car ce qui rend l'étude scientifique de l'agricul-
ture et de la médecine si difficile, ce sont les obstacles qu'on rencontre toutes les fois qu'on veut ramener à leurs causes respectives
les différents phénomènes que présentent les êtres organisés à l'agri-
culteur et au médecin. L'histoire des sciences démontre parfaitement
que ce n'est pas la synthèse qui conduit à cette connaissance, mais
bien l'analyse des phénomènes qu'on ne peut guère, suivant moi,
tenter avec espoir de succès, si l'on n'a pas fait une étude toute spéciale des causes auxquelles nous rapportons les phénomènes de la
nature inorganique; non que je reconnaisse nécessairement ces causes
pour être immédiatement celles des phénomènes de la nature vivante,
quoique cette opinion me paraisse extrêmement probable pour un

certain nombre d'entre eux que nous rapportons à la physiologie proprement dite, mais parce que la recherche des causes des phénomènes de la nature inorganique me semble devoir servir de norme propre à diriger des travaux entrepris dans l'intention de démêler des effets complexes quelconques pour les ramener à leurs causes respectives. C'est dans cette disposition d'esprit que j'ai abordé le sujet de ce livre, non après l'avoir spontanément choisi, mais parce qu'il m'a paru indispensable à étudier avant de prétendre établir un jugement motivé sur la beauté des couleurs que le teinturier a fixées sur les étoffes. Dès que j'ai senti la nécessité de cette étude, comme directeur des teintures des manufactures nationales, j'ai voulu reconnaître le terrain sur lequel je marchais, et mon premier soin a été de rechercher si je voyais les couleurs comme la grande généralité des hommes; je n'ai pas tardé à en acquérir la parfaite conviction, et ce n'est qu'alors que je me suis hasardé à faire de mes recherches l'objet de leçons publiques, qui ont eu pour auditeurs, et j'ajoute pour *spectateurs*, des artistes, des industriels et des gens du monde. Ces leçons ont été répétées devant les élèves de l'École polytechnique. Des interpellations adressées à mes auditeurs pour m'assurer qu'ils voyaient les choses que je mettais sous leurs yeux comme je les voyais moi-même, m'ont toujours prouvé qu'il en était ainsi, à l'égard de la grande majorité du moins, et cependant mes démonstrations avaient lieu dans la salle de réception des Gobelins, peu favorable à l'observation des phénomènes de contraste pour une réunion nombreuse de spectateurs. Des observations faites par moi-même, constatées par un grand nombre de personnes dans mon laboratoire, et enfin professées publiquement, sont donc le sujet de ce livre : tous ceux qui voudront, je ne dis pas le lire, mais l'étudier en répétant mes expériences, verront si c'est mon opinion qui est fondée, ou celle qui prétend que la vue des couleurs n'est susceptible de donner aucun résultat général positif, et si, parce qu'on peut citer quelques individus dont l'œil est assez mal conformé pour ne pas distinguer le vert du rouge ou pour confondre le bleu avec le gris, on doit écrire des traités d'optique dans lesquels on ne parlera ni du rouge, ni du vert, ni du bleu, et ravir ces couleurs à la palette du peintre! Certes, la nature humaine n'est que trop limitée pour qu'on puisse vouloir sacrifier ainsi à l'infirmité l'organisation commune.

833. Afin de faire comprendre clairement comment l'expérience et l'observation, après m'avoir fait démêler les causes qui exercent une influence déterminée sur la vision des couleurs, m'ont conduit à adopter l'opinion que ces phénomènes sont parfaitement définis par la loi du contraste et les connaissances que j'y ai rattachées, il suffira sans doute :

1° De résumer comment :

A. L'ignorance où l'on était relativement aux différents états de l'œil qui donnent lieu, dans la vision des couleurs, aux phénomènes des contrastes simultané, successif et mixte,

B. Et l'ignorance où l'on était relativement à l'influence définie, que la lumière directe ou diffuse du soleil exerce, suivant son intensité, sur la couleur des corps,

Ont conduit à établir l'opinion contraire à la mienne, c'est-à-dire l'opinion que *la même couleur apparaît d'une manière si diverse à différentes personnes et même à une seule, qu'il n'y a rien de général, rien de précis à déduire de la vision des objets colorés sous le rapport de leurs couleurs respectives.*

2° De résumer comment ont contribué passivement à accréditer cette opinion :

C. Le peu de notions qu'on a généralement sur les modifications des corps colorés par leurs mélanges mutuels, ou, en d'autres termes, sur les couleurs résultant de ces mélanges ;

D. Le défaut d'un langage précis pour énoncer les impressions que nous recevons des couleurs.

3° De résumer comment ont contribué *activement* à accréditer cette opinion :

E. Des idées inexactes que l'on croit fondées.

A. (ᴀ) Il est incontestable que, si l'on ignore la régularité avec laquelle l'œil passe successivement par des états dont les extrêmes et le moyen sont fort différents, lorsqu'on regarde des couleurs qui mettent l'organe dans la condition de percevoir le phénomène d'un des trois contrastes (77 et 328), on sera conduit à considérer la vision des couleurs comme un phénomène très variable, *tandis que les états successifs par lesquels passe l'organe une fois distingués, les variations du phénomène deviennent parfaitement définies.*

(ʙ) Si l'on ignore la loi du contraste simultané, on verra la même couleur varier de teinte, suivant la couleur qui lui sera juxtaposée, et si l'on ignore que le contraste porte sur le ton aussi bien que sur la couleur, on ne pourra s'expliquer comment deux mêmes couleurs, par exemple le bleu et le jaune pris à la même hauteur, paraîtront plus rouges par la juxtaposition, tandis que, si le bleu est très foncé relativement au jaune, il paraîtra noir plutôt que violet, et le jaune verdâtre plutôt qu'orangé (663). Enfin, si l'on ignore l'effet du brillant qu'une complémentaire peut donner à une couleur terne, on ne pourra expliquer la grande différence qu'il y a entre l'effet d'un fond rouge sur des ornements d'or peint, et l'effet de ce même fond sur des ornements d'or (460 et 468).

(c) Nul doute encore que si l'on ignore que dans un objet compliqué l'œil ne voit nettement au même instant qu'un petit nombre de parties (748), et qu'une même partie peut apparaître à différents yeux avec des modifications différentes, suivant qu'elle est vue juxtaposée avec telle couleur plutôt qu'avec telle autre, ainsi que cela est arrivé (483) lorsque je comparais un échantillon de bordure de papier peint (représentant des roses garnies de leurs feuilles) placé sur un fond noir, à un échantillon semblable placé sur un fond blanc : en comparant les deux ensemble, je voyais le vert clair sur fond noir plus jaune que sur fond blanc, tandis que trois autres personnes, qui comparaient les tons clairs du vert à ses tons les plus foncés sur un même fond, jugeaient les clairs plus bleuâtres sur le fond noir que sur le fond blanc.

B. On connaîtrait la régularité des états successifs où se trouve l'œil durant la vision des objets colorés et la loi du contraste simultané des couleurs, et cependant, si l'on ignorait l'influence des divers degrés d'intensité de la lumière pour faire varier la couleur des corps et pour rendre les modifications du contraste plus ou moins sensibles, l'on serait conduit à croire à une variation indéfinie dans la vision des couleurs, tandis que cette variation est parfaitement définie par les observations suivantes :

(A) En effet, si la lumière directe du soleil ou la lumière diffuse éclaire un corps monochrome inégalement, la partie la plus vivement éclairée est modifiée comme elle le serait si elle recevait de l'orangé, et la modification paraît d'autant plus forte que la différence de clarté des parties est plus grande (280); ainsi, plus la lumière est intense, plus elle dore les corps qu'elle éclaire : il est donc toujours facile d'en prévoir les effets, lorsqu'on sait le résultat du mélange de l'orangé avec les diverses couleurs.

(b) A une lumière très vive les phénomènes du contraste simultané étant moins sensibles qu'à une lumière moins éclatante (63, 571), il s'ensuit que, si l'on négligeait de tenir compte de la différence dans les effets, on pourrait se tromper extrêmement dans l'appréciation des phénomènes du contraste des mêmes couleurs. Il est utile de remarquer que le contraste simultané, qui tend à faire paraître les parties différemment colorées les plus distinctes possible, est porté au maximum, précisément lorsque, la lumière étant faible, l'œil a le besoin le plus grand du contraste de la couleur, pour apercevoir distinctement les parties diverses sur lesquelles il est fixé.

C. On peut apercevoir les modifications que les corps présentent lorsqu'ils sont éclairés, et éprouver beaucoup de difficulté pour s'en rendre compte, faute de savoir se représenter exactement les modifications que les matières colorées éprouvent dans leur couleur suivant qu'elles reçoivent de la lumière ou du blanc, de l'ombre ou du noir, enfin suivant qu'on les mélange ensemble. C'est en partie pour faire clairement connaître ces modifications que j'ai imaginé la *construction chromatique hémisphérique* (159 et suiv.); en la décrivant, j'ai attaché moins d'importance à sa réalisation matérielle qu'au principe rationnel sur lequel elle repose. On comprend, en voyant les linéaments de cette construction indépendamment de toute coloration, comment une couleur quelconque est dégradée par le blanc, montée par le noir, et rompue par du blanc et du noir, enfin comment elle est nuancée par une couleur franche. J'ajouterai plus bas quelques considérations nouvelles qui se rattachent aux dégradations de couleur que nous faisons avec des matières colorées (841).

D. L'objet que j'ai eu en vue n'aurait pas été atteint, si la construction chromatique hémisphérique ne m'avait donné le moyen de représenter par une nomenclature simple les modifications qu'éprouve une couleur par l'addition du blanc, du noir, modifications qui donnent les *tons de sa gamme;* celles qu'elle reçoit du blanc et du noir, qui en font des *gammes rompues;* enfin celles qui, résultant de l'addition d'une couleur franche, produisent des gammes qui sont les *nuances* de la première couleur.

Enfin, aux définitions que j'ai données des mots *ton, gamme, nuance, couleurs rompues,* il faut ajouter la distinction des associations de couleurs en *harmonies d'analogue* et *harmonies de contraste* (180).

J'ai la conviction que tous ceux qui accepteront le petit nombre de définitions que je donne trouveront un grand avantage à s'en servir pour se rendre compte à eux-mêmes des effets des couleurs, et pour exprimer aux autres les impressions qu'ils en auront reçues; à leur aide, il sera possible de saisir des rapports qui auraient pu échapper à l'observation, ou qui, faute d'un langage précis, n'auraient pu être clairement exprimés par celui qui les aperçoit.

E. Ce serait méconnaître la réalité s'il fallait attribuer exclusivement l'opinion que je combats à la simple ignorance des faits que je viens de récapituler (A, B, C, D), et croire qu'il suffit de la dissiper pour établir l'opinion contraire que je professe; je ne me fais point illusion; si l'ignorance est passive et ne résiste que par son inertie, il en est tout autrement des idées plus ou moins erronées, plus ou moins prétentieuses que l'on s'est faites sur la vision des couleurs, sur leurs harmonies mêmes; ces idées repoussent activement tout ce qui leur est opposé. Je me contente de signaler l'obstacle, sans avoir la moindre prétention à le renverser, autrement que par l'énoncé de ce que je crois la vérité.

En définitive, au moyen des connaissances positives que je viens de rappeler, l'étude de la vision des corps colorés conduit à une certitude qu'acquerront tous ceux qui s'y livreront désormais; ils verront combien elle est féconde en applications et indépendante de toute idée hypothétique, et que ce résultat serait impossible à obtenir, s'il n'existait pas pour le commun des hommes une organisation moyenne de l'œil qui leur permet d'apercevoir (les circonstances étant semblables) les mêmes modifications dans les corps éclairés; la différence que j'admets dans la perception des phénomènes par divers individus qui ont l'œil bien conformé ne porte que sur l'intensité de la perception.

834. La série des principaux faits sur lesquels mon livre se fonde étant rappelée, je vais considérer ces faits sous les trois rapports suivants, qui seront chacun la matière d'une section :

1° Sous le rapport de la certitude qu'ils donnent pour juger de la couleur d'un objet quelconque;

2° Sous le rapport de la certitude qu'ils donnent au jugement que l'on porte d'œuvres de différents arts qui parlent aux yeux par des matières colorées;

3° Sous le rapport de l'union qu'ils établissent entre des principes communs à plusieurs arts qui parlent aux yeux des langages divers en employant des matériaux différents.

Enfin, dans une dernière section, je traiterai de l'influence que la disposition d'esprit du spectateur peut avoir dans le jugement qu'il porte sur un objet d'art destiné à être vu.

PREMIÈRE SECTION.

INTERVENTION DE LA LOI DU CONTRASTE SIMULTANÉ DES COULEURS DANS LES
JUGEMENTS QU'ON PORTE SUR DES CORPS COLORÉS QUELCONQUES, ENVISAGÉS
SOUS LE RAPPORT DE LA BEAUTÉ RESPECTIVE OU DE LA PURETÉ DE LA COULEUR
ET DE L'ÉGALITÉ DE LA DISTANCE DE LEURS TONS RESPECTIFS, SI CES CORPS
APPARTIENNENT À UNE MÊME GAMME.

INTRODUCTION.

835. La conséquence la plus simple et la plus générale qui se
déduise de la loi du contraste est assurément celle qui concerne le
jugement que l'on porte, soit par goût, soit par profession, sur une
couleur qu'offre à la vue un papier de tenture, une étoffe, un verre,
un émail, un tableau, etc.; une condition que tous ceux qui ont
quelque expérience de la matière regardent comme essentielle à
remplir pour éviter l'erreur est de comparer la couleur sur laquelle
il s'agit de prononcer avec une autre qui lui soit analogue. Eh bien,
la conséquence de cette comparaison n'est point exacte, dans le cas
où les objets comparés ne sont pas identiques, si l'on ignore la loi du
contraste; c'est au reste ce que je vais démontrer par différents
exemples très propres à se prêter à l'application du principe dont je
parle. Enfin une conséquence plus éloignée de la loi donne le moyen
de savoir si les tons d'une gamme de laine ou de soie destinée à faire
de la tapisserie ou des tapis sont équidistants.

CHAPITRE PREMIER.

DE LA COMPARAISON DE DEUX ÉCHANTILLONS D'UNE MÊME COULEUR.

836. Qu'il s'agisse de deux échantillons de nature quelconque, qu'on rapporte à une même couleur, soit au bleu, soit au rouge : s'il n'y a pas identité entre les teintes des deux échantillons que l'on compare ensemble, il faudra tenir compte du contraste qui en exagérera la différence; ainsi, que l'un soit d'un bleu verdâtre, il fera paraître l'autre moins verdâtre ou plus indigo, ou même plus violet qu'il ne l'est réellement, et réciproquement le premier paraîtra plus vert qu'on ne le verrait isolément; de même pour les rouges : si l'un est plus orangé que l'autre, celui-ci paraîtra plus pourpre et le premier plus orangé qu'ils ne le sont en réalité.

CHAPITRE II.

DE L'INFLUENCE D'UN ENTOURAGE COLORÉ SUR UNE COULEUR
QUE L'ON COMPARE À UNE AUTRE.

837. Puisque le contraste des couleurs qui ne sont pas analogues tend à les embellir en les épurant l'une par l'autre, il est clair que toutes les fois qu'on voudra porter un jugement exact sur la beauté des couleurs d'un tapis, d'une tapisserie, d'une peinture, etc., après les avoir comparées avec les couleurs d'objets analogues aux premiers, il faudra tenir compte du genre de peinture et de la manière dont les couleurs sont juxtaposées, si les objets comparés ne sont pas la représentation exacte d'un même sujet. En effet, toutes choses égales d'ailleurs, les mêmes couleurs non nuancées et qui ne sont pas assez analogues pour se nuire mutuellement, disposées en zones rapprochées, paraîtront certainement plus belles que si chacune était vue dans un fond qu'elle constituerait exclusivement, et qui, par conséquent, ne produirait qu'une seule impression de couleur sur l'œil. Des couleurs formant des palmes, comme celles des châles de l'Orient, des dessins, comme ceux des tapis de Turquie, feront beaucoup plus d'effet que si elles étaient nuancées, fondues comme elles le sont en général dans nos peintures. Conséquemment, si l'on voulait, par exemple, comparer une zone de couleur amarante d'un châle oriental à zones de diverses couleurs avec le fond amarante d'un châle français, il faudrait détruire le contraste des couleurs qui avoisinent la zone amarante, en les cachant au moyen d'un papier gris ou blanc découpé qui ne laisserait voir que cette zone; bien entendu qu'un papier découpé semblable au premier serait placé sur le fond, afin que les

parties comparées fussent soumises à la même influence de la part des objets environnants.

838. Le même moyen doit être employé lorsqu'il s'agit de comparer des couleurs d'anciennes tapisseries, d'anciennes peintures, etc., avec des couleurs analogues récemment teintes, récemment peintes, et voici pourquoi : le temps agit très inégalement, non seulement sur les diverses sortes de couleurs qui sont appliquées par le teinturier sur des étoffes, mais encore sur les tons d'une même gamme. Ainsi des tons foncés de certaines gammes, par exemple ceux de la gamme violette, s'effacent, tandis que les bleus foncés d'une gamme bleu indigo, les rouges foncés de garance, de kermès, de cochenille, résistent. En second lieu, les tons clairs d'une même gamme s'évanouissent dans un temps qui n'a pas d'influence sensible pour en altérer les tons foncés. Dès lors les couleurs qui ont résisté davantage à l'action destructive du temps, étant plus isolées les unes des autres, plus foncées et moins fondues, paraissent par là même avoir plus d'éclat que si elles étaient disposées autrement. Il y a plusieurs couleurs employées par les peintres, notamment la plupart des laques, qui sont dans le même cas que les couleurs altérables du teinturier, relativement à d'autres, telles que l'outremer, les oxydes de fer, les noirs, qui sont, pour ainsi dire, inaltérables aux agents atmosphériques : eh bien, l'altération des premières peut, dans beaucoup de cas, contribuer à rehausser l'éclat de couleurs moins altérables.

CHAPITRE III.

DE L'EFFET DU CONTRASTE SUR LES BRUNS ET LES CLAIRS DE LA PLUPART DES GAMMES
DE LAINE ET DE SOIE, EMPLOYÉES POUR LES TAPISSERIES ET LES TAPIS.

839. Lorsqu'on jette les yeux sur l'ensemble des tons de la plupart des gammes dont on fait usage dans les manufactures de tapisseries et de tapis, le phénomène du contraste exagère la différence de couleur qu'on remarque dans une même gamme entre les tons extrêmes et ceux du milieu. Par exemple, dans la gamme du bleu indigo appliqué sur la soie, les clairs sont verdâtres, les bruns violâtres, tandis que les tons intermédiaires sont bleus. Or la différence du verdâtre au violâtre dans les extrêmes se trouve augmentée par l'effet du contraste. Il en est de même dans la gamme du jaune : les tons clairs paraissent plus verdâtres et les bruns plus rougeâtres qu'ils ne le sont en réalité.

840. Je ne peux parler d'une différence existant entre les tons foncés et les tons clairs de la plupart des gammes sur laine et sur soie, qui est exagérée par le contraste, sans ajouter quelques remarques relatives aux dégradations que le teinturier fait au moyen d'une matière colorante qu'il applique sur une étoffe blanche que je suppose absolument privée de matière étrangère à la nature du composé coloré qui s'y unit. Ce n'est que très rarement que cette dégradation est parfaite sous ce point de vue, que les tons clairs sont exactement représentés à l'œil par la couleur prise à son ton normal et dégradée avec du blanc. Ainsi un composé qui au ton normal est d'un jaune pur ou même légèrement orangé pourra produire des

tons clairs d'un jaune verdâtre par la dégradation. Un composé rouge orangé fixé sur la laine ou la soie donnera des tons clairs tirant sur le rouge violet. Pour avoir une dégradation correcte, il faut, dans beaucoup de cas, ajouter aux tons faibles une nouvelle matière colorée, propre à atténuer ou neutraliser le défaut dont je parle.

841. Beaucoup de matières colorantes dont on fait usage en peinture présentent le même résultat quand on les dégrade avec du blanc, et je ne parle point ici des changements qui peuvent être la suite d'une action chimique; je ne fais allusion qu'à ceux qui résultent d'une atténuation de la matière colorée. Par exemple, le ton normal du carmin est un rouge plus rapproché du rouge pur que ne le sont les tons clairs, qui tirent évidemment sur le lilas. L'outremer lui-même, qui est si beau, donne des tons clairs qui semblent réfléchir, par rapport aux rayons bleus, plus de rayons violets que le ton normal. C'est en conséquence de ces faits qu'il est difficile de colorier la construction hémisphérique chromatique, parce qu'il faut beaucoup d'essais pour parvenir à modifier la couleur qui donne le ton normal d'une gamme par l'addition de matières colorées propres à rendre la dégradation correcte à l'œil.

CHAPITRE IV.

MOYEN QUE DONNE LE CONTRASTE DE S'ASSURER
SI LES TONS D'UNE GAMME DE COULEUR SONT ÉQUIDISTANTS.

842. Le contraste qui augmente la différence existante entre deux tons d'une même couleur donne le moyen d'apprécier plus sûrement qu'on ne le ferait autrement, si les tons suffisamment nombreux d'une gamme sont à la même distance les uns des autres. En effet, si le ton 2 mis entre 3 et 4 paraît égal au ton 1, il s'ensuivra, si les tons sont équidistants, que 3 mis entre 4 et 5 paraîtra égal à 2 ; que 4 mis entre 5 et 6 paraîtra égal à 3, et ainsi des autres. Si les tons étaient trop rapprochés pour donner ce résultat, il faudrait les avancer successivement non pas d'une place, mais de deux ou de trois. Ce moyen de juger de l'égalité de distance qui sépare des tons d'une même gamme se fonde sur ce qu'il est plus facile de constater une égalité que d'estimer une différence entre des échantillons d'une même couleur.

IMPRIMERIE NATIONALE.

SECTION II.

INTERVENTION DE LA LOI DU CONTRASTE SIMULTANÉ DES COULEURS DANS LE
JUGEMENT QU'ON PORTE SUR LES OEUVRES DE DIFFFÉRENTS ARTS QUI PARLENT
AUX YEUX PAR DES MATIÈRES COLORÉES.

INTRODUCTION.

843. Après avoir appliqué la critique au jugement que nous portons sur la couleur d'un objet matériel, soit relativement à sa beauté
et à son éclat, soit relativement à la place que son ton lui assigne
dans une gamme dont cet objet fait partie, il faut l'appliquer au jugement concernant les associations de diverses couleurs faites dans le
but de produire un effet agréable. Afin de donner au jugement une
base solide hors de toute contestation, j'examinerai l'association de
deux couleurs indépendamment de toute forme matérielle sous
laquelle les œuvres de la nature ou de l'art peuvent les offrir à la vue,
et à cette occasion je résumerai plusieurs faits généraux qui se trouvent
dans l'introduction à la deuxième Partie de l'Ouvrage et dans plusieurs
de ses divisions. Ce résumé permettra au lecteur de suivre des généralités coordonnées, de manière à servir de base à l'examen critique
des produits de tous les arts qui mettent en œuvre des matières
colorées. C'est après avoir tiré les principales conséquences importantes
qui découlent des associations binaires des couleurs, que je m'occuperai de leurs associations complexes sous le point de vue des

harmonies d'analogue et de contraste auxquelles elles donnent lieu ; enfin, sous un dernier point de vue, je prendrai en considération l'influence que doit exercer la nature physique des matériaux colorés que les arts spéciaux emploient pour arriver chacun à la fin qui lui est propre.

CHAPITRE PREMIER.

DES ASSOCIATIONS BINAIRES DES COULEURS SOUS LE POINT DE VUE CRITIQUE.

844. Afin de résumer en peu de mots les généralités qui doivent servir de bases aux jugements que nous portons, non plus sur une couleur comparée à une autre de la même sorte, mais sur des associations de deux couleurs qu'offre à nos yeux un objet quelconque, par exemple un papier peint, une étoffe, un vêtement, ou qui font partie d'un tableau, je considérerai le cas où des couleurs associées sont mutuellement complémentaires, et le cas où elles ne le sont pas.

PREMIER CAS. ASSOCIATION DE COULEURS COMPLÉMENTAIRES.

845. *C'est la seule association où les couleurs s'embellissent mutuellement en se renforçant et s'épurant sans sortir de leurs gammes respectives.*

Ce cas est si avantageux aux couleurs associées, que l'association est encore satisfaisante lorsque les couleurs ne sont pas absolument complémentaires. Enfin il l'est encore lorsqu'elles sont ternies par du gris.

Tel est le motif qui m'a fait prescrire l'association complémentaire, lorsqu'on recourt aux harmonies de contraste en peinture, en tapisserie, dans l'arrangement des vitraux colorés, l'assortiment des tentures avec leurs bordures, celui des étoffes pour meubles et pour vêtements; enfin dans l'arrangement des fleurs de nos jardins.

DEUXIÈME CAS. ASSOCIATION DES COULEURS NON COMPLÉMENTAIRES.

846. *Le produit de cette association se distingue du précédent en*

ce que, la complémentaire d'une des couleurs juxtaposées différant de l'autre couleur à laquelle elle s'ajoute, il doit y avoir nécessairement une modification de NUANCE *dans les deux couleurs, sans parler de la modification du ton, si elles ne sont pas prises à la même hauteur.*

Des couleurs non complémentaires juxtaposées peuvent *certainement* donner lieu à trois résultats différents :

1° Elles s'embellissent mutuellement;

2° L'une s'embellit, l'autre perd de sa beauté;

3° Elles se nuisent mutuellement.

847. Plus il y a d'éloignement entre les couleurs, plus la juxtaposition sera favorable à leur contraste mutuel, et conséquemment plus elles ont d'analogie, plus il y a de chances pour que la juxtaposition nuise à leur beauté.

1° *Deux couleurs non complémentaires s'embellissent par la juxtaposition.*

848. Le jaune et le bleu sont si différents, que leur contraste est toujours assez grand pour que la juxtaposition leur soit favorable, quoique les couleurs juxtaposées appartiennent à des gammes différentes de jaune et de bleu.

2° *Une couleur juxtaposée avec une autre qui n'est pas sa complémentaire s'embellit et nuit à celle-ci.*

849. Un bleu qui s'embellit avec un jaune, étant mis à côté d'un violet qui est bleuâtre plutôt que rougeâtre, peut perdre de sa beauté en devenant verdâtre, tandis que l'orangé qu'il ajoute au

violet, neutralisant l'excès du bleu de ce dernier, l'embellit plutôt qu'il ne lui nuit.

3° *Deux couleurs non complémentaires se nuisent mutuellement.*

850. Un violet et un bleu se nuisent réciproquement, lorsque le premier verdit le second et que celui-ci neutralise assez de bleu dans le violet pour le faire paraître *passé.*

851. Il pourrait encore arriver que, quoiqu'il y eût des modifications dans les couleurs juxtaposées, toutes les deux ne gagnassent ni ne perdissent pas de leur beauté; que l'une gagnât sans que l'autre perdît; enfin que l'une ne gagnât ni ne perdît rien, et que l'autre perdît.

852. *Dans l'association de deux couleurs d'égal ton, la hauteur du ton peut avoir de l'influence sur la beauté de l'association.*

Par exemple, un bleu foncé indigo et un rouge également foncé pourront gagner par la juxtaposition : le premier, en perdant du violet, deviendra d'un bleu franc; le second, en prenant de l'orangé, deviendra plus vif. Eh bien, si l'on prend les tons clairs de ces mêmes gammes, il pourra arriver que le bleu deviendra trop verdâtre pour être beau comme bleu, et que le rose, prenant de l'orangé, sera trop jaune pour être d'un rose franc.

853. *Dans l'association de deux objets colorés de tons très éloignés l'un de l'autre, appartenant à la même gamme ou à des gammes plus ou moins rapprochées, le contraste de ton peut avoir une heureuse influence sur la beauté du ton clair,* parce qu'en effet, si celui-ci n'est

pas d'une couleur franche, sa juxtaposition avec le ton foncé, tout en l'éclaircissant, épurera la couleur du gris qu'elle peut avoir.

854. Il est bien nécessaire, pour la rectitude des jugements que l'on portera d'après les principes que je pose sur des associations binaires de couleurs, de ne pas perdre de vue que tout ce qui précède depuis l'alinéa 846 inclusivement concerne des couleurs mates ou dépourvues de brillant, et que leur association est considérée abstraction faite de la forme de l'objet qui nous les présente, par la double raison que *le brillant des surfaces colorées* et *la forme des corps que ces surfaces limitent dans l'espace,* sont deux circonstances capables de modifier l'effet de deux couleurs associées; conséquemment, l'analyse que je fais des effets optiques des couleurs serait incomplète, si je ne parlais pas maintenant de l'influence possible de ces causes.

INFLUENCE DU BRILLANT PRIS EN CONSIDÉRATION DANS L'EFFET DU CONTRASTE DE DEUX COULEURS.

855. Un des résultats auxquels l'observation du contraste des couleurs mates conduit est d'expliquer comment l'association de telle couleur avec telle autre est favorable ou nuisible à l'ensemble ou seulement à l'une d'elles, en faisant saisir aux yeux que, dans le cas le plus favorable possible, le produit optique de la juxtaposition se compose de deux effets : 1° de l'effet provenant de ce que les couleurs juxtaposées, recevant chacune la complémentaire de la couleur qui lui est contiguë, sont renforcées ou nuancées agréablement par cette addition, indépendamment de toute augmentation de brillant; 2° de l'effet provenant d'une augmentation de brillant dans les deux couleurs juxtaposées. Rappeler ces résultats, c'est prévenir l'objection qu'on aurait pu m'adresser, savoir, que des associations que je n'ai pas

prescrites, telles que celles du rouge avec le violet, du bleu avec le violet, par exemple, sont d'un bel effet sur le plumage de certains oiseaux et sur les ailes de certains papillons; car il est évident, conséquemment à la distinction précédente, que, dans ces associations de la nature, l'effet provenant de l'addition des complémentaires à chacune des deux couleurs qui nuirait à des couleurs mates, est tout à fait insensible pour nuire à des couleurs qui acquièrent de la structure organique des plumes et des écailles, où elles se trouvent, le *brillant métallique*. J'ajouterai, enfin, qu'il faudrait, avant d'élever l'objection, avoir démontré que le même rouge associé au vert, le même violet associé au jaune, et enfin le même bleu associé à l'orangé pareillement brillants, seraient d'un moins bel effet que les assortiments naturels que je viens de prendre pour exemples.

INFLUENCE DE LA FORME PRISE EN CONSIDÉRATION DANS L'EFFET DU CONTRASTE DE DEUX COULEURS.

856. Si le brillant a tant d'influence sur les effets du contraste de deux couleurs juxtaposées, la forme des parties colorées qui les présentent en a une incontestable : ainsi l'élégance de la forme, l'arrangement des parties, leur symétrie, les effets du clair et de l'ombre sur les surfaces indépendamment de toute couleur, enfin l'association d'idées qui peut lier cette forme à un souvenir agréable, empêcheront d'apercevoir le mauvais effet de deux couleurs associées qui ne sont point brillantes : c'est ainsi, par exemple, que des fleurs nous présentent des associations qui ne nous choquent pas et qui cependant ne seraient point d'un bel effet si nous les voyions sur deux surfaces planes dépourvues de brillant. Nous citerons de nouveau pour exemple la fleur du pois de senteur, qui présente l'alliance du rouge et du violet. Il n'est pas douteux que le rouge et le violet de cette fleur,

étant juxtaposés, le rouge à du vert et le violet à du jaune, ne pro-
duisissent un plus bel effet que celui qui résulte de leur association
dans la fleur dont je parle.

857. Les rapports des faits précédents avec la critique sont faciles
à apercevoir, lorsqu'il s'agit de juger l'association de deux couleurs
en elles-mêmes ou de comparer ensemble diverses associations binaires.

Dans le premier cas, on peut se demander si l'association qu'un
artiste a faite de deux couleurs a atteint le but qu'il se proposait,
celui de les embellir toutes les deux, ou celui d'embellir l'une en
sacrifiant l'autre.

Dans le second cas, on peut comparer ensemble les effets d'une couleur de la même sorte, par exemple des rouges, faisant partie chacun
d'une association binaire; on peut comparer ensemble les effets des
associations binaires de couleurs différentes, toujours sous le point
de vue optique, et dans l'intention, si ces associations sont le produit
de l'art, de juger l'artiste qui les a faites. Eh bien, alors le critique
doit être dirigé par les considérations que nous résumons ici :

1° Le genre d'association : plus les couleurs sont différentes, plus
elles s'embellissent mutuellement, et inversement, moins elles sont
éloignées, plus elles sont prêtes à se nuire (845-851);

2° L'égalité de hauteur du ton (852);

3° La différence du ton, l'une étant foncée et l'autre claire (853);

4° Le brillant des surfaces qui les envoient à l'œil (855);

5° La forme des corps dont ces surfaces limitent l'étendue (856).

CHAPITRE II.

DES ASSOCIATIONS COMPLEXES DES COULEURS SOUS LE POINT DE VUE CRITIQUE.

858. Il est clair que les règles prescrites pour juger une couleur d'une manière absolue et les associations de deux couleurs doivent servir à juger sous le même rapport les couleurs d'une association, quelque complexe qu'elle soit, qui se trouve dans un tableau, une tapisserie, un tapis, un vitrail, ou dans le décor d'une salle de spectacle, d'un appartement, etc.; mais pour envisager l'ensemble, il faut procéder conformément aux distinctions que nous avons établies des harmonies d'analogue et des harmonies de contraste; car sans cela il ne serait guère possible d'exprimer clairement un jugement motivé, concernant les spécialités des assortiments constituants et l'effet général de l'ensemble de tous ces assortiments; en outre, avant d'exprimer ce jugement, il faut *savoir voir* les couleurs indépendamment de toute forme, de tout dessin, en un mot, indépendamment de tout ce qui n'est pas couleur, lors même qu'il s'agit d'un tableau.

859. Voici comment on peut voir une association complexe de couleurs : je suppose celles que nous présente un tableau, afin de prendre le cas le plus compliqué. On considérera les masses de couleurs qui sont sur le même plan, l'étendue que chacune y occupe, l'harmonie qui les lie ensemble; on soumettra au même examen les couleurs des autres plans, puis on envisagera les couleurs en allant de celles du premier plan aux couleurs des derniers. Le critique, qui est bien convaincu de ne voir nettement dans un même temps qu'un

très petit nombre des objets qu'un tableau lui présente (748, 483), et qui s'est en outre exercé à examiner une composition colorée comme je viens de le dire, est, relativement aux choses sur lesquelles il concentre successivement son attention, dans le cas d'une personne qui lit successivement trois corps d'écriture tracés sur la même face d'un feuillet de papier : l'un d'eux, composé de lignes qui sont dans le sens de la largeur du papier; l'autre, composé de lignes coupant les premières à angle droit; enfin le troisième corps d'écriture, composé de lignes parallèles à une des diagonales du feuillet. C'est après s'être livré à cet examen que le critique devra revoir l'ensemble du tableau sous le rapport des couleurs, et c'est alors qu'étant fixé sur leurs associations particulières et générales, il sera en état de pénétrer dans la pensée du peintre et de voir s'il a employé, pour l'exprimer, les harmonies les plus convenables; mais ce n'est point ici le cas de traiter ce sujet; il ressort du chapitre suivant (865 et suiv.). Je me bornerai à faire remarquer que, s'il est plus facile de former avec des couleurs opposées qu'avec des couleurs voisines des assortiments binaires avantageux aux couleurs associées, lorsqu'il s'agit d'une composition où un grand nombre de couleurs franches et brillantes sont employées, il est plus difficile d'harmoniser ces dernières en les liant les unes aux autres, que s'il s'agissait d'un petit nombre de couleurs qui ne prêteraient qu'à des harmonies d'analogue ou de contraste de gamme et de nuances.

CHAPITRE III.

DE LA DOUBLE INFLUENCE ENVISAGÉE SOUS LE POINT DE VUE CRITIQUE QUE L'ÉTAT
PHYSIQUE DES MATÉRIAUX COLORÉS EMPLOYÉS DANS DIVERS ARTS ET LA SPÉCIALITÉ
DE CES ARTS EXERCENT SUR LES PRODUITS PARTICULIERS À CHACUN D'EUX.

860. J'ai une conviction si profonde que les plus grands artistes
ne peuvent s'affranchir de certaines règles sans compromettre l'art
lui-même, que je crois utile d'insister sur tout ce qui peut faire partager mon opinion; tel est le motif pour lequel je reviens sur des
conséquences qui découlent naturellement de l'état physique des
matières colorées employées dans divers arts, et de l'objet spécial de
ces arts, conséquences dont j'ai déjà fait sentir l'importance dans le
cas où il s'agit de juger si certaines innovations ont le mérite ou les
avantages que leurs auteurs s'en promettaient : c'est sous ce rapport
que je vais considérer les arts de la peinture qui emploient des matières colorées, divisées à l'infini pour ainsi dire, et les arts qui en
emploient d'une étendue plus ou moins sensible, comme sont les matériaux mis en œuvre par le tapissier, le fabricant de mosaïque, etc.

§ 1. DES ARTS DE PEINDRE AVEC DES MATIÈRES COLORÉES, DIVISÉES À L'IN-
FINI POUR AINSI DIRE, CONSIDÉRÉS RELATIVEMENT À L'ÉTAT PHYSIQUE DE CES
MATIÈRES ET À LA SPÉCIALITÉ DE L'ART QUI EN FAIT USAGE.

861. Je dois avant tout expliquer le sens de l'expression *divisées
à l'infini pour ainsi dire*, appliquée aux matières colorées employées
par les peintres; c'est que dans la réalité la division de ces matières
n'est point infinie; elle n'est pas même poussée au terme qu'il est possible d'atteindre par des moyens mécaniques. S'il était possible de

les apercevoir dans une peinture au moyen d'instruments d'optique suffisamment grossissants, on verrait alors qu'une surface colorée qui paraissait de couleur unie à l'œil nu est composée de particules colorées distinctes qui peuvent être disposées en lignes parallèles ou concentriques, ou en mouchetures, suivant la manière dont le pinceau a été conduit. C'est par ce moyen qu'on pourrait distinguer, dans des peintures à l'huile, des parties qui ressembleraient à un émail, parce qu'elles contiendraient tant de particules opaques que la matière huileuse siccative ne paraîtrait pas transparente, tandis que d'autres parties ressembleraient à un verre coloré, parce que la matière huileuse ne contiendrait point assez de particules opaques pour être privée de toute transparence.

Je vais considérer successivement la peinture d'après le système du clair-obscur et d'après le système des teintes plates.

ARTICLE PREMIER.

PEINTURE D'APRÈS LE SYSTÈME DU CLAIR-OBSCUR.

862. En partant du fait que les matières colorées du peintre paraissent être divisées à l'infini, on arrive à voir clairement la possibilité de tracer des lignes aussi fines qu'il est possible de le faire, au moyen d'un pinceau imprégné d'un liquide chargé plus ou moins de matières colorantes, de mêler intimement ces couleurs ensemble, de manière à les fondre les unes dans les autres. De cet état de choses nous déduisons la possibilité de faire *une délinéation parfaite des différentes parties des objets dont le peintre veut reproduire l'image, et en outre de représenter exactement toutes les modifications de lumière que ce modèle lui présente.*

863. Je rappelle ici combien l'étude que nous avons faite des

modifications sous lesquelles les corps paraissent, lorsqu'ils nous sont rendus sensibles par la lumière directe du soleil ou diffuse du jour, a été satisfaisante pour nous faire juger si ces modifications ont été fidèlement reproduites par le peintre dans un ouvrage donné. Je renvoie à ce sujet le lecteur à la division de l'ouvrage concernant la peinture.

864. De la perfection du dessin et de la perfection de la dégradation de la lumière blanche et de la lumière colorée résulte la perfection de l'imitation des objets colorés quelconques, au moyen de laquelle leur image apparaît sur une surface plane, comme si on les voyait avec le relief qui leur est propre. De cette possibilité d'imiter d'une manière nette les moindres détails d'un modèle résulte la possibilité d'exprimer sur des figures planes toutes les impressions du cœur de l'homme qui se manifestent au dehors par les mouvements de sa physionomie. De là est née la partie la plus noble, la plus élevée de l'art qui peut placer le peintre auprès du poète, auprès de l'historien, auprès du moraliste; partie que le critique commente pour l'admirer et la faire admirer, mais qui n'a point de règles qu'un maître puisse enseigner à ses élèves. Je fais cette déclaration, afin qu'on ne se méprenne point sur l'intention qui m'a dicté les développements que j'ai promis plus haut (859) relativement à la correspondance des harmonies de couleur avec le sujet où elles sont employées, développements dans lesquels je vais entrer.

865. Si pour faire valoir deux couleurs l'une par l'autre, l'harmonie de contraste est la plus favorable (845), d'un autre côté, lorsqu'il s'agit de tirer le plus grand parti possible d'un ensemble de nombreuses couleurs brillantes dans un ouvrage quelconque, un

tableau par exemple, cette diversité présente pour l'harmonie de l'ensemble des difficultés que ne présenteraient pas un nombre moindre de couleurs, et surtout des couleurs peu brillantes (859). D'après cela, il est évident que si l'on compare ensemble deux tableaux d'un bel effet pour les juger sous le rapport de la couleur, toutes choses égales d'ailleurs, celui des deux qui présentera le plus d'harmonie de contraste de couleur aura le plus de mérite sous le rapport de la difficulté vaincue dans l'emploi des couleurs; mais il ne faudra pas en conclure que le peintre, auteur du second tableau, n'est pas coloriste, puisque l'art du coloris se compose de divers éléments et que le talent d'opposer les couleurs franches les unes aux autres n'est qu'un de ces éléments.

866. Maintenant considérons les rapports qui existent entre les sujets de la peinture et les harmonies qu'ils comportent : nous savons que plus les tableaux parlent aux yeux par des contrastes nombreux, plus l'attention du spectateur éprouve de difficultés à se fixer, surtout si les couleurs sont franches, variées et habilement réparties sur la toile : une conséquence de cet état de choses est donc que, ces couleurs étant beaucoup plus vives que celles des carnations, le peintre qui voudra que sa pensée se retrouve dans l'expression de ses figures, et qui, mettant cette partie de l'art au-dessus des autres, est convaincu d'ailleurs que la plupart des yeux qui ignorent l'art de voir, se laissant entraîner à ce qu'ils aperçoivent d'abord, sont incapables de revenir de cette impression pour en recevoir une autre; le peintre, dis-je, qui, connaissant toutes ces choses, a la conscience de sa force, sera sobre des harmonies de contraste et prodigue des harmonies d'analogue. Mais il ne tirera parti de ces harmonies, surtout s'il a fait choix d'une scène occupant un vaste espace rempli de figures

humaines, comme la présente le *Jugement dernier* de Michel-Ange, qu'autant qu'il évitera la confusion au moyen d'un dessin correct, d'une distribution des figures par groupes répartis sur la toile avec assez d'habileté, pour qu'ils la couvrent à peu près également sans présenter cependant une froide symétrie; il faudra que l'œil du spectateur embrasse tous ces groupes aisément, en saisisse les positions respectives; enfin il faudra qu'en pénétrant dans un d'eux, il trouve une diversité qui l'engage à étendre cet examen aux autres groupes.

867. Le peintre qui manquera l'effet des physionomies en recourant aux harmonies d'analogue n'aura pas le même avantage, pour fixer l'attention du public, que le peintre qui aura employé les harmonies de contraste.

868. Les harmonies de contraste de couleur conviennent surtout aux scènes éclairées par une lumière vive, représentant des jeux, des fêtes, des cérémonies, qui peuvent être graves sans être lugubres; elles conviennent encore à de grands sujets où se trouvent des groupes divers d'hommes animés de sentiments différents.

869. En définitive, dans tout ce que j'ai dit au sujet des applications immédiates de la loi du contraste à la peinture, j'ai donné des préceptes propres à éclairer l'artiste aussi bien que le critique, puisqu'on ne peut s'en écarter sans être évidemment infidèle à l'imitation du modèle. J'ai exposé de nombreuses considérations, afin qu'en démêlant nettement par l'analyse les éléments de l'art qui concourent avec ceux dont j'ai donné les règles, on ne m'attribuât point des idées que je n'ai pas, et qu'on vît au contraire clairement que jamais je n'ai méconnu les qualités qui ne s'enseignent pas et qui font le grand

artiste. C'est conformément à cet esprit que j'ai parlé des harmonies des couleurs; en les distinguant en harmonies d'analogue et en harmonies de contraste, j'ai été conséquent à l'observation qu'on ne peut méconnaître relativement au plaisir que nous cause la vue de couleurs diverses convenablement assorties. En indiquant les sujets dans lesquels les harmonies d'un genre m'ont paru devoir dominer sur les autres, j'ai parlé d'une manière générale, mais non absolue; j'ai fait remarquer que si le peintre, dans l'intention de s'élever au plus haut degré de l'art, veut fixer les regards par l'expression de ses figures plutôt que par la couleur, et si, en conséquence, il fait prédominer des harmonies d'analogue sur les autres, il arrivera que, s'il n'atteint pas son but, il aura un désavantage marqué par rapport au cas où il aurait employé des couleurs vives et contrastées, l'expression de ses figures restant la même. D'un autre côté, j'ai fait remarquer que le peintre qui traitera un sujet auquel les harmonies de contraste conviennent se placera dans une position désavantageuse, toutes choses égales d'ailleurs, s'il a recours aux harmonies d'analogue. Une conséquence de cette manière de voir est que le critique ne doit jamais comparer sous le rapport du coloris deux grandes compositions, sans tenir compte de la différence qui peut exister dans la convenance de chaque sujet avec telle harmonie plutôt qu'avec telle autre.

ARTICLE 2.
PEINTURE D'APRÈS LE SYSTÈME DES TEINTES PLATES.

870. Appliquer la peinture à teintes plates au tableau d'histoire, au portrait, au paysage, en un mot à l'imitation d'un objet quelconque dont on veut reproduire une image fidèle, serait remonter à l'enfance de l'art; mais l'abandonner pour pratiquer exclusivement le système de peinture où toutes les modifications de la lumière sont

reproduites d'après les règles du clair-obscur serait une faute, ainsi qu'on peut le démontrer par des raisons incontestables.

Deux faits sur lesquels repose la peinture à teintes plates, aussi bien que la peinture d'après le clair-obscur, sont les suivants :

1° La vue des couleurs est un spectacle agréable;

2° La vue d'un dessin reproduisant une forme élégante l'est pareillement, surtout quand un souvenir que nous aimons s'y rattache.

871. Voyons maintenant les avantages spéciaux du premier système de peinture :

1° Une même partie, étant de couleur unie et circonscrite par un trait plus ou moins sensible, est extrêmement facile à distinguer des parties qui lui sont contiguës; elle l'est même beaucoup plus à distance égale que si la couleur de cette partie était dégradée;

2° Plus simple que la peinture au clair-obscur, la peinture à teintes plates est d'une exécution plus facile et plus économique; par conséquent, dans sa spécialité, elle est susceptible, à prix égal, d'être mieux exécutée que ne le serait le même objet peint au clair-obscur.

872. De là je conclus :

1° Que dans tous les cas où une peinture doit être placée à une distance telle du spectateur, que les détails du clair-obscur ne seraient pas visibles, il faut recourir aux teintes plates, sans négliger pourtant l'emploi de quelques grands clairs et de quelques grandes ombres propres à donner du relief, si on le juge convenable.

2° Que dans tous les cas où la peinture est accessoire à la décoration d'un objet, les teintes plates sont préférables au clair-obscur, par la raison que l'usage de l'objet empêche presque toujours que la peinture qui le décore soit, dans toutes les circonstances de son usage, susceptible de s'offrir nettement à la vue.

Ainsi la peinture à teintes plates est préférable à l'autre :

(A) Pour orner des boîtes, des tables, des paravents, qui, à cause des positions variées que l'usage leur donne, peuvent ne laisser voir qu'une partie des peintures qui les décorent, ou, si les peintures sont entièrement visibles, comme celles d'un paravent, elles se présenteront, relativement à la lumière du jour, d'une manière toute différente les unes des autres, à cause de la position diverse des feuilles de l'objet peint.

(B) Pour décorer des surfaces courbes, comme celles des vases dont les surfaces ne sont pas planes. Rien, suivant moi, ne justifie les dépenses qu'exige une peinture au clair-obscur sur une surface dont la courbure contrarie nécessairement les effets de la peinture.

3° Que les qualités propres à la peinture à teintes plates sont :

(A) La pureté des contours.

(B) La régularité et l'élégance des formes.

(C) La beauté des couleurs et la convenance de leur assortiment.

Toutes les fois que la convenance le permet, les couleurs les plus vives, les plus contrastées, peuvent être avantageusement employées.

(D) La simplicité de l'ensemble, qui en rend facile la vue distincte.

§ 2. DES ARTS QUI PARLENT AUX YEUX EN EMPLOYANT DES MATIÈRES COLORÉES D'UNE ÉTENDUE SENSIBLE, CONSIDÉRÉS RELATIVEMENT À L'ÉTAT PHYSIQUE DE CES MATIÈRES ET À LA SPÉCIALITÉ DE L'ART QUI EN FAIT USAGE.

873. J'ai fait remarquer que si l'on observait des peintures avec des instruments d'optique d'un pouvoir suffisamment amplifiant, on

verrait que la matière colorée, loin d'y être continue dans toutes ses parties, est en particules séparées les unes des autres; que conséquemment, si à l'œil nu nous n'apercevons pas les intervalles qui les séparent, c'est que ces intervalles sont trop petits. Cette remarque doit être rappelée, parce qu'elle est la base de la première distinction que nous devons établir dans ce paragraphe. En effet, les fils colorés, éléments des tapisseries et des tapis, les prismes rigides colorés, éléments des mosaïques, qui sont visibles à l'œil nu et qui diffèrent en cela des matières colorées employées par le peintre, peuvent être amenés cependant à un tel état de division, et tellement rapprochés et entremêlés, qu'à une distance où nous en verrons l'ensemble, ils présenteront une surface colorée, continue dans toutes ses parties, comme le serait une surface peinte; dès lors on conçoit la possibilité de faire avec des gammes de ces éléments suffisamment rapprochées et suffisamment dégradées des ouvrages qui correspondront à ceux de la peinture au clair-obscur, et à plus forte raison sera-t-il facile d'en faire qui correspondront à ceux de la peinture à teintes plates. Cela posé, tirons de l'état physique des matériaux colorés et de l'objet que se proposent essentiellement les arts qui les emploient respectivement, des conséquences propres à servir de base aux jugements que nous porterons sur les qualités que doivent avoir les produits de ces arts, et examinons successivement ceux qui correspondent aux peintures au clair-obscur et ceux qui correspondent aux peintures à teintes plates.

ARTICLE PREMIER.

TAPISSERIES, TAPIS, MOSAÏQUES ET VITRAUX CORRESPONDANTS AUX PEINTURES AU CLAIR-OBSCUR.

A. TAPISSERIES À FIGURES HUMAINES.

874. Les tapisseries à figures humaines tirent leur origine du goût de l'homme pour la peinture. Elles ont orné les églises, les palais, les châteaux, avant d'orner la maison des simples particuliers.

L'état filamenteux des éléments qui les constituent, leur grosseur, la disposition que le tapissier leur donne en enroulant la trame sur chaque fil de la chaîne, a pour résultat une image colorée présentant deux systèmes de lignes qui se coupent à angle droit. De cette structure résulte cette conséquence, qu'une tapisserie ne produira pas l'effet d'un tableau dont la surface est tout à fait unie, si le spectateur ne la regarde pas d'un point assez éloigné pour que, ces lignes cessant d'être visibles, la délinéation qui sépare chaque partie du dessin des parties contiguës lui apparaisse comme les délinéations de la peinture, autant toutefois que le permettent les dentelures des contours qui sont obliques à la chaîne.

875. De cette double nécessité que les sillons et les dentelures des contours obliques à la chaîne disparaissent à la vue pour que la tapisserie produise l'effet d'une peinture au clair-obscur, il résulte que *les objets qu'elle représentera devront être grands, de couleurs variées formant des harmonies de contraste plutôt que des harmonies d'analogue.* Telles sont les bases premières sur lesquelles le jugement du critique devra porter dans l'examen des questions concernant l'art de la tapisserie, soit qu'il s'agisse de modèles au choix desquels le tapissier est

étranger, soit qu'il s'agisse de l'exécution de la reproduction de ces modèles qui regarde exclusivement le tapissier.

876. Tout modèle qui ne remplit pas les conditions précitées est mauvais, et comme il est assez difficile de rencontrer parmi les tableaux qui n'ont pas été peints dans l'intention d'être reproduits en tapisserie, la convenance d'un trait pur avec des harmonies de couleurs suffisamment multipliées et suffisamment contrastées, il s'ensuit que ce qu'il faudrait pour l'avantage de l'art serait l'exécution de tableaux destinés exclusivement à servir de modèles, lesquels seraient peints largement, de manière à se rapprocher de la peinture à teintes plates.

877. Le tapissier n'ayant pas, du moins aujourd'hui, des modèles peints dans le système dont nous parlons, et par des artistes qui, pénétrés de la spécialité de l'art de la tapisserie, auraient exécuté une peinture susceptible d'être copiée aussi fidèlement qu'il est possible de le faire avec des fils colorés, le tapissier, dis-je, est obligé presque toujours, lors même que le modèle est aussi convenablement choisi que possible, d'en faire, non pas seulement, comme on le dit, une *traduction,* mais encore, suivant moi, une *traduction libre et non fidèle;* et c'est là même ce qui, à mon sens, distingue le tapissier *artiste* du tapissier *ouvrier.* En effet, ce n'est point parce qu'un tapissier saura mêler les couleurs du peintre sur la palette et les appliquer même avec talent sur la toile, d'après les règles du clair-obscur, qu'il atteindra à la perfection de son art; ce sera en faisant, au contraire, la tapisserie autrement qu'on ne peint un tableau d'après ce système; et il y a plus : c'est qu'une imitation servile de ce genre ne donnerait qu'un mauvais produit; loin donc de lutter avec la peinture, le tapis-

sier doit au contraire apprendre les circonstances où il succomberait dans la lutte, afin de tourner les difficultés avec les moyens dont il dispose, et c'est alors surtout qu'il doit s'écarter du modèle.

B. TAPISSERIES POUR MEUBLES.

878. La considération précédente, relative à la grandeur des objets que la tapisserie à figures doit reproduire, n'est point applicable à la tapisserie pour meubles, puisque nous avons fait remarquer que les fils de la chaîne produisent des lignes qui, loin d'être désagréables, sont souvent reproduites par le fabricant de papier peint.

879. La destination de ces étoffes pour sièges, rideaux, écrans, paravents, etc., ne doit jamais faire perdre de vue au peintre chargé de composer des dessins coloriés propres à servir de modèle à ce genre d'ouvrages, que les tapisseries pourront se trouver dans un lieu obscur, n'être vues qu'imparfaitement et souvent incomplètement; qu'en conséquence il conviendra de choisir des formes simples, élégantes et des harmonies de couleur propres aux objets destinés à concourir avec ces tapisseries à la décoration d'un appartement. Ces modèles, plus encore que ceux qui sont destinés aux tapisseries à figures humaines, devront se rapprocher de la peinture à teintes plates.

880. Le tapissier pour meubles devra être pénétré des mêmes idées, exécuter rapidement le modèle et bien, sans chercher à rivaliser avec la peinture au clair-obscur, d'après les considérations précédentes; et dans beaucoup de cas il devra s'éloigner du modèle plutôt que de l'imiter servilement. Parmi les faits que je pourrais citer à l'appui de cette opinion, je choisirai le suivant : il s'agissait d'un rideau fond rose, représentant au milieu un gros bouquet de fleurs

de couleurs diverses, lequel était comme encadré dans une guirlande de roses blanches. L'artiste qui avait peint le modèle avait eu la pensée de faire exécuter cette guirlande en fil d'argent; mais, ce métal ayant l'inconvénient de noircir par les émanations sulfureuses, on lui préféra des soies blanches et d'un gris imitant les tons que présente un objet d'argent en relief. Un essai avertit qu'on ne pouvait y parvenir en employant ce moyen, par la raison que le contraste du fond faisait paraître toutes les demi-teintes d'un gris vert, et que celles-ci à leur tour faisaient paraître les clairs d'un rosé roux par suite du contraste de leur couleur verdâtre. Ce fut alors que, cet inconvénient m'ayant été signalé, je priai M. Deyrolle de reproduire le modèle en ne faisant usage que de trois tons clairs de la gamme rose sur soie et de fil de lin blanc. Je pensais, par ce moyen, que la complémentaire du fond, neutralisant le rose, produirait une demi-teinte grisâtre très propre à faire ressortir le blanc; le résultat fut tel que je l'avais prévu. Une seconde copie, faite avec un mélange de tons clairs de la gamme rose pure et de tons clairs de la gamme rose légèrement rabattue, donna une image moins blanche, moins *argent* que la précédente, ou, en d'autres termes, présentant un peu de verdâtre quand on la regardait comparativement avec la première, et paraissant plus harmonieuse; elle rappelait l'effet qu'on aurait obtenu avec une rose en dentelle ou en tulle qui aurait laissé apercevoir un peu du fond. Cet exemple prouve comment on peut imiter un modèle et indique le moyen d'exécuter des dessins blancs sur des fonds quelconques; en effet, règle générale, c'est avec les tons clairs du fond et du blanc brillant qu'il est possible d'y parvenir.

C. TAPIS DE LA SAVONNERIE.

881.. Les tapis sont plus grands que les tapisseries pour meubles;

d'un autre côté, leur destination étant d'être foulés par les pieds et de recevoir des meubles dans quelque partie, ils sont dans une condition moins favorable à la vue distincte que les tapisseries : c'est donc une raison pour choisir des modèles dont le dessin et la couleur se prêtent aux circonstances nécessitées par l'usage, et pour qu'un tapis produise le meilleur effet possible, il doit être en harmonie avec ce qui l'entoure.

D. mosaïques.

882. Les mosaïques pouvant être fabriquées avec des prismes extrêmement petits, et d'un autre côté avec des matériaux susceptibles de recevoir le poli, on peut à la rigueur copier des sujets très petits et conséquemment approcher de plus près de la peinture au clair-obscur qu'en employant des fils. Mais pour arriver à ce résultat sans être infidèle à la spécialité de l'art, il faut que les matériaux soient suffisamment solides et joints assez intimement les uns aux autres pour résister à des agents qui détruiraient la peinture; car, si ce but n'était pas atteint, on ne voit pas à quoi servirait de copier un tableau en mosaïque. Ainsi donc, pour justifier la confection de tels ouvrages, il faut être sûr qu'ils résisteront, dans des endroits où on veut les mettre, à des agents qui détruiraient les ouvrages du peintre.

E. vitraux colorés.

883. Un ouvrage exécuté en petits prismes de verres colorés transparents, à l'instar de la peinture au clair-obscur, serait une véritable mosaïque transparente. Je ne sache pas qu'on en ait jamais exécuté de semblable.

884. Tous les vitraux colorés dont j'ai parlé comme ornements des églises gothiques se composent exclusivement de petites pièces

IMPRIMERIE NATIONALE.

de verre de couleur uniforme, rapprochées par des bandes de plomb ou de fer; ou à la fois de ces petites pièces de verre, et de verres sur lesquels on a appliqué au pinceau des matières qui ont été ensuite vitrifiées; il ne peut être question que de ces derniers dans cet article.

885. Eh bien, on peut se proposer deux objets différents dans la confection de ces vitraux : ou les pièces peintes sont tout à fait secondaires dans l'ouvrage, c'est-à-dire que, n'y occupant qu'une étendue beaucoup moindre que les autres, on ne tient pas à la perfection de la peinture; c'est le cas de la plupart des vitraux des grandes églises gothiques. Ou bien ces pièces sont les parties principales; alors, prédominant sur les autres, on attache une grande importance au dessin et à la dégradation des teintes. Tels sont plusieurs vitraux qui ont été exécutés dans la manufacture nationale de Sèvres. Tout en rendant justice au mérite incontestable de ces ouvrages, je n'en dirai rien de particulier, sinon que plus ils se rapprochent des vitraux précédents par l'effet de la variété, de la vivacité et de l'opposition des couleurs, plus ils s'approchent de l'objet qu'ils doivent remplir essentiellement; car je considère les vitraux colorés, non point comme des tableaux, mais comme des ouvrages beaucoup plus simples que je ne crois bien placés que dans de vastes églises.

ARTICLE 2.

TAPISSERIE, TAPIS, MOSAÏQUES ET VITRAUX CORRESPONDANTS
AUX PEINTURES À TEINTES PLATES.

A. TAPISSERIES À FIGURES HUMAINES.

886. Quoique j'aie conseillé pour les modèles de tapisserie exécutés d'après le système de la peinture au clair-obscur de se rappro-

cher de la peinture à teintes plates, je ne conseillerai pas de prendre des modèles absolus d'après ce dernier système.

B. TAPISSERIES POUR MEUBLES.

887. Il en est tout autrement des modèles de tapisseries pour meubles : je crois qu'on peut faire de très beaux ouvrages en copiant des modèles à teintes plates, et que dans la décoration des grands appartements on pourrait tirer un excellent parti de ce genre de tapisserie; je crois même qu'il serait plus propre à entrer dans un système général de décoration que le genre de tapisserie dont j'ai parlé dans l'article précédent; enfin il est plus favorable que ce dernier à l'éclat des couleurs.

C. TAPIS.

888. Les observations précédentes (887) sont tout à fait applicables à la confection des tapis.

D. MOSAÏQUES.

889. Les mosaïques se composant des matériaux colorés les plus rigides et les plus cohérents que les arts qui assemblent des matériaux colorés emploient, je crois que, quand il s'agira de juger ces sortes d'ouvrages, il faudra considérer la résistance des matériaux au frottement, à l'eau et aux agents atmosphériques comme des qualités essentielles : la couleur viendra ensuite.

E. VITRAUX COLORÉS.

890. D'après la manière de considérer les vitraux colorés sous le triple rapport de transmettre la lumière dans les grandes églises gothiques, de se lier à la décoration des objets consacrés au culte catholique, de transmettre une lumière colorée tout à fait conforme

au sentiment religieux, je ne prescris que des verres de couleur unie pour les fenêtres rosaces, et pour les fenêtres étroites terminées en courbe circulaire ou ogivale, je prescris le plus petit nombre possible de verres peints, les verres de couleurs unies devant prédominer sur les autres pour avoir les plus beaux effets possibles de couleur.

SECTION III.

DES PRINCIPES COMMUNS À DIFFÉRENTS ARTS QUI PARLENT AUX YEUX AVEC DES MATÉRIAUX DIFFÉRENTS, COLORÉS ET INCOLORES.

INTRODUCTION.

891. Ce livre se terminerait avec la section précédente, si je n'avais pas été vivement frappé par ma propre expérience de la généralité de certains principes relativement à des arts très distincts, lorsque j'arrangeais moi-même des objets différant soit par la couleur, la forme, la grandeur, soit à la fois par deux de ses propriétés, ou même par toutes les trois. C'est principalement en m'occupant de l'assortiment des formes végétales que j'appréciai plus que je ne l'avais fait auparavant les secours que l'architecte avait pu trouver pour les perfectionnements de son art dans la contemplation de ces formes et de leurs arrangements, et que de nombreuses occasions fortifièrent l'opinion où j'étais que dans un même instant nous ne pouvons être affectés par nos sens que d'un très petit nombre de choses, comme notre raison ne peut saisir à la fois qu'un très petit nombre de rapports dans les idées qui occupent notre pensée pendant un moment donné.

892. Il m'a semblé qu'il n'était point inutile de faire voir comment l'expérience conduit à l'observation de faits qui, généralisés, deviennent des principes propres à établir des rapports communs entre des compositions très diverses, et à servir de base à la critique qui en

fait un examen approfondi, autant pour les progrès de l'art que pour l'étude des facultés de l'homme, lorsqu'il reçoit quelque impression profonde du spectacle des œuvres de l'art et de la nature.

893. C'est de cette manière que j'ai été conduit à distinguer des principes exprimant ou des qualités intrinsèques des objets, ou des rapports des parties dont ces objets peuvent se composer, ou des rapports de subordination qu'ont entre eux plusieurs objets, et enfin des rapports que ces objets doivent avoir avec leur destination et celui qui les contemple; conformément à ces idées, j'ai établi les principes suivants :

1° Le principe *du volume;*
2° —   —   *de la forme;*
3° —   —   *de la stabilité;*
4° —   —   *de la couleur;*
5° —   —   *de la variété;*
6° —   —   *de la symétrie;*
7° —   —   *de la répétition;*
8° —   —   *de l'harmonie générale;*
9° —   —   *de la convenance de l'objet avec sa destination;*
10° —   —   *de la vue distincte.*

Par leur application rationnelle, on arrive à voir clairement la similitude des rapports qui existent dans des œuvres très diverses, et comment, lorsqu'il s'agit d'en juger une qui est complexe, on ne voit jamais au premier abord le produit d'un principe en particulier, mais bien le produit de plusieurs, et dès lors combien il importe pour l'examen de l'ensemble que chaque partie soit ramenée au principe qui la régit.

894. Mais, afin de donner à notre analyse la plus grande précision possible, en faisant voir d'une part comment nous en concevons l'extension, et d'une autre part les limites dans lesquelles nous la renfermons ici, nous disons que les beaux-arts, dont le langage s'adresse aux yeux, peuvent présenter un même objet au spectateur dans deux circonstances générales, celle où l'objet est en *repos,* celle où il est en *mouvement,* et nous ajoutons que dans chacune d'elles l'objet peut être isolé ou faire partie d'une association d'objets identiques, ou du moins plus ou moins semblables.

Citons des exemples :

895. 1ʳᵉ CIRCONSTANCE : EN REPOS.

1ᵉʳ EXEMPLE.

A. *Isolé.* Un arbre isolé peut être offert aux regards par le peintre, par le jardiniste.

B. *Partie d'une association.* Un arbre peut être offert aux regards par les mêmes artistes, non plus isolé, mais groupé avec d'autres arbres de son espèce, ou du même genre, ou de genres différents, mais qui ont quelques rapports avec lui, de forme, de grandeur ou de couleur.

2ᵉ EXEMPLE.

A. *Isolé.* Une figure humaine peut être représentée isolée par le peintre ou le statuaire : l'isolement peut être absolu, ou la figure peut, comme dans un tableau qui retrace un trait d'histoire, être associée à d'autres figures, ou bien encore elle peut faire partie d'un groupe sculpté.

B. *Partie d'une association.* Une figure humaine faisant partie d'une association n'a plus d'individualité, pour ainsi dire; elle n'a pas de nom, elle fait partie d'une agrégation d'individus semblables, mais qui ne sont pas identiques lorsque l'artiste a voulu éviter la monotonie.

Tels sont les soldats qui forment un peloton dans un tableau représentant une revue, une bataille; si l'identité n'est pas dans les figures, elle existe dans les uniformes.

Telles sont les statues qui décorent le portail d'une église gothique; ainsi que nous l'avons fait remarquer (431), elles doivent être jugées, non comme une statue grecque, mais comme un ensemble constituant un ornement architectonique.

Telles sont encore les figures humaines sculptées en bas-reliefs qui ne font pas tableau, mais qui décorent un monument comme ornement.

896. 2ᵉ CIRCONSTANCE : EN MOUVEMENT.

Un corps produit en nous des impressions bien différentes, suivant que nous le voyons en repos ou en mouvement. Il semble que la flèche qui fend l'air, l'oiseau qui vole, nous invitent au mouvement. Quelle différence n'y a-t-il pas entre la vue d'un lac tranquille et celle d'une rivière? Les particules d'eau qui incessamment se renouvellent dans un endroit où nous avons les yeux fixés produisent en nous une idée de succession que n'éveille pas la vue d'une eau tranquille.

Pour l'enfant, l'animal qui est en repos *dort;* et si, après l'avoir touché, il n'aperçoit en lui aucun signe de mouvement, il dit qu'il est *mort.*

Les évolutions militaires, les exercices du corps, la danse, en nous présentant la figure humaine en mouvement, la montrent dans une circonstance fort différente de celle où nous la voyons lorsqu'elle est

en repos. Eh bien, dans la circonstance où la figure humaine en mouvement nous est offerte en spectacle, nous avons à distinguer le cas
où elle est isolée et celui où elle est associée à d'autres figures de
son espèce.

A. *Isolée.*

Le chorégraphe nous présente un danseur, une danseuse isolés ou
groupés avec un ou deux autres, c'est-à-dire dans des circonstances
qui correspondent à la figure humaine, que le peintre et le statuaire
nous représentent absolument isolée, ou prenant part à une action
et faisant alors partie d'un groupe.

B. *Partie d'une association.*

Enfin nous voyons dans un ensemble de danseurs, dans les ma-
nœuvres de bataillon et les évolutions de ligne, des mouvements
coordonnés où les individus disparaissent pour ainsi dire pour se
montrer comme parties d'un ensemble.

897. Je suis entré dans ces détails afin de faire saisir la différence
extrême qu'il doit y avoir entre un objet, un individu que l'artiste
présente isolé ou faisant partie d'une agrégation d'objets, d'individus
qui sont plus ou moins analogues à cet objet, à cet individu.

Ainsi le jardiniste doit employer son art pour que toute plante
destinée à être vue à l'état d'isolement soit grande et belle, qu'elle
reçoive également la lumière sur toutes ses parties, tandis que l'individu de la même espèce qui fera partie d'une association composée
d'individus pareils ou congénères, ou même d'individus appartenant
à des genres différents, sera conduit par la taille de manière à se lier
à ce groupe. Il ne devra donc pas être jugé comme devant avoir le
même aspect que l'individu isolé.

Ainsi le peintre et le statuaire, faisant un portrait, une statue, grou-
pant des figures humaines, donneront une physionomie particulière
à chaque individu, de manière qu'on le nomme s'il a un nom, ou
qu'on sache, s'il fait partie d'un tableau, que telle passion l'excite,
que tel sentiment l'anime; tandis que dans des figures humaines
associées il n'y aura pas autant de différence entre les individus; s'il
y a plusieurs associations distinctes, c'est entre ces associations qu'ils
chercheront à établir des différences : dès lors le critique ne devra
point juger de la même manière l'individu isolé de l'individu associé
dans le sens que nous avons attribué à cette expression. Par conséquent, des figures humaines associées pour orner l'œuvre de l'architecte ne seront point jugées comme l'Apollon, le Laocoon, etc.

Ainsi le chorégraphe établira une distinction entre des danseurs
qui doivent fixer l'attention et ceux qui font partie d'une association;
parce que, dans le premier cas seulement, les regards doivent se
concentrer sur un ou quelques individus.

CHAPITRE PREMIER.

PRINCIPE DU VOLUME.

898. On l'a dit depuis longtemps, dans la nature rien n'est absolument petit, rien n'est absolument grand; mais toutes les fois que nous voyons un objet nouveau, nous sommes portés à le comparer à ce que nous lui connaissons d'analogue, et c'est alors que, si sa grandeur ou son volume dépasse notablement celui de l'objet auquel nous le comparons, le volume devient une propriété qui nous frappe d'autant plus que la différence est plus grande. De deux statues, de deux bustes représentant un même modèle, mais différant par la grandeur, le plus grand, à mérite égal, frappera plus que l'autre; mais nous ne devons pas omettre de faire remarquer que si nous sommes habitués pendant un certain temps à ne voir que des statues et des bustes dépassant également les proportions humaines, alors l'influence du volume perd de sa force; et il y a plus, c'est qu'il pourrait arriver qu'après avoir vu beaucoup de ces ouvrages, faits pour ainsi dire sur un même norme colossal, et qui seraient loin d'avoir le mérite d'un ouvrage qui nous avait frappés d'abord, nous aurions une disposition à rechercher des figures de grandeur humaine.

899. Mais si le volume d'un objet a une influence incontestable pour frapper vivement les spectateurs, il ne faut jamais oublier les inconvénients qu'il y a à l'exagérer dans un objet en particulier qui doit être associé avec d'autres; car, dans ce cas, l'exagération peut avoir le grave inconvénient d'amoindrir ces derniers et de rompre ainsi l'harmonie qu'ils pourraient avoir d'ailleurs.

CHAPITRE II.

PRINCIPE DE LA FORME.

900. La forme nous frappe dans les objets que nous regardons, en même temps que la grandeur, et tout le monde sait l'influence qu'elle exerce dans nos jugements. L'artiste doit donc toujours chercher à présenter un objet sous la forme la mieux appropriée à l'effet qu'il veut produire, et le critique doit tenir compte du cas où l'objet est isolé de celui où il est associé.

901. Certains objets d'art n'étant faits que pour parler aux yeux, la forme en est la qualité essentielle : tels sont les arcs de triomphe, les obélisques, les colonnes, les pyramides, érigés pour conserver des souvenirs ou pour orner une ville, une place publique, etc. D'autres objets, au contraire, ayant une destination spéciale, la forme qu'ils présentent est alors accessoire ou du moins n'est plus la seule partie essentielle : c'est sous ce point de vue qu'il faut envisager les édifices, tels que les palais, les églises, les musées, les salles de spectacle, etc., pour savoir si l'architecte qui les a élevés a atteint le but qu'il devait certainement se proposer.

902. Nous avons fait remarquer ailleurs (856) l'influence qu'une forme agréable peut avoir dans le jugement que nous portons sur des objets dont les couleurs ne se rapportent pas à une association propre à les embellir réciproquement.

CHAPITRE III.

PRINCIPE DE LA STABILITÉ.

903. Toutes les fois qu'un objet quelconque doit être offert aux regards à l'état d'immobilité ou de repos, nous aimons à le voir dans une position de parfaite stabilité; car nous sommes affectés d'un sentiment désagréable, pénible même, si nous jugeons qu'il suffit du moindre effort pour le renverser : de là se déduit la nécessité de soumettre au principe de l'équilibre la pose des figures d'un tableau, d'une statue et des monuments élevés par l'architecte. L'inclinaison de la tour de Pise (*il campanile torto*) et des deux tours de Bologne (*degli asinelli* et *de garisendi*) n'est point un effet de l'art, mais bien le résultat d'un affaissement du sol qui a été plus grand d'un côté que de l'autre. Les remarques que de la Condamine a consignées dans son *Voyage d'Italie* (page 13) relativement à la première de ces tours me semblent devoir porter la conviction dans tous les esprits.

904. Un cas qui m'a toujours paru très propre à démontrer l'inconvénient qu'il y a de ne pas observer le principe de la stabilité, est le mauvais effet d'une maison bâtie sur un plan peu étendu et incliné vers une vallée ou une plaine qu'il domine comme éminence; car il semble qu'une maison ainsi placée manque de stabilité et qu'elle doive céder au moindre effort qui la poussera du haut en bas du plan incliné. Il suffit presque toujours, pour remédier au mauvais effet dont je parle, d'élever le terrain de manière que l'édifice se présente sur un plan horizontal, qu'on prolongera le plus possible du côté de la vallée.

CHAPITRE IV.

PRINCIPE DE LA COULEUR.

905. La couleur s'aperçoit en même temps que la forme. Elle peut donner un aspect plus agréable à un corps uni, augmenter le relief, rendre les parties d'un ensemble plus distinctes qu'elles ne le seraient sans elle, et concourir efficacement à accroître les beaux effets de la symétrie, à resserrer les rapports des parties avec le tout ensemble, etc.

Le goût de la couleur a conduit à colorier les dessins, à composer des tableaux, à colorier des statues, des monuments, à teindre des étoffes, etc.

Entrer dans des détails serait tomber dans des redites, puisque tout ce qui précède a eu pour objet de traiter de l'influence de ce principe en général et en particulier, sous le point de vue abstrait et sous celui de l'application.

CHAPITRE V.

PRINCIPE DE LA VARIÉTÉ.

906. Toutes les fois que l'homme cherche hors de lui des distractions, soit qu'il ignore le bonheur de la méditation, soit que des pensées quelconques le fatiguent, du moins momentanément, il a besoin de voir des objets variés : dans le premier cas, il va au-devant des émotions, afin d'échapper à l'ennui; dans le second, il veut donner un autre cours à ses pensées, du moins pendant un certain temps. Dans les deux cas, l'homme fuit la monotonie : la variété des objets extérieurs est l'objet de ses désirs. Enfin l'artiste, l'amateur éclairé et les esprits les moins cultivés recherchent encore la variété dans les œuvres de l'art et de la nature.

907. C'est pour satisfaire à ce besoin que les couleurs variées, dans des objets quelconques, plaisent plus qu'une couleur unie, du moins quand ces objets ont une certaine étendue; que nos monuments ont beaucoup de parties accessoires qui ne sont que des ornements; qu'il entre une foule d'objets divers dans nos ameublements qui, sans utilité proprement dite, plaisent par une forme élégante, par les couleurs, le brillant, etc. C'est assurément, comme j'ai cherché à le démontrer, le principe de la variété qui distingue essentiellement le jardin-paysage du jardin français; car, ainsi que je l'ai dit (819), le promeneur qui parcourt le premier aperçoit des objets disposés de manière à exciter en lui, autant que possible, de nouvelles sensations, tandis que dans le jardin français il s'y trouve longtemps sous

la même impression; mais j'ajouterai que si ce jardin est dans de grandes et belles proportions, il fera naître l'idée du grand, peut-être du sublime même, plutôt que ne le fera le jardin-paysage, qui produit, en nous surtout, l'idée du beau. Effectivement, l'idée du grand, du sublime, déterminée par la vue, repose toujours sur une idée de grandeur noble, majestueuse, qui en engendre une suite d'autres, qui ne se lient au monde extérieur actuellement visible que par la première. Telles sont les idées d'*immensité*, d'*espaces sans bornes*, d'*infini*, qu'éveille en nous la vue d'un ciel semé d'étoiles brillantes pendant une nuit obscure; telles sont encore l'idée d'*étendue* suggérée par la vue de la mer; l'idée de la *force ou puissance* qui met ses eaux en mouvement; l'idée du *temps* ou de *succession* donnée par la vue des flots qui, chacun à son tour, viennent expirer sur la plage; les idées relatives à l'astronomie, à la navigation; enfin, tel est le rapport même de ces grandes idées avec la faiblesse de l'être qui pourtant les conçoit!... L'idée du beau, déterminée par la vue, résulte d'un certain ensemble d'idées variées et harmonieuses, ayant toujours une liaison plus ou moins immédiate avec les objets qui les ont occasionnées, de sorte que, cette idée reposant sur la contemplation d'un certain nombre de rapports que l'œil aperçoit dans un objet qui est parfaitement fini, l'esprit n'est plus sous l'impression d'une qualité unique, ou d'un spectacle qui, peu varié, par cela même qu'il est grand, suggère l'idée de l'*infini*. C'est assurément cette idée d'*infini*, naissant dans une solitude à la vue d'une ruine, qui fait que ce spectacle a plus d'attrait pour plusieurs esprits que la vue du plus beau monument contemporain; en effet, ce dernier spectacle ne transporte pas l'imagination, comme le premier, dans les temps reculés où cette solitude était couverte de monuments pour l'amener ensuite à concevoir qu'un jour peut-être les grands monuments de la patrie seront ruines!..... Je ne suis point étonné qu'un homme porté à la méditation et admirateur du siècle de Louis XIV (938) préfère les masses d'arbres de Versailles, si habilement distribuées, à une distance convenable du palais, au jardin-paysage le mieux dessiné d'ailleurs, qui ne présentera jamais cette imposante harmonie de la composition de Lenôtre. En effet, les jardins vus de la façade de l'ouest ont un grandiose résultant de ce que l'œil ne découvre que des dépendances d'une composition vaste et unique : l'espace peut bien paraître resserré à la droite et à la gauche du spectateur, mais il l'est par des masses végétales, et en avant il a toute la grandeur désirable, puisque la limite du sol touche à l'horizon. Si l'amateur de la variété peut reprocher la monotonie à cette vue et trouver quelque fondement au jugement du duc de Saint-Simon sur Versailles, malgré la passion bien évidente du spirituel auteur qui le porte, l'amateur du grand aura toujours un sentiment d'admiration pour le spectacle d'une puissante unité qui s'accorde d'ailleurs si bien avec tout ce que nous savons de la cour et de la personne de Louis XIV. En faisant cette large part au jardin français, j'avouerai lui préférer le jardin-paysage dans tous ou presque tous les cas où un particulier veut dessiner un terrain. C'est encore d'après cette manière de voir que l'intérieur d'une église gothique à vitraux colorés, comportant moins d'ornements variés que l'intérieur des églises à verres incolores (573), me paraît plus favorable que le second à la force et à l'unité de la pensée religieuse.

908. Si le principe de la variété se recommande parce qu'il est contraire à la monotonie, il ne doit point être outré dans les applications qu'on en fait; parce que, lors même qu'on ne tomberait pas dans la confusion, on produirait des effets qui pourraient être

63

beaucoup moins agréables que ne l'auraient été des effets plus simples. Une chose qui m'a vivement frappé et que j'ai eu bien souvent l'occasion de remarquer dans les associations de couleurs que j'ai faites, c'est que, quoique je me servisse de cercles colorés égaux et placés en série rectiligne à la même distance l'un de l'autre, c'est-à-dire dans les conditions les plus favorables à la vue distincte (933 et suiv.), j'ai observé qu'en employant plus de trois couleurs différentes, sans comprendre le blanc, le noir et le gris, l'effet de la série était moins satisfaisant que lorsqu'il n'y avait que deux couleurs convenablement assorties avec le blanc ou le noir; tel est le motif qui m'a fait préférer deux couleurs à trois dans les habits d'uniforme (p. 334). C'est pour cette raison encore que les formes végétales qui composent une même ligne ne doivent point être très variées, et que tout ce qui tend à grouper des objets divers de manière à les rendre plus faciles à saisir exerce une heureuse influence sur les effets optiques.

CHAPITRE VI.

PRINCIPE DE LA SYMÉTRIE.

909. Il est bien probable que notre organisation, qui réunit deux parties paires aussi identiques que cela est possible dans un être organisé, entre pour beaucoup dans le plaisir que nous procure la vue des choses symétriques.

910. Il y a des objets qu'il faut présenter aux yeux parfaitement symétriques, ou parce qu'ils le sont essentiellement, comme un animal vertébré (mammifère, oiseau, reptile, poisson), un animal rayonné (étoile de mer, oursin), ou bien parce que la symétrie nous plaît dans la forme d'un objet de l'art que nous voyons isolé, comme une colonne, une pyramide, un arc de triomphe, un temple, etc., et je ferai remarquer ici que les *églises gothiques* sont pour la plupart construites d'après un plan symétrique[1]. La symétrie plaît encore dans une bordure de fleurs circulaire ou elliptique dont nous saisissons l'ensemble d'un coup d'œil (755 [*A*, *b*], p. 375).

Enfin la disposition symétrique doit être observée dans l'arrangement de plusieurs objets que l'on veut grouper autour ou devant un *objet principal,* ainsi que l'exige l'ordonnance d'un jardin qui, comme celui des Tuileries, a une largeur égale à la façade du palais, ou l'ordonnance d'un jardin beaucoup plus vaste qui est coordonné à un grand palais, tel que celui de Versailles.

[1] Voir l'ouvrage publié à Munich en 1825, sous ce titre : *Les cathédrales de Reims, de York, les plans exacts de quarante autres églises remarquables,* etc., par le chevalier de Wiebeking.

63.

911. Lorsqu'un tout se subdivise en parties symétriques d'une certaine étendue, on peut, dans beaucoup de cas, sans nuire à l'ensemble, varier chaque partie sans dépasser le point où il y aurait désaccord entre elles. C'est ainsi que, dans le parc de Versailles, on a fait d'une portion de la pièce appelée le *miroir* un jardin charmant, lorsqu'il est paré de fleurs convenablement assorties.

912. Le principe de la symétrie me paraît précieux pour faire saisir l'ensemble de plusieurs objets analogues, mais qui peuvent différer entre eux à la manière des variétés d'une même espèce, à la manière d'espèces congénères, ou même d'espèces de genres voisins appartenant à une même famille.

913. S'il y a des objets auxquels la forme symétrique convient à l'exclusion de toute autre, s'il y a des terrains qu'il faut dessiner symétriquement pour lier la nature végétale à une grande composition architectonique, il y a des objets auxquels la forme symétrique n'est point assez essentielle pour qu'on ne puisse y déroger, et il existe des terrains qu'il est plus convenable de dessiner d'après le système du jardin-paysage que conformément au principe de la symétrie, lors même qu'on n'y serait pas porté par le goût de la variété.

Par exemple, toutes les fois qu'un ensemble d'objets ne peut être embrassé d'un coup d'œil, parce qu'il occupe trop d'étendue, lorsqu'il s'agit d'un terrain qui se compose de plans placés diversement les uns à l'égard des autres, ou bien encore lorsque ce terrain étant plan, il est très irrégulier, et que des édifices n'y sont pas à la place qu'ils devraient occuper dans une composition symétrique, il convient de s'écarter du principe, non pour faire par *système* de l'irrégulier, mais pour arriver à une distribution d'objets qui plaise, et même pour avoir des parties qui, considérées chacune en particulier, paraîtront moins irrégulières que n'aurait paru l'ensemble, si on eût voulu l'assujettir à un seul plan.

914. C'est conformément à ces idées que nous avons subordonné la plantation des massifs du jardin-paysage à des principes qui sont bien éloignés des idées absolues d'irrégularité que soutiennent quelques personnes.

CHAPITRE VII.

PRINCIPE DE LA RÉPÉTITION.

915. La répétition d'un objet ou d'une série d'objets produit un plus grand plaisir que la vue d'un seul objet ou d'une seule série; mais il est bien entendu qu'il ne s'agit ici que d'un objet qui parle aux yeux par sa forme, sa couleur, et qui n'est pas destiné, comme un chef-d'œuvre de la statuaire, à être vu à l'état d'isolement (895-896); il s'agit donc d'ornements, ou bien encore de plantes, de figures humaines qui doivent faire partie d'une association (895-896), et non être présentées isolément au spectateur.

916. La répétition d'une série de cercles colorés bien assortis est plus agréable que si l'on ne voyait qu'une série : c'est une expérience facile à constater.

La répétition d'un même ornement dans une bordure, dans une corniche de plafond, est plus agréable que la vue d'un ornement non répété.

La répétition de la figure humaine qui sert à décorer les portails des églises gothiques (431) est d'un bel effet.

917. La répétition de la figure humaine dans un peloton, dans des bataillons qui font des évolutions de ligne, est un spectacle agréable à tous les yeux.

Enfin je citerai, pour dernier exemple, les mêmes mouvements exécutés par un ensemble de danseurs, parce qu'il est surtout propre à faire comprendre la différence extrême qu'il y a entre la vue d'une seule danseuse exécutant *un pas*, et la vue de danseuses exécutant les mêmes mouvements.

918. Je ne doute point que dans le plaisir que nous procure la vue d'objets répétés, l'étendue rendue plus sensible par des objets placés l'un à la suite de l'autre et qui reviennent périodiquement n'exerce quelque influence; c'est surtout sous ce rapport que je considère l'effet produit sur le bord d'une longue allée, par la répétition d'un arrangement de cinq touffes de même taille ou à peu près, mais différant de couleur, placées entre deux tiges (801, 2ᵉ exemple).

919. On évite l'inconvénient de la monotonie, lorsqu'il s'agit, dans une ligne étendue, de répéter un même arrangement, en faisant entrer dans cet arrangement plus d'objets variés qu'il n'en faudrait si la ligne était moins longue.

CHAPITRE VIII.

PRINCIPE DE L'HARMONIE GÉNÉRALE.

920. Il ne suffit pas de réunir des objets agréables pour composer un ensemble qui plaise; il faut nécessairement établir entre eux des rapports qui les lient, et c'est la convenance de ces rapports plus ou moins facile à reconnaître qui fera que l'on aura plus ou moins bien observé le principe de l'harmonie générale.

921. L'harmonie s'observe dans un seul objet, comme dans des objets associés, toutes les fois que le premier présente des parties distinctes. Telle est l'harmonie des proportions dans les membres d'un animal.

922. L'harmonie s'établit entre les diverses parties d'un même objet au moyen de la proportion des parties, volume ou superficie, de la forme, de la couleur. La symétrie est bien une condition d'harmonie, mais si des parties symétriques manquent de proportion dans un objet, cet objet manquera d'harmonie générale dans l'ensemble de ses parties : la symétrie n'est donc pas toujours de l'harmonie générale.

923. L'harmonie s'établit entre des objets différents au moyen d'une analogie de grandeur, de forme, de couleur; au moyen de la position symétrique; enfin au moyen de la répétition de la même forme, de la même couleur ou d'un même objet, ou encore d'objets très analogues, s'ils ne sont pas identiques.

924. Rien ne rend plus sensible l'influence de la position et de la répétition à des intervalles égaux, dans l'harmonie générale de plusieurs objets très différents, que de faire des groupes homogènes voisins et réguliers même de ces objets, ou de les disposer sur une ligne à des intervalles égaux et en les alternant; enfin, si ces objets sont des végétaux, en les subordonnant à nos principes de plantations.

925. Conformément à ces idées, on conçoit comment l'harmonie s'établira entre des groupes formés chacun d'un même objet.

926. Le défaut d'harmonie générale qu'on remarque dans plusieurs sortes de compositions tient souvent à ce qu'on a voulu y faire entrer un trop grand nombre d'objets hétérogènes ou trop différents; c'est ce qu'on remarque dans la décoration de beaucoup d'édifices, surtout dans les intérieurs, où de l'accumulation d'objets plus ou moins élégants, plus ou moins précieux, sont résultés la confusion et un défaut d'harmonie de l'ensemble. Une autre cause de ce résultat est le concours de plusieurs artistes travaillant à une même œuvre indépendamment l'un de l'autre, et souvent avec des vues toutes différentes; il est évident que de cet état de choses il ne peut résulter que de l'incohérence dans l'effet final de l'œuvre.

Telle est la cause du défaut d'harmonie qu'on remarque dans des monuments où plusieurs architectes ont travaillé, soit successivement, soit en même temps; quelque étonnant que soit ce dernier cas, cependant on pourrait citer quelques exemples d'architectes qui, n'ayant aucune vue commune, ont été chargés simultanément d'exécuter diverses parties d'un plan général conçu par un autre, sans qu'on leur eût imposé l'obligation de subordonner ces parties au plan général.

CHAPITRE IX.

PRINCIPE DE LA CONVENANCE DE L'OBJET AVEC SA DESTINATION.

927. Ce principe me semble devoir se retrouver dans chaque art, car tout objet qui ressort d'un art quelconque a une destination; il faut donc, pour que l'artiste ait atteint le but, que l'objet convienne à sa destination. C'est d'après ce principe que j'ai envisagé les qualités des produits des deux systèmes de peinture, des tapisseries, des mosaïques, des vitraux colorés, et que dans toutes les questions élevées à ce sujet, j'ai distingué les qualités essentielles des qualités accessoires, et c'est sur l'appréciation des unes et des autres que j'ai fait reposer le jugement qu'on doit porter de la valeur réelle d'un ouvrage d'art; évidemment le but n'aura pas été atteint là où les qualités essentielles manqueront, ce qui n'est pas dire que l'ouvrage ne sera pas de nature à plaire à la vue.

928. C'est en envisageant les tableaux conformément à l'effet que produisent sur nous les harmonies des couleurs suivant qu'elles sont d'analogue ou de contraste, que nous avons considéré la gravité des difficultés vaincues par le peintre, et que nous avons recherché si dans une œuvre donnée les harmonies employées sont conséquentes à l'effet que l'artiste a voulu produire.

929. C'est conformément aux mêmes idées que nous avons envisagé la décoration des intérieurs d'églises, de palais, de maisons de particuliers; que nous avons indiqué les couleurs les plus propres à

la décoration des salles de spectacle, aux intérieurs des musées de tableaux, de statues et des produits de la nature; mais afin de juger ce que vaut une salle de spectacle sous le rapport du principe de la convenance, il faut savoir si tous les spectateurs seront convenablement placés pour voir la scène et entendre les paroles des acteurs; de même, pour juger un musée, il faut savoir comment se présenteront aux regards les objets qui y seront conservés, et c'est ici le cas de rappeler que la forme et la décoration sont des parties accessoires et non essentielles à cette classe d'édifices (901).

930. Je ne doute pas que les défauts qu'on peut relever dans des salles de spectacle et des édifices destinés à des musées ne tiennent à la circonstance que l'artiste n'a point été pénétré de la fin de son œuvre, qu'il n'a pas vu que les ornements devaient être des accessoires; ainsi le peintre qui a présidé à la décoration de l'intérieur d'une salle de spectacle paraît quelquefois avoir oublié que les couleurs ne seront pas vues à la lumière du jour, et que les places seront occupées par des spectateurs, parmi lesquels se trouveront des femmes parées d'or et de pierreries, qui doivent faire le plus bel ornement de la salle. Celui qui a élevé un musée paraît avoir oublié que tout l'édifice doit être subordonné aux objets qu'il est destiné à contenir, et que tout ce qui peut nuire à la vision distincte de ces objets et à l'effet qu'ils doivent produire est opposé au principe de la convenance de l'objet avec sa destination.

931. Si l'observation de ce principe paraît au premier abord ne tenir qu'au *simple bon sens,* en y réfléchissant, on sent que le génie doit sans cesse le méditer, parce que c'est en s'y conformant qu'un véritable artiste pourra, dans notre temps, imprimer le sceau de

l'invention à un édifice parfaitement convenable à sa destination et recommandable par l'élégance des parties qui seront assujetties à des rapports de coordination parfaitement définis.

932. Je ferai remarquer que dans l'enseignement de l'architecture on n'insiste pas assez généralement sur les parties qui se rattachent aux connaissances physico-chimiques et aux arts proprement dits; presque tous les développements dans lesquels on entre ne concernent que la forme, et les connaissances positives qu'on professe à ce sujet s'appliquent à des monuments d'une civilisation passée, érigés pour des usages qui ne sont plus les nôtres : dans l'étude de ces monuments, tout en développant aux élèves les rapports des parties avec l'ensemble, en leur faisant sentir que ce qui est beau se rattache à des règles invariablement liées à notre organisation, il faut insister sur ce que des formes architectoniques, quelque belles qu'elles soient, ne doivent pas être reproduites dans des édifices auxquels elles sont tout à fait étrangères; il faut insister sur la distinction des monuments qui ne doivent parler qu'aux yeux d'avec ceux qui ont encore une autre destination (901); il faut démontrer clairement aux élèves que ce ne sera qu'après avoir rempli toutes les conditions nécessaires pour satisfaire à la destination des édifices modernes qu'ils devront s'efforcer de donner à leurs œuvres une forme qui les recommandera à la critique à venir, comme la forme recommande aujourd'hui les monuments grecs à toute étude qui repose sur des règles positives. Si j'admets que lorsqu'il s'agira de monuments semblables à ceux des Grecs, tels qu'une colonne, un temple, il n'y a rien de mieux à faire que d'imiter ces derniers, on m'accordera, je pense, que lorsqu'il s'agira d'élever un édifice destiné à des usages modernes qui n'étaient pas ceux des Grecs, la première condition étant de satis-

faire à cette destination, il ne faudra chercher qu'en second lieu la forme la plus belle, la plus grandiose pour l'édifice projeté; et j'avoue qu'à moins de soutenir que les architectes grecs n'ont point profité des connaissances des autres peuples, qu'ils n'ont point fait d'essais avant d'arriver à élever les monuments que nous admirons, qu'ils n'ont point consulté les formes de la nature végétale, je ne vois pas pourquoi on ne prescrirait pas aux élèves, à ceux du moins que l'on croirait capables de grandes choses, d'étudier les monuments anciens et modernes, d'observer les formes des êtres organisés, particulièrement celles des végétaux, afin qu'ils puissent apprécier combien la nature est variée dans ses créations sans cesser d'être belle; enfin pourquoi on ne leur prescrirait pas que ce n'est qu'après s'être bien pénétrés de la destination d'un monument projeté, qu'ils pourront se livrer avec fruit à des essais propres à faire ressortir tous les effets qu'on doit obtenir, pour remplir toutes les conditions propres à satisfaire au principe de la convenance de l'objet avec sa destination.

CHAPITRE X.

PRINCIPE DE LA VUE DISTINCTE.

933. Il faut qu'un ouvrage quelconque d'art satisfasse au principe de la vue distincte, d'après lequel toutes les parties d'un tout qui sont destinées à s'offrir aux yeux doivent s'y présenter sans confusion et de la manière la plus facile. En effet, le spectateur désire toujours quelque chose aux ouvrages qui ne remplissent point cette condition. Je ne veux pas citer d'autre exemple que la vue de la façade du Palais des beaux-arts, vis-à-vis de laquelle se trouvent l'*arc de Gaillon* et une *colonne* qui, placée en avant de cet arc, le partage en deux de la manière la plus désagréable pour le spectateur qui regarde le palais [1].

934. J'ai toujours considéré le principe de la vue distincte comme essentiel à tous les arts qui parlent aux yeux; et il y a plus, c'est pour y obéir que l'on fait usage de la couleur, du relief, que l'on est forcé même de ne présenter qu'un petit nombre d'objets à la vue; que plus ils sont grands, moins ils doivent être tourmentés et plus leurs parties doivent paraître grandes. C'est encore conformément à ce principe que l'on a recours aux principes de la symétrie et de la répéti-

---

[1] La remarque que nous faisons n'est point une critique applicable à l'architecte du Palais des beaux-arts, parce que nous savons que c'est dans la crainte qu'on ne détériorât un des chefs-d'œuvre de la Renaissance, qu'il n'a pas voulu qu'on enlevât l'arc de Gaillon du lieu où il a été placé lors de la translation qu'on en a faite au musée des Petits-Augustins.

tion, et qu'enfin l'harmonie d'ensemble manque là où il y a confusion de parties.

935. Il existe les plus grands rapports entre la coordination des parties que l'artiste rend visibles et la coordination des idées sur quelque matière que ce soit dans une tête bien organisée.

SECTION IV.

DE LA DISPOSITION D'ESPRIT DU SPECTATEUR RELATIVEMENT AU JUGEMENT QU'IL PORTE SUR UN OBJET D'ART DESTINÉ À ÊTRE VU.

CHAPITRE UNIQUE.

936. Il ne suffit pas d'avoir indiqué des règles à suivre, des principes à observer, lorsqu'il s'agit de produire des effets et de les juger sous le rapport de l'art; il faut encore parler de la disposition où se trouve le spectateur pour recevoir l'impression de ces effets d'une manière plus ou moins intense; car, si l'on ne tenait pas compte de cette disposition, ce serait méconnaître la nature humaine et l'utilité de l'examen que l'impartialité doit faire du jugement même du critique qui peut exagérer le blâme aussi bien que la louange.

Sans examiner l'influence que les passions exercent dans les jugements portés sur des œuvres de l'art, je dirai quelques mots d'une prédisposition qu'on remarque dans une partie du public à certaines époques, et qui a sa source dans le goût de l'homme pour la variété. Enfin je mentionnerai la part exercée dans des jugements par l'association de certaines idées.

937. Lorsqu'une réunion de peintres, qu'on appelle une *école*, a produit des chefs-d'œuvre, il arrive souvent qu'un grand nombre d'ouvrages médiocres faits avec la prétention de les continuer, loin de leur être favorables, leur sont nuisibles auprès d'une partie du

public, à cause de la monotonie résultant d'une imitation plus ou moins servile de la forme, du coloris, des sujets même. Le public, qui se trouve dans cette disposition, est prêt à applaudir à toute innovation qui lui causera des émotions qu'il ne trouvait plus depuis longtemps dans la peinture contemporaine; et c'est alors que des voix sorties de ce public pourront s'élever contre des chefs-d'œuvre qui n'ont rien de commun avec les pâles imitations que la médiocrité en a faites. A la vérité, il arrive une époque où, l'innovation perdant le seul avantage qu'elle avait eu de présenter aux yeux des images différentes de celles qu'ils étaient habitués à voir depuis longtemps, le public revient vers les chefs-d'œuvre, en oubliant tous les ouvrages faibles composés à leur instar par de faibles élèves, et nous ajouterons que, s'il existait des ouvrages *soi-disant de la nouvelle école* qui fussent doués d'un mérite incontestable, ils prendraient les places qu'ils doivent occuper dans l'estime des connaisseurs, tandis que ceux qui n'avaient arrêté les regards que par l'innovation proprement dite disparaissent pour toujours.

938. Enfin je mentionnerai la part que peuvent avoir dans nos jugements certaines associations d'idées. Par exemple celui qui, arrivant à Versailles, plein d'admiration pour le siècle de Louis XIV, repeuple les jardins de tous les grands hommes qui les ont fréquentés; qui reporte sa pensée aux fêtes que donnait une cour galante et polie, l'admiration de l'Europe, jugera l'œuvre de Lenôtre plus favorablement que celui qui, sans être hostile pourtant à un grand siècle, ne verra qu'un jardin subordonné à un palais. Il n'est pas douteux encore que le chrétien qui associe dans son esprit la forme architectonique de l'église gothique, l'éclat de ses vitraux colorés, les cérémonies religieuses que, tout enfant, il y a vu célébrer, ne soit dans

une disposition d'esprit à préférer la cathédrale de Cologne à Saint-Pierre de Rome, ou, ce qui revient au même, ne soit plus disposé à admirer le premier de ces monuments que ne le sera un Romain qui aura dans son esprit les idées des cérémonies religieuses liées à l'idée de l'église de Saint-Pierre.

APERÇU HISTORIQUE DE MES RECHERCHES

ET

CONCLUSION FINALE DE L'OUVRAGE.

———

939. La première occasion que j'eus d'observer l'influence du contraste dans la juxtaposition des couleurs me fut offerte en 1825 par l'administration des Gobelins. Comme je l'ai dit ailleurs (page ix de l'avant-propos), elle me demandait pourquoi les noirs teints dans l'atelier des manufactures nationales étaient sans vigueur quand on les employait à faire des ombres dans des draperies bleues ou violettes : je trouvai la cause de cet effet dans le contraste ; car ayant comparé ensemble deux échantillons identiques de noir, dont l'un était placé sur un fond blanc et l'autre sur un fond bleu, j'observai que celui-ci perdait beaucoup de son intensité. Ce fut après cette expérience que je me rappelai avoir cru voir plusieurs fois des différences entre les deux moitiés d'un même écheveau, suivant que l'une était contiguë à une couleur différente de celle qui touchait à l'autre moitié. Ayant été, aussitôt que ce souvenir me revint à l'esprit, au magasin des laines teintes des Gobelins, je constatai le fait sur des écheveaux rouges, orangés, jaunes, verts, bleus, indigo et violets, et j'appréciai bientôt après l'influence du blanc et du noir sur les mêmes couleurs.

940. Les modifications que la juxtaposition faisait éprouver aux

65.

couleurs précédentes prises deux à deux, une fois définies, je cherchai l'explication du phénomène dans les livres de physique. Parmi les ouvrages récents publiés en France sur cette matière, le traité seul de Haüy parlait du contraste, sous le titre de *couleurs accidentelles*. Non seulement je lus l'article consacré à ce sujet, mais je remontai aux sources où il avait été puisé; je fis des extraits de ce que Buffon, le père Scherffer, Rumford, Prieur de la Côte-d'Or, etc., avaient écrit à ce sujet. Mais tant que je m'efforçai de lier ensemble les phénomènes que j'avais observés, de manière à les faire entrer dans une expression générale conforme aux écrits que j'avais consultés, je perdis mon temps; et cependant j'étais incessamment excité à atteindre ce but par mon ami, M. Ampère, qui, au courant de mes recherches, me répétait toutes les fois que je lui parlais du contraste : *tant que vos observations ne seront pas résumées en une loi, elles n'auront aucune valeur pour moi.*

D'un côté, la difficulté de trouver une loi qui régît des phénomènes auxquels je n'avais jamais pensé, et que probablement je n'aurais jamais étudiés sans la circonstance dont j'ai parlé plus haut; d'un autre côté, la préoccupation où j'étais du grand nombre de recherches chimiques qu'il fallait entreprendre pour donner des bases fixes à la teinture, me firent perdre de vue les phénomènes du contraste et oublier les détails que j'avais lus à leur sujet. C'est après avoir été plusieurs mois dans cette situation d'esprit qu'un jour, assistant à une séance littéraire, les phénomènes du contraste simultané des couleurs que j'avais observés me revinrent à la mémoire, pendant une lecture qui était loin d'exciter mon attention; je me les représentai si clairement que j'en aperçus la dépendance mutuelle, et qu'aussitôt j'en fis part à M. Ampère, à côté duquel je me trouvais, toutefois avec la réserve que je ne croirais absolument à la vérité de la conséquence à laquelle j'étais arrivé qu'après avoir acquis la certitude, par la lecture de mes observations écrites, que ma mémoire ne m'avait pas trompé sur l'exactitude des faits que je venais de coordonner; c'est précisément ce que je reconnus avec satisfaction en revoyant mes notes : tous les faits qu'elles me présentèrent étaient conformes à l'expression générale qui leur donnait cette coordination.

941. La conviction de l'exactitude de la loi de ces phénomènes une fois acquise, je relus ce qu'on avait écrit sur les *couleurs accidentelles;* j'aperçus clairement alors que l'obscurité de ce sujet tenait au grand nombre de faits qu'on avait confondus sous une dénomination générale, sans établir la distinction fondamentale des deux genres de contraste que j'ai faite sous les dénominations de *contraste simultané* et *de contraste successif des couleurs.* Effectivement, c'est faute d'avoir trouvé cette distinction dans les auteurs que, tant que j'eus sous les yeux ou présents à la mémoire leurs écrits sur les *couleurs accidentelles,* il me fut impossible d'apercevoir aucun lien commun entre les observations qu'ils renferment et les miennes, qu'à cette époque je regardais comme une simple extension des premières. Ce ne fut donc qu'après avoir perdu de vue ce qui avait été fait avant moi qu'il me fut possible de généraliser mes résultats, apprécier à la fois la fréquence des cas où ils se montrent et le caractère qui les distinguait des observations antérieures; enfin qu'il me fut possible de soumettre celles-ci à une coordination propre à me faire apprécier toute la valeur du travail du père Scherffer, concernant spécialement le contraste successif, une fois que je fus parvenu à le dégager de travaux entrepris postérieurement sur le contraste simultané, qu'on y avait associés comme se rapportant aux couleurs accidentelles. J'attribue à cette association la cause de l'obscurité de l'article du traité

de physique de Haüy sur ce sujet, et l'explication qu'on y lit d'un phénomène de contraste simultané si peu digne de la célébrité du nom sous lequel elle est donnée.

942. Si je suis entré dans les détails précédents, ce n'est pas par le motif qu'ils me touchent particulièrement, mais parce qu'ils offrent un exemple frappant, à celui qui consulte l'histoire des sciences d'observation avec l'intention de suivre la progression de l'esprit humain dans la recherche de la vérité, de l'inconvénient produit par l'accumulation de faits qui, incomplètement vus, quoique exacts au fond, manquent de coordination. Non seulement l'inconvénient que je veux signaler peut être un obstacle réel aux travaux à venir, mais il peut aller jusqu'à faire méconnaître, pendant un certain temps, la valeur d'un travail ancien auquel les contemporains n'avaient point accordé l'attention qu'il méritait dès son origine. La conclusion que je tire d'un tel fait est fort simple : le nombre des journaux qui rendent compte des matières scientifiques croissant avec le nombre des sociétés savantes et celui des travailleurs, d'un autre côté l'empressement à publier étant si grand, que l'on préfère donner à des recherches variées le temps qu'il faudrait consacrer à une seule recherche approfondie, il s'ensuit que pour peu que les premières conduisent à des résultats contestables, elles excitent des critiques qui, souvent aussi légères que les travaux qu'elles concernent, ne font qu'entretenir le doute dans des esprits capables d'apprécier l'insuffisance des unes et des autres. Enfin on est fondé à dire que souvent celui qui tire de quelques expériences une conclusion à laquelle il donne le nom de *loi*, se serait bien gardé d'établir une généralité, s'il eût fait une expérience de plus, convenablement instituée, pour contrôler cette conclusion.

943. Dès le commencement de mes recherches sur le contraste, j'acquis la conviction de l'exactitude de mes observations par le mode même d'expérimenter que je suivis, et qui, à ma connaissance, n'avait jamais été employé. Effectivement, en plaçant quatre échantillons, dont deux sont identiques, comme le représente la figure 1, on constate parfaitement le phénomène; et comme il est visible avec des feuilles de papier de 0^{m}30 de largeur et davantage, on voit qu'à partir de la ligne où les feuilles juxtaposées se touchent, il est beaucoup plus étendu, eu égard aux surfaces colorées, qu'on ne pouvait le croire d'après les expériences antérieures, où l'on ne mettait qu'un très petit morceau de papier ou d'étoffe sur un fond d'une autre couleur que la sienne et d'une étendue indéfinie.

944. On voit dans mon expérience :

Que l'effet est rayonnant à partir de la ligne de juxtaposition;

Qu'il est réciproque entre les deux surfaces égales juxtaposées;

Que l'effet du contraste a lieu encore lorsque ces deux surfaces sont à distance l'une de l'autre; seulement il est moins sensible que dans le cas de contiguïté;

Enfin que l'effet a lieu sans qu'on soit en droit de l'attribuer à une fatigue de l'œil.

945. Assurément, si le contraste simultané des couleurs eût été vu dans les circonstances où je l'ai observé, l'universalité du phénomène n'aurait pas été méconnue de ceux mêmes qui en ont parlé; dès lors on se serait abstenu d'employer le nom de *couleurs accidentelles* pour le désigner, ou, ce qui revient au même, si on l'eût employé, on eût fait remarquer que toute couleur vue simultanément avec une autre apparaît avec la modification d'une couleur accidentelle; et les

choses amenées à ce point, il serait devenu impossible de ne pas
réserver dans les traités de physique une place à l'exposition d'un phénomène aussi fréquent que celui dont nous parlons, lequel se résume
en une loi simple et facile à vérifier. D'un autre côté, si les phénomènes
du contraste simultané eussent été constatés comme ils le sont aujour-
d'hui, les physiciens qui ont attaché le plus d'importance à le connaître sous le rapport de l'application auraient été conduits à des
points de vue moins bornés que ceux auxquels ils se sont arrêtés, et
ils n'auraient pas prouvé par là que le phénomène n'avait jamais été
pour eux l'objet d'observations générales ni précises. En lisant, par
exemple, ce que le comte de Rumford a écrit sur l'harmonie des couleurs, on voit combien il est circonspect lorsqu'il s'agit d'étendre les
observations qu'il a faites au moyen de rayons colorés de la lumière
émanés directement du soleil, aux matières colorées éléments de la
peinture; combien il prend de précautions pour rendre sensibles les
phénomènes qu'il décrit; combien l'application de son idée d'harmonie à l'assortiment des couleurs est bornée, puisqu'elle ne consiste
que dans l'association complémentaire; enfin combien elle est vague,
quand il veut retrouver dans les ouvrages des grands maîtres des
couleurs nées de cette harmonie, qui n'ont pas d'existence réelle et
qu'on pourrait nommer, dit-il, la *magie de la peinture,* parce qu'on
les chercherait vainement sur la toile, et pourtant elles apparaissent,
suivant lui, dans des circonstances favorables de lumière et lorsqu'on
est placé à une distance convenable des tableaux.

Les nombreuses expériences rapportées dans la première partie
de cet ouvrage démontrent surabondamment que la *magie* dont parle
le comte de Rumford se retrouve dans les teintes plates du peintre
en bâtiment à un degré plus marqué en général que dans les tableaux
des plus grands coloristes, parce que ceux-ci, dans beaucoup de cas,

adoucissent la séparation de deux couleurs en les fondant l'une dans l'autre. Je me suis étendu sur ce sujet dans l'intention de faire sentir l'extrême différence qu'il y a entre la manière dont le comte de Rumford a envisagé l'harmonie des couleurs et le point de vue où je me suis placé pour appliquer des connaissances positives, déduites de faits constatés, définis et généralisés, indépendamment de toute hypothèse, à la peinture et aux arts qui font des assortiments de couleurs.

946. Ce n'est qu'après avoir donné la loi du *contraste simultané* des couleurs, avoir démontré combien ce phénomène diffère du *contraste successif*, et enfin après avoir défini ce que j'entends par l'expression de *contraste mixte*, que j'ai exposé les nombreuses applications qui se déduisent de la loi du contraste simultané.

947. J'ai commencé l'étude de ces applications par définir des expressions qui ne m'auraient pas permis de donner de la précision à l'énoncé de ma pensée, si elles avaient conservé le sens vague qu'elles ont dans le langage vulgaire.

948. Je me suis efforcé de présenter les résultats d'un grand nombre d'expériences et d'observations sous la forme de *règles*, propres à servir de guide à ceux qui, après avoir répété mes expériences principales, se seront assurés de l'exactitude avec laquelle j'ai résumé les généralités auxquelles elles conduisent.

949. Toutes les observations qui ne m'ont pas paru avoir un caractère de précision incontestable ont été présentées avec la réserve convenable, comme l'expression particulière de ma manière de voir.

950. Je crois que les règles que j'ai données sur l'*art de voir* le

IMPRIMERIE NATIONALE.

modèle que la peinture doit reproduire, détruiront cette opinion de beaucoup de personnes, qu'il y a une *grande différence* dans la manière dont les mêmes couleurs sont vues par des yeux d'une organisation moyenne; qu'en conséquence on n'alléguera plus en preuve de cette opinion la diversité qu'on remarque dans la couleur de copies faites par des élèves auxquels on n'a donné aucune notion précise sur la manière de composer des couleurs mixtes avec les matières qu'ils emploient sous le nom de *bleu de Prusse, outremer, cendre bleue, chromate de plomb,* ni sur les modifications des couleurs locales de leur modèle dans les diverses circonstances où ils doivent les reproduire sur la toile; enfin à des élèves que l'on n'a point soumis à des épreuves analogues à celles que je fais subir aux teinturiers que j'examine pour savoir s'ils ont l'œil bien conformé; épreuves fort simples, puisqu'elles consistent à leur présenter des objets colorés juxtaposés, comme le représente la figure 1, et de s'assurer s'ils aperçoivent les modifications données par la loi du contraste simultané.

Enfin on n'alléguera plus, en faveur de l'opinion que je combats, que la couleur dominante des tableaux d'un tel peintre étant le violet, tandis que celle des tableaux de tel autre est le bleu, il faut nécessairement que le premier voie violet et le second bleu. Certes, ce n'est pas la possibilité du fait que je conteste, c'est la conséquence *générale* qu'on tire d'un fait particulier; en effet, si la différence entre la manière dont divers individus voient une même couleur était aussi grande et aussi générale qu'on le prétend, on ne s'entendrait plus sur les couleurs, et s'il y avait un public qui verrait un tableau trop violet ou trop bleu, en le comparant au modèle, il y aurait un autre public certainement qui le verrait comme on prétend que le peintre a dû voir son modèle; dès lors, pour ce public, on ne serait pas fondé à dire que le tableau est trop violet ou trop bleu. En résumé, comme il n'en est point ainsi, je conclus que le raisonnement précédent n'est pas fondé, et que le jugement général du public, en signalant très bien dans une peinture une couleur dominante qui n'est pas dans le modèle, prouve que les individus qui composent ce public voient, sinon d'une manière identique, du moins d'une manière analogue.

951. C'est en prenant pour guide la méthode expérimentale qu'après avoir déterminé par l'observation les modifications que la lumière éprouve de la part des corps colorés, j'ai été conduit à conclure que dans un objet monochrome ou dans une partie monochrome d'un objet polychrome, *toutes les modifications, excepté celles qui peuvent résulter de rayons colorés reflétés sur cet objet ou sur cette partie monochrome, sont susceptibles d'être imitées fidèlement avec la matière colorée correspondante à la couleur du modèle, les gammes voisines de cette couleur, le gris normal et le blanc.* Cette conclusion simplifie extrêmement l'art de peindre, et donne en même temps une base solide au critique qui veut juger de la vérité du coloris d'une peinture quelconque.

952. A ma conviction que les règles données dans cet ouvrage épargneront beaucoup de temps aux jeunes peintres qui les observeront, se joint l'espérance qu'ils n'en profiteront pas pour multiplier leurs tableaux, mais bien les études préalables que toute exécution définitive exige toujours. Je me suis suffisamment expliqué pour qu'on ne m'attribue pas la pensée de réduire la peinture uniquement à la reproduction fidèle de l'image de chaque objet en particulier qui entre dans un tableau; non seulement j'ai insisté sur l'arrangement, la coordination des objets principaux, la subordination de ceux qui ne sont que secondaires, et sur les harmonies de couleur nécessaires

à les lier de manière à n'en composer qu'un seul tout; mais en parlant de l'expression des figures, j'ai exposé nettement mon opinion sur les qualités que l'on apprend du maître et sur celles qu'on ne trouve qu'en soi, et qui, perfectionnées par l'étude, sont les seules qui marquent une œuvre au coin du génie.

953. J'ai appliqué la *conclusion* à laquelle j'ai été conduit pour la reproduction du modèle en peinture, aux imitations de modèles peints que l'on fait en tapisseries et en tapis. J'ai démontré que la représentation exacte des modifications de couleur de ces modèles exige plus impérieusement encore la connaissance du contraste que ne l'exige la peinture proprement dite.

L'expérience m'a conduit à établir des règles fort simples, propres à faire obtenir les plus beaux verts, les plus beaux orangés, les plus beaux violets, par le mélange de fils bleus, jaunes et rouges, et à démontrer que le tapissier produit du noir ou du gris, lorsqu'il mélange en certaines proportions ces trois couleurs ensemble ou deux couleurs mutuellement complémentaires.

J'ai fait voir conséquemment à ces règles combien on peut se tromper, si, dans l'intention d'harmoniser deux couleurs appartenant à des parties différentes d'un même objet, on ne distingue pas le cas où ces couleurs sont complémentaires de celui où elles ne le sont pas. Qu'il s'agisse, par exemple, d'une rose entourée de ses feuilles et d'une tige de pervenche garnie de fleurs bleues et de feuilles : eh bien, si pour harmoniser les couleurs locales on les mêle dans certaines parties de la fleur et des feuilles, on obtient du gris par le mélange du rouge avec le vert, tandis que pour la pervenche, en mêlant les couleurs locales de la fleur et de ses feuilles, on fait du bleu verdâtre et du vert bleuâtre; c'est donc dans ce cas et non dans le premier que les couleurs des deux parties se rapprochent l'une de l'autre.

L'expérience m'a encore conduit à trouver le moyen de faire en tapisserie sur des fonds de couleur, des dessins blancs ombrés qui ne paraissent pas de la couleur complémentaire de ces fonds.

954. En établissant la grande différence qui existe entre les ouvrages de la peinture et ceux que l'on exécute avec des matériaux d'une étendue sensible, en insistant sur la nécessité de recourir pour ceux-ci à des couleurs plus franches et moins fondues que celles de la peinture, en insistant sur la nécessité de faire prédominer les harmonies de contraste sur les harmonies d'analogue, je crois avoir parlé dans l'intérêt du peintre chargé d'exécuter les modèles, et dans l'intérêt de l'artiste appelé à les copier; en indiquant les qualités que doivent avoir ces modèles, en signalant les écueils naissant d'une prétention à vouloir faire de la peinture avec des matériaux d'une grosseur sensible, j'ai indiqué les moyens de rendre l'emploi de ces matériaux moins servile et de donner conséquemment plus d'originalité aux ouvrages du tapissier.

955. J'ai subordonné à l'observation et à l'expérience, et non à aucune vue hypothétique, tout ce qui concerne la décoration des intérieurs des édifices; j'ai insisté d'une manière particulière sur la nécessité de subordonner toute chose à sa destination.

956. Enfin, en appliquant la méthode expérimentale à l'arrangement des fleurs dans les jardins, conformément à la loi du contraste simultané des couleurs, j'ai eu tant d'occasions de remarquer combien, dans ces arrangements, il y avait d'analogie entre les couleurs et les formes, relativement aux effets spéciaux que l'on obtient des

unes et des autres sous le point de vue de la diversité, de la symétrie, de l'harmonie générale, etc., que j'ai été conduit à une généralisation que je n'avais point en vue en commençant mon travail; mais toutes les généralités auxquelles je suis arrivé sont bien la conséquence de l'observation immédiate, comme le prescrit la méthode expérimentale, et ce n'est que longtemps après avoir vu beaucoup de produits des arts qui font usage de matières colorées, que j'ai acquis la conviction que cette méthode, à laquelle les sciences physiques et naturelles doivent leurs progrès, pourrait s'appliquer dans beaucoup de cas à la pratique aussi bien qu'à la théorie des beaux-arts, et que cette extension devait nécessairement donner des connaissances précises sur les facultés qui mettent l'homme en rapport avec les œuvres de la nature et les œuvres de l'art.

957. En définitive, j'ai cherché, autant que possible, les règles dans la nature des choses qu'elles concernent; mais en les prescrivant, loin d'être exclusif, j'ai évité au contraire de présenter un seul type du beau : c'est dans cet esprit que j'ai parlé des effets généraux des harmonies d'analogue et des harmonies de contraste, laissant à celui qui les emploie, soit en peinture, soit pour l'assortiment d'objets colorés quelconques, toute la latitude que ces règles comportent sans nuire à la beauté des objets assortis; c'est dans le même esprit que j'ai parlé des ouvrages de l'architecture grecque et de ceux de l'architecture gothique, du jardin français et du jardin-paysage; et au lieu de faire dépendre ces ouvrages de principes opposés ou de considérer les uns comme dérivant de principes, tandis que les autres sont le produit du caprice de l'artiste, j'ai cherché leurs rapports communs, et les principes auxquels se rattachent réellement les différences qui les distinguent.

La critique faite sous ce point de vue d'un ouvrage qui, quoique très incorrect, a cependant captivé l'attention d'une réunion d'hommes quelconques, me paraît utile, sinon à l'auteur, du moins à la théorie de l'art et à la connaissance de notre propre nature, parce que, sous ce double rapport, il est toujours intéressant de remonter à la cause qui attire l'attention des hommes, de ceux même qui sont les moins éclairés ou qui manquent de la première éducation.

Enfin, c'est encore conformément à cette manière de voir qu'il me semble que lorsqu'un peuple a laissé trace de lui dans l'histoire par des annales, des ouvrages littéraires, des monuments, loin qu'on doive dédaigner les produits de son génie littéraire et ceux de ses arts, il faut au contraire rechercher soigneusement ce qui avait pu porter ce peuple à adopter la forme qu'il a donnée à ses ouvrages, et voir s'il est possible de remonter à la source de l'admiration qu'il avait pour eux.

DERNIÈRES CONSIDÉRATIONS
SUR LE CONTRASTE.

---

958. Je ne puis me résoudre à terminer l'aperçu historique des recherches qui composent cet ouvrage, sans ajouter quelques considérations relatives à l'extension dont elles me paraissent susceptibles. Ces considérations portent sur quatre points différents :

Le premier concerne l'observation de plusieurs phénomènes de la nature;

Le second se rapporte au contraste que présentent deux objets rapprochés, différant beaucoup de grandeur;

Le troisième est relatif à la question de savoir si les autres sens que la vue sont soumis à la loi des contrastes;

Enfin, le quatrième a trait au jour que, suivant moi, l'étude des contrastes est susceptible de répandre sur plusieurs phénomènes de l'entendement.

§ 1. DU CONTRASTE CONSIDÉRÉ SOUS LE RAPPORT DE L'OBSERVATION DE PLUSIEURS PHÉNOMÈNES DE LA NATURE.

959. On rencontre dans la contemplation des objets naturels beaucoup d'occasions d'appliquer la loi du contraste simultané à certains phénomènes qu'ils présentent.

960. Ainsi, partout où une surface réfléchit uniformément une vive lumière sur un fond obscur, les bords de la première paraissent

plus brillants que le centre, comme les parties du fond contiguës à ces bords paraissent plus obscures que le reste du fond; dès lors le contraste tend à donner du relief à des surfaces unies.

961. Lorsque le soleil est à l'horizon et qu'il frappe des corps opaques de sa lumière orangée, les ombres que ces corps projettent, éclairées par la lumière qui vient des parties supérieures de l'atmosphère paraissent bleues. Cette coloration n'est point due à la couleur du ciel, comme tant de personnes l'ont cru; car si les corps, au lieu d'être frappés par la lumière orangée du soleil à l'horizon, l'étaient par de la lumière rouge, jaune, verte, violette, les ombres paraîtraient vertes, violettes, rouges, jaunes. L'explication de ces phénomènes rentre dans celle que j'ai donnée des couleurs qui apparaissent sur des figures blanches de plâtre, éclairées simultanément par des rayons colorés et par la lumière du jour (697 et suiv.).

962. Le sentier grisâtre qui coupe un gazon, une pelouse, paraît rougeâtre à cause de la juxtaposition de la couleur verte de l'herbe.

963. Toutes les fois qu'on observe deux corps colorés simultanément pour en apprécier les couleurs respectives, il est nécessaire, surtout si ces couleurs sont mutuellement complémentaires et que l'une soit plus faible que l'autre, de les voir séparément; autrement il pourrait arriver que la couleur la plus faible n'apparût que par la juxtaposition de la couleur la plus forte. Ainsi l'on ne peut affirmer que deux corps voisins qui paraissent, l'un vert, et l'autre rouge, le soient réellement, qu'après avoir constaté qu'ils paraissent l'un et l'autre de ces couleurs lorsqu'on les voit séparément.

964. Il n'est pas douteux que les couleurs de l'arc-en-ciel ne soient modifiées par leur juxtaposition, de sorte qu'isolées elles apparaîtraient autrement nuancées que nous ne les voyons.

§ 2. DU CONTRASTE CONSIDÉRÉ SOUS LE RAPPORT DE LA GRANDEUR
DE DEUX OBJETS CONTIGUS DE GRANDEUR INÉGALE.

965. On ne peut se refuser d'admettre qu'il existe un contraste pour la grandeur, comme il en existe un pour deux couleurs d'une même gamme prise à des tons différents. Je ne me fonde pas seulement sur des observations que l'on peut faire journellement relativement à la diminution de grandeur qu'éprouve en apparence un objet que l'on a vu d'abord isolément et qu'on voit ensuite à côté d'un très grand, mais encore sur une expérience positive analogue à celle qui rend si claire la démonstration des contrastes de ton et de couleur. Que l'on dispose sur un fond noir indéfini deux lanières de papier blanc de $0^m 160$ de longueur et $0^m 005$ de largeur, et deux lanières de ce même papier de $0^m 075$ de longueur et de $0^m 005$ de largeur, comme le représente la figure ci-dessous :

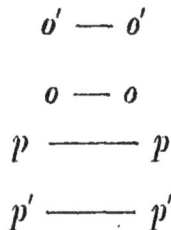

$$o' - o'$$

$$o - o$$

$$p \text{———} p$$

$$p' \text{———} p'$$

et $o\,o$ paraîtra plus petit que $o'o'$, tandis que pp paraîtra plus grand que $p'p'$. Du moins c'est ce que j'ai observé, ainsi que plusieurs personnes, parmi lesquelles se trouvaient deux constructeurs de machines de précision qui n'étaient pas prévenus de l'épreuve à laquelle je les soumettais.

966. Si du contraste de grandeur on déduit, d'après la loi de continuité, qu'un objet qui serait visible isolément pourrait cesser de l'être s'il était placé à côté d'un objet plus grand, et si l'on explique de cette manière comment il arrive que des corps vus distinctement et sans peine au microscope deviennent *extrêmement difficiles à apercevoir* dès qu'ils se trouvent placés près de corps plus grands, fait que M. Donné m'a dit avoir souvent observé, cependant je ferai remarquer qu'il y a entre ce phénomène et celui du contraste simultané tel que je l'ai déjà décrit cette différence, que dans celui-ci deux objets sont vus à la fois très distinctement, ce qui n'a pas lieu dans le premier, où un seul objet est visible. En effet, sans recourir au contraste, et conformément à ce que j'ai dit plus haut (748), que l'œil ne voit, durant un même temps, qu'un nombre très limité de rapports dans les objets qui le frappent, on pourrait admettre qu'il arrive que, si un objet placé près d'un autre se présente bien plus favorablement à la vision distincte que le second, l'organe se fixera involontairement sur le premier, et le second ne sera pas vu; ou, s'il devient perceptible, ce ne sera que lorsque, à force d'attention, pour ainsi dire, on sera parvenu à recevoir cette impression en faisant abstraction de l'image du premier.

§ 3. LES SENS DE L'OUÏE, DU GOÛT ET DE L'ODORAT SONT-ILS SOUMIS AU CONTRASTE?

DISTINCTION DU CONTRASTE D'ANTAGONISME ET DU CONTRASTE DE SIMPLE DIFFÉRENCE.

967. S'il est philosophique de rechercher ce que les organes des sens ont de commun dans leur structure et leurs fonctions, il ne l'est pas moins de constater les différences spéciales qui les distinguent.

C'est sous ce double rapport que je vais examiner, relativement au sens de la vue, les sens de l'ouïe, du goût et de l'odorat dans quelques-uns de leurs actes, après avoir distingué le plus clairement possible *la différence qui naît de l'antagonisme de deux choses, de la différence qui naît entre deux choses du plus ou du moins de grandeur ou d'intensité dans une de leurs propriétés.*

968. Nous disons qu'il y a antagonisme entre deux propriétés ou entre deux choses qui possèdent chacune une de ces propriétés, lorsqu'en vertu d'une action mutuelle ces propriétés viennent à disparaître. Exemples :

1er Deux disques de verre frottés l'un contre l'autre, puis séparés, manifestent les propriétés électriques; mais l'un a l'électricité positive et l'autre l'électricité négative. Ces propriétés disparaissant dès qu'on réunit les disques, on dit qu'elles se neutralisent mutuellement et qu'elles sont par conséquent *antagonistes.*

2e Même résultat pour deux aiguilles plates de même force magnétique; en les appliquant l'une contre l'autre de manière que les pôles différents se touchent, il y a neutralisation des propriétés magnétiques. D'après cela, on dit qu'il y a deux *magnétismes antagonistes.*

3e L'acide sulfurique rougit la teinture de violette; la potasse la verdit. Voilà deux actions différentes par le résultat. Eh bien, en mêlant l'acide sulfurique à la potasse en proportion convenable, on obtient un composé qui ne change pas la couleur des violettes. D'après cela, on dit que l'acidité de l'acide sulfurique et l'alcalinité de la potasse sont deux forces ou propriétés *antagonistes* dont l'une ne peut dominer qu'aux dépens de l'autre.

4e Conformément à cette manière d'envisager l'acidité et l'alcalinité dans l'exemple précédent, je considère deux lumières colorées qui produisent de la lumière incolore ou blanche par leur mélange mutuel comme étant antagonistes; ainsi par exemple :

Isolez les rayons rouges d'un rayon de lumière blanche, les rayons restants nous affecteront de la couleur verte légèrement bleuâtre; réunissez les rayons rouges et les rayons verts tirant au bleuâtre, vous reformerez de la lumière blanche.

Eh bien, je dis que dans ce cas il y a antagonisme, parce que deux choses qui nous affectent différemment comme *couleur*, les rayons rouges et les rayons d'un vert bleuâtre, ne nous affectent plus comme telle, mais comme *blancheur*, lorsqu'ils sont réunis.

Les matières colorées en vert et en rouge, en jaune et en violet, en bleu et en orangé, etc., qui, par leur mélange, donnent du noir ou du gris, présentent encore un exemple d'antagonisme, parce qu'il y a disparition de couleur.

969. En définitive, je dis qu'il y a *antagonisme toutes les fois que deux activités, ou, en d'autres termes, deux causes d'effets différents étant opposées l'une à l'autre se font mutuellement équilibre, de manière que les effets qu'elles produisaient à l'état isolé ne se manifestent plus après leur réunion.*

C'est en cela que deux choses antagonistes diffèrent de deux choses que l'on compare sous le rapport de la grandeur ou de l'intensité d'une propriété, comparaison qui donne pour résultat, quand il n'y a pas égalité, une différence dans la grandeur ou l'intensité de cette propriété.

970. D'après la distinction que nous venons de faire, le contraste de couleur, considéré sous le point de vue le plus général,

c'est-à-dire comme présentant *le contraste de ton et le contraste de couleur proprement dit* (8), se compose de deux contrastes :

1° *D'un contraste de simple différence;* c'est celui du ton. En effet, l'objet le plus clair augmente de clarté, comme le plus foncé perd de la sienne.

2° *D'un contraste d'antagonisme.* En effet, la modification de deux couleurs juxtaposées, provenant de l'addition de la complémentaire de l'une à la couleur de l'autre, est bien ce qui peut rendre les deux couleurs les plus différentes, puisque cette addition revient, suivant l'observation que nous en avons faite, à retrancher de l'une ce qu'elle peut contenir de l'autre (8).

971. Enfin, dans le contraste successif il peut y avoir contraste de simple différence et contraste d'antagonisme, comme dans le contraste simultané, parce que :

1° L'œil qui a vu dans un premier temps une partie claire *o* à côté d'une partie obscure *o'* voit dans un second temps, lorsqu'il a cessé de regarder l'ensemble des deux parties *o* et *o'*, l'image de *o* plus foncée que l'image de *o'*;

2° L'œil qui a vu dans un premier temps un corps d'une certaine couleur voit dans un second temps, après avoir cessé de le regarder, une image qui est de la couleur complémentaire ou antagoniste de celle qui est propre à ce corps.

972. Les choses amenées à ce point, il est évident que, pour traiter la question à laquelle ce paragraphe est consacré avec toute la clarté que nous pouvons y mettre, il faut rechercher si l'ouïe, le goût et l'odorat sont soumis à un contraste d'antagonisme ou à un contraste de différence; enfin si les contrastes qui peuvent les affecter

sont simultanés et successifs. En négligeant de subordonner le sujet à ces distinctions, je m'exposerais certainement auprès de mes lecteurs à un reproche d'obscurité qui aurait sa cause dans la confusion que j'ai signalée en traçant le résumé critique de l'histoire des travaux sur les *couleurs* dites *accidentelles* (80 et 941).

DE L'OUÏE.

973. L'ouïe est le sens qui passe pour avoir le plus de rapport avec la vue; car tout le monde sait le rapprochement que l'on a fait entre les sons et les couleurs, non seulement quand on les a considérés comme sensations, mais encore lorsqu'on a cherché à expliquer leur propagation par la théorie des ondes.

COMPARAISON DES SONS ET DES COULEURS.

974. Quoique je ne méconnaisse pas les rapports des couleurs avec les sons, lorsqu'il s'agit et de leur propagation jusqu'à nos organes, et des sensations infinies résultant de leur mélange ou de leur coexistence; quoique je sente vivement le plaisir de la vue de belles couleurs, lors même qu'elles ne rappellent par leur délimitation aucun objet déterminé et qu'elles ne nous affectent que par la beauté de leur éclat; quoique je les aie groupées en différentes harmonies, et que j'aie indiqué le moyen d'analyser par une sorte de lecture celles qui composent un tableau, cependant j'avoue que je n'aperçois point ces rapports intimes que plusieurs auteurs, particulièrement le père Castel, ont dit avoir aperçus entre les sons et les couleurs. J'ignore ce que l'avenir apprendra relativement à l'analogie que les sens qu'ils affectent respectivement pourront présenter sous le point de vue des différentes espèces de contrastes qui ont lieu dans la vision; mais

aujourd'hui la différence spéciale des sons et des couleurs me frappe plus que leur ressemblance générique.

975. La première différence que je remarque entre les sensations de l'ouïe et celles de la vue est l'existence des sons comme chose spéciale, qu'il s'agisse du langage ou qu'il s'agisse de la musique. Ce n'est pas seulement dans le langage parlé et dans la musique exécutée par la voix ou par des instruments que cette existence apparaît, mais c'est encore dans la parole écrite et dans la notation de la musique; en effet, les sons exprimant les mots du discours et les sons marqués par les signes de la musique se gravent dans la mémoire; le langage, le chant et les instruments les reproduisent, sinon toujours absolument identiques, du moins de manière à conserver leurs principaux rapports. Enfin, qu'est-ce qui donne à ces sons une signification, une valeur réelle? Dans le langage, c'est la succession des mots qui composent la phrase; dans la musique, la mélodie n'est pas autre chose qu'une succession de sons variés; et l'harmonie présentant la coexistence de plusieurs sons d'accord ne signifie réellement quelque chose comme musique que par les sons qui l'ont précédée ou par ceux qui la suivent; en un mot, je trouve le caractère essentiel des sons *significatifs* dans leur succession et dans la faculté que nous avons à nous les rappeler et à les reproduire suivant cet ordre de succession, soit qu'ils concernent le langage, soit qu'ils concernent la musique.

976. Les couleurs ont-elles une existence spéciale comparable à celle que nous venons de signaler dans les sons? Je ne le crois pas, du moins pour la presque universalité des hommes; car s'il est vrai qu'on peut voir des couleurs sans forme matérielle, pour ainsi dire,

par exemple celles d'un rayon de lumière solaire dispersé par le prisme et réfléchi par une surface blanche, cependant presque tous les hommes confondent les couleurs avec les objets qui les leur offrent; et il est exact de dire qu'elles n'existent pour eux que dépendantes d'une forme matérielle, puisque, loin de les voir à l'exclusion de ces objets, ils les y fixent, au contraire, comme une de leurs qualités essentielles, de sorte que si leur mémoire conserve le souvenir des couleurs, celles-ci sont toujours attachées à la forme de quelque objet matériel.

977. Si nous examinons maintenant les sensations de couleurs sous les rapports de succession et de simultanéité, rapports qui correspondent le premier à la mélodie et le second à l'harmonie des sons, il sera évident que nous ne verrons point dans le spectacle d'une succession de couleurs assorties même convenablement d'après la loi des contrastes simultané, successif ou mixte, quelque chose de vraiment comparable au plaisir que nous éprouvons d'une suite mélodieuse de sons; enfin nous n'avons point en nous la même facilité pour retenir une succession de couleurs que pour retenir une succession de sons. Si nous considérons la vue simultanée des couleurs, associées conformément aux règles du contraste, il est évident, d'après tout ce qui précède, que ce sera le cas de la plus grande analogie entre les couleurs et les sons, parce qu'en effet, dans le plaisir que nous causent des couleurs heureusement associées, il y a quelque chose de comparable à celui que nous cause un accord de sons harmonieux; avec cette différence, cependant, que le premier plaisir est de nature à être prolongé plus que ne peut l'être le second; car personne n'ignore que l'œil contemple les couleurs variées d'un tableau, sans éprouver un sentiment de monotonie, pendant un temps bien plus long que

l'ouïe ne peut soutenir le plaisir d'un accord harmonieux des mêmes sons prolongés sans aucune variation. Enfin rappelons que dans tous les cas où la plupart des hommes sont affectés agréablement de la vue de couleurs associées, ces couleurs leur parlent par la forme qu'elles ont revêtue.

978. En définitive, les sons ont une existence spéciale que les couleurs n'ont pas, du moins pour la grande généralité des hommes.

La succession est particulièrement essentielle au plaisir des sons musicaux et à la signification des sons du langage, comme la simultanéité dans des couleurs associées, qui exige quelque temps pour être sentie, est essentielle au plaisir que nous recevons par l'intermédiaire de la vue.

Y A-T-IL UN CONTRASTE DE DIFFÉRENCE POUR LES SONS?

979. Y a-t-il des contrastes de différence pour les sons? et s'il y en a, sont-ils simultanés? sont-ils successifs? J'élève ces questions moins pour les résoudre, que dans l'intention d'indiquer les caractères de ces contrastes et les éléments des connaissances qu'il faudrait avoir pour en démontrer l'existence.

980. S'il est certain qu'un son très fort nous empêche d'entendre un son faible que nous percevrions dans le cas où il viendrait seul à l'ouïe, si cet effet correspond exactement à celui que produit une vive lumière lorsqu'elle nous empêche d'en apercevoir une plus faible, que nous verrions cependant très bien si elle était isolée de l'autre, enfin si ces deux effets peuvent s'observer sans que le son fort, sans que la lumière vive blessent l'organe qu'ils affectent respectivement, cependant le premier fait ne démontre pas nécessairement entre

deux sons l'existence d'un contraste simultané de différence qui serait analogue au contraste simultané de ton de deux couleurs. Ce n'est que par la loi de continuité qu'on peut effectivement l'en déduire, en admettant que le phénomène est un des cas extrêmes [1] d'un contraste de différence entre deux effets dont le moindre disparaît devant le grand, ainsi que cela a lieu lorsqu'un petit objet placé près d'un plus grand cesse d'être perceptible par le fait même de ce voisinage (966).

981. Mais pour démontrer l'existence d'un contraste de différence entre des sons simultanés, correspondant au contraste que nous percevons à la vue de deux couleurs élevées à des tons différents, il faudrait prouver par l'expérience que dans la perception simultanée d'un son grave et d'un son aigu, le premier paraît plus grave et le second plus aigu qu'ils ne le paraîtraient s'ils différaient moins l'un de l'autre. Or c'est précisément ce contraste entre les deux sons que nous ne pouvons constater par le fait précité (980), où un son fort nous empêche d'en percevoir un faible, puisque alors, ne percevant qu'un seul son, nous ne pouvons le comparer avec celui que nous ne percevons pas.

982. Si nous passons à la question concernant l'existence d'un contraste de différence entre deux sons successifs, nous trouverons encore le cas d'un son faible qui, succédant à un son fort, n'est pas

---

[1] Je dis *un des cas extrêmes,* et non *le cas extrême,* par la raison que le cas extrême est celui où l'organe est vivement ébranlé, ainsi que cela arrive lorsque nous sommes près d'un canon que l'on tire, lorsque nous fixons les yeux sur un corps lumineux éclatant, comme le soleil. Ces circonstances mettent l'organe véritablement dans une position anormale, relativement à l'état où il doit être pour recevoir une impression du monde extérieur et l'apprécier.

perçu, de même qu'une faible clarté n'est pas sensible aux yeux qui viennent de recevoir l'impression d'une vive lumière. Pour établir absolument l'existence d'un contraste successif de différence entre deux sons, il faudrait démontrer par l'expérience qu'entre deux sons différents perçus successivement, la différence est plus grande que si les sons étaient près d'être égaux.

Y A-T-IL UN CONTRASTE D'ANTAGONISME POUR LES SONS?

983. Nous ne pouvons nous faire aujourd'hui aucune idée d'une différence qui naîtrait dans les sons d'un antagonisme de quelqu'une de leurs propriétés individuelles, car actuellement nous ne connaissons rien en eux qui corresponde à la lumière blanche et aux lumières colorées mutuellement complémentaires. Nous ne pouvons donc, dans l'état actuel de nos connaissances, concevoir l'antagonisme entre deux sons qui arrivent simultanément à l'oreille, qu'en concevant qu'ils se détruisent mutuellement; eh bien, en admettant ce résultat, nous aurions un produit correspondant non à la blancheur naissant du mélange de rayons solaires colorés, mutuellement complémentaires, mais au noir qui peut résulter du mélange de matières colorées complémentaires (968), et alors nous ne verrions plus ce qui, dans l'audition, correspondrait au contraste successif d'antagonisme, en vertu duquel la vue suffisamment prolongée d'une couleur détermine la tendance à voir dans un second temps la complémentaire de cette couleur.

DU GOÛT ET DE L'ODORAT.

984. Je ne puis appliquer la question de l'existence des contrastes au goût et à l'odorat, sans faire remarquer l'extrême différence qui existe entre ces sens d'une part et la vue et l'ouïe d'une autre part.

Dans toutes les perceptions des deux premiers, il y a contact du corps sapide, du corps odorant avec l'organe, c'est-à-dire toujours action physique et souvent action chimique; tandis que dans la perception des couleurs et des sons, il n'y a jamais action chimique; c'est une simple impression que l'œil reçoit de la lumière, c'est un simple ébranlement que l'oreille reçoit du corps sonore. D'après cela, j'ai rangé les propriétés que nous découvrons dans les corps par l'intermédiaire du goût et de l'odorat, parmi celles que je nomme *organoleptiques*[1], afin de les distinguer des propriétés physiques, parmi lesquelles je range toutes celles que la vue et l'ouïe nous font connaître.

985. Il est nécessaire de ne pas oublier que tout ce que je dirai du goût et de l'odorat ne concernera que les sensations que nous percevons par leur intermédiaire, lorsque ces organes sont en rapport soit avec une seule espèce de corps sapide ou odorant, comme du sel marin, du sucre de canne, du camphre, etc., soit à la fois avec plusieurs de ces espèces; mais dans ce cas je supposerai toujours que les espèces mélangées n'ont aucune action mutuelle chimique, et que lorsqu'il s'agit de corps sapides, ceux-ci ne sont point odorants[2].

Y A-T-IL UN CONTRASTE DE DIFFÉRENCE POUR LE GOÛT?

986. Si l'on accepte pour preuve d'un contraste de différence la non-perception d'une faible clarté ou d'un faible son, résultant de l'effet d'une vive lumière ou d'un son intense, soit qu'il s'agisse d'un cas de simultanéité, soit qu'il s'agisse d'un cas de succession, on sera

[1] Voir mes *Considérations générales sur l'analyse organique et ses applications;* 1 vol. in-8°, chez Levrault, 1824, p. 31 et 42.
[2] Voir *Considérations générales sur l'analyse organique,* p. 45 et suiv.

conduit à admettre un contraste de différence pour le goût, soit
simultané, soit successif; car tout le monde sait qu'une saveur forte
nous empêche de percevoir une saveur faible dans le cas de simultanéité comme dans le cas de succession, et dans les deux cas l'effet
peut avoir lieu sans que l'organe sorte de l'état normal; par exemple,
une saveur fortement salée empêche de percevoir une saveur sucrée
que l'on percevrait sans la première; une eau fortement sucrée rend
insensible la saveur d'une eau légèrement sucrée que l'on boit après
la première.

987. Mais si l'analogie des faits précédents avec ceux qui sont
relatifs aux sens de la vue et de l'ouïe est évidente, nous convien-
drons que nous n'en connaissons pas aujourd'hui qui correspondent
au contraste de différence, en vertu duquel deux tons d'une même
gamme de couleur paraissent aux yeux plus différents qu'ils ne le
sont réellement. Il faudrait, pour établir cette correspondance, qu'on
pût démontrer dans le cas de simultanéité que deux saveurs, provenant de deux matières différemment sapides, appliquées sur des parties distinctes de la langue, sont plus différentes qu'elles ne le seraient
si elles fussent provenues de matières moins différemment sapides.
Enfin, dans le cas de succession, il faudrait démontrer que deux
saveurs perçues successivement présenteraient plus de différence que
si on les eût perçues séparément. Cela supposerait qu'on pût conserver quelque temps la mémoire de la première saveur.

988. Les expériences sur le contraste de différence des saveurs
pourraient être faites :

1° Avec une même espèce de corps sapide pris en quantités différentes;

2° Avec deux corps différents ayant une même saveur générique, comme le sucre de canne, le sucre de raisin, la mannite;

3° Avec des corps ayant des saveurs différentes, comme le sucre, le sel marin, l'acide citrique, etc.

Y A-T-IL UN CONTRASTE D'ANTAGONISME POUR LE GOÛT?

989. Ne connaissant rien qui ressemble à un antagonisme dans les sensations du goût, nous ne pouvons citer aucun fait propre à démontrer un contraste d'antagonisme, soit simultané, soit successif, dans les saveurs.

DE L'ODORAT.

990. Tout ce que j'ai dit sur les contrastes du goût est applicable aux contrastes de l'odorat. On peut, par analogie, admettre un contraste de différence, soit simultané, soit successif, pour des odeurs; mais rien ne correspond dans les perceptions que nous en recevons au contraste d'antagonisme.

CONCLUSIONS DE CE PARAGRAPHE.

991. Il suit de ce que j'ai dit dans ce paragraphe :

1° Que les sens de la vue, de l'ouïe, de l'odorat, et j'ajoute le sens du toucher, présentent tous, comme on le sait depuis longtemps, le phénomène de ne pas sentir une faible impression qu'ils reçoivent en même temps qu'une autre beaucoup plus forte;

2° Que le résultat est le même lorsque l'impression faible succède immédiatement ou presque immédiatement à l'impression forte;

3° Que les deux phénomènes précédents peuvent s'observer lorsque l'impression la plus forte n'ébranle pas assez l'organe pour qu'on soit

fondé à considérer celui-ci comme étant dans une condition anormale;

4° Que si l'on peut déduire ces phénomènes d'un contraste de
différence, cependant il faut convenir que jusqu'ici il serait difficile
de citer des résultats d'expériences propres à démontrer clairement
que dans la perception simultanée ou successive de deux sons, de
deux saveurs, de deux odeurs, on remarque entre les deux sensations
une différence plus grande que celle qu'on saisirait si les deux sons,
les deux saveurs, les deux odeurs étaient moins différentes l'une de
l'autre;

5° Qu'aujourd'hui nous n'avons aucune idée de ce que peut être
un contraste d'antagonisme dans la perception des sons, des saveurs
et des odeurs.

992.   On voit combien l'étude des contrastes de la vue répand de
jour sur l'histoire des autres sens. En insistant sur les différences des
sons et des couleurs, je crois être resté dans le vrai; mais on se tromperait si l'on pensait que je crusse que des études ultérieures ajou-
teraient encore aux différences que j'ai signalées entre la vue d'une
part et l'ouïe, l'odorat et le goût d'une autre part. En parlant de ces
différences, mon intention a été de faire voir que dans l'état actuel
de nos connaissances, nous n'avons aucune preuve expérimentale qui
établisse que l'ouïe, l'odorat et le goût sont soumis à des contrastes
simultanés et successifs, correspondant aux contrastes de différence
et d'antagonisme qui existent dans les phénomènes de la vision des
corps blancs, noirs et colorés, ce qui ne signifie pas que les recherches futures ne pourront démontrer l'existence de ces rapports; il y
a plus, si je ne craignais pas de devancer le résultat des expériences
qui, quoique commencées depuis plus de vingt ans sur le goût et

l'odorat, sont loin encore d'être terminées, je dirais que je serais plus disposé à admettre ces rapports qu'à les rejeter (974).

§ 4. JOUR QUE L'ÉTUDE DU CONTRASTE ME PARAÎT SUSCEPTIBLE DE RÉPANDRE SUR PLUSIEURS PHÉNOMÈNES DE L'ENTENDEMENT.

993. S'il est difficile de démontrer aujourd'hui expérimentalement qu'il existe pour l'ouïe, le goût et l'odorat des contrastes définis d'une manière aussi précise que le sont les différents contrastes qui nous affectent par l'organe de la vue, cependant l'examen de ces derniers, en donnant la première preuve expérimentale de ce fait, que *deux objets différents placés à côté l'un de l'autre paraissent par la comparaison plus différents qu'ils ne le sont réellement,* et en mettant sous son véritable jour un phénomène dont tout le monde parlait sous le nom de contraste des couleurs, sans en connaître ni l'étendue ni l'importance, me semble devoir éclairer l'étude de plusieurs actes de l'esprit humain.

En effet, lorsque certaines personnes envisagent deux objets sous un rapport de différence, n'arrive-t-il pas que la différence s'exagère pour ainsi dire à leur insu, précisément comme cela arrive dans la vue de deux couleurs juxtaposées, où ce qu'il y a d'analogue entre les couleurs disparaît plus ou moins? N'arrive-t-il pas que ces personnes, peu habituées à réfléchir sur les actes de leur esprit, s'arrêtant au jugement qu'elles ont porté d'abord, conservent toujours des idées inexactes qu'elles auraient pu rectifier, en envisageant les choses sous de nouveaux rapports propres à contrôler leur premier jugement, ne sont-elles pas dans le cas de celui qui, ayant jugé à la simple vue qu'il existe une différence de $1^m o5$ entre une règle de 1 mètre et une règle de 2 mètres placées l'une à côté de l'autre, conserve cette estimation dans sa mémoire comme rigoureuse, par la raison qu'ignorant l'effet du contraste de grandeur (965, 966), rien ne lui fait sentir la nécessité de recourir à une contre-épreuve de son jugement pour le rectifier, ainsi qu'il aurait été conduit à le faire s'il eût eu cette connaissance, et qu'en outre il eût senti la nécessité, pour un motif quelconque, d'avoir exactement la différence de longueur des deux règles; car alors il aurait eu recours à une mesure.

Cet exemple est très propre à faire comprendre ma pensée relativement aux inexactitudes d'un grand nombre de jugements portés sur des objets quelconques que nous comparons sous le rapport de qualités, de propriétés, d'attributs que nous ne mesurons pas.

(A) ACTES DE L'ESPRIT CORRESPONDANT AU CONTRASTE DE DIFFÉRENCE SIMULTANÉ.

994. L'inexactitude des jugements dont il est question, consistant dans l'exagération d'une différence entre deux objets comparés, rentre dans le contraste de différence simultané, toutes les fois que les qualités, les propriétés, les attributs que nous comparons appartiennent à des objets que nous avons sous les yeux, ou bien à des objets plus ou moins éloignés de nous, dans l'espace ou dans le temps, et alors nos jugements portent sur des notions que la mémoire nous rappelle ou que la tradition nous a transmises.

(B) ACTES DE L'ESPRIT CORRESPONDANT AU CONTRASTE DE DIFFÉRENCE SUCCESSIF.

995. Je vais examiner des actes de l'esprit qui me paraissent correspondre au contraste de différence successif, parce qu'ils concernent une comparaison établie entre deux objets que l'on a vus successivement, ou entre une opinion que l'on a actuellement et une opinion contraire que l'on a eue auparavant.

996. Tout homme susceptible de recevoir facilement des im-

pressions, qui parcourt un pays pour la première fois, est d'autant plus disposé à porter un jugement exagéré, qu'il est plus frappé des différences entre les objets qu'il voit maintenant et ceux qu'il a vus antérieurement dans un pays où il a demeuré longtemps. Le meilleur moyen de rectifier ce jugement est de revoir successivement les objets comparés, en donnant une attention toute spéciale à celles des qualités qui ont le plus frappé, afin de contrôler par là le jugement porté d'après les premières impressions.

997. Enfin, la disposition d'esprit où l'on est à l'égard d'une opinion qu'on a abandonnée absolument pour une autre, n'est-elle pas remarquable en ceci, que presque toujours on la juge d'une manière exagérée dans le sens qui y est le moins favorable, et que là encore l'esprit tombe dans l'exagération d'une différence.

INFLUENCE QUE L'ÉTAT DES ORGANES PEUT EXERCER DANS PLUSIEURS ACTES DE L'ENTENDEMENT.

998. En réfléchissant à l'état où se trouvent nos organes dans les trois circonstances que je vais rappeler :

1° Lorsque la différence produite par le contraste simultané de deux teintes est portée à son maximum;

2° Lorsqu'un petit objet cesse d'être perceptible par le fait de son voisinage avec un moins petit;

3° Lorsqu'en regardant un objet qui n'est pas cependant très complexe, nous n'apercevons, dans un temps donné, qu'un petit nombre des rapports qu'il peut présenter à l'observation de plusieurs personnes,

J'ai été conduit à m'expliquer clairement le cas où notre esprit, s'étant rendu certaines idées plus familières que d'autres, est porté à voir les premières à l'exclusion des secondes ;

(A) Soit que l'esprit travaille solitairement sur une matière ;

(B) Soit qu'une discussion s'établisse entre deux personnes.

Je vais examiner ces deux circonstances.

(A) TRAVAUX FAITS SOLITAIREMENT.

999. Un esprit continuellement occupé à ne saisir que des différences entre les objets, acquiert par cet exercice même une disposition, je ne dirai pas à repousser les ressemblances, les analogies que des choses peuvent avoir ensemble, *mais à ne pas les apercevoir,* tandis qu'au contraire l'homme qui prétend établir une vaste généralité, un soi-disant principe universel, bornant l'examen des choses les plus complexes à quelques rapports seulement, semble *ne pas apercevoir une diversité de phénomènes visibles à tous ceux qui sont mus par le désir de faire une étude satisfaisante et consciencieuse de ces choses.* Si le premier ne voit pas que la plus belle conquête de l'esprit humain, dans la recherche de la vérité, est la découverte des généralités, le second ne voit pas que c'est après de longues études de détails, et conséquemment après l'appréciation de faits très divers, qu'on arrive à des généralités, à des principes, et que le caractère d'exactitude de ceux-ci se trouve dans l'explication même de la diversité des phénomènes auxquels ces principes se rapportent.

1000. Lorsque certaines idées ont occupé la pensée de manière à devenir familières, le cerveau est dans une disposition d'autant plus prononcée à recevoir du dehors des impressions qui reportent la pensée sur ces idées, que celles-ci ont été plus approfondies et que la liaison mutuelle en a été plus intime; alors, qu'une chose qui rentre essentiellement dans ce système d'idées se présente à l'esprit sous un aspect auquel il est habitué, et aussitôt la chose nouvelle se classera dans le système; tandis que si elle s'y était présentée sous un aspect qui n'est pas celui auquel l'esprit est habitué, on pourrait être quelque temps avant de la classer, parce qu'un travail ultérieur serait nécessaire pour coordonner la notion nouvelle avec les notions anciennement acquises.

(B) DISCUSSION ENTRE DEUX PERSONNES.

1001. La difficulté d'intercaler dans un système d'idées certaines choses qui se présentent pour la première fois à l'esprit, ou qui, s'y étant présentées déjà, n'ont pas été jugées avoir assez d'importance pour être coordonnées avec d'autres qui, depuis, ont composé un corps de doctrine, rend compte des faits suivants.

1002. *Premier fait.* Deux bons esprits se sont occupés d'une matière, mais avec cette différence qu'elle a été pour l'un, après de longues méditations, le sujet d'un système d'idées, tandis qu'elle n'a été pour l'autre que l'objet d'une simple étude. Maintenant, supposé que dans une discussion établie entre eux sur cette matière, il se présente une chose nouvelle, susceptible de s'y lier par quelque rapport, je dis qu'il pourra arriver, suivant l'aspect sous lequel cette chose se présentera, que le premier en saisisse le rapport avec la matière dont il est question, moins promptement et moins facilement que le second; ce qui ne veut pas dire qu'une réflexion ultérieure n'apportera pas de changements à l'impression que le premier esprit aura reçue d'abord, et qu'il n'appréciera point l'importance de la chose nouvelle pour éclairer la discussion.

1003. *Deuxième fait.* Deux personnes discutent sans auditeurs; aucune passion ne les excite; le seul désir de connaître la vérité sur un sujet tout scientifique, tout littéraire, qui est d'ailleurs de nature à partager les esprits, les anime; après une discussion plus ou moins prolongée, elles se séparent, sans que l'une ait rien cédé à l'autre. J'admets, conformément à l'opinion vulgaire, que tel est le résultat ordinaire des discussions; mais dans la supposition que j'ai faite et pour le cas où la discussion a été suffisamment prolongée entre deux personnes consciencieuses et d'un esprit éclairé, j'admets qu'*en général* il y a action mutuelle, et que tôt ou tard les idées qu'elles avaient chacune de son côté avant la discussion se trouvent plus ou moins. modifiées.

1004. *Troisième fait.* Deux esprits supérieurs peuvent non seulement ne pas agir l'un sur l'autre dans une discussion prolongée, mais il est possible encore que les réflexions faites après la discussion ne produisent en eux aucune modification, parce que les idées de chacun sont tellement coordonnées, qu'il n'est pas possible qu'il s'y intercale une chose capable de modifier cette coordination; et il y a plus, un esprit synthétique est moins disposé à admettre une chose qui fait partie d'un système d'idées différent du sien, ou un argument émanant d'un autre esprit synthétique, que si cette chose lui était présentée isolément, ou que cet argument émanât d'une personne qui n'a pas un système à défendre.

1005. Dans tout ce qui précède, j'ai admis que la passion n'exerce aucune influence; mais si elle agissait, il est évident qu'elle augmenterait la difficulté de s'entendre.

1006. Les exemples que j'ai cités appartiennent au cas où l'influence d'idées coordonnées empêche l'esprit d'acquérir des notions nouvelles; maintenant je dois parler du cas où un esprit, après s'être longtemps occupé d'un sujet, aperçoit tout à coup pour la première fois, soit dans une discussion, soit par suite de ses réflexions, une chose qui le frappe au point de le faire passer subitement d'une manière de voir à une autre plus ou moins opposée; c'est alors surtout qu'il est exposé à se tromper dans l'importance qu'il attache à l'opinion nouvelle relativement à celle qu'il abandonne (997); ce cas, loin d'être contraire à mes idées, n'en est qu'une extension.

INCONVÉNIENTS QUE PEUVENT AVOIR DES OPPOSITIONS ÉTABLIES ENTRE DEUX CHOSES DANS L'ENSEIGNEMENT ORAL OU ÉCRIT.

1007. Il y aurait une lacune dans l'exposé de mes vues sur l'extension dont l'étude du contraste me paraît susceptible, si je n'ajoutais pas quelques réflexions applicables au résultat que peut avoir un enseignement où, procédant spécialement par mettre deux choses en opposition, on n'insiste que sur les différences qu'elles montrent sans égard à leurs analogies essentielles. Si cet enseignement est le plus facile à professer et le plus accessible à la plupart des intelligences, parce qu'il met en relief un très petit nombre de faits, il a, suivant moi, l'inconvénient d'exagérer beaucoup les différences qui peuvent réellement exister entre les objets comparés; ou, ce qui revient au même, de faire croire ou de prêter à croire que les différences ont une importance pour distinguer ces objets que dans la réalité elles sont loin d'avoir. Qu'un professeur dans une leçon, qu'un auteur dans un livre, mettent en présence deux opinions différentes, deux hypothèses, qu'ils avancent deux propositions, et il pourra arriver qu'ils insisteront, pour plus de clarté, sur une opposition, en omettant les analogies propres à restreindre la différence réelle des deux termes de la comparaison dans ses vraies limites. De cette manière de procéder il pourra résulter non seulement une exagération de différence, mais encore une notion tout à fait inexacte, si, par exemple, les deux termes de la comparaison étant deux propositions, elles sont présentées à l'auditeur ou au lecteur comme tout à fait opposées, de sorte que si l'une est vraie l'autre est nécessairement fausse; tandis que, pour être exact, il aurait fallu tracer la limite qui circonscrit chacune d'elles dans le cercle où elle est vraie.

1008. Lorsqu'on étudie des objets quelconques, afin de les connaître le mieux possible, il y a tout avantage à les envisager d'après l'ordre de la plus grande ressemblance mutuelle, au lieu de les mettre en opposition les uns avec les autres, dans l'intention de les distinguer. On n'a peut-être point assez insisté pour faire remarquer que, dans l'étude des êtres organisés, l'avantage de la *méthode naturelle* sur les *classifications* ou *méthodes* dites *artificielles*, tient en grande partie à la justesse que la première donne à l'esprit, en lui présentant essentiellement un ensemble d'êtres d'après leurs ressemblances mutuelles, tandis que les classifications artificielles ayant pour but spécial de distinguer ces êtres les uns des autres et de faire trouver le nom spécifique de chacun d'eux, elles procèdent, surtout en les présentant à l'étudiant, par les faces où ils diffèrent davantage. Dès lors celui qui fait usage habituellement d'une méthode artificielle n'aura jamais une notion exacte des objets qu'il veut connaître, s'il néglige de les considérer conformément à l'ordre de subordination que la méthode naturelle leur assigne; et il y a plus, c'est que, s'il ne se livre pas de bonne heure à l'étude de cette dernière, l'usage habituel d'une méthode artificielle lui rendra extrêmement difficile l'appréciation de la valeur réelle des rapports que les êtres ont entre eux (999). Enfin, toujours conformément à mes idées, un enseignement basé sur la méthode naturelle sera plus ou moins exact, suivant la manière dont le professeur présentera les analogies qui réunissent des êtres dans un même groupe, et les différences qui les distinguent en groupes divers.

RÉSUMÉ ET CONCLUSION DE CE PARAGRAPHE.

1009. 1° Si je ne me fais pas illusion dans la comparaison que nous établissons entre des objets envisagés sous des rapports que nous ne mesurons pas, il peut y avoir souvent une exagération de la différence qui réellement les distingue, surtout si nous avons déjà, avant d'établir la comparaison, quelque tendance à voir cette différence, et si nous ne recourons pas, après l'avoir établie, à tous les moyens de contrôler le jugement qui résulte immédiatement d'une première comparaison. Je conclus donc qu'un contrôle exercé dans cette intention est nécessaire à un esprit sévère qui recherche tous les moyens possibles de voir les différences existant entre des objets qu'il compare, telles qu'elles sont relativement au jugement le plus rigoureux que nous pouvons en porter; car l'homme, avec ses facultés si excessivement bornées, ne peut se flatter de pouvoir connaître la vérité absolue des choses.

2° Je pense que dans les jugements où il y a exagération d'une différence, les organes qui concourent à ces actes de la pensée se trouvent dans un état physique correspondant à celui des organes qui sont affectés dans les phénomènes du contraste simultané de vision, de sorte qu'il est difficile, tant que cet état dure, de percevoir des idées différentes de celles auxquelles cet état se rapporte. Les conséquences qui se déduisent de là sont : que tout bon esprit qui vient d'apercevoir un rapport de différence non mesuré entre des objets, doit, avant de l'arrêter dans sa pensée comme un fait exactement circonscrit, attendre que son cerveau soit parvenu à un état qui lui permette de contrôler le fait en le soumettant froidement à une vérification dirigée sous des points de vue différents de celui où il était, lorsqu'en premier lieu ce fait a fixé son attention.

1010. Dans le cas où l'on n'admettrait point le rapprochement que je viens d'établir entre l'état physique du cerveau, lorsque d'une part nous comparons deux objets sous le rapport de leurs qualités abstraites, et d'une autre part lorsque nous percevons les sensations qui donnent lieu aux phénomènes des contrastes de vision, il me semble qu'on ne pourrait se refuser à reconnaître qu'en résumant ce rapprochement en ces mots : *le cerveau voit des idées et les juge comme il juge les couleurs qu'il perçoit par l'intermédiaire de l'œil*, on établit une *comparaison* qui, en n'y attachant que la valeur d'une simple *figure de rhétorique* propre à éclaircir quelque partie du discours, n'est pas sans utilité par la clarté qu'elle est susceptible de répandre dans l'étude de l'entendement.

C'est donc pour rendre cette étude plus facile que je vais envisager le contraste comme *simple comparaison,* soit que nous voyions deux objets monochromes différemment colorés, soit qu'un plus grand nombre d'objets étant sous nos yeux, nous ne percevions dans un même temps que quelques rapports seulement, au lieu de l'ensemble qu'il serait indispensable de percevoir pour parvenir à la connaissance complète et parfaite de ces objets.

1° Le fait bien constaté que le rouge isolé est vu autrement que lorsqu'il est juxtaposé avec une surface blanche ou une surface noire, avec une surface bleue ou une surface jaune, et que dans ces circonstances cinq échantillons identiques d'un corps rouge paraissent cinq échantillons différents, est important comme terme d'une comparaison propre à faire sentir clairement comment un même objet peut donner lieu à des jugements divers, lorsque ceux qui les portent jugent d'une manière absolue, sans égard à l'influence possible de quelque circonstance relative. Ici nous supposons que les jugements sont le résultat de la comparaison des échantillons colorés avec des tons qui se trouvent dans la *construction chromatique hémisphérique* (159) : le fait dont il est question est applicable à beaucoup de cas; j'en citerai deux comme exemples.

(A) Une même personne, ignorant les effets de la juxtaposition des couleurs, jugeant que cinq échantillons d'un corps rouge sont différents, quoique réellement identiques, présente un exemple de la circonspection qu'il importe de mettre dans des jugements portés sur des objets comparés qui n'offrent pas de grandes différences entre eux et qui ne sont pas observés dans les mêmes circonstances.

(B) Cinq personnes savent qu'un même rouge a été placé dans les cinq circonstances que nous avons indiquées, mais elles ignorent les influences de juxtaposition et conséquemment l'influence de ces circonstances : elles n'ont vu chacune qu'un des cinq échantillons; une discussion s'établit sur la qualité optique de ce rouge : si celle qui a observé l'échantillon isolé dit qu'il est resté tel qu'elle l'avait vu d'abord, les quatre autres diront que le rouge, après avoir été placé dans une des circonstances précitées, ne paraît point ce qu'il était auparavant; mais elles ne s'entendront plus lorsqu'il s'agira de fixer l'espèce de modification que le rouge a éprouvée : la personne qui a vu l'échantillon juxtaposé au noir soutiendra que le ton en a baissé, tandis que celle qui l'a vu juxtaposé au blanc soutiendra, au contraire, que le ton s'en est élevé; mais toutes les deux s'accorderont pour affirmer que le rouge n'est pas sorti de sa gamme; opinion que combattront les deux dernières, qui, ayant regardé le rouge juxtaposé au jaune et au bleu, l'ont vu sortir de la gamme à laquelle il se rapportait avant l'emploi qu'on en a fait; mais celle des deux dernières personnes qui l'a vu près du jaune assurera qu'il est nuancé de violet, tandis que celle qui l'a vu près du bleu affirmera, au contraire, qu'il est nuancé d'orangé. Les cinq personnes qui ont vu chacune un même rouge dans une circonstance différente de juxtaposition, *ont donc raison de dire qu'elles le voient d'une telle manière, et chacune a raison de soutenir son opinion; mais elle a évidemment tort, si elle prétend que les quatre autres doivent voir comme elle.*

La conséquence à déduire de là est que dans une discussion de bonne foi où ni l'intérêt ni l'amour-propre ne sont en jeu, si l'on veut arriver à une conclusion positive, il faut d'abord connaître les principes sur lesquels chacun appuie ses raisonnements, les termes de comparaison qui entrent dans chaque jugement, enfin rechercher si l'on est bien au même point pour voir l'objet de la discussion.

Une autre conséquence à déduire du fait précédent, c'est que lorsqu'on pourrait croire à l'intervention d'une passion dans un jugement différent de celui que nous portons nous-mêmes, en y regardant de près, on peut trouver qu'il n'y a qu'une simple différence de position. D'après cela, dans beaucoup de cas où nous sommes conduits à donner une cause peu honorable à un jugement, à une action, il est probable que nous serions plus près de la justice ou de la vérité en interprétant les choses avec indulgence plutôt qu'avec sévérité.

2° En considérant que l'œil ne voit à la fois qu'un petit nombre des choses qui composent un ensemble, lorsqu'il veut pénétrer dans les détails de cet ensemble (748), et que plusieurs individus peuvent voir la même partie modifiée différemment, parce qu'ils la voient en rapport avec des parties différentes (483); en considérant enfin que ces différences dans les modifications d'une même partie peuvent être observées par le même individu (499), on est conduit à se faire une image claire de la manière dont l'esprit humain procède dans l'étude de la nature. En effet, on voit d'abord comment, la force lui manquant pour embrasser l'ensemble des choses qu'il veut connaître à fond, il est obligé de recourir à l'analyse; comment alors, en ne fixant son attention que sur un fait à la fois, il ne peut arriver à son but que par des efforts successifs, après avoir étudié tour à tour chaque élément de l'ensemble qu'il examine. Si nous considérons maintenant que l'esprit humain se compose de l'esprit de tous, que l'édifice de la science qu'il a élevé est le produit des efforts d'intelligences qui, loin d'être identiques, présentent la même diversité que les formes des corps qu'elles animent, nous comprendrons dès lors comment des esprits divers qui étudient une même matière l'envisageront sous des rapports très différents, lorsque le fait qui frappera chacun d'eux en particulier ne sera pas le même, par la raison que leur diversité de nature est un obstacle à ce qu'ils soient également accessibles à un même fait; ce sera donc la chose qui les frappera le plus qu'ils examineront; mais les esprits supérieurs se distingueront des autres, parce qu'ils porteront leurs méditations sur les faits qui, eu égard à l'époque où leur intelligence travaille, seront les plus importants, les plus essentiels à connaître pour l'avancement des connaissances humaines.

Si la faculté de raisonner pour découvrir les rapports des phénomènes qui nous frappent, si la faculté que nous avons de transmettre la découverte de ces rapports à nos semblables nous distinguent des animaux proprement dits; enfin, si, pour arriver à ce but, nous faisons un si grand usage de l'analyse ou de la *faculté d'abstraire,*

il importe cependant de remarquer que cette nécessité où se trouve
l'homme de décomposer un tout en ses éléments pour le connaître,
est un trait de la faiblesse même de son être et que cette faiblesse
se révèle surtout dans les conséquences qu'il déduit de ses analyses,
par la raison que jusqu'ici il n'a encore été donné ni à un individu
ni à des hommes contemporains de faire une analyse complète d'un
objet quelconque qui ne rentre pas dans les mathématiques pures,
et que le désir qui porte l'homme à étudier la nature le conduit toujours ou presque toujours à étendre les conséquences de ses investi-
gations au delà du terme où il devrait s'arrêter pour ne pas dépasser
les limites tracées par un raisonnement rigoureux.

FIN.

TABLE DES MATIÈRES.

PREMIÈRE DIVISION.

IMITATION DES OBJETS COLORÉS AVEC DES MATIÈRES COLORÉES,
DIVISÉES À L'INFINI, POUR AINSI DIRE.

IMPRIMERIE NATIONALE.

SECTION II.

APPLICATION À LA DÉCORATION DES INTÉRIEURS DES ÉDIFICES.

SIXIÈME DIVISION.

INTERVENTION DES PRINCIPES PRÉCÉDENTS DANS LE JUGEMENT DES OBJETS COLORÉS RELATIVEMENT À LEURS COULEURS, CONSIDÉRÉES INDIVIDUELLEMENT ET SOUS LE POINT DE VUE DE LA MANIÈRE DONT ELLES SONT RESPECTIVEMENT ASSOCIÉES.

PREMIÈRE SECTION.

INTERVENTION DE LA LOI DU CONTRASTE SIMULTANÉ DES COULEURS DANS LES JUGEMENTS QU'ON PORTE SUR DES CORPS COLORÉS QUELCONQUES, ENVISAGÉS SOUS LE RAPPORT DE LA BEAUTÉ RESPECTIVE OU DE LA PURETÉ DE LA COULEUR ET DE L'ÉGALITÉ DE LA DISTANCE DE LEURS TONS RESPECTIFS, SI CES CORPS APPARTIENNENT À UNE MÊME GAMME.

IMPRIMERIE NATIONALE.

SECTION IV.

DE LA DISPOSITION D'ESPRIT DU SPECTATEUR RELATIVEMENT AU JUGEMENT QU'IL PORTE
SUR UN OBJET D'ART DESTINÉ À ÊTRE VU.